001 银杏(1)

002 银杏(2)（雄球花）

003 银杏(3)（雌球花）

004 水杉

005 辽东冷杉

006 白杄(1)

007 白杄(2)（球果）

008 青杄

009 蓝粉云杉

010 雪松

011 华北落叶松

012 白皮松(1)

013 白皮松(2)(雄球花)

014 油松(雄球花)

015 赤松

016 北美乔松(1)

017 北美乔松(2)(叶形)

018 华山松(1)

019 华山松(2)(枝叶)

020 侧柏(1)

021 侧柏(2)(雄球花)

022 圆柏

023 龙柏

024 砂地柏(苗)

025 粗榧

026 东北红豆杉(紫杉)

027 矮紫杉

028 毛白杨(1)

029 毛白杨(2)(花序)

030 毛白杨(3)(♂花)

031 毛白杨(4)(♀花)

032 加杨(1)

033 加杨(2)(♂花)

034 北京杨(花序)

035 旱柳(1)(♀花)

036 旱柳(2)(♂花)

037 金丝垂柳(1)

038 金丝垂柳(2)(♀花)

039 银芽柳(♂花)

040 胡桃(1)(♂、♀花)

041 胡桃(2)(♂花)

042 槲栎(♂花)

043 槲树

044 白榆(1)

045 白榆(2)(花)

046 欧洲榆(1)

047 欧洲榆(2)(果实)

048 垂枝榆

049 龙桑(1)

050 龙桑(2)(叶)

051 构树

052 牡丹(1)(叶)

053 牡丹(2)(花)

054 紫叶小檗(1)

055 紫叶小檗(2)(花)

056 阿穆尔小檗

057 白玉兰(1)

058 白玉兰(2)(花)

059 白玉兰(3)(果实)

060 紫玉兰(1)(花蕾)

061 紫玉兰(2)(花)

062 二乔玉兰(1)

063 二乔玉兰(2)(花)

064 杂种马褂木

065 腊梅(花)

066 杜仲(1)

067 杜仲(2)(花)

068 杜仲(3)(果实)

069 太平花

070 李叶绣线菊(1)

071 李叶绣线菊(2)(花)

072 补氏绣线菊(1)

073 补氏绣线菊(2)(花序)

074 柔毛绣线菊

075 日本绣线菊

076 金山绣线菊

077 三桠绣线菊

078 白鹃梅(1)

079 白鹃梅(2)(花)

080 多花栒子

081 平枝栒子(1)

082 平枝栒子(2)(花)

083 山楂(1)

084 山楂(2)(花)

085 山楂(3)(果)

086 山里红

087 贴梗海棠(1)

088 贴梗海棠(2)(花)

089 木瓜(1)

090 木瓜(2)(花)

091 苹果(1)

092 苹果(2)(花)

093 山荆子(花)

094 美国海棠

095 垂丝海棠(1)

096 垂丝海棠(2)(花)

097 垂丝海棠(3)(花)

098 西府海棠(1)

099 西府海棠(2)(花)

 100 海棠花	 101 梨树(1)	 102 梨树(2)(花)
 103 黄刺玫(花)	 104 木香(1)	 105 木香(2)(花)
 106 黄玫瑰	 107 棣棠(1)	 108 棣棠(2)(花)

109 鸡麻(花)

110 李

111 紫叶李(1)

112 紫叶李(2)(花)

113 杏(1)

114 杏(2)(花)

115 梅花(1)

116 梅花(2)

117 梅花(3)

118 梅花(4)

119 桃(1)

120 桃(2)(花)

121 红碧桃(花)

122 粉碧桃(1)

123 粉碧桃(2)(花)

124 白碧桃(1)

125 白碧桃(2)(花)

126 紫叶桃(1)

127 紫叶桃(2)(花)

128 山桃(花)

129 重瓣榆叶梅(1)

130 重瓣榆叶梅(2)

131 榆叶梅

132 毛樱桃

133 樱桃(1)

134 樱桃(2)(花)

135 樱花(1)

136 樱花(2)

137 郁李

138 国槐

139 紫荆(1)

140 紫荆(2)

141 紫荆(3)(花)

142 刺槐(1)

143 刺槐(2)(花)

144 红花洋槐

145 金雀儿

146 多花胡枝子

147 紫藤(1)

148 紫藤(2)(花)

149 白刺花

150 紫穗槐(1)

151 紫穗槐(2)(花)

152 花椒(花)

153 黄波罗

154 柑橘

155 枸橘(1)

156 枸橘(2)(花)

157 小叶黄杨(1)

158 小叶黄杨(2)(花)

159 黄栌(1)(不孕毛)

160 黄栌(2)(花)

161 桃叶卫矛

162 大叶黄杨

163 金心大叶黄杨

164 元宝枫(1)

165 元宝枫(2)(花)

166 七叶树

167 栾树

168 文冠果(1)

169 文冠果(2)(花)

170 华瓜木(八角枫)

171 孩儿拳头

172 拐枣

173 扶桑

174 木槿(花)

175 猕猴桃(花)

176 河蒴荛花

177 柽柳

178 牛奶子(1)

179 牛奶子(2)(花)

180 紫薇

181 刺五加

182 红瑞木(1)

183 红瑞木(2)(花)

184 杜鹃花(各种杜鹃)

185 白花杜鹃

186 柿树

187 白蜡

188 连翘(1)

189 连翘(2)(花)

190 连翘(3)(果实)

191 金钟花

192 白丁香

193 紫丁香(1)

194 紫丁香(2)(花)

195 红丁香(花)

196 欧丁香(1)

197 欧丁香(2)

198 欧丁香(3)

199 欧丁香(4)

200 流苏(1)

201 流苏(2)(花)

202 小蜡(枝条)

203 迎春(花)

204 红枫

205 海州常山(1)

206 海州常山(2)(花)

207 毛泡桐(1)

208 毛泡桐(2)(花)

209 红王子锦带

210 锦带花

211 花叶锦带花(1)

212 花叶锦带花(2)(花)

213 猬实

214 金银木

215 盘叶忍冬(1)

216 盘叶忍冬(2)(花)

217 兰叶忍冬(1)

218 兰叶忍冬(2)（果）

219 靴靼忍冬(花)

220 金叶接骨木

221 荚蒾(1)

222 荚蒾(2)（花）

223 皱叶荚蒾(1)

224 皱叶荚蒾(2)（花）

225 天目琼花(1)

226 天目琼花(2)(花)

227 蝴蝶绣球(1)

228 蝴蝶绣球(2)(花、不孕花)

229 黑果绣球

230 糯米条

231 凌霄

232 蚂蚱腿子

233 箬竹

234 棕榈(花)

风景园林与观赏园艺系列丛书

园林树木学

（修订版）

主　编　高润清
副主编　李月华
参编者　窦德泉　刘建斌
赵和文　王九中

气象出版社
China Meteorological Press

内容简介

园林树木学是园林专业主要的专业课程之一。在进行园林（包括风景区）规划设计、绿化工程、园林建筑、城市园林的管理和养护等诸方面的工作中，都要具备园林树木学的知识，本书较全面地介绍了园林树木的基本知识。全书分为总论和各论两部分，总论着重理论论述；各论主要介绍了我国各地有发展前途的树种，共74科246属586种，详细介绍了各种园林树木的形态、分布、习性、繁殖方法、观赏特性和用途，内容全面，言简意赅，图文并茂，其中彩图234幅，黑白图297幅。本书可作为园林和林业专业教学用书，也可供园林工作者和园林爱好者参考。

图书在版编目(CIP)数据

园林树木学/高润清主编. —修订本. —北京：气象出版社，2005.7（2017.2重印）

ISBN 978-7-5029-3096-7

Ⅰ. 园… Ⅱ. 高… Ⅲ. 园林树木-高等学校-教材 Ⅳ. S68

中国版本图书馆CIP数据核字(2005)第030803号

气象出版社出版

（北京市海淀区中关村南大街46号 邮编：100081）

总编室：010-68407112 发行部：010-68408042

网址：http://www.qxcbs.com E-mail：qxcbs@cma.gov.cn

责任编辑：方益民 一 军 终审：周诗健

封面设计：刘 扬 责任技编：陈 红 责任校对：吕 菲

* * *

三河市百盛印装有限公司印刷

气象出版社发行 全国各地新华书店经销

开本：750×960 1/16 印张：21 彩插：26页 字数：407千字

2005年7月第2版 2017年2月第9次印刷

印数：25001—27000 定价：60.00元

出版说明

《风景园林与观赏园艺系列丛书》在原《园林建设管理丛书》的基础上经过再次修订终于与读者见面了，这是一件值得庆贺的事。

北京农学院与中国花卉报社联合举办了24期园林花卉函授班，9期面授，9期园林规划设计与工程培训班及5期林业站长培训班，为我国园林花卉行业培训了1万余名学员，遍及全国各省市、自治区及港澳特别行政区及台湾地区。自1992年出版第一套油印教材开始，先后经历了中国建筑工业出版社、气象出版社三次修订再版，参加编写的人员涉及到北京农学院、北京林业大学30余名专家教授，不断有新的内容充实，新的课程教材增加，有新人加入编写队伍，向全国推广普及数万套，近百万册的教材，不能不说这是一个历经10年的巨大工程。总结10余年所走过的道路，深感再次系统修订出版这套教材的重大意义。此次修订再版特别新增了《园林工程概预算》、《草坪与地被植物》、《植物造景》、《风景区规划》、《园林树木栽植养护学》、《花坛、插花与盆景艺术》、《景观设计初步》7部新教材，以便让更多的园林工作者、生产第一线的干部、工人、农民选择更适合自己的教材。

这套丛书较系统地阐述了园林花卉专业的基本理论、基本技能，又有最新的研究成果和新的应用技术，参考了大量的国内外较有价值的文献资料，在编写中注意由浅入深，程度适中，是一套易于推广使用的普及型丛书。由于其内容较丰富，特别是配有大量的黑白图及彩色照片，直观丰富，也适于园林、城市林业、园艺等专业的科技人员及农林院校的师生作为参考用书及教材用书。

由于编者水平有限，多有不足，望得到园林界的同仁批评指正。

本丛书在出版过程中得到了气象出版社方益民同志的大力支持，在此表示深深谢意。

《风景园林与观赏园艺系列丛书》

编委会

2004年3月30日

《风景园林与观赏园艺系列丛书》编委会

再版前言

《园林树木学》从第一版(1997 建工版),到第二版(2001 气象版),一直到今天第三版(2005 气象版),共经历了 9 个寒暑。一直受到了各界园林有识之士和大中专学生的爱戴和高度评价,深感本书简明扼要、重点突出、通俗易懂、图文并茂,尤其是彩图清晰、色彩鲜艳是本书的一大亮点。来信高度评价,深感欣慰。同时,也征集到了不少同志的建议和进言,尤其是希望本书再增加一些南方树种,以飨南方的读者和同学的需求。所以,在第三版问世时,新增加了紫茉莉科、杜英科、萝藦科的内容,这样共计 74 科 246 属 586 种,黑白图 297 幅,彩图经过增换,为 234 幅。

本书裸子植物部分仍按郑万钧教授(1978)顺序编写,被子植物仍按恩格勒(Engler)系统(1884、1909、1963 及 1964)排列。

本书仍然分为总论和各论两大部分。在总论中,把序论加进去了,合并为总论,总论压缩成二章,着重理论论述;并介绍园林树木学科的发展、展望和应用。各论重点介绍各地有发展前途的树种。其中树种分为重点树种、一般树种和次要树种。重点树种从五个方面介绍,而一般树种和次要树种简单介绍,以形态分布为主。

本书的对象是园林专业和林学专业的大中专学生、教师、研究生以及其他学者。

编写本书时,各论部分参考了《中国树木志》《中国植物志》《中国高等植物图鉴》《北京植物志》《树木学》《园林树木学》《观赏树木学》《华北植物志》等书。其中,插图除自绘外,部分采用了上述书籍中的插图和附图、为节省篇幅在书中未标明出处,在此一并致谢。

由于编者的水平有限,欢迎批评指正。

编写此书,得到了任宪威老先生(已仙逝,以献此书纪念之)、路端正等先生的大力帮助,高润清教授为本书的主审,特此致谢。同时对参与拍摄图片的冯超、王艳龙一并致谢。

2005 年 1 月

目　　录

出版说明

再版前言

总　　论

第一章　园林树木的概述 ……………………………… （2）

第一节　园林树木的资源和科学遗产 ……………… （2）

第二节　园林树木的防护作用 ……………………… （4）

第三节　园林树木的美化功能 ……………………… （6）

第四节　园林树木的经济作用 ……………………… （9）

第五节　园林树木的物候期 ………………………… （11）

第二章　园林树木的分类 ……………………………… （15）

第一节　植物分类学的方法 ………………………… （15）

第二节　植物拉丁文 ………………………………… （17）

第三节　园林树木的分类法 ………………………… （21）

各　　论

Ⅰ．**裸子植物门　GYMNOSPERMAE** ……………………… （24）

一、苏铁科　CYCADACEAE ……………………………… （24）

二、银杏科　GINKGOACEAE ……………………………… （26）

三、南洋杉科　ARAUCARIACEAE ………………………… （27）

四、松科　PINACEAE ……………………………………… （28）

五、杉科　TAXODIACEAE ………………………………… （46）

六、柏科　CUPRESSACEAE ………………………………… （52）

七、红豆杉科（紫杉科）　TAXACEAE ……………………… （58）

八、麻黄科　EPHEDRACEAE ……………………………… （61）

Ⅱ．**被子植物门　ANGIOSPERMAE** ……………………… （62）

（Ⅰ）双子叶植物纲　DICOTYLEDONEAE ………………… （62）

A．离瓣花亚纲　ARCHICHLAMYDEAE ……………………… （63）

九、木麻黄科　CASUARINACEAE ……………………………………(63)
十、杨柳科　SALICACEAE ……………………………………………(64)
十一、杨梅科　MYRICACEAE …………………………………………(70)
十二、胡桃科　JUGLANDACEAE ………………………………………(70)
十三、桦木科　BETULACEAE …………………………………………(74)
十四、山毛榉科(壳斗科)　FAGACEAE …………………………………(77)
十五、榆科　ULMACEAE ………………………………………………(84)
十六、桑科　MORACEAE ………………………………………………(89)
十七、紫茉莉科　NYCTAGINACEAE ……………………………………(93)
十八、毛茛科　RANUNCULACEAE ………………………………………(95)
十九、小檗科　BERBERIDACEAE ………………………………………(96)
二十、木兰科　MAGNOLIACEAE …………………………………………(97)
二十一、腊梅科　CALYCANTHACEAE ……………………………………(103)
二十二、樟科　LAURACEAE ……………………………………………(104)
二十三、虎耳草科　SAXIFRAGACEAE …………………………………(107)
二十四、海桐科　PITTOSPORACEAE …………………………………(111)
二十五、金缕梅科　HAMAMELIDACEAE …………………………………(112)
二十六、杜仲科　EUCOMMIACEAE ……………………………………(117)
二十七、悬铃木科　PLATANACEAE ……………………………………(117)
二十八、蔷薇科　ROSACEAE …………………………………………(119)
二十九、豆科　LEGUMINOSAE …………………………………………(146)
三十、芸香科　RUTACEAE ……………………………………………(164)
三十一、苦木科　SIMAROUBACEAE ……………………………………(169)
三十二、楝科　MELIACEAE ……………………………………………(170)
三十三、大戟科　EUPHORBIACEAE ……………………………………(172)
三十四、黄杨科　BUXACEAE ……………………………………………(176)
三十五、漆树科　ANARCARDIACEAE …………………………………(178)
三十六、冬青科　AQUIFOLIACEAE ……………………………………(181)
三十七、卫矛科　CELASTRACEAE ……………………………………(182)
三十八、槭树科　ACERACEAE …………………………………………(184)
三十九、七叶树科　HIPPOCASTANACEAE ………………………………(186)
四十、无患子科　SAPINDACEAE ………………………………………(187)
四十一、鼠李科　RHAMNACEAE …………………………………………(190)

四十二、葡萄科 VITACEAE …… (193)
四十三、杜英科 ELAEOCARPACEAE …… (195)
四十四、椴树科 TILIACEAE …… (197)
四十五、锦葵科 MALVACEAE …… (199)
四十六、木棉科 BOMBACACEAE …… (200)
四十七、梧桐科 STERCULIACEAE …… (201)
四十八、猕猴桃科 ACTINIDIACEAE …… (202)
四十九、山茶科 THEACEAE …… (203)
五十、藤黄科 GUTTIFERAE …… (206)
五十一、柽柳科 TAMARICACEAE …… (207)
五十二、瑞香科 THYMELAEACEAE …… (208)
五十三、胡颓子科 ELAEAGNACEAE …… (209)
五十四、千屈菜科 LYTHRACEAE …… (211)
五十五、石榴科 PUNICACEAE …… (212)
五十六、珙桐科(蓝果树科) NYSSACEAE …… (213)
五十七、桃金娘科 MYRTACEAE …… (215)
五十八、五加科 ARALIACEAE …… (216)
五十九、山茱萸科 CORNACEAE …… (221)
B. 合瓣花亚纲 METACHLAMYDEAE …… (225)
六十、杜鹃花科 ERICACEAE …… (225)
六十一、柿树科 EBENACEAE …… (231)
六十二、木犀科 OLEACEAE …… (232)
六十三、马钱科 LOGANIACEAE …… (241)
六十四、夹竹桃科 APOCYNACEAE …… (242)
六十五、萝藦科 ASCLEPIADACEAE …… (244)
六十六、马鞭草科 VERBENACEAE …… (245)
六十七、茄科 SOLANACEAE …… (247)
六十八、玄参科 SCROPHULARIACEAE …… (248)
六十九、紫葳科 BIGNONIACEAE …… (249)
七十、茜草科 RUBIACEAE …… (254)
七十一、忍冬科 CAPRIFOLIACEAE …… (255)
(Ⅱ)单子叶植物纲 MONOCOTYLEDONEAE …… (264)
七十二、禾本科 GRAMINEAE …… (265)

七十三、棕榈科 PALMACEAE …………………………………………… (277)
七十四、百合科 LILIACEAE ……………………………………………… (280)
附录:木本植物常用形态术语 ………………………………………… (282)
科、属、种中文名索引……………………………………………………… (312)

总 论

园林树木是适用于城市园林绿地及风景区栽植应用的木本植物，包括各种乔木、灌木和木质藤本；而以园林建设为宗旨，对园林树木的分类、习性、繁殖、栽培管理和应用等方面进行系统研究的学科为园林树木学。园林树木学属于应用科学，是为园林建设服务的，是园林教学中重要的专业课程。

从宏观来讲，园林绿化工作的主体是园林植物，其中又以园林树木所占的比重最大。从园林建设的趋势来讲，必定是以植物造园（景）为主流。学好园林树木学，对园林规划设计、绿化施工以及园林的养护管理等工作是有巨大意义的。

学好园林树木学，主要是解决树种识别问题。从树种的形态特征入手，按植物的科属系统来正确识别和鉴定树种，进而辨别其变种、变型和品种，这是学好园林树木学的前提。园林树木的习性主要是指树木的生态习性和生物学特性（生长发育规律）。为了很好地栽培和应用园林树木，必须对各种园林树木的习性有较深入和全面的了解，因此掌握园林树木的习性是学好园林树木学的基础。研究园林树木的栽培是本学科的中心，其内容十分丰富，包括各类型园林树木的繁殖、育苗、栽植、养护等一系列的原理和技术措施。我们把园林树木的繁殖、育苗内容放入“园林苗圃学”中，而将园林树木的栽培、养护方面的内容放入“园林树木栽培学”中。这样在这部《园林树木学》中就没有这两方面的内容。至于园林树木的应用，是根据园林绿化的综合功能要求对各类型园林绿地的树种进行选择、搭配和布置，这是学习园林树木的目的。

要想学好园林树木学，必须有一定的基础学科和专业基础学科的知识，所以必须学好植物学、植物生理学、土壤学、肥料学、气象学、植物生态学、植物地理学、地植物学和森林学等知识。在学习园林树木学时必须记住树木的识别特点，掌握其习性、观赏特性、园林用途以及相应的栽培管理技术措施；同时还可采集和压制各种标本，帮助识别和记忆，这是一种事半功倍的学习方法。

由于园林树木种类繁多，地域性差异很大，形态、习性各有不同，在学习上有一定的难度，所以在学习方法上要注意理论联系实际，多做观察记录，勤思考，多做分析、比较和归纳工作，并善于抓住要点，坚持这种学习方法定会有较大的收获。

第一章　园林树木的概述

第一节　园林树木的资源和科学遗产

一、中国丰富多彩的园林树木资源

中国被西方人士称为“园林之母”，园林树木资源极为丰富。各国园林界、植物界对中国园林树木评价极高，视为世界园林植物重要发源地之一。中国的各种名贵园林树木，几百年来不断传至西方，对他们的园林事业和园艺植物育种工作起了重大作用，许多著名的观赏植物及其品种，都是由我国勤劳、智慧的劳动人民手中培育出来的。例如桃花栽培历史3 000年以上，培育出了百多个品种，约在公元 4 世纪初传至伊朗，以后才辗转传至德国、西班牙、葡萄牙等国，至 15 世纪才传入英国，而美国则从 16 世纪才开始栽培桃花。又如梅花也有3 000多年历史，培育出了两三百个品种，在 20 世纪美国才开始栽培梅花。还有牡丹等观赏珍品，远在宋代就有 700 种之多。

目前，我国园林事业不断地发展和振兴，相信在不久的将来不但会恢复过去的繁荣，而且会大大超过过去。我国的园林树木资源有以下特点：

1. 种类繁多

全世界种子植物为 30 万种以上，我国原产的乔、灌木树种就约达8 000种，其中乔木树种约2 000种，乔木树种优良用材和特用经济树种则达1 000余种；灌木树种为6 000余种。尤其是我国独有的乔木达 50 多种，如金钱松、台湾杉、水杉、杜仲、香果树、水松等；还有第三纪的孑遗植物，如银杏、油杉、铁杉、红松、杉木、水杉、红豆杉、榧树等，这些都是我国园林树木的可贵资源。

2. 分布集中

很多著名花木和有观赏价值的科、属，是以我国为世界分布的中心，在相对较小的地区内，集中着原产众多的树种。现以 20 属的园林树木为例，从国产种数占世界总种数之百分比中，可看出我国确系若干著名园林乔、灌木的世界分布中心（表 1-1）。

3. 丰富多彩

我国园林树种具有变异广泛、丰富多彩的特点。如梅花全国有 231 个品种，分属直脚梅类、杏梅类及龙游梅类等。又可分为变型若干，在枝态、花型、重瓣性、花色、萼色等性状上，均表现出形形色色、变化多端，可谓琳琅满目，美不胜举。

4. 特点突出

这既包括若干特产科、属、种，举世无双，又在栽培花卉中培育出若干独具一格、特点优异的品种和类型。如别具特色的品种与类型有：黄香梅、红花檵木、红花含笑、重瓣杏花等；又如银杏、银杉、喜树等。这些树不但各具特点，又是独特的品种，均为我国所仅有。

表 1-1　20 属国产园林树种占世界总种数百分比

属　名	拉丁学名	国产种数	世界总种数	国产种数占世界总种数(%)	备　注
金粟兰	Chloranthus	15	15	100	
山　茶	Camellia	195	220	89	西南、华南为分布中心
猕猴桃	Actinidia	53	60	88	
丁香花	Syringa	25	30	83	主产东北至西南
石　楠	Photinia	45	55	82	
油　杉	Keteleeria	9	11	82	主产华东、华南、西南
溲　疏	Deutzia	40	50	80	西南为分布中心
毛竹(刚竹)	Phyllostachys	40	50	80	主产黄河以南
蚊母树	Distylium	12	15	80	主产西南、华东、华南
杜鹃花	Rhododendron	600	800	75	西南为分布中心
槭　树	Acer	150	205	73	
花　楸	Sorbus	60	85	71	
蜡瓣花	Corylopsis	21	30	70	主产长江以南
含　笑	Michelia	35	50	70	主产西南至华东
椴　树	Tilia	35	50	70	主产东北至华南
苹果(海棠)	Malus	22	35	63	
木　犀	Osmanthus	25	40	63	主产长江以南
栒　子	Cotoneaster	60	95	63	西南为分布中心
绣线菊	Spiraea	65	105	62	
南蛇藤	Celastrus	30	50	60	

二、中国在园林树木方面的科学遗产

我国不仅园林树木种类和资源丰富，而且广大人民长期引种栽培出了许多优良品种，积累了多方面的宝贵经验，这些都是祖国在园林树木学中的重要遗产，值得很好地加以总结，以便提高理论水平，并进而指导当前的生产实践。

对于这些遗产一方面要继承，另一方面还要挖掘、完善。例如北魏贾思勰的《齐民要术》、明代李时珍的《本草纲目》以及晋代戴凯之的《竹谱》，宋代蔡襄的《荔枝谱》、明代王象晋的《群芳谱》、清代汪灏的《广群芳谱》等等，都是园林植物方面的巨著。还要对散在民间世代不见经传的优秀技术和优良品种进行挖掘，这些都是劳动人民在长期实践中积累的宝贵财富，我们园林工作者要注意挖掘和总结，并以现代科学技术理论加以阐述提高，使之发扬光大。

第二节　园林树木的防护作用

一、园林树木在改善环境方面的作用

园林树木能够改善环境条件，集中表现在：

1. 园林树木能改善温度条件

众所周知，树荫下会感到凉爽宜人，这主要是树冠遮拦了阳光，减少了阳光的辐射热，并降低了小气候的温度所致。不同的树种有不同的降温能力，这主要取决于树冠大小、树叶密度等因素（表 1-2）。

从表 1-2 中可以看到，树木遮荫效果的好坏，与其“荫质”（即树冠密度，叶面大而不透明强度）优劣、冠幅大小成正比。

2. 园林树木能提高空气湿度

例如 1 株中等大小的杨树，在夏季白天，每小时可由叶部蒸腾水 25kg，一天的蒸腾量就有 500kg 之多。若有 1 000 棵树，其效果就相当于在该处洒泼 500t 的水。所以研究树木的蒸腾能力，有着实际意义。蒸腾的大小用蒸腾强度表示，即“$g/(m^2 \cdot h)$”。蒸腾得越多，湿度就越大。

表 1-2　常用行道树遮荫降温效果比较（℃）

树　种	阳光下温度	树荫下温度	温　差	评　价
银　杏	40.2	35.3	4.9	效果最好
刺　槐	40.0	35.5	4.5	效果较好
枫　杨	40.4	36.0	4.4	效果较好
悬铃木	40.0	35.7	4.3	效果较好
梧　桐	41.1	37.9	3.2	效果较差
旱　柳	38.2	35.4	2.8	效果较差
槐	40.3	37.7	2.6	效果较差
垂　柳	37.9	35.6	2.3	效果最差

由表 1-3 可知，苹果、椴等树种具有很强的增加空气湿度的能力。如将各树木或树丛作大面积种植，则改善小环境湿度的效果尤为显著。据测定，一般在树林中的空气湿度要比空旷地的湿度高 7%～14%。

表 1-3　不同园林树木的蒸腾强度

树　种	松	忍冬	白蜡	桦木	榆	栎树	杨树	美国槭	椴	苹果
蒸腾强度 $g/(m^2 \cdot h)$	152	252	326	341	344	364	369	388	390	530

3. 园林树木防风固沙作用

园林树木的种植在防风固沙方面有显著的功效。如公园中的风速要比城区的小80%～94%。如能组成防护林带，则可防风、防沙和固沙，三北防护林带就足以说明这种功效。还比如北京地区的植树造林已减少大风灾害天气十几天。

4. 防止水土流失作用

园林树木防止水土流失作用比较显著。从全国的统计资料来看，大面积的植树造林对保持水土、涵养水源确有巨大的作用。

二、园林树木在保护环境方面的作用

1. 园林树木能自然净化空气

由于树木吸收二氧化碳(CO_2)放出氧气(O_2)，而人呼出的二氧化碳只占树木吸收二氧化碳的1/20，这样大量的二氧化碳被树木所吸收，又放出氧气，从而就积极恢复并维持生态自然循环和自然净化的能力。所以说园林树木就成为净化空气的“城市绿色工厂”。

2. 吸收有毒气体

大气污染包括多种有毒气体，而以二氧化硫(SO_2)为主，氟化氢(HF)、氯气(Cl_2)次之。园林树木具有吸收不同有毒气体的能力，故可在环境保护上发挥相当大的作用。

(1)对二氧化硫吸收较强的树种是：忍冬、卫矛、旱柳、臭椿、榆、花曲柳、水蜡、山桃等，它们具有较大的吸毒力，又具有较强的抗性。

(2)对氯气吸收较强的树种是：银柳、旱柳、臭椿、赤杨、水蜡、卫矛、花曲柳、忍冬，它们都是净化氯气的较好树种。

(3)对其他有毒气体吸收较强的树种是：泡桐、梧桐、大叶黄杨、女贞、榉树、垂柳等，它们对氟(F)有较强的吸氟力。

3. 阻滞烟尘和尘埃

树木的枝叶可以阻滞空气中的烟尘，相当于滤尘器。一般树冠大而浓密、叶面多毛或粗糙以及分泌有油脂或粘液的树种均有较强的滞尘力(表 1-4)。

4. 分泌杀菌素

城镇中闹市区空气里细菌数比公园、绿地多 7 倍以上，公园、绿地中主要是很多植物能分泌杀菌剂。如桉树、肉桂、柠檬等树木含有芳香油，它们具有杀菌力。据计算，1 km^2 的圆柏林，能分泌 30kg 的杀菌剂。

表 1-4　单位面积上滞尘量(g/m^2)

榆　树	12.27	朴　树	9.37	丝棉木	4.77	紫　薇	4.42
木　槿	8.13	广玉兰	7.10	悬铃木	3.73	五角枫	3.45
重阳木	6.81	女　贞	6.63	乌　桕	3.39	樱　花	2.75
大叶黄杨	6.63	刺　槐	6.37	腊　梅	2.42	加　杨	2.06
棕　树	5.89	臭　椿	5.88	黄金树	2.05	桂　花	2.02
构　树	5.87	三角枫	5.52	栀　子	1.47	绣　球	0.63
桑　树	5.79	夹竹桃	5.28				

据研究，下列这些树种杀菌力均较强：侧柏、柏木、圆柏、欧洲松、铅笔桧、杉松、雪松、柳杉、黄栌、盐肤木、锦熟黄杨、尖叶冬青、大叶黄杨、核桃、月桂、七叶树、合欢、树锦鸡儿、刺槐、槐、紫薇、广玉兰、木槿、楝、女贞、紫丁香、悬铃木、石榴、枣、水枸子、枸橘、银白杨、钻天杨、垂柳、栾树、臭椿等。

5. 减弱噪声

园林树木能减弱噪声。较好的隔声树种是：乔木类——雪松、桧柏、龙柏、水杉、悬铃木、梧桐、垂柳、云杉、山核桃、鹅掌楸、柏木、臭椿、樟树、榕树、柳杉、栎树等；小乔木及灌木类——珊瑚树、椤木、海桐、桂花、女贞等。

6. 园林树木能抗灾防火

有宽厚木栓层和富有水分的树种，可植防火隔离带。这些树种是苏铁、银杏、栎类、榕树、棕榈、女贞等。

第三节　园林树木的美化功能

众所周知，园林中没有园林植物就不能称为真正的园林，而园林植物又以园林树木在园林绿化中占有较大的比重并成为重要的美化题材。园林树木种类繁多，各具不同的形态、色彩、风韵、芳香……随季节而五彩缤纷，香韵异呈。它们与园林中的建筑、雕像、溪瀑、山石等相互衬托，再加上艺术处理，将呈现出千姿百态的迷人美景，令人神往。我们就是要利用园林树木的美化功能，改造环境，欣赏大自然，赞美大自然。如何欣赏和观赏美，这主要要看园林树木的美化功能和观赏特性，下面分别述之。

一、园林树木的树形及其观赏特性

在美化配植中，树形是构景的基本因素之一，它对园林境界的创造起着巨大作用。通常园林树木的树形可分为下述各种类型。

1. 针叶树类

(1)乔木类

①圆柱形。如杜松、塔柏等。
②尖塔形。如雪松、窄冠侧柏等。
③圆锥形。如圆柏。
④广卵形。如圆柏、侧柏等。
⑤卵圆形。如球柏。
⑥盘伞形。如老年期油松。
⑦苍虬形。如高山区一些老年期树木。
(2)灌木类
①密球形。如万峰桧。
②倒卵形。如千头桧。
③丛生形。如翠柏。
④偃卧形。如鹿角桧。
⑤匍匐形。如铺地柏。
(2)阔叶树类
(1)乔木类
①有中央主导干
a.圆柱形。如钻天杨。
b.笔形。如塔杨。
c.圆锥形。如毛白杨。
d.卵圆形。如加拿大杨。
e.棕榈形。如棕榈。
②无中央主导干
a.倒卵形。如刺槐。
b.球形。如五角枫。
c.扁球形。如栗。
d.钟形。如欧洲山毛榉。
e.倒钟形。如槐。
f.馒头形。如馒头柳。
g.风致形。由于自然环境因子的影响而形成的各种富于艺术风格的体形，如高山上或多风处的树木以及老年树或复壮树等，一般在山脊多风处呈旗形。
(2)灌木及丛生类
①圆球形。如黄刺玫。
②扁球形。如榆叶梅。

③半球形。如金缕梅。

④丛生形。如玫瑰。

⑤拱枝形。如连翘。

⑥悬崖形。如生于高山岩石隙中之松树等。

⑦匍匐形。如平枝栒子等。

(3)藤本类(攀援类)　如紫藤。

(4)其他类型

①垂枝形。如垂柳。

②龙枝形。如龙爪柳。

二、园林树木的叶及观赏特性

园林树木的叶具有极其丰富多彩的形貌:叶的大小不同,叶的形状各有差异。叶的质地不同,观赏的效果也就不同。叶的色彩变化丰富,根据叶色的特点可分为以下几类:

1. 绿色叶类

(1)叶色深浓绿色者　油松、圆柏、雪松、侧柏、女贞、桂花、毛白杨等。

(2)叶色浅淡绿色者　水杉、落羽松、落叶松、七叶树、鹅掌楸、玉兰等。

2. 春色叶类及新叶有色类

如臭椿、香椿、五角枫等的春叶呈红色,黄连木的春叶呈紫红色。还有一种树木不论季节,只要发生新叶,就具色彩,宛若开花的效果,如铁刀木等。这一类统称为新叶有色类。

3. 秋色叶类

(1)秋叶呈红色或紫红色者　鸡爪槭、五角枫、茶条槭、枫香、爬山虎、黄栌、樱花、漆树、卫矛、山楂等。

(2)秋叶呈黄或黄褐色者　银杏、白蜡、鹅掌楸、加拿大杨、柳、梧桐、榆、槐、白桦、无患子、复叶槭、落叶松等。

4. 常色叶类

其叶常年均为异色。如紫叶小檗、紫叶李、紫叶桃;全年为金黄色的有金叶鸡爪槭、金叶雪松、金叶圆柏;还比如全年斑驳彩纹的有金心黄杨、银边黄杨、变色木等。

5. 双色叶类

某些树种,其叶背与叶表颜色不同,在微风中闪烁变化,如银白杨、胡颓子、栓皮栎等。

6. 斑色叶类

绿叶上具有其他颜色的斑点或花纹,如桃叶珊瑚、变叶木等。

三、园林树木的花及其观赏特性

1. 花色

(1)红色系花　海棠、桃、杏、梅、石榴、紫荆、山茶、木棉等。

(2)黄色系花　迎春、连翘、金钟花、桂花、黄刺玫、金雀花、金花茶等。

(3)蓝色系花　紫藤、紫丁香、杜鹃、木兰、泡桐、八仙花、假连翘、薄皮木等。

(4)白色系花　茉莉、白丁香、白牡丹、溲疏、白玉兰等。

2. 花香

可分为清香(如桂花)、浓香(白兰花)、淡香(白玉兰)、幽香(如树兰)等。

3. 花相

我们将花或花序着生在树冠上的整体表现形貌,特称为花相。可分几种:

(1)独生花相　如苏铁。

(2)星散花相　花朵和花序数量较少,且散布于全树冠各部,如珍珠梅、鹅掌楸等。

(3)线条花相　花排列在小枝上,形成长形的花枝,如连翘、金钟花等。

(4)团簇花相　花簇大而多,如木兰、玉兰、大绣球等。

(5)覆被花相　着生于树冠的表层,形成覆伞者,如泡桐、七叶树、栾树等。

(6)密满花相　如毛樱桃、榆叶梅、樱花等。

(7)干生花相　花着生在茎干上,如紫荆、槟榔、可可等。

四、园林树木的果实及其观赏特性

园林树木的果实观赏时要注意形与色。所谓形,指形状以"奇、巨、丰"为准;所谓"奇",乃指形状奇异有趣为主,如象耳豆等;所谓"巨",指果实较大,如柚;所谓"丰",指丰盛数量,如柿树满树满枝黄果。

果实的色彩可分以下几种:

(1)果实呈红色者　小檗果、山楂、水栒子、石榴等。

(2)果实呈黄色者　银杏、佛手、金橘、柿等。

(3)果实呈蓝色者　紫珠、蛇葡萄、李、蓝果、忍冬、桂花等。

(4)果实呈黑色者　小叶女贞、小蜡、女贞、鼠李、金银花等。

(5)果实呈白色者　红瑞木、雪果等。

其他的观赏特性,如园林树木的枝、干、树皮、刺毛、根等也有一定的观赏价值。

第四节　园林树木的经济作用

关于园林树木的作用,在过去只是强调园林树木的防护作用和美化作用,以及小部分的生产作用,而极少提及它的经济作用。其实,园林树木有的已经生长了几百年甚至上千年,而在新中国建立以来的近50多年间,有的树木也早已进入了成熟期,例如杨树的成熟期一般是25～35年,它们早就进入了衰老时期,病虫害滋生,这大大降低了树木的美化和防护功能;有的树木过于密植(如森林公园),需要进行抚育间伐,否则树木的生长发育就会迟缓。另外，树木使环境得到了绿化和美化，可以提供旅游观赏，让人们享受重返大自然的情趣。这样就需要大量苗木及苗木的繁殖栽培，从而需要发展苗木市场，出售大量苗木，并提供繁殖栽培技术，这样可以获得可观的经济效益。

园林树木的经济作用主要有四方面：苗木生产；抚育间伐；旅游开发；生产植物产品。

一、苗木生产

要发展园林树木，必然需要大量苗木，特别是需要优质苗木，而只靠原有的苗圃提供，远不能满足市场需求。若能结合绿地设施，开辟若干苗圃地，则既可以扩大绿地面积，又可以从出售苗木中获取一定的经济收入，从中得到一部分园林养护资金。

二、抚育间伐

森林公园面积大，树木多，如果不在一定时期内进行抚育间伐，树木的生长繁衍能力就会急剧下降，树木的各种功能也会受到不利影响，所以必须在一定时期内进行树木抚育间伐。间伐下来的木材，可以出售，获取一定的经济利益。

三、旅游开发

优美的园林树木景观，会吸引人们返朴归真，回到大自然去享受无穷乐趣。这就使我们可以搞旅游开发业，为园林事业提供大量资金。

四、生产植物产品

在不影响园林树木美化、绿化和防护功能的前提下，可以从园林树木生产的植物产品中创造价值（表 1-5）。

在园林树木结合生产时，应当注意园林树木的防护和美化作用是主导的、基本的，园林生产是次要的、派生的。要防止过分片面强调生产，导致破坏树木，使树木难以发挥其各种主要功能。要处理好二者关系，分清主次，充分发挥园林树木的作用。

表 1-5　园林树木的经济用途

类　型	用　途	主要树种
果品类	提供干果和鲜果，并可加工利用	桃、杏、枣、李、山楂、苹果、海棠、柑橘、龙眼、杨梅、杧果、枇杷等
淀粉类	含有丰富的淀粉，可称为木本粮食	板栗、栎类、栲类、枣类、柿、榆、银杏等
油脂类	种子含丰富的油料（油脂），可食用和工业用	核桃、松属、榛、山杏、乌桕、山茶、油桐、文冠果、无患子、油橄榄、沙棘、漆树、水冬瓜、油棕等
纤维类	含有纤维，可供造纸、编织等工业生产用	杨属、榆属、刺槐、桑属、构树、椴属、云杉、朴属、紫穗槐、荆、胡枝子、柳属、毛竹、木棉等
芳香油类	提供香精、香料，主要用于食品和工业	茉莉、含笑、白兰花、桂花、玫瑰、月季、花椒、柠檬桉、肉桂、月桂、木姜子、紫槐、荆等

续表

类　型	用　途	主要树种
鞣料类	主要在制革、纺织、印染、医药中应用(单宁)	落叶松属、云杉属、松属、柳属、豆科、南酸枣、冬青、大叶桉、黄连木、楝木属、赤杨属、壳斗科、盐肤木等
橡胶类	富含橡胶,工业用	橡胶树、橡皮树、卫矛、丝棉木、冬青卫矛、杜仲、猫儿屎(果皮)、白桂木、薜荔、杜仲藤等
树脂、树胶类	树脂、树胶在化工中应用	柏类、松类、杉类、桃、山桃、枫香、木蜡树、漆树、沙枣等
药用类	树木很多可入药	银杏、侧柏、麻黄、牡丹、五味子、梅、枳、使君子、连翘、枸杞、接骨木、槟榔等
饲料类	枝叶可饲养牲畜	栎类、槠类、胡枝子、杨、柳、榆、桑等
用材类	可提供木材	松、杉、柏、杨、柳、榆、泡桐、桧柏、梓树等
其他	可以直接或间接应用,如制糖、食品染色等	糖槭、复叶槭、刺犁、金樱子等可制糖;食品染色的如栀子、冻绿、苏木、木槿;含有咖啡、可可等;菜用:香椿、花椒、栾树等

第五节　园林树木的物候期

一、物候期的概念和意义

随着四季气候的变化,树木有不同的生命活动现象,称为树木的物候期。一年中,树木都会随季节变化而发生许多变化,如萌芽、展叶、开花、结果等。树木每年随环境的周期变化而出现这种形态和生理机能的规律性变化。物候是地理气候研究、树木栽培的区域规划等重要的依据。掌握树木的季相变化,可以为园林树木设计、选配树种提供依据,同时为园林树木的繁殖、栽培、养护与育种提供生物学依据及科学的指导。

二、观测法

1. 观测点的选定,必须具备下列条件:

(1)观测点可以多年观测,不轻易移动。

(2)所选的观测点,基本上具有代表性。

(3)观测点选定之后,务将地点、名称、生态环境、地形、位置、土壤、植被等详细记载。

2. 观测目标的选定

作为观测目标所选的树种应该是发育正常、开花结实 3 年以上者,树冠、枝叶较匀称,体形中庸。

3. 观测时间

一般 3～5 天观测一次。但在开花、展叶期要每天观测,一天中最好在下午 2～3 点观测。

4. 观测的部位

一般在向阳的一面，最好观测树木的中部枝条和全面观测。

5. 观测记录和人员

人员固定，记录要认真，责任心要强。

6. 观测的内容见表 1-6。

表 1-6　树木物候期记录表

地点__________时间__________

出现日期 \ 发育期 / 树种	萌动期					展叶期		开花期						果熟期				新梢生长期					叶变色期			落叶期			
	叶芽开始膨大期	叶芽开放期	花芽开始膨大期	花芽开放期	萌动期间隔日数	开始展叶期	展叶盛期	花序或花蕾出现期	开花始期	开花盛期	开花末期	第二次开花期	开花期间隔日数	果实成熟期	果实脱落开始期	果熟脱落末期	果熟期间隔日数	一次梢开始生长期	一次梢停止生长期	二次或三次梢开始生长期	二次或三次梢停止生长期	新梢生长期间隔日数	叶开始变色期	叶全部变色期	叶变色期间隔日数	开始落叶期	落叶末期	落叶期间隔日数	生长期日数

观测单位__________　观测者__________　抄录__________

(1)根系生长期　利用根窖和根箱。一般不进行。

(2)树液流动期　以伤口出现水涌状分泌物为准,如核桃等。

(3)萌芽期

①芽膨大期。芽鳞开始分离。

②芽开放期或显蕾期。鳞片裂开,芽顶部出现新鲜颜色的幼叶和花蕾顶部。

(4)展叶期

①展叶开始期。小叶出现第一批1～2片平展叶,为展叶开始期。复叶也是1～2片小叶,即5%叶展开。

②展叶盛期。阔叶树以其半数枝条上的小叶完全平展时为准。针叶树新叶是老叶的1/2为准。

③春生叶呈现始期。有一定观赏价值的树。

④春生叶变色期。如由红色变绿色等。

⑤末期。90%以上的叶展开。

(5)开花期

①开花始期。见到一半以上植株有5%的花瓣完全展开时。

②开花盛期。观测树上有一半以上花蕾都展开花瓣时。

③开花末期。观测树上残留5%的花时。

④多次开花期。详记开花日期,分析原因。

(6)果实生长发育和落果期

①幼果出现时。子房开始膨大,苹果以直径0.8cm为准。

②果实生长周期。一般不测定。

③生理落果期。记载。

④果实种子成熟期。有一半以上为准。

⑤脱落期。开始脱落期和脱落末期。

(7)新梢生长周期

①新梢开始生长期。选定主枝一年生延长枝,上部叶腋开放为第一次梢开始生长期,依次类推。

②新梢停止生长期。不再生长。

(8)花芽分化期　一般不做观测。

(9)叶秋季变色期

①秋叶开始变色期。全株叶片有5%变色。

②秋叶全部变色期。全株全变色。

③可供观秋色叶期。以30%～50%呈现秋色叶观赏起。

(10)落叶期

①落叶初期。约有5%叶片脱落。

②落叶盛期。全株约有30%～50%叶片脱落。

③落叶末期。全株叶片脱落达90%～95%。

第二章　园林树木的分类

第一节　植物分类学的方法

植物分类学是植物学中一门基础学科，主要研究不同植物类群的起源、发展和进化的规律。依据它们与进化系统和其间的亲缘关系，将植物分门别类，便于研究，也便于识别和应用。

一、植物分类的方法

分类方法大致为两类。一类是人为分类法，一类是自然分类法。人为分类法是人为的分类系统，着眼于应用的方便。例如本草学是为了医药目的而分类的；自然分类法，是根据植物进化系统和植物之间的亲缘关系而分类的。下面着重研究自然分类法。

自然分类法的方法，一般常采用如下的一系列分类单位进行分类：界、门、纲、目、科、属、种。有时也设亚门、亚纲、亚目、亚科、亚属、亚种和变种等。

“种”是具有相似形态特征，表现一定的生物学特征，要求一定的生存条件的多数个体的总和，在自然界中占有一定的分布区。

“亚种”和“变种”：“亚种”是种内的变异类型，除了在形态构造上有显著不同特点外，在地理分布上也有一定较大范围的地带性分布区域；而“变种”虽然形态上有显著变化，但没有明显的地带性分布区域。

“变型”是指在形态特征上变异比较小的类型。例如花色不同等。

现以桃树为例分类如下：

界……植物界　Regnum Plantae
　门……被子植物门　Angiospermae
　　纲……双子叶植物纲　Dicotyledoneae
　　　亚纲……离瓣花亚纲　Archichlamydeae
　　　　目……蔷薇目　Rosales
　　　　　亚目……蔷薇亚目　Rosineae
　　　　　　科……蔷薇科　Rosaceae
　　　　　　　亚科……李亚科　Prunoideae
　　　　　　　　属……梅属　Prunus
　　　　　　　　　亚属……桃亚属　Amygdalus

种……桃　Prunus persica

按照上述的等级次序，植物分类学家即以“种”作为分类起点，作为基本单位，然后集合相近的种为属，又将类似的属集合为一科，将类似的科集合为一目，类似的目集合为一纲，再集纲为门，集门为界。这就形成一个完整的自然分类系统。

二、植物分类系统

目前分类系统在裸子植物门这部分，是根据郑万钧编著的《中国植物志》第七卷系统排列；而被子植物门，目前常用的分类系统有两种：一种是恩格勒(Engler)分类系统；一种是哈钦松(Hutchinson)分类系统。

1．恩格勒系统

(1)被子植物门分为单子叶植物和双子叶植物两个纲，单子叶植物纲在前(1964 年新系统为双子叶植物纲在前)。

(2)双子叶植物纲分为离瓣花和合瓣花两个亚纲，离瓣花亚纲在前。

(3)离瓣花亚纲，按无被花、单被花、异被花的次序排列，因此把柔荑花序类作为原始的双子叶植物处理，放在最前面。

(4)在各类植物上又大致按子房上位→子房半下位→子房下位的次序排列。此分类系统用得较多。

2．哈钦松系统

(1)认为单子叶植物比较进化，故排在双子叶植物之后。

(2)在双子叶植物中，将木本与草本分开，并认为乔木为原始性状，草本为进化性状。

(3)认为花的各部分呈离生状态，花的各部呈螺旋状排列，具有多数离生雄蕊，两性花等性状为原始的；而花的各部分呈合生，附生，合生雄蕊，单性花为进化的性状。

(4)单叶和互生是原始性状，复叶或对生为较进化状态。

(5)单子叶植物起源于毛茛目，较双子叶植物进化。目前很多人认为该系统较合理。

三、植物分类检索表

分类检索表是鉴别植物种类的重要工具之一。通过检索表，初步查出科、属、种的名称，从而鉴定植物。我们要学会查检索表和编检索表的方法。

在检索表的编制中，首先要大量采集植物标本，熟悉它的各部形态特征。一般是对比，找出特殊区别点，再从特殊到一般的原则，要反复把形态特征区别开来，再进行编制。区别可从大的方面区别，再从小的方面区别。例如先从胚珠裸露和子房包被区别大的方面，再从被子植物区别，对生和互生，全缘和锯齿，羽脉和三叉脉、平行脉；一级级反复地区别开来。常用的检索表有两种，一种是定矩检索表，一种是平行检索表。这里只介绍常用的定矩检索表。它是每两两对称进行区别(如分科检索表)。

1．胚珠裸露，无子房包被 ……………………………… 裸子植物门　Gymnospermae

2. 茎不分枝,叶大形羽状复叶 ································ 苏铁科 Cycadaceae
2. 茎正常分枝,单叶:
3. 叶扇形,落叶乔木 ·· 银杏科 Ginkgoaceae
3. 叶非扇形,常为鳞片状,线形,鳞形:
4. 球果,珠鳞和苞鳞分离,2个倒生胚珠 ······················ 松科 Pinaceae
4. 球果,珠鳞和苞鳞愈合,2~9个直立胚珠 ················ 杉科 Taxodiaceae
1. 胚珠包藏于子房内,真花 ································ 被子植物门 Angiospermae
5. 无花瓣
6. 花单性
6. 花两性
5. 有花瓣(具花萼和花瓣)
7. 花瓣分离
7. 花瓣合生

上面只是简单的介绍,特征间每两两对比一直编下去,请参照贺士元先生编的《北京植物检索表》。

第二节 植物拉丁文

一、拉丁语字母和发音

印刷体		国际音标		印刷体		国际音标	
大写	小写	名称	发音	大写	小写	名称	发音
A	a	[ɑ]	[ɑ]	N	n	[en]	[n]
B	b	[be]	[b]	O	o	[o]	[o]
C	c	[tse]	[k][ts]	P	p	[pe]	[p]
D	d	[de]	[d]	Q	q	[ku]	[k]
E	e	[e]	[e]	R	r	[er]	[r]
F	f	[ef]	[f]	S	s	[es]	[s]
G	g	[ge]	[g][d]	T	t	[te]	[t]
H	h	[ha]	[h]	U	u	[u]	[u]
I	i	[i]	[i]	V	v	[ve]	[v]
J	j	[jota]	[i]	W	w	[ve]	[v]
K	k	[ka]	[k]	X	x	[iks]	[ks]
L	l	[el]	[l]	Y	y	[ipsilon]	[i]
M	m	[em]	[m]	Z	z	[zeta]	[z]

二、语音的分类

1. 元音

单元音6个:a,e,i,o,u,y

双元音4个:ae,oe,au,eu,均是长元音,读一个音,划音节时不能分开,发音如下:ae=e,oe=e;au=a+u,eu=e+u,也就是ae发[e]的音,oe发[e]的音;au先发[a]音稍长,再发[u]的音,eu先发[e]音稍长,再发[u]的音。

2. 辅音

浊辅音:b,d,g,j,v,z,l,m,n,r

清辅音:p,t,k,f,s,c,h,q,x

双辅音:ch,ph,rh,th,读一个音,划音节时不能分开,发音如下:ch=k或h,ph=f,rh=r,th=t,也就是ch发[k]或[h]的音,ph发[f]的音,rh发[r]的音,th发[t]的音。

三、音节

音节是发音单位,元音是构成音节的主要成分,每个音节必须有一个元音。通常由一个元音与一个或多个辅音构成一个音节,元音如前后无辅音字母时可以单独构成一个音节,如云杉属P i—c e—a,冷杉属A—b i—es,因此,一个音节中有几个元音就有几个音节。辅音(或双辅音)不能单独成为一个音节。

划分音节的规则:

1. 两个元音(或双元音)之间如有一个辅音,则该辅音应与后一元音划在一起成为一个音节。拼音应尽量先做顺序拼音,即在元音字母左边去找辅音字母。如P i—nus(松属),Ma—lus(苹果属)。如把一个元音字母与其后一个辅音字母合并就叫倒元音。如Al—bi—zi—a(合欢属)。

2. 两个元音(或双元音)之间如有两个或两个以上辅音,则最后一辅音与其相邻的元音划成一个音节,其余的辅音划归前一音节。即:元辅+辅元,元辅辅+辅元。如Eu—ca—lyp—tus(桉树属),Gink—go(银杏属)。

3. 第一音节之前或最后一音节之后有两个或两个以上辅音时,应把这几个辅音并在该音节内。如Pla—ta—nus(悬铃木属)。

4. 辅音后连着l或r时,则此辅音与l、r应划在一个音节内。如Ce—drus(雪松属),E—phe—dra(麻黄属)。

四、音量

元音的长短称为音量,故分为长元音与短元音,元音长短的判断与重音节的判别有关。

1. 长元音判别法(以该字母上划横线"-"表示)

(1)双元音都是长元音,如Crataegus(山楂属)。

(2)元音在两个或两个以上的辅音之前,如 Chinēnsis(中国的)。

(3)元音在 x 或 z 之前,如 Tāxus(红豆杉属)。

(4)下列的词尾都是固定的长音:

—āle	—ālis	—āmus
—āre	—āris	—ārus (a, um)
—ātis	—ātus (a, um)	—ēbus
—ēmus (a)	—ētis	—īnus (a, um)
—īquus (a, um)	—īvus (a, um)	—ōna
—ōnis	—ōnum	—ōrim
—ōsus (a, um)	—ūra	—ūrum

2. 短元音判别法(以该字母上方划"ˇ"表示)

(1)元音之前的元音或 h 之前的元音,如 Tilĭa(椴属),hupĕhensis(湖北的)。

(2)元音在 ch,ph,rh,th,qu 之前,如 Machilus(润楠属),Zizy̆phus(枣属)。

(3)元音在辅音 b,p,t,c 与 l,r 相组合之前,如 Pĭcrasma(苦木属)。

(4)下列词尾都是固定的短音:

—ĭbis	—ĭcus (a, um)	—ĭdus (a, um)	—ĭlis
—ĭle	—ĭmus (a, um)	—ĭnis	—ĭne
—ĭni	—ŏlus (a, um)	—ŭlus (a, um)	

五、重音

通常以"ˊ"符号加在重音的元音字母上表示。重音音节的规则:

1. 双音节的词,重音在第一音节上,如 Tí—lia(椴属),Pí—nus(松属),Má—lus(苹果属)。

2. 三个或三个以上音节的词,倒数第二音节的元音发长音时,重音就在倒数第二音节上,如 Pla—ty—clá—dus(侧柏属),Sa—bí—na(圆柏属)。

3. 三个或三个以上音节的词,倒数第二音节的元音发短音的话,则重音在倒数第三音节上,如 Cas—tá—ne—a(栗属),Pi—ná—ce—ae(松科)。

六、植物的学名

植物的学名是国际上通用的植物名称,均用拉丁文或拉丁化的其他外文组成,又称植物的拉丁学名。

每种植物的学名均采用林奈的双命名法，由两部分组成：属名和种名，种名之后附以命名人的姓氏，如银杏的学名 Ginkgo biloba Linn.，Ginkgo 是属名（银杏属），biloba 是种名，意为二裂的（指叶），Linn. 为命名人林奈 Linnaeus 的缩写。

1. 属名

单数的名词，第一字母必须大写，多属古拉丁或古希腊对该属的称呼，也用作表示特征、产地、纪念人名。

松属 Pinus（古拉丁名称）

麻黄属 Ephedra（古希腊名称）

杜鹃花属 Rhododendron（Rhodo＋dendron），意玫瑰色树木

梧桐属 Firmiana，人名（德 K. J. V. Firmian）

朝鲜柳属 Chosenia，国名（Chosen 朝鲜）

2. 种名

通常为形容词或名词的所有格，第一字母小写，性应与属名一致。种名通常表示形态特征、产地或用途，不同植物可能出现相同种名，但各种植物的属名决不重复。

（1）白皮松 Pinus bungeana Zucc. ex Endl.

花　椒 Zanthoxylum bungeanum Maxim.

（2）毛白杨 Populus tomentosa Carr.

毛泡桐 Paulownia tomentosa（Thunb.）Steud.

3. 变种、变型以及栽培变种名

（1）变种　在种名之后加 var.（varietas 的缩写）、变种名及变种命名人，如：

新疆杨 Populus alba Linn. var. pyramidalis Bunge[银白杨 Populus alba Linn. 的变种]

（2）变型　在种名之后加 f.（forma 的缩写）、变型名及变型定名人，如：

垂枝圆柏 Sabina chinensis（Linn.） Ant. f. pendula（Franch.）Cheng et W. T. Wang

在定名人××后面出现的 f.（filiua 的缩写）系指××之子，如 Keng f.（指耿以礼之子耿伯介），Cheng f.（指郑万钧之子郑斯绪）。

（3）栽培变种　在种名之后加 cv.（cultivar 的缩写）及栽培种名，不写命名人。栽培变种名第一字母大写，外面加‘　’符号，如：

龙柏 Sabina chinensis（Linn.）Ant. cv. ‘Kaizucca’（国槐 Sabina chinensis（Linn.）Ant 的栽培变种）

（4）命名人　各级分类单位之后均有命名人，命名人通常以缩写形式出现，如林奈 Linnaeus，缩写为 Linn.（akg L.）。

如两人合作命名，则在两个命名人之间加 et（“和”的意思），如水杉 Metasequoia glyptostroboides Hu et Cheng（由胡先骕与郑万钧二人合作研究发表）。

如命名人并未公开发表而由别人代为发表时，则在命名人后加“ex”或“apud”（“由”的意思），再加上代为发表的人的名字，如榛子 Corylus heterophylla Fisch. ex Bess. 表示由 Bess. 代替 Fisch. 发表。

如命名人建立的名称，其属名错误而为别人改正时，则原定名人加括号附于种名之后。如杉木，Lambert 命名时放在松属中定为 Pinus cunninghamia Lamb.，而 Hooker 改正了 Lambert 的错误，把它移到杉木属 Cunninghamia 中，故杉木的学名为 Cunninghamia lanceolata（Lamb.）Hook.。

七、拉丁文的学习须知

1. 必须熟练地掌握语音部分（发音要正确）。

2. 会念常见的拉丁树名（要掌握 150 种）。

3. 判读重音、长音、短音。

4. 了解一些简单学名的含义（可找一些参考书来自学）。

第三节 园林树木的分类法

一、依树木的生长类型分类

1. 乔木类：树体高大（6m 至数十米），按其高度分为伟乔（31m 以上），大乔（21～30m），中乔（11～20m）和小乔（6～10m）等四级；按其生长速度分为速生树、中生树、缓生树等三类。

2. 灌木类：树体矮小，通常在 6m 以下，主干低矮。

3. 丛木类：树体矮小而干茎自地面呈多数生长而无明显的主干。

4. 藤本类：能缠绕或攀附它物而向上生长的木本植物。可分为绞杀类、吸附类、卷须类和萝条类。

5. 匍地类：干、枝等均匍地生长，与地面接触部分可生出不定根而扩大占地范围，如铺地柏等。

6. 竹木类：如竹子等。

二、依对环境的因子的适应能力分类

1. 按热量因子：根据树种自然分布区域内温度状态，可分为热带树种、亚热带树种、温带树种和寒带、亚寒带树种。通常我们依据树种的耐寒性而分为耐寒树种、不耐寒树种和半耐寒树种。

2. 按水分因子：可分为耐旱树种、耐湿树种。

3. 按光照因子：可分为阳性树种、中性树种、阴性树种，每类中又可分为数级。

4. 按空气因子：可分为抗风树种、中性树种、抗粉尘树种和卫生保健树种等四类。

5. 按土壤因子：可分为喜酸性土树种、耐盐性土树种、耐瘠薄土树种和海岸树种等四类。

三、依树木的观赏特性分类

1. 赏树形树木类（形木类）

2. 赏叶树木类（叶木类）

3. 赏花树木类（花木类）

4. 赏果树木类（果木类）

5. 赏枝干树木类（干枝类）

6. 赏根树木类（根木类）

四、依树木在园林绿化中的用途分类

1. 独赏树（孤植树、标本树、赏形树）类：如南洋杉、冷杉、雪松、杨、龙爪槐。

2. 遮荫树类：如梧桐、银杏、朴、榉、榕等。

3. 行道树类：悬铃木、杨、槐等。

4. 防护树类：如杨、柳、沙枣。

5. 林丛类：如云杉、落叶松、侧柏等。

6. 花木类：比较多开花灌木和乔木。

7. 藤本类：如紫藤、云霄等。

8. 植篱及绿雕类：桧柏、侧柏、小叶黄杨等。

9. 地被植物类：如铺地柏、翠柏、平枝栒子。

10. 抗污染树种：如臭椿、榆、朴、悬铃木等。

五、依园林树木主要经济用途分类

1. 果实类：桃、李、苹果等。

2. 淀粉树类（木本淀粉植物类）：栗类、栎类、银杏等。

3. 油料树类（木本油料植物类）：松属、核桃等。

4. 木本蔬菜类：花椒、香椿等。

5. 药用树类（木本药用植物类）：银杏、使君子等。

6. 香料树类（木本香料植物类）：槟榔、白兰、八角、桂花等。

7. 纤维树类：杨、榆、槐、桑等。

8. 乳胶树类：橡胶树、杜仲等。

9. 饲料树类：栎类、榆、杨等。

10. 薪材类：主要是灌木，如胡枝子、杨、榆等。

11. 观赏装饰类：龙爪槐、松等。

12. 其他经济用途类：如树脂、树胶类、用材类等。

六、依施工繁殖管理的需要分类

1. 按移植难易：分为易移植成活及不易移植成活类。

2. 按繁殖方法：分为种子繁殖类及无性繁殖类。

3. 按整形修剪特点：可分为宜修剪整形及不宜修剪整形类。

4. 按对病虫害及虫害的抗性：可分为抗性类及易感染类。

各　　论

园林树木都是属于种子植物(Spermatophytes)。种子植物的最大特点是:通过有性生殖产生种子,并以种子繁殖后代。由于种子的胚外有种皮保护,它对外界的抵抗能力大为加强,加上植物体的形态结构比较复杂,能适应各种环境,因而种子植物成为现代地球上植物界中进化最好、适应性最强、分布最广、种类最多的一群植物。已知种类约25万种,占全部植物的一大半。

根据胚珠是否为心皮所包分为裸子植物和被子植物两大类。裸子植物的种子裸露,胚珠无心皮包被,不形成果实。分类上称为裸子植物门 Gymnospermae。被子植物的种子不裸露,胚珠包被于心皮内,形成果实。分类上称为被子植物门 Angiospermae。

Ⅰ. 裸子植物门　GYMNOSPERMAE

乔木、灌木,罕为木质藤本。叶多为针形、鳞形、条形、椭圆形、披针形、罕为扇形;花单性,罕两性;胚珠裸露,不为子房包被;种子有胚乳,胚直生,子叶二至多数。

本门多为高大的乔木,广布于北半球温带至寒带地区以及亚热带的高山地区。全世界共有12科71属,约800种。我国有11科41属243种,包括引入栽培1科8属51种。

在裸子植物中,有很多重要的园林和造林树种,一些还有特殊的经济用途。

一、苏铁科　CYCADACEAE

常绿木本植物。树干粗短,不分枝或很少分枝。叶有两种:一为互生于主干上呈褐色的鳞片状叶,其中有粗糙绒毛;一为生于茎端呈羽状之营养叶。雌雄异株,各成顶生大的头状花序;无花被。种子呈核果状,有肉质外种皮,内有胚乳;子叶2,发芽时不出土。

共10属,约200余种,分布于热带、亚热带地区。我国有1属10种。

苏铁属　Cycas L.

树干圆柱形。营养叶羽状(羽状叶),羽状裂片(羽片)坚硬革质,中脉显著。花序球状,单生茎顶。雄球花序的小孢子叶呈螺旋状排列,小孢子叶呈扁平鳞片状或盾状;雌球花序的大孢子叶呈扁平状,全体密被黄褐色绒毛,上部呈羽状分裂,在中下部的两侧各生 1 个或 2～4 个裸露的直立胚珠。

共约 17 种，分布于亚洲、澳洲、非洲及我国南部。我国约有 10 种。

各种苏铁可作园景树及桩景、盆景等用。干髓含淀粉，可供食用；种子及叶药用。

分种检索表

1. 树干基部膨大成盘状茎 …………………………… (3)云南苏铁 **C. siamensis**
1. 树干基部不膨大成盘状茎
    2. 羽片边缘显著反卷 …………………………………… (1)苏铁 **C. revoluta**
    2. 羽片边缘微反卷或不反卷
        3. 叶上面中脉显著隆起 ……………………… (4)海南苏铁 **C. hainanensis**
        3. 叶下面中脉显著隆起 ……………… (2)攀枝花苏铁 **C. panzhihuaensis**

(1)苏铁(铁树)　Cycas revoluta Thunb.(图 1)

［形态］　常绿棕榈状木本植物。茎高达 5m，叶羽状，长达 0.5～2.4m，厚革质而坚硬；羽片条形，长达 18cm，边缘显著反卷；雄球花长圆柱形，小孢子叶木质，密被黄褐色绒毛，背面着生多数药囊；雌球花略呈扁球形，大孢子叶宽卵形，有羽状裂，密被黄褐色绒毛，在下部两侧着生 2～4 个裸露的直立胚珠；花期 6～8 月；种子卵形而微扁，长 2～4cm，10 月熟时红色。

图 1　苏　铁

［分布］　原产于我国南部，在福建、台湾、广东各省均有分布。日本、印度尼西亚及菲律宾亦有分布。

［习性］　喜暖热湿润气候，不耐寒，在温度低于 0℃时即易受害。生长速度缓慢，寿命可达 200 余年。俗传“铁树 60 年开一次花”，实则 10 余年以上的植株在南方每年均可开花。

［繁殖栽培］　可用播种、分蘖、埋插等法繁殖。

［观赏特性及用途］　苏铁树体形优美，有反映热带风光的观赏效果，常植于花坛中心或盆栽布置于大型会场内供装饰用。苏铁又可入药，据传其中叶煎水可治咳嗽；种子微有毒，亦可入药，有通经、止咳、疗痢之效，亦可食用；茎可制淀粉食用(称“西米”)。

(2)攀枝花苏铁　Cycas panzhihuaensis L. Zhou et S. Y. Yang

树干圆柱形，高 2.5～4m。叶的羽状裂片宽 4～7mm；胚珠和种子的外种皮具分离而易碎的薄纸质外层，为金黄色至橘红色。分布于四川。

(3)云南苏铁　Cycas siamensis Miq.

树干矮小，高 0.3～1.8m。基部膨大成盘状茎，干茎粗大。羽片薄革质而较宽，宽

1.5～2.2cm，边缘平，基部不下延。分布于广西、云南等地。

(4)海南苏铁　Cycas hainanensis C. J. Chen

羽状叶长约 1m，叶柄两侧密生刺，刺长约 3～4mm；羽状裂片条形，革质，基部两侧不对称，中脉隆起。分布于海南岛，多作庭院树。

二、银杏科　GINKGOACEAE

本科之形态特征与种之描述相同。

银杏属　Ginkgo L.

仅有 1 种遗存，为我国特产的世界著名树种。

银杏(白果、公孙树)　Ginkgo biloba L.(图 2)

图 2　银　杏

1. 雌球花枝　2. 雌球花示珠座和胚珠　3. 雄球花枝　4. 雄蕊　5. 长短枝及种子　6. 去外种皮种子　7. 去外、中种皮种子的纵剖面

［形态］　落叶大乔木。高达 40m，胸径达 3m 以上；树冠广卵形，青壮年期树冠圆锥形；树皮灰褐色，深纵裂。主枝斜出，近轮生，枝有长枝、短枝之分；短枝为矩状短枝，一年生的长枝呈浅棕黄色，后则变为灰白色，并有细纵裂纹；短枝密被叶痕。叶扇形，有二叉状叶脉，顶端常 2 裂，基部楔状，有长柄，互生于长枝而簇生于短枝上。雌雄异株，球花生于短枝顶端的叶腋或苞腋；雄球花 4～6 朵，无花被，长圆形，下垂，呈柔荑花序状，雄蕊多数，螺旋状排列，各有花药 2；雌球花亦无花被，有长柄，顶端有 1～2 盘状珠座，每座上有一直立胚珠；花期 4 月～5 月，风媒花。种子核果状，椭圆形，径 2cm，熟时呈淡黄色或橙黄色，外被白粉；外种皮肉质，有臭味；中种皮白色，骨质；内种皮膜质；胚乳肉质味甘微苦。子叶 2，种子 9～10 月成熟。

［变种、变型及品种］

①黄叶银杏(f. aurea Beiss.)　叶黄色。

②塔状银杏(f. fastigiata Rehd.)　大枝的开展度较小，树冠呈尖塔柱形。

③大叶银杏(cv. laciniata Carr.)　叶形大而缺刻深。

④垂枝银杏(cv. pendula Carr.)　枝下垂。

⑤斑叶银杏(f. variegata Carr.)　叶有黄斑。

［分布］　我国浙江天目山有野生银杏，沈阳以南、广州以北各地均有栽培，而以江南一

带较多。在宋时传入日本，18 世纪中叶又由日本传至欧洲，以后再由欧洲传至美洲。

［习性］　阳性树；喜适当湿润而又排水良好的深厚砂质壤土，在酸性土(pH4.5)、石灰性土壤(pH8.0)中均可生长良好，而以中性或微酸性土最宜，不耐积水之地；耐寒颇强，能在冬季达－32.9℃低温地区种植成活。

雌雄株的区别：

雄株	雌株
①主枝与主干之间夹角小，树冠稍窄，且形成较迟。	①主枝与主干之间夹角较大，树冠较平，形成较早。
②叶裂刻较深，常超过叶的中部。	②叶裂刻较浅，未达叶的中部。
③秋叶变色期较晚，落叶较迟。	③秋叶变色期及脱落期均较早。
④着生雄花的短枝较长(约 1～4cm)。	④着生雌花的短枝较短(约 1～2cm)。

［繁殖栽培］　可用播种、扦插、分蘖和嫁接等法繁殖。

［观赏特性及用途］　银杏树姿雄伟壮丽，叶形也美；寿命既长，又少病虫害；树大荫浓，故适作庭荫树、行道树或孤植树。在街道绿化中应选雄株，以免种实污染行人衣物；在大型绿地中则可雌雄混栽。银杏材质坚密而轻软，易加工。叶、果药用。

三、南洋杉科　ARAUCARIACEAE

南洋杉属　Araucaria Juss.

常绿乔木。大枝轮生。叶互生，披针形，鳞片，锥形或卵形。雌雄异株，罕同株。雄球多数 4～20，花单生或簇生叶腋，或生枝端；雌球花单生枝顶，胚珠与珠鳞基部结合。球果大，2～3 年成熟，熟时种鳞脱落，种鳞先端有向外屈曲之尖头，每种鳞内有一扁平形种子，种子有翅或无翅，有一倒生胚珠，种鳞木质。子叶 2，罕为 4，出土或不出土。

共约 18 种，分布于澳洲及南美等地。我国引入 3 种，栽培于华南，供庭院观赏。

南洋杉　Araucaria cunninghamii Sweet(图 3)

［形态］　大乔木。高 60～70m，胸径 1m 以上，幼树呈整齐的尖塔形，老则成平顶状。主枝轮生，平展，侧枝亦平展或稍下垂。叶两型，生于侧枝及幼枝者多为针形，质软，开展，排列疏松，长 0.7～1.7cm；生于老枝者则密聚，卵形或三角状钻形，长 0.6～1cm。雌雄异株。球果卵形，苞鳞刺状，而尖头向后强烈弯曲，种子两侧有翅。

［变种、变型及品种］

①银灰色南洋杉(cv. ‘Glauca’)　叶银灰色。

②垂枝南洋杉(cv. ‘Pendula’)　枝下垂。

［分布］　原产于大洋洲东南沿海地区，如澳大利亚北部新南威尔士(Northern

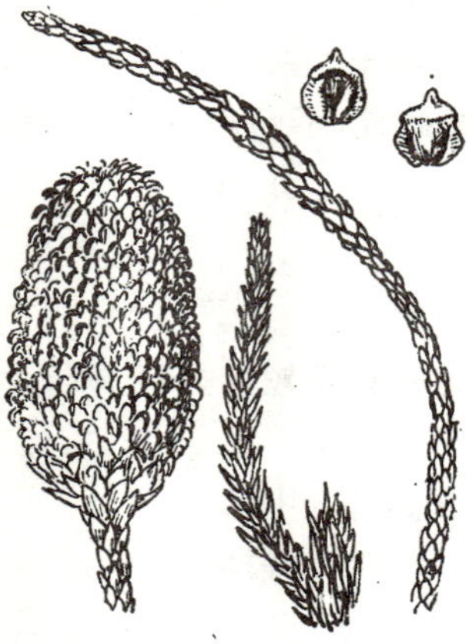

图 3 南洋杉

New South Wales)及昆士兰(Queens-land)等州。我国广州、厦门、云南及海南岛等地有露地栽培;长江流域及北方城市,则作为珍贵的温室盆栽植物。

[习性] 性喜空气湿润的暖热气候,不耐干燥和寒冷;喜生于肥沃土壤;较耐风。生长迅速,再生力强,砍后易生萌蘖。

[繁殖栽培] 可播种繁殖,种子发芽率低。播前最好先破伤种皮,可促进发芽,否则发芽迟缓,易腐烂。也可扦插繁殖。

[观赏特性及用途] 树形高大,姿态优美,与雪松、日本金松、金钱松、巨杉(世界爷)等合称为世界五大公园树。宜作行道树、园景树或纪念树用,树皮可提取松脂。

四、松科 PINACEAE

常绿或落叶乔木,罕为灌木。大枝近轮生;幼树树冠通常为尖塔形,大树树冠尖塔形、圆锥形、广圆形或伞形。叶长枝螺旋状排列,或在短枝上簇生状,条形、锥形或针形。雌雄同株;雄球花具多数螺旋状排列的雄蕊,每雄蕊具 2 花药;雌球花具多数螺旋状排列的珠鳞和苞鳞,每珠鳞具 2 倒生胚珠,苞鳞与珠鳞分离。球果成熟时种鳞张开,罕不张开,发育的种鳞具 2 颗种子。种子上端具一膜质的翅,罕无翅,子叶 2～16,发芽时出土或不出土。

共 10 属 230 种,多产于北半球,组成广大的森林。我国有 10 属 93 种 24 变种;另引入栽培 24 种 2 变种。

本科可分为 3 个亚科。

分属检索表

1. 叶条形,罕针形,螺旋状排列,或在短枝上端成簇生状,均不成束
  2. 叶条形、扁平或具 4 棱;仅具长枝,无短枝;球果当年成熟 ……………………………………………………………… (一)冷杉亚科 **ABIETOIDEAE**
    3. 球果成熟后种鳞自中轴脱落,球果腋生,直立;叶扁平,上面中脉凹下,罕隆起,而横截面呈四棱形,小枝上有圆形、微凹的叶痕 …… 1. 冷杉属 **Abies**
    3. 球果成熟后种鳞宿存
      4. 球果顶生;小枝节间生长均匀,上端不增粗,叶在枝节间均匀排列
        5. 球果直立,形大;种子连翅与种鳞近等长;叶扁平,上面中脉隆起,雄球

花簇生枝顶 ………………………………………………… 3. 油杉属 **Keteleeria**

5. 球果通常下垂，罕直立；种子连翅较种鳞为短，雄球花单生叶腋

6. 小枝有微隆起的叶枕或叶枕不明显；叶扁平，有短柄，上面中脉凹下，很少平或微隆起，仅下面有气孔线

7. 球果较大，苞鳞伸出于种鳞之外，先端3裂；叶内具两个边生树脂道，小枝无叶枕或微有叶枕……………… 5. 黄杉属 **Pseudotsuga**

7. 球果较小，苞鳞不露出，先端不裂或2裂；叶内维管束鞘下有一树脂道，小枝有隆起或微隆起的叶枕 …………… 4. 铁杉属 **Tsuga**

6. 小枝有显著隆起的叶枕；叶四棱状或扁棱状、条形，四面有气孔线；或条形、扁平或微扁平，仅上面有气孔线，无柄，中脉两面隆起；球果的苞鳞极小 ………………………………………………… 2. 云杉属 **Picea**

4. 球果腋生，初直立后下垂，苞鳞短，不露出；小枝节间上端生长缓慢，较粗；叶在节间上端排列紧密，似簇生状；叶扁平，上面中脉凹下 ……………………………………………………………… 6. 银杉属 **Cathaya**

2. 叶条形、扁平，柔软；或针形，坚硬，有长枝或短枝；叶在长枝上螺旋状排列，在短枝上成簇生状；球果当年或翌年成熟 … (二)落叶松亚科 **LARICOIDEAE**

8. 叶扁平，条形，柔软；落叶型；球果当年成熟

9. 雄球花单生于短枝顶端；种鳞革质，宿存；芽鳞先端钝，叶较窄，宽2mm以内 ………………………………………… 1. 落叶松属 **Larix**

9. 雄球花簇生于短枝顶端；种鳞木质，熟时脱落；芽鳞先端尖；叶较宽，2～4mm ……………………………………… 2. 金钱松属 **Pseudolarix**

8. 叶针形，坚硬；常绿性；球果翌年成熟，熟时种鳞自中轴脱落 ……………………………………………………………… 3. 雪松属 **Cedrus**

1. 叶针形，2针、3针或5针为一束，生于苞片状鳞叶腋部的退化短枝顶端；常绿性；球果翌年成熟，种鳞宿存，背面上方具鳞盾和鳞脐 ……………………………………………………………… (三)松亚科 **PINOIDEAE**
……………………………………………………………… 松属 **Pinus**

(一)冷杉亚科　ABIETOIDEAE

常绿乔木。枝仅1种类型；叶在枝条上螺旋状着生。球果当年成熟。

共6属，约130余种。我国有6属58种16变种，引入栽培5种。

1. 冷杉属　Abies Mill.

常绿乔木。树干端直；大枝轮生，小枝对生，常有圆形叶痕。叶螺旋状排列，近条形，叶常扭转排成假二列状。球花单生于去年枝的叶腋，雄球花生于小枝的下面及两侧叶

腋。雌球花则1～2个，生于小枝的上面的叶腋。球果当年成熟，直立。种鳞木质，排列紧密，熟时与种子一起自中轴脱落。苞鳞露出或不露出。种子上部具宽长的翅。子叶4～10，发芽时出土。

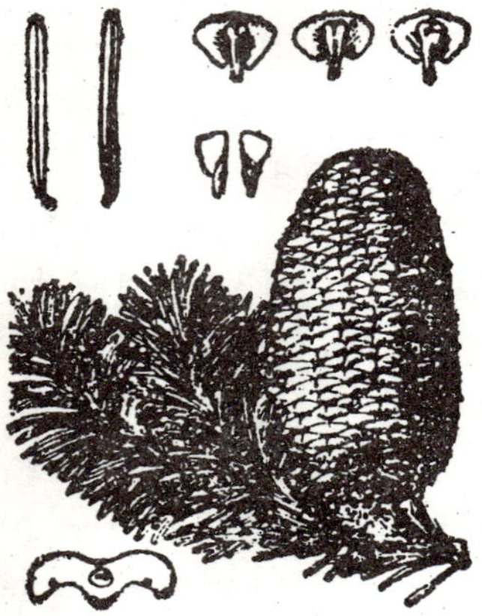

图4 冷 杉

约50种，产于亚洲、欧洲、北美、中美及非洲北部高山地带。我国有22种，产于东北、华北、西北、西南、广西、浙江、台湾的高山地带，常组成大面积纯林。另引进栽培1种。

(1)冷杉 Abies fabri(Mast.) Craib.(图4)

［形态］ 乔木。高达40m，胸径1m，树冠尖塔形。树皮深灰色，呈不规则薄片状裂纹。一年生枝淡褐黄、淡灰黄或淡褐色，凹槽疏生短毛或无毛。冬芽有树脂。叶长1.5～3cm，宽2～2.5mm，先端微凹或钝，叶缘反卷或微反卷，下面有两条白色气孔带，叶内树脂道2，边生。球果卵状圆柱形或短圆柱形，熟时暗蓝黑色，略被白粉，长为6～11cm，径3～4.5cm，有短梗。花期4月下旬至5月；球果当年10月成熟。

［分布］ 分布于我国四川西部高山海拔2 000～4 000m间。

［习性］ 为耐阴性很强的树种，喜冷凉而空气潮湿，对寒冷及干燥气候抗性较弱，多生于年平均气温在0～6℃左右，降水量1 500～2 000mm左右处。喜中性及微酸性土壤。根系浅，生长繁茂，天然林中50年生者高约10m，胸径约30cm余。在自然界中可形成纯林或与苦槠、铁杉、七叶槭等混生。

［繁殖栽培］ 用播种法。

［观赏特性及用途］ 冷杉姿态优美，宜丛植、群植用，易形成庄严、肃静的气氛。木质松软，可供板材及造纸等用。在西南山区、高原及其他地区的亚高山、高山，如峨眉山、庐山等风景区应用较多，城市园林中也可应用。

(2)辽东冷杉(沙松) Abies holophylla Maxim.(图5)

［形态］ 乔木。高30m，胸径约1m；树冠阔圆锥形，老则为广伞形，树皮灰褐色，内皮赤色。一年生枝淡黄褐色，无毛；冬芽有树脂。叶条形，长2～4cm，宽1.5～2.5cm，端突尖或渐尖，上面深绿色，有光泽，下面有两条白色气孔带，果枝的叶上面顶端亦常有2～5条不很显著的气孔线。球果圆柱形，长6～14cm，熟时呈淡黄褐或淡褐色，近于无柄；苞鳞短，不露出，先端有刺尖头。花期4～5月；球果当年10月成熟。

［分布］ 产于我国辽宁省东部、吉林及黑龙江省，但小兴安岭没有，在长白山区及牡丹江山区为主要树种之一。西伯利亚及朝鲜亦有分布。

［习性］ 阴性树，抗寒能力较冷杉强，喜生长于土壤肥厚的阴坡，在干燥阳坡极少见。常与红松、臭冷杉、长白鱼鳞云杉、黄花落叶松等针叶树混生，也可与春榆、山杨、糠椴、枫桦、水曲柳、胡桃楸等阔叶树混生，而极少成纯林。浅根性树种，幼苗期生长缓慢，10余年后始渐加速。

［繁殖栽培］ 用播种繁殖。

［观赏特性及用途］ 园林用途与冷杉相同。在北京引种栽培，表现良好。木质软，但不易腐烂，为良好的木纤维原料。

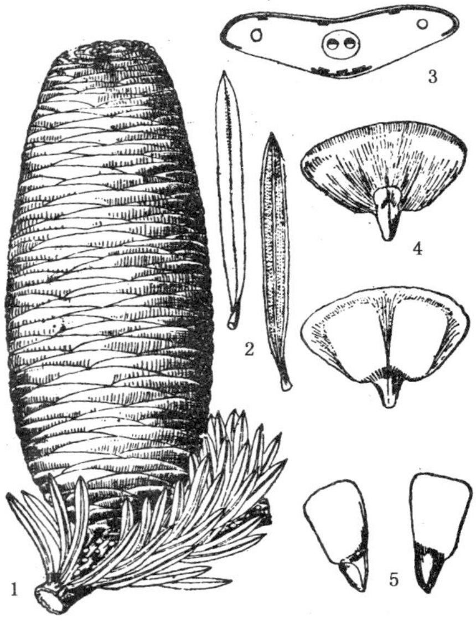

图5 辽东冷杉

1. 球果枝 2. 叶 3. 叶横剖面 4. 种鳞 5. 种子

2. 云杉属 Picea Dietr.

常绿乔木。树皮鳞状剥裂，树冠尖塔形或圆锥形；枝条轮生，平展，小枝上有显著的叶枕，各叶枕间由深凹槽隔开，叶枕顶端呈柄状，宿存，在其尖端着生针叶。冬芽卵形或圆锥形，有或无树脂；小枝基部有宿状芽鳞。针叶条形或锥棱形，无柄，生于叶枕上，呈螺旋状排列，上下两面中脉均隆起，棱形叶四面均有气孔线，扁平的条形叶则只叶上面有2条气孔线，背面没有。树脂道多为2，边生，罕缺。雌雄同株，单性；雄球花常单生叶腋，椭圆形，黄色或深红色，下垂；雌球花单生枝顶，绿色或红紫色。球果卵状圆柱形或圆柱形，下垂，当年成熟；种鳞宿存，薄木质或近革质，顶部全缘或有细齿，或呈波状，每种鳞含2粒种子；苞鳞芒小，不露出；种子倒卵圆形或卵圆形，有倒卵形种翅；子叶4～9(15)，发芽时出土。

共约40种，分布于北半球，由极圈至暖带的高山均有。我国有20种及5变种，另引种栽培2种。多长在东北、华北、西北、西南及台湾等省区的山地，也在北方城市及西南山区城市园林中应用。

(1)云杉 *Picea asperata* Mast.(图6)

［形态］ 常绿乔木。高45m，胸径约1m；树冠圆锥形。小枝近光滑或疏生至密生短柔毛；一年生枝淡黄、淡褐黄或黄褐色；芽圆锥形，有树脂，上部芽鳞先端不反卷或略反卷；小枝基部宿存芽鳞，先端反曲。叶长1～2cm，先端尖，横切面菱形，上面有5～8条气孔线，下面有4～6条。球果圆柱状长圆形或圆柱形，成熟前种鳞绿色，成熟时呈灰褐色或栗褐色，长约6～10cm。花期4月；果当年10月成熟。

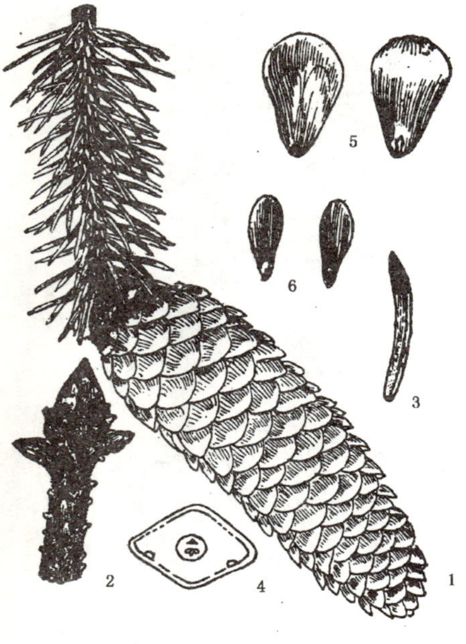

图6 云 杉

1. 球果枝 2. 小枝及芽 3、4. 叶及其横剖面 5. 种鳞 6. 种子

［分布］ 我国特产树种。产于我国四川、陕西、甘肃，海拔1 600～3 600m 山区。

［习性］ 有一定耐阴性，喜冷凉湿润气候，但对干燥环境有一定抗性。浅根性，要求排水良好，喜微酸性深厚土壤。生长速度较白杄略快，天然林中 50 年生可高达 12m，人工造林及定植者可生长更快。

［繁殖栽培］ 用种子繁殖，苗期须遮荫。

［观赏特性及用途］ 树冠尖塔形，苍翠壮丽，材质优良，生长较快，故在用材林和风景林等方面，都可起重大作用。

［变种、变型及品种］ 栽培变种有蓝粉云杉(cv. 'Glauca')。叶断面四棱状，具蓝粉，系德国品种。

(2)白杄 ***Picea meyeri*** Rehd. et Wils.（图7）

［形态］ 乔木。高约 30m，胸径约 60cm，树冠狭圆锥形。树皮灰色，呈不规则薄鳞状剥落。大枝平展，小枝有密毛、疏毛或无毛，淡黄褐、红褐或褐色；一年生枝黄褐色，当年枝几无毛。芽多圆锥形或卵状圆锥形，褐色，略有树脂；上部芽鳞先端常向外反曲，基部芽鳞常有脊；小枝基部宿存芽鳞之先端向外反曲或开展。叶四棱状条形，横断面菱形，弯曲。粉状青绿色，端钝，四面有气孔线；叶长 1.3～3cm，宽约 2mm，螺旋状排列。球果长圆状呈柱形，初期紫色，种熟前种鳞背部绿色而上部边缘紫红色，成熟时则变为有光泽的黄褐色，长 5～9cm，径 2.5～3.5cm，种鳞倒卵形，先端扇形，基部狭，背部有条纹，苞鳞匙形，先端圆而有不明显锯齿；种子倒卵形，黑褐色，长 4～5mm，连翅长 1.2～1.6cm。花期 4～5 月；球果在 9～10 月成熟。

图7 白 杄

［分布］ 我国特产树种。在山西五台山、河北小五台山、雾灵山、陕西华山等地均有分布。华北城市园林中多见栽培。

［习性］ 耐阴性强，为阴性树。性耐寒，喜空气湿润气候，喜生于中性及微酸性土壤，但也可生于微碱性土壤中。

［繁殖栽培］ 用种子繁殖，通常行春播。

［观赏特性及用途］ 树枝端正，枝叶茂密，下枝能长期存在。最适孤植。木质轻软，可供建筑及造纸等用。

(3)青杆 Picea wilsonii Mast

乔木，高达 50 m；冬芽小，不反曲，针叶较短细，较柔细，灰绿色。球果小，当年成熟。

3. 油杉属 Keteleeria Carr.

常绿乔木；树皮纵裂；幼树树冠呈尖塔形，老则变广圆形或平顶状。冬芽无树脂，叶多条形，扁平，在侧枝上排成二列，两面中脉均隆起，上面气孔线无或有，下面有两条气孔带，叶内两端的下侧各有 1 边生树脂道，幼树的叶先端常锐尖。雌雄同株；雄球花簇生枝端；雌球花单生枝端。球果直立，圆柱形，当年成熟，熟时种鳞张开，种鳞木质，宿存；苞鳞是种鳞的 1/2～3/5，不外露，先端常 3 裂；种子上端具宽大的厚膜质种翅，翅与种鳞几乎等长而不易脱落；子叶 2～4，发芽时不出土。

本属共 12 种 1 变种。中国 10 种 1 变种。

油杉（松梧、海罗松） Keteleeria fortunei (Murr.)Carr.（图 8）

［形态］ 常绿乔木。一年生枝淡红褐色或红褐色，无毛或有毛。叶在侧枝上排成二列，条形，长 1.6～3 cm，宽约 3 mm，先端钝或钝尖（幼树的叶锐尖），两面中脉隆起，上面常无气孔线，下面有两条微有白粉的气孔带。球果直立，圆柱形，长 8～18 cm；种鳞近圆形或宽圆形，上部宽圆或截圆形，边缘内曲，鳞背露出部分无毛；苞鳞中部窄缩，上部 3 裂，中裂锐尖；种子有宽阔的翅，与种鳞几乎等长。

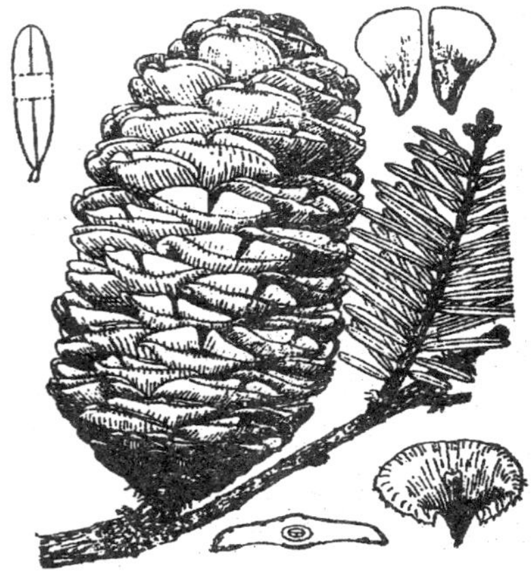

图 8　油　杉

［分布］ 我国特产树种。分布于我国浙江南部、福建、广东、广西。生于海拔 1 000 m 以下的山地。

［观赏特性及用途］ 树冠塔形，叶色长青，东南部城市可作园景树或山地营造风景林。木材供建筑等用。

4. 铁杉属 Tsuga Carr.

［形态］常绿乔木。树皮深纵裂。小枝细，常下垂。有隆起的叶枕；冬芽球形或卵形，无树脂。叶条形，扁平，排成假二列状，有短柄；上面中脉凹下，多无气孔线，罕有之；下面中脉隆起，每边各有一条灰白或灰绿色气孔带；叶内有树脂道 1，位于维管束鞘的下方。球花单性，雌雄同株；雄球花单生叶腋，雌球花单生主枝端。球果下垂，较小；苞鳞小，多不露出；种子上端有翅。子叶 3～6，发芽时出土。

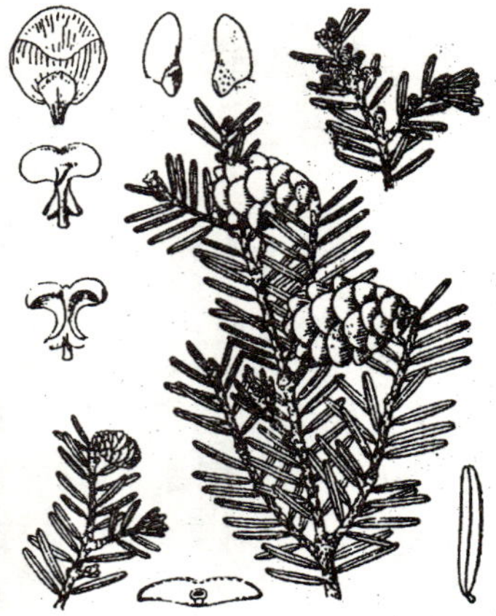

图 9　铁　杉

本属 16 种，产于东亚、北美。中国有 7 种 1 变种，分布于秦岭、长江以南，是珍贵的优良用材树种。

铁杉　Tauge chinensis (Franch.) Pritz.（图9）

［形态］常绿乔木。一年生枝细，叶枕之间的凹槽内有毛。叶螺旋状着生，基部扭转排成二列，条形，长 1.2～2.7 cm，宽 2～2.5 mm，先端有凹缺，全缘（幼叶上部的边缘有时微具细齿），上面中脉凹下，下面中脉无条槽，沿中脉两侧有白色气孔带。雄球花单生叶腋，花粉无气囊。球果单生侧枝顶端，下垂，卵圆形或长卵圆形，长 1.5～2.7 cm，直径 0.8～1.5 cm，有短柄；种鳞近五角状圆形或近圆形，先端微内曲，腹面有 2 粒上部有翅的种子；苞鳞短小，不露出；种子连翅长 7～9 mm。

［分布］　分布于甘肃（白龙江流域）、陕西南部、河南西部、湖北西部、四川和贵州东北部。

［观赏特性及用途］　可孤植或造风景林。木材耐腐，供枕木、车辆等用材。

5. 黄杉属　Pseudotsuga Carr.

常绿乔木。树干端直，枝下高较高。小枝具略隆起之叶枕；冬芽卵形或纺锤形，无树脂。叶条形，扁平，排成假二列状，上面中脉凹下，下面有 2 条白色或灰绿色气孔带；叶内有维管束 1 及边生树脂道 2。雌雄同株；雄球花单生叶腋；雌球花单生枝端。球果下垂；种鳞木质，蚌壳状，宿存；苞鳞显著露出，先端 3 裂，中裂片窄长渐尖；种子连翅较种鳞为短；子叶 6～8(12)，发芽时出土。

本属约 18 种，分布于东亚、北美。中国产 5 种，分布于自台湾至广西，自两湖至云南、西藏及长江以南山区。另引入栽培 2 种。

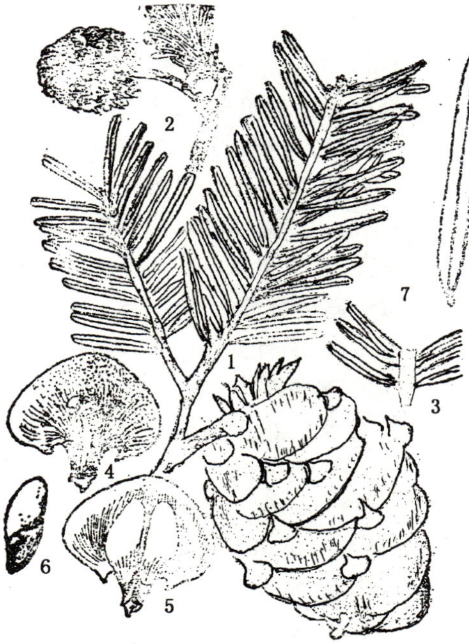

图 10　黄　杉

1. 球果枝　2. 雌球花枝　3. 雄球花枝　4、5. 种鳞　6. 种子　7. 叶

黄杉　Pseudotsuga sinensis Dode.（图10）

［形态］　乔木。高达 50m，胸径 1m。一

年生枝淡黄或淡黄灰色，二年生枝灰色，通常主枝无毛，侧枝被灰褐短毛。叶条形，长1.3～3cm，先端有凹缺，上面绿色或淡绿，下面有2条白色气孔带。球果卵形或椭圆状卵形，近中部最宽，长4.5～8cm；种鳞近扇形或扇状斜方形，两侧有凹缺，露出部分密生褐色短毛；苞鳞露出部分向后反曲；种子三角状卵形，略扁，长约9mm，上面密生褐色短毛，下面具褐色斑纹，种翅较种子为长，子叶6(～7)。花期4月；球果当年10～11月成熟。

［分布］ 我国特产树种，在湖北西部、贵州东北部、湖南西北部及四川东南部，生于海拔800～1 200m地带。

6. 银杉属 Cathaya chum et kuang

是中国特有属，仅银杉一种，分布于广西北部及四川东南部等山区。

银杉 Cathaya argyrophylla chun et kuang (图11)

［形态］ 常绿乔木。高达20m，树皮暗灰色，老则裂成不规则薄片，大枝平展，小枝节间上端生长缓慢，较粗。一年生枝黄褐色，密被灰黄色短柔毛，后逐渐脱落。叶螺旋状着生，在枝上部簇生状，下部疏散生长，窄条形，长4～6cm，宽2.5～3mm，上面中脉凹下，下面沿中脉两侧有苍白色气孔带。雄球花生于二年以上老枝的叶腋，基部有苞片，雌球花生于新枝下部或基部叶腋，基部无苞片。

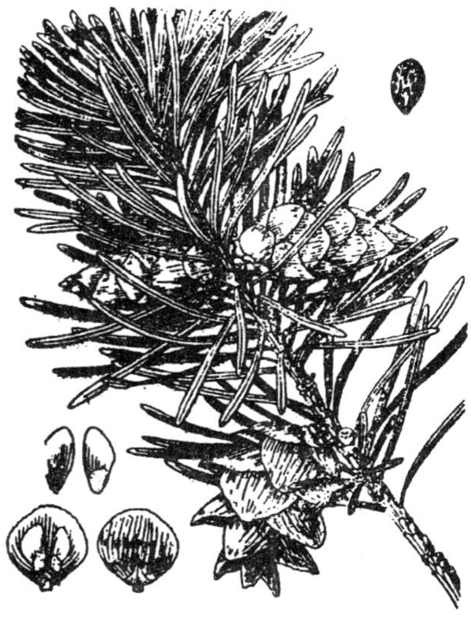

图11 银 杉

［分布］ 本种为中国特产稀有树种，仅产于广西龙胜海拔1 400m的阳坡阔叶林中和山脊及四川金川、金佛山海拔1 400～1 800m的山脊地带。

(二)落叶松亚科 LARICOIDEAE

落叶或常绿乔木。有长枝和短枝；叶在长枝上螺旋状散生，在短枝上成簇生状。

3属约20余种。我国有3属12种1变种，引入3种。

1. 落叶松属 Larix Mill.

落叶乔木。树皮纵裂成较厚块片；大枝水平开展，枝下高较高，枝叶稀疏，有长枝、短枝之分；冬芽形小，近球形，芽鳞先端钝，排列紧密。叶扁平、条形、质柔软、淡绿，两侧有气孔线，在长枝上螺旋状互生，在短侧枝上则密生成丛如轮生状。雌雄同株，球花单生短枝顶端，雄球花近球形，黄色；雌球花近球形，苞鳞极长，红色或深紫色。球果形小，近球形、卵形或圆柱形，当年成熟，不脱落；种鳞革质，宿存，苞鳞显露或不显露，种子形小，三角状，有长翅；子叶 6～8，发芽时出土。

共 18 种，分布于北半球寒冷地区。我国产 10 种 1 变种，引入栽培 2 种。

分种检索表

1. 一年生长枝有白粉
  2. 中部种鳞不反卷 ……………………… (1)华北落叶松 **L. principis-ruprechtii**
  2. 中部种鳞显著向外反卷………………………… (5)日本落叶松 **L. kaempferi**
1. 一年生长枝无白粉
  3. 一年生长枝有光泽 ……………………………… (2)新疆落叶松 **L. sibirica**
  3. 一年生长枝微有光泽或无光泽
    4. 短枝顶端叶枕之间有黄白色柔毛 ……………… (3)落叶松 **L. gmelini**
    4. 短枝顶端叶枕之间有淡褐色柔毛 ……… (4)黄花落叶松 **L. olgensis**

(1)华北落叶松　Larix principis-rupprechtii Mayr(图 12)

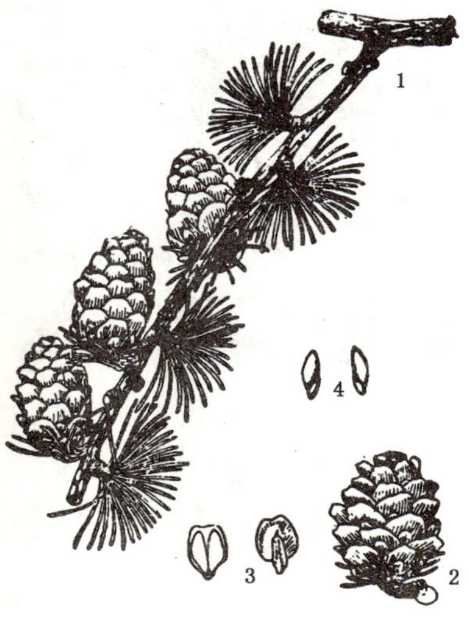

图 12　华北落叶松

1. 球果枝　2. 球果　3. 种鳞　4. 种子

［形态］　乔木。高达 30m，胸径 1m，树冠圆锥形。树皮暗灰褐色，呈不规则鳞状裂开，大枝开展，小枝不下垂或枝梢略垂，一年生长枝淡褐色或淡褐黄色，常有白粉，幼时有毛，后脱落，枝较粗，径 1.5～2.5mm；二三年枝变为灰褐或暗灰褐色；短枝顶端有黄褐色或褐色柔毛，径亦较粗，约 2～3mm。叶长约 2～3cm，宽约 1cm，窄条形，扁平。球果长卵形或卵圆形，长约 2～4cm，径为 2cm；种鳞 26～45，背面光滑无毛，边缘不反曲，苞鳞短于种鳞，暗紫色。种子灰白色，有褐色斑纹，有长翅；子叶 5～7。花期 4～5 月；球果 9～10 月成熟。

［分布］　产于我国北京百花山、灵山及河北小五台山海拔2 000～5 000m，河北围场、承德、雾灵山等海拔1 400～1 800m，山西五台山、恒山海拔 1 800～2 800m等高山地带。

［习性］　强阳性树，耐寒性强；喜肥厚湿润土壤，但也有一定的耐湿和耐旱性。

［繁殖栽培］　用种子繁殖，发芽率 65%～90%，通常多行春播，播前催芽处理。

［观赏特性及用途］　树冠整齐美观，适于园林中孤植或丛植、列植。系华北地区中

等高度山地以上造林树种，宜在适当地区造风景林兼用木材；在北京用作园景树。木材坚实耐腐，有光泽，为良好的用材树种，也可供造纸用。

(2)新疆落叶松　Larix sibirica Ledeb.

一年生长枝较粗，淡黄灰色；短枝顶端叶枕之间密生白色长柔毛。种鳞三角状卵形。

(3)落叶松　Larix gmelini(Rupr.)Rupr.

一年生长枝较细，径约1mm；球果成熟时上端的种鳞张开，中部的种鳞近五边状卵形。

(4)黄花落叶松　Larix olgensis Henry

一年生长枝淡红褐色或淡褐色，被毛。球果种鳞16～40，中部种鳞四方状广卵形，长宽近相等。

(5)日本落叶松　Larix kaempferi(Lamb.)Carr.

种鳞上部边缘显著向外反曲，卵状长圆形，背面有褐色细小疣状突起和短粗毛。一年生长枝红褐色，有白粉。

2.金钱松属　Pseudolarix Gord.

是中国特有属，仅金钱松一种。

金钱松(金松)　Pseudolarix kaempferi Gord.(图13)

［形态］　落叶乔木。小枝有长枝与生长缓慢的矩状短枝，当年生枝无毛。叶在长枝上螺旋状散生，在短枝上15～30簇生，辐射平展，秋后呈金黄色，条形或倒披针状条形，扁平，柔软，长3～7cm，上面中脉不隆起，下面沿隆起的中脉有两条气孔带。雌雄同株；雄球花数个簇生于短枝顶端，有梗；雌球花单生短枝顶端，苞鳞大于珠鳞，珠鳞的腹面基部有2胚珠。球果当年成熟，直立，卵圆形，长6～7.5cm，有短柄；种鳞木质，卵状披针形，长2.5～3.5cm，熟后脱落；苞鳞短小；种翅稍厚，与种鳞几乎等长。

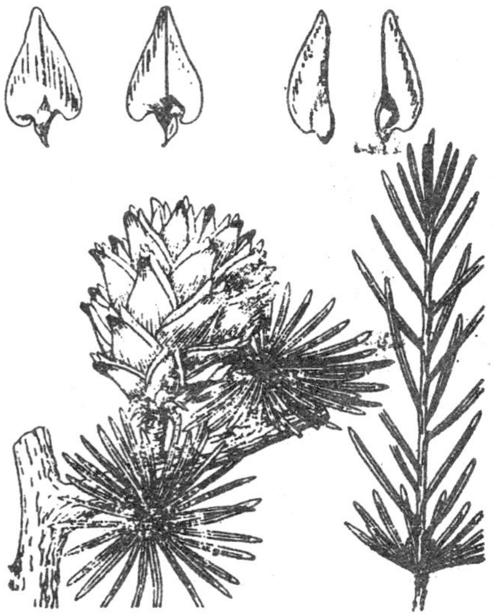

图13　金钱松

［分布］　分布于我国江苏南部、浙江、福建北部、安徽南部、江西、湖南和湖北西部。

［习性］　喜光，稍耐阴；中性或酸性砂质壤土，不喜石灰质土壤。

［繁殖栽培］　用播种法繁殖。

［观赏特性及用途］　为珍贵的观赏树木之一，与南洋杉、雪松、日本金松和巨杉合称世界五

大公园树。树体高大，树干端直，入秋叶变金黄色，非常美丽。

3. 雪松属　Cedrus Trew

常绿乔木。枝有长枝和短枝。冬芽小，卵圆形，叶针形，坚硬，3(4)棱，在长枝上螺旋状排列，辐射伸展；在短枝上簇生状。雄球花和雌球花分别单生于短枝顶端，直立。球果翌年成熟，直立；种鳞木质，宽大，扇状倒三角形，排列紧密，熟时自中轴脱落；苞鳞小，不露出，种子上部有宽大膜质的种翅，子叶 8～10。

4 种，产于北非、小亚细亚至喜马拉雅山西部。我国引种栽培 2 种。

分种检索表

1. 大枝顶部与小枝通常微下垂 ………………………… (1)雪松 **C. deodara**
1. 大枝顶部与小枝不下垂
   2. 小枝被有短柔毛，叶短于 2.5cm，球果较小，5～7cm ……………………………………………………………… (2)北非雪松 **C. atlantica**
   2. 小枝光滑或略有毛，叶 2.5～3cm，球果较大，8～10cm ……………………………………………………………… (3)黎巴嫩雪松 **C. libani**

(1)雪松　Cedrus deodara (Roxb.) G. Don(图 14)

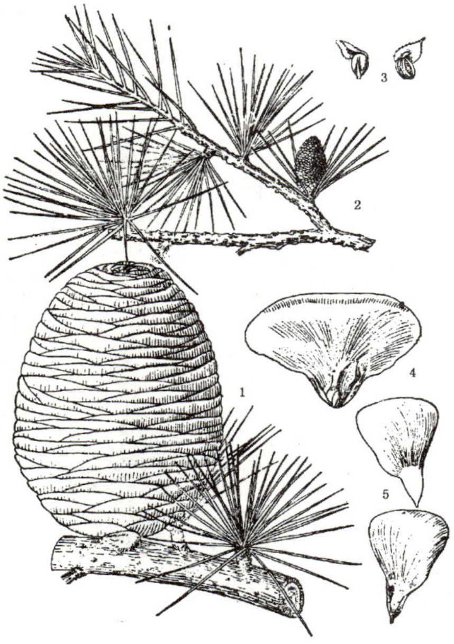

图 14　雪　松

1. 球果枝　2. 雄球花枝　3. 雄蕊　4. 种鳞　5. 种子

［形态］　乔木。高达 50～72m，胸径达 3m；树冠圆锥形。树皮灰褐色，裂皮鳞状。大枝不规则轮生，平展；一年生长枝淡黄褐色，有毛；短枝灰色。叶针状，灰绿色，长 2.5～5cm，宽与厚相等，各面有数条气孔线，在短枝端聚生 20～60 枚。雌雄异株，少数同株。雌雄球花异枝，雄球花椭圆状卵形，长 2～3cm；雌球花卵圆形，长约 0.8cm。球果椭圆状卵形，长 7～12cm，径 5～9cm，顶端圆钝，熟时红褐色；种鳞阔扇状倒三角形，背面密被锈色短绒毛，种子三角状，种翅宽大。花期 10～11 月，球果次年 9～10 月成熟。

［变种、变型及品种］　国内外品种丰富。在南京地区，根据树形和分枝情况，分为 3 个类型：

①厚叶雪松　叶短，厚而尖；枝平展而开张；树冠壮丽。生长较慢，绿化效果好。

②垂枝长叶雪松　叶最长，平均长3.3～4.2cm；树冠尖塔形。生长较快。

③翘枝雪松　枝斜上，小枝略垂，叶长3.3～3.8cm；树冠宽塔形。生长最快。

［分布］　原产于喜马拉雅山西部自阿富汗至印度海拔1 300～3 300m间。

［习性］　阳性树，但有一定程度的耐阴能力，喜凉爽、空气湿润气候，但对温度的变化适应能力相当强。

［繁殖栽培］　用播种、扦插、嫁接法繁殖。

［观赏特性及用途］　雪松体高大，树形优美，为世界著名的观赏树。我国古代就已用于点缀园林，如西藏一些寺庙中。雪松木材致密，坚实耐腐而有芳香，不易翘裂，宜供家具、建筑、造船、桥梁等用。

（2）北非雪松　*Cedrus atlantica* Manetti

常绿乔木。高达40m。大树顶梢直立；小枝不下垂。被有短毛。叶短于2.5cm，球果长5～7cm。

原产于非洲西北部阿尔及利亚、摩洛哥的阿特拉斯山脉海拔1 300～2 300m地带。南京有引种栽培，同时育出新品种。

（3）黎巴嫩雪松　*Cedrus libani* A. Rich

常绿乔木。高达40m。树顶梢直立，小枝不下垂，光滑无毛或略有毛；叶长2.5～3cm，球果长8～10cm。原产叙利亚等地，欧洲各国有栽培。

（三）松亚科　PINOIDEAE

常绿乔木，罕为灌木。叶针形，2针、3针或5针为一束。生于苞片状鳞叶的腋部，着生于极度退化的短枝顶端。球果翌年成熟，种鳞背面上方具鳞盾和鳞脐。

1属，约80余种。

松属　*Pinus* L.

常绿乔木，罕灌木。大枝轮生。冬芽显著，芽鳞多数。叶有两种：一种为原生叶，呈褐色鳞片状，单生于长枝上，除在幼苗期外，退化成苞片；另一种为次生叶，针状，即通常所见之针叶，常2针、3针或5针为一束，生于苞片的腋内极不发达的短枝顶端；每束针叶基部为8～12个芽鳞组成的叶鞘所包围，叶鞘宿存或早落；针叶断面为半圆或三角形，有1个或2个维管束。雌雄同株；花单性，雄球花多数，聚生于新梢下部，呈橙色，花粉粒有气囊；雌球花单生或聚生于新梢的近顶端处，授粉后珠鳞闭合。球果二年成熟。即第一年雌球花授粉后，次春始受精而秋季成熟，球果卵形，熟时开裂；种鳞木质，宿存，上部露出的肥厚部分称为“鳞盾”，在其中央或顶端田螺状凸起称为“鳞脐”，有刺或无刺；种子多有翅；子叶3～18，发芽时顶着籽粒出土。

共约80种。我国产22种10变种，分布几遍全国，又自国外引入16种2变种。

分种检索表

1. 叶鞘早落，针叶基部鳞叶不下延，叶内具1条维管束；种鳞的鳞脐顶生或背生，种子无翅或有翅 …………………………… 1. 单维管束松亚属 **Subgen. Strobus**
 2. 种鳞的鳞脐顶生，针叶多5针一束
  3. 种子无翅或具极短翅
   4. 球果成熟时种子不脱落；小枝密被褐色毛
    5. 针叶粗长，长6～12cm；球果大，长9～14cm，直立乔木 ……………………………………………………………… (1)红松 **P. koraiensis**
    5. 针叶细短，长3～8cm；球果小，长3～4.5cm，灌木，常呈伏卧状 ……………………………………………………………………… 偃松 **P. pumila**
   4. 球果成熟时种鳞开裂，种子脱落；小枝无毛 …… (2)华山松 **P. armandii**
  3. 种子具结合而生的长翅
   6. 针叶短，长3.5～5.5cm；球果较小，卵圆形至卵状椭圆形，几无梗，长4～7.5cm；种子具宽翅，翅与种子近等长 …… (6)日本五针松 **P. parviflora**
   6. 针叶细长，长7～20cm；球果较大，圆柱形，长8～25cm
    7. 小枝无毛，微被白粉；针叶下垂，长10～20cm …… (7)乔松 **P. griffithii**
    7. 幼枝有毛，后脱落，无白粉；针叶不下垂，长7～14cm ……………………………………………………………… (8)北美乔松 **P. strobus**
 2. 种鳞的鳞脐背生，种子具有关节的短翅；针叶3针一束，叶内树脂道边生；树皮白色，呈不规则薄片状剥落，鳞脐有刺 …………… (3)白皮松 **P. bungeana**
1. 叶鞘宿存，罕脱落，针叶基部的鳞叶下延，叶内具2条维管束；种鳞的鳞脐背生，种子上部具长翅 …………………………… Ⅱ. 双维管束松亚属 **Subgen. Pinus**
 8. 枝条每年生一轮，一年生小球果生于近枝顶处
  9. 叶2针一束，罕3针一束
   10. 叶内树脂道边生，针叶粗或细，较短或较长
    11. 针叶细软而较短，长5～12cm；一年生枝微被白粉；树干上部树皮红褐色；球果成熟时暗黄褐或淡褐黄色 …………… 赤松 **P. densiflora**
    11. 针叶粗硬，或细软而较长；一年生枝不被或罕被白粉
     12. 针叶细软而较长，长12～20cm；一年生枝不被或罕被白粉；球果成熟时栗褐色 ……………………… (4)马尾松 **P. massoniana**
     12. 针叶粗硬；一年生枝不被白粉
      13. 针叶短，仅长3～9cm；球果长3～6cm，熟时淡褐灰色，熟后开始脱落 ………………… (12)樟子松 **P. sylvestris var. mongolica**

13. 针叶较长，长 10～15cm；球果长 4～9cm，熟时淡黄或淡褐黄色，常宿存数年 ……………………… (5)油松 **P. tabulaeformis**

10. 叶内树脂道中生，针叶较粗短，长 5～13cm

14. 冬芽深褐色；球果长 3～5cm，几无梗 …… (9)黄山松 **P. taiwanensis**

14. 冬芽银白色；球果长 4～6cm，有短梗 ……… (10)黑松 **P. thunbergii**

9. 叶 3 针一束，罕 3 针、2 针兼有

15. 冬芽红褐色，无树脂；叶内树脂道约 4～5，中生及边生；球果较小，长 5～11cm ………………………………………… 云南松 **P. yunnanensis**

15. 叶内树脂道 3～7，内生或中生；球果较大，长 8～20cm

16. 冬芽银白色，无树脂；针叶长 20～45cm，树脂道 3～7，多内生；球果长 15～20cm ………………………………………… 长叶松 **P. palustris**

16. 冬芽褐色，有树脂；针叶长 12～36cm，树脂道 5，中生；球果长 8～15cm ………………………………………… 西黄松 **P. ponderosa**

8. 枝条每年生 2 至数轮；一年生小球果生于小枝侧面

17. 叶 3 针一束，或 3 针、2 针并存，罕 2 针或 4～5 针一束，多较长而不扭曲

18. 针叶较长，长 12～30cm；球果较大，长 5～15cm；主干上无不定芽

19. 叶 3 针一束，罕 2 针一束，长 12～25cm，树脂道多 2 个(罕 3～4 个)，中生；球果熟后种鳞张开迟缓 ……………………… (11)火炬松 **P. taeda**

19. 叶 3 针、2 针并存或 3 针一束，罕 4～5 针或 2 针一束；球果熟时种鳞张开

20. 叶 3 针、2 针并存，长 18～30cm，粗硬，树脂道 2～9(～11)，多内生；球果长 6.5～15cm；种翅易脱落；苗木新叶深绿色…………………………………………………… 湿地松 **P. elliottii**

20. 叶 3 针一束，罕 2 针或 4～5 针一束，树脂道(2)3～4(～9)，内生；球果长 5～10(～12)cm；种翅不易脱落或易脱落；苗木新叶灰绿色或苍绿色 ……………………………………… 加勒比松 **P. caribaea**

18. 针叶较短而粗硬，长 7～16cm，树脂道多 5～8，中生，球果常 3～5 聚生小枝基部，较小，长 5～8cm 或稍长，常宿存数年；主干及枝上常有不定芽 ………………………………………………… 刚松 **P. rigida**

17. 叶 2 针一束，叶粗而特短，长 2～4cm，常扭曲；球果窄长卵圆形，常内曲，长 3～5cm ………………………………………… 北美短叶松 **P. banksiana**

(1)红松(海松、果松)　**Pinus koraiensis** Sieb. et Zucc.(图 15)

[形态]　乔木。高达 50m，胸径 1～1.5m；树冠卵状圆锥形。树皮灰褐色，呈不规则长方形裂片，内皮赤褐色。一年生小枝密被黄褐色柔毛；冬芽长圆形，赤褐色，略有树脂。

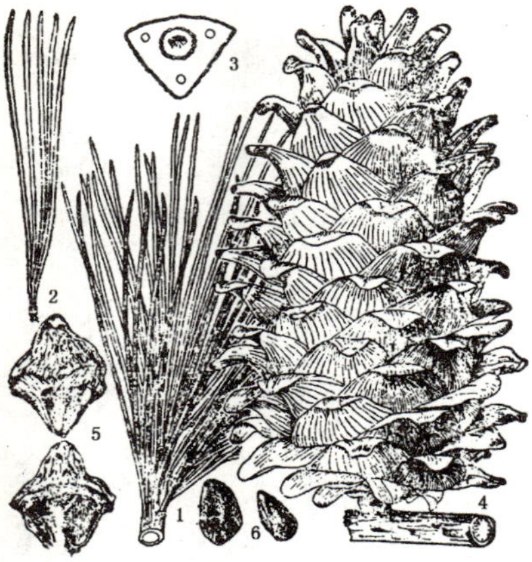

图15 红 松
1. 枝叶 2. 一束针叶 3. 叶横剖面
4. 球果 5. 种鳞 6. 种子

针叶5枚一束，长6～12cm，针叶粗硬、直立，深绿色，缘有细锯齿，腹面每边有蓝白色气孔线6～8条，背面无。树脂道3，中生。球果圆锥状长卵形，长9～14cm，熟时黄褐色，有短柄，种鳞菱形，先端钝而反卷，鳞背三角形，有淡棕色条纹，鳞脐顶生，不显著。种子大，倒卵形，无翅，长1.5cm，宽约1cm，有暗紫色脐痕。子叶13～16。花期5～6月；球果次年9～11月成熟，熟时种鳞不张开或略张开，但种子不脱落。

［分布］ 产于我国东北辽宁、吉林及黑龙江省，在长白山、小兴安岭极多，在大兴安岭北部有少量。朝鲜、原苏联及日本北部亦有分布。

［习性］ 弱阳性树，但较耐阴，尤其幼苗阶段略喜遮荫。性耐寒冷，喜空气湿润的近海洋性气候，对酷寒及干燥的大陆性气候的适应能力较差。

［繁殖栽培］ 用种子繁殖。

［观赏特性及用途］ 树形雄伟高大，宜作北方森林风景区材料。木质软，易于加工，防腐耐久，可供建筑、家具、造纸等用。

（2）华山松 Pinus armandii Franch.（图16）

［形态］ 乔木。高达35m，胸径1m，树冠广圆锥形。小枝平滑无毛，冬芽小，圆柱形，栗褐色。幼树树皮灰绿色，老则裂成方形厚块片。叶5针一束，长8～15cm，质柔软，边缘有细锯齿，树脂道多为3，中生或背面2个边生，腹面1个中生，叶鞘早落。球果圆锥状长卵形，长10～20cm，柄长2～5cm，成熟时种鳞张开，种子脱落。种子无翅或近无翅。花期4～5月；球果次年9～10月

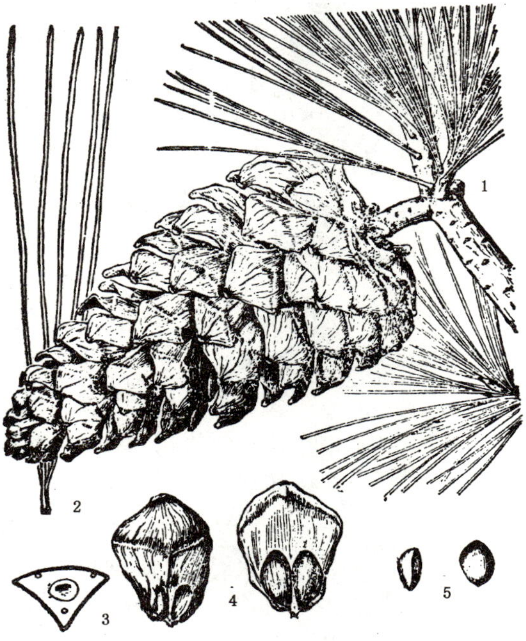

图16 华山松
1. 球果枝 2. 一束针叶 3. 叶横剖面 4. 种鳞 5. 种子

成熟。

［分布］ 在我国山西、陕西、甘肃、青海、河南、西藏、四川、湖北、云南、贵州、台湾等省区分布。在自然界大抵生于海拔 1 000～3 000m 处，有纯林及混交林。

［习性］ 阳性树，但幼苗略喜一定庇荫。喜温和凉爽、湿润气候；耐寒力强，不耐炎热，在高热季节较长的地区生长不良。喜排水良好土壤，能适应多种土壤，最宜深厚、湿润、疏松的中性或微酸性壤土，不耐盐碱土。

［繁殖栽培］ 播种繁殖。

［观赏特性及用途］ 树高挺拔，冠形优美，是优良的庭园绿化树种，亦可用于丛植、群植，并系高山风景区之优良风景林树种。

(3)白皮松(白骨松、虎皮松、三针松) **Pinus bungeana** Zucc.(图 17)

［形态］ 乔木。高达 30m，胸径 1m 余。树冠阔圆锥形、卵形或圆头形。树皮淡灰色或粉白色，呈不规则鳞片状剥落。一年生小枝灰绿色，光滑无毛；大枝自近地面处斜出。冬芽卵形，赤褐色。针叶 3 针一束，长 5～10cm，边缘有细锯齿，树脂道边生；基部叶鞘早落。雄球花序长约 10cm，鲜黄色；球果圆锥状卵形，长 5～7cm，径约 5cm，成熟时淡黄褐色，近于无柄；鳞背宽阔而隆起，有横脊，鳞脐有刺。种子大，卵形，褐色，长 1.2cm，宽 0.7cm，翅长 0.6cm。子叶约 9～11。花期 4～5 月；球果次年 9～10 月成熟。

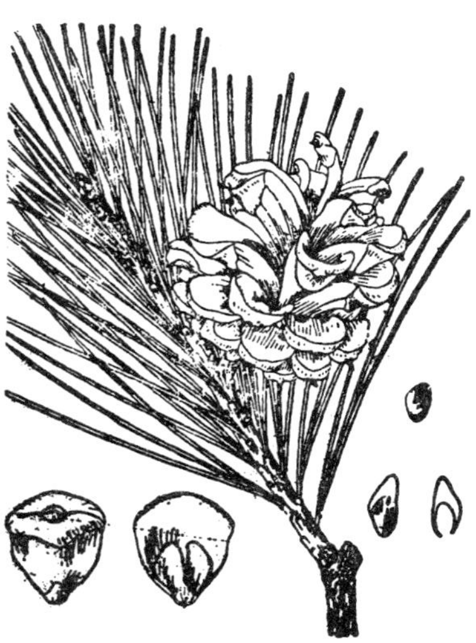

图 17 白皮松

［分布］ 为我国特产，陕西蓝田有成片纯林，山东、山西、河北、陕西等省均有分布。

［习性］ 阳性树，略耐半阴，耐寒性不如油松。对土壤要求不严，在中性、酸性及石灰性土壤中均能生长；亦耐干旱土地，耐土壤干旱能力较油松为强。

［繁殖栽培］ 用种子繁殖，每 500g 种子约 3 580 粒，发芽率达 60%。

［观赏特性及用途］ 为东亚少见的三针松，特产我国，为珍贵树种之一。宜孤植，也宜群植成林，或列植成行。白皮松材质松脆，但纹理美丽，可供家具及文具等用。

(4)马尾松 **Pinus massoniana** Lamb.(图 18)

［形态］ 乔木。高达 45m，胸径 1m 余。树冠在壮年期狭圆锥形，老年期则开展如伞盖，干皮红褐色，呈不规则裂片。一年生小枝淡黄褐色，轮生。冬芽圆柱形，端褐色。叶 2 针一束，罕 3 针一束，长 12～30cm，质软，缘有细锯齿；树脂道 4～8，边生。球果长卵形，径 4～7cm，长 2.5～4cm，有短柄，成熟时栗褐色，脱落而不宿存树上；种鳞之鳞背扁

图 18 马尾松

1. 雄球花枝 2. 针叶 3. 叶横剖面 4. 芽鳞
5. 雄蕊 6. 球果枝 7. 种鳞 8. 种子

平，横脊不很显著，鳞脐不突出，无刺。种子长 4～5mm，翅长 1.5cm 余。子叶 5～8；花期在 4 月；球果次年 10～12 月成熟。

［分布］ 分布较广，我国北自河南及山东南部，南至广东、广西、台湾，东自沿海地区，西至四川中部及贵州，遍布于华中、华南各省。一般在长江下游海拔 600～700m 以下、中游 1 200m 以下、上游约 1 500m 以下均有分布。

［习性］ 为强阳性树，不耐庇荫。喜暖湿气候，耐寒性差。性喜酸性黏质土壤。

［繁殖栽培］ 用种子繁殖。

［观赏特性及用途］ 高大雄伟，是江南及华南普遍绿化和风景区造林的重要树种。木材可供建筑及家具用，又可采割树脂，培养香菌；叶可提制挥发油。

（5）油松 Pinus tabulaeformis Carr.（图 19）

［形态］ 乔木。高达 25m，胸径约 1m 余。树冠在壮年期为塔形或广卵形，老年期呈盘状或伞形。树皮灰棕色，呈鳞片状开裂，裂缝红褐色；小枝粗壮，无毛，褐黄色；冬芽长圆形，端尖，红棕色，在顶芽旁轮生有 3～5 个侧芽。叶 2 针一束，罕 3 针一束，长 10～15cm，树脂道 5～8 或更多，边生，叶鞘宿存。雄球花橙黄色，雌球花绿紫色。当年小球果的种鳞顶端有刺，球果卵形，长 4～9cm，无柄或有极短柄，可宿存枝上达数年之久；种鳞之鳞背肥厚，横脊显著，鳞脐有刺。种子卵形，长 6～8mm，淡褐色，有斑纹；翅长约 1cm，黄白色，有褐色条纹。子叶 8～12。花期 4～5 月；球果次年 10 月成熟。

［变种、变型及品种］

①黑皮油松（var. mukdensis Uyeki） 乔木，树皮深灰色。产于承德、沈阳等地。

②扫帚油松（var. umbraculifera Liou et Wang） 小乔木，形如扫帚。

［分布］ 产于我国辽宁、吉林、内蒙古、河北、河南、山西、山东、陕西、甘肃、宁夏、青海、四川北部等地。

［习性］ 为强阳性树，喜光。性强健，耐寒，为温带针叶树种。喜生于中性、微酸性土壤。

［繁殖栽培］ 用种子繁殖。

［观赏特性及用途］ 树干挺拔苍劲，四季常青。适于作孤植、丛植、纯林群植，也宜于行混交配植。适于作油松的伴生树种有元宝枫、栎类、桦木、侧柏等等。油松木材含丰富的松脂，耐腐，故适作建筑、家具、枕木等用，也可从松脂中提取松节油。

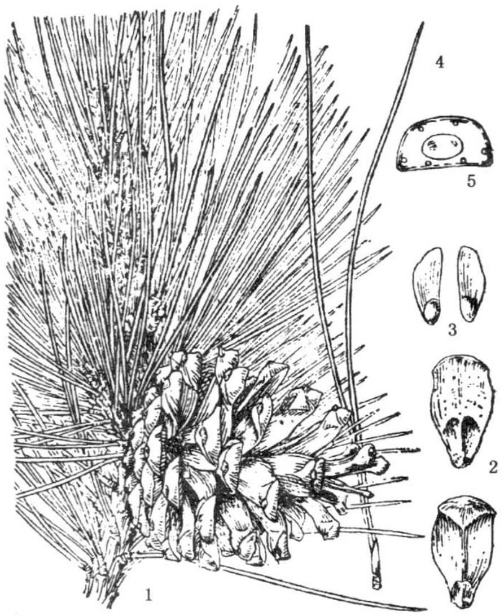

图 19 油 松

1. 球果枝 2. 种鳞 3. 种子 4. 一束针叶 5. 叶横剖面

(6)日本五针松(日本五须松、五针松) Pinus parviflora Sieb. et Zucc.

5 针一束，针叶短，球果较小。

(7)乔松(喜马拉雅松) Pinus griffithii Mcclelland.

针叶 5 针，细长柔软下垂，小枝无毛。

(8)北美乔松(美国白松、美国五针松) Pinus strobus L.

［形态］ 乔木。高 60m；小枝绿褐色，初时有毛，后脱落，无白粉；针叶长 7～14cm，不下垂，叶细而柔软，树脂道 2，边生于背部。球果长 8～12cm，种子有长翅。

［分布］ 原产美国东部。中国在熊岳、旅大、南京、北京、杭州等地均有引种栽培。

［观赏特性及用途］ 北美乔松树冠呈阔圆头状，针叶纤细柔美，观赏价值较高。

(9)黄山松(台湾松) Pinus taiwanensis Hayata.

叶 2 针一束，较粗短，冬芽深褐色，球果长 3～5cm，几无梗。

(10)黑松(日本黑松) Pinus thunbergii Parl.

叶 2 针一束，较粗硬，冬芽银白色，球果 4～5cm，有短梗。

(11)火炬松 Pinus taeda L.

多为 3 针一束，树脂道多为 2 个，从美国引种。而湿地松多为 2～3 针，树脂道 2～9 个，可区别之。

(12)樟子松 Pinus sylvestris L. var mongolica Litv.

乔木，叶 2 针一束，针叶粗硬而扭旋，长 4～9cm，球果翌年成熟。

五、杉科　TAXODIACEAE

常绿或落叶乔木,极少为灌木。树干端直,树皮裂成长条片脱落,大枝轮生或近轮生;树冠尖塔形或圆锥形,叶鳞状,披针形、钻形或条形,多螺旋状互生,很少交叉对生。雌雄同株,雄球花单生、簇生或成圆锥花序状,雄蕊有花药2~9;雌球花单生顶端,其珠鳞与苞鳞结合着生或无苞鳞,每珠鳞有直立胚珠2~9。球果当年成熟,每种鳞有种子2~9;种子有窄翅,子叶2~9。

本科有10属16种,分布于东亚、北美及大洋洲塔斯马尼亚岛。我国产5属7种,引入栽培4属7种。

分属检索表

1. 常绿,冬季小枝不落
  2. 种鳞革质 …………………………………………… 1. 杉木属 **Cunninghamia**
  2. 种鳞木质
    3. 叶一种小型,鳞片状,散生;另一种条状,轮生 …… 2. 金松属 **Sciadopitys**
    3. 叶钻形,螺旋状互生 ……………………………… 3. 柳杉属 **Cryptomeria**
1. 叶脱落或半常绿,冬季小枝脱落
  4. 叶和种鳞均螺旋状着生
    5. 叶三型,主枝的鳞形叶冬季宿存,小枝的钻形及条形叶脱落 ……………… ………………………………………………… 4. 水松属 **Glyptostrobus**
    5. 叶二型,主枝的钻形叶冬季宿存,小枝的条形叶冬季脱落 ……………… ………………………………………………… 5. 落羽杉属 **Taxodium**
  4. 叶和种鳞均对生,叶条形,二列 …………………… 6. 水杉属 **Metaseguoia**

1. 杉木属　Cunninghamia R. Br.

常绿乔木。冬芽圆卵形。叶螺旋状互生,披针形或条状披针形,扁平,基部下延,边缘有锯齿。侧枝的叶扭转二列状,叶之上下两面均有气孔线。雌雄同株,雄球花簇生枝顶,长圆锥状;雌球花单生或2~3簇生于枝顶,球形或卵形,苞鳞与珠鳞下部合生,互生,苞鳞大,珠鳞小而顶端3裂,每珠鳞有胚珠3。球果苞鳞革质,缘有不规则细锯齿,种鳞很小,在苞鳞之腹面,端3裂,上部分离;每种鳞有种子3粒,种子扁平,两侧有狭翅;子叶2,发芽时出土,球果当年成熟。

2种,我国特产。

杉木(杉树、刺杉)　Cunninghamia lanceolata(Lamb.)Hook.(图20)

[形态]　乔木。高达30m,胸径2.5~3m。树冠幼年期为尖塔形,大树为广圆锥形,

树皮褐色，裂成长条片状脱落；小枝对生或轮生，常成二列状。叶披针形或条状披针形，常略弯而呈镰状，革质，坚硬，深绿而有光泽，长 2～6cm，宽 3～5mm，也常有反卷状，枯叶宿存不落；球果卵圆形至圆球形，长 2.5～5cm，径 2～4cm，熟时苞鳞革质，棕黄色；种子长卵形或长圆形，扁平，长 6～8mm，暗褐色，两侧有狭翅，每球果内约含种子 200 粒；子叶 2，发芽时出土。花期在 4 月；球果 10 月下旬成熟。

［分布］　分布广，我国北自淮河以南，南至雷州半岛，东自江苏、浙江、福建沿海，西至康藏高原东南部河谷地区均有分布，在 16 省地区均有生长，南北约 800km，东西宽1 000km。垂直分布之上限因风土不同而有差异，如在大别山区为海拔 700m 以下，福建山区 1 000m 以下，大理2 500m以下。

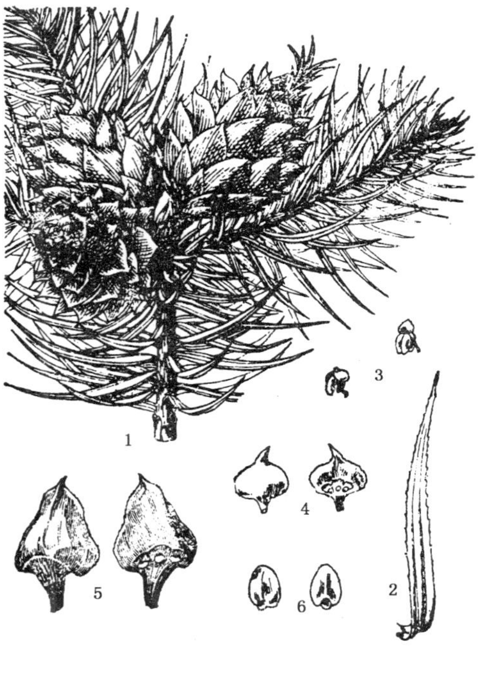

图 20　杉　木

1. 球果枝　2. 叶　3. 雄蕊　4. 苞鳞及其腹面示珠鳞及胚珠　5. 苞鳞及种鳞　6. 种子

［习性］　阳性树，喜温暖湿润气候，不耐寒，绝对最低温度气候以不低于－9℃为宜。最喜深厚、肥沃、排水良好的酸性土壤(pH4.5～6.5)，但也可在微碱性土壤中生长。

［繁殖栽培］　多用播种或扦插繁殖。

［观赏特性及用途］　主干端直，最适于园林中群植成林或列植道旁。材质优良，轻软而耐腐，易加工，最宜供建筑、家具、造船用，为我国南方重要用材树种之一。

2. 金松属　Sciadopitys Sieb. et Zucc.

本属只一种，原产日本。有的分类学家将本种单列一科，即日本金松科(Sciadcpityaceae)。

金松(伞松、日本金松)　Sciadopitys verticillata(Thunb)Sieb. et Zucc.(图 21)

［形态］　常绿乔木。在原产地高达 40m，胸径 3m；枝近轮生，水平开展，树冠无论幼年或老年期均为整正的尖圆塔形。叶有两种：一种形小，膜质，散生于嫩枝上，呈鳞片状，称鳞状叶；另一种聚簇枝梢，呈轮生状，每轮 20～30，呈扁平条状，长 5～16cm，宽 2.5～3mm，上面亮绿色，下面有 2 条白色气孔线，上下两面均有沟槽，称完全叶。雌雄同株，雄球花约 30 个聚生枝端，呈圆锥花序状，黄褐色，雌球花长椭圆形，单生枝顶。球果卵状

图 21　金　松

1. 雄花枝　2. 雌花枝　3. 球果　4. 雄蕊背面　5. 雄蕊正面　6. 心皮及种子

长圆形，长 6～10cm，种鳞阔楔形或扇形，边缘向外反卷，发育种鳞有 5～9 粒种子，种子有狭翅。

3. 柳杉属　Cryptomeria D. Don

常绿乔木。树皮红褐色，裂成长条片脱落；枝近轮生，平展或略斜伸，树冠尖塔形或卵形；冬芽小，叶螺旋状互生，两侧略扁，钻形，有气孔线，叶基下延，雌雄同株，单性；雄球花多数聚于枝梢，密集似短穗状花序，每球花单生叶腋，雄蕊各有花药 3～6；雌球花单生枝端，每珠鳞 2～5 胚珠，苞鳞与珠鳞合生，仅先端分离。球果近球形，种鳞木质，宿存，上部边缘有 3～7 裂齿，中部或中下部有三角状苞鳞；种子三角状椭圆形，略扁，边缘有窄翅；子叶 2～3，发芽时出土。

本属共 2 种，产于中国及日本。

柳杉（长叶柳杉）　Cryptomeria fortunei Hooibrenk ex Otto et Dietr（图 22）

［形态］　乔木。高达 40m，胸径达 2m 余，树冠塔圆锥形，树皮赤棕色，纤维状裂成长条片剥落，大枝斜展或平展，小枝常下垂，绿色。叶长 1～1.5cm，幼树及萌芽枝叶长达 2.4cm，钻形，微向内曲，先端内曲，四面有气孔线。雄球花黄色，雌球花淡绿色。球果熟时深褐色，径 1.5～2cm。种鳞约 20，苞鳞尖头与种鳞先端之裂齿均较短；每种鳞有种子 2。花期 4 月；果 10～11 月成熟。

［分布］　产于我国浙江天目山、福建南屏三千八百坎及江西庐山等处海拔1 100m 以下地带，浙江、江苏南部、安徽南部、四川、贵州、云南、湖南、湖北、广东、广西及河南郑州等地有栽培，生长良好。

［习性］　为中等的阳性树，略耐阴，亦略耐寒，在河南郑州及山东泰安均可生长。在年平均温度为 14～19℃，1 月份平均气温在 0℃以上的地区均可生长。喜较高空气湿度，怕夏季酷热或干旱，在降水量达1 000mm左右处生长良好。喜生长于深厚肥沃的砂质壤土，若在日晒强烈的黏土地则生长极差。喜排水良好，在积水处根易腐烂。

［繁殖栽培］　可用播种和扦插法繁殖。

［观赏特性及用途］　柳杉树形圆整高大，雄伟，适宜孤植、对植、群植。江南有作墓道树的习俗。也可作风景林栽植。

4. 水松属　Glyptostrobus Endl.

本属仅 1 种，在新生代时欧、亚、美均有分布，在第四纪冰期后，其他地方均已绝迹，现仅存于中国，成为唯一的特产属、种。

图 22　柳　杉

1. 球果枝　2. 种鳞　3. 种子　4. 叶

图 23　水　松

1. 球果枝　2. 种鳞　3. 种子　4、5. 叶枝　6. 雄球花枝　7. 雄蕊　8. 雌球花枝　9. 珠鳞及胚珠

水松　Glyptostrobus pensilis(Staunt.) Koch(Taxodium sinensis Forb.)(图 23)

［形态］　落叶乔木。高 8～16m，罕达 25m，径可达 1.2m；树冠圆锥形。树皮呈扭状长条浅裂。干基部膨大，有屈膝状呼吸根。枝条稀疏，大枝平伸或斜展，小枝绿色。叶互生，有 3 种类型：鳞形叶长约 2mm，宿存，螺旋状着生主枝上；在一年生短枝及萌生枝上；有条状钻形叶及条形叶，长 0.4～3cm，常排成 2～3 列假羽状，冬季均与小枝同落；雌雄同株，单性花单生枝顶；雄球花圆球形；雌球花卵圆形。球果倒卵形，长 2～2.5cm，径 1.3～1.5cm；种鳞木质，扁平，倒卵形，成熟后渐脱落；种子椭圆形而微扁，褐色，基部有尾状长翅，子叶 4～5，发芽时出土。花期 1～2 月；果 10～11 月成熟。

［分布］ 我国广东、福建、广西、江西、四川、云南等地均有分布。长江流域以南公园中有栽培。

［习性］ 强阳性树，喜暖热多湿气候，喜多湿土壤，在沼泽地则呼吸根发达，在排水良好土地上则呼吸根不发达，干基也不膨大。性强健，对土壤适应性较强。仅忌盐碱土，最宜富含水分的冲积土。根系发达。不耐低温。

［繁殖栽培］ 用种子及扦插法繁殖。

［观赏特性及用途］ 树形美丽，最宜河边湖畔绿化用，根系强大，可作防风护堤树。1894年英国引入作为庭园珍品及室内盆栽观赏用；美国曾引入作标本树；日本及其他许多国家也有引种。材质轻软，耐水湿，可供桥梁等工程上应用。根部木质轻松，浮力大，广东渔民常作救生圈，亦可作瓶塞等用。球果及树皮均含有单宁，种子可作紫色染料，染丝织品及鱼网等。叶可入药。

5. 落羽杉属（落羽松属） Taxodium Rich.

落叶或半常绿乔木。小枝有两种，主枝宿存，侧生小枝冬季脱落；冬芽小，球形。叶螺旋状排列，基部下延，异型，主枝上的钻形叶斜展，宿存；侧生小枝上的条形叶排成二列状，冬季与枝一同脱落。雌雄同株；雄球花多数，集生枝梢；雌球花单生于去年生小枝顶部。球果单生枝顶或近梢部，有短柄，球形或卵圆形，种鳞木质，每种鳞有种子2；种子不规则三角形，有显著棱脊；子叶4～9，发芽时出土。

共3种，原产北美及墨西哥。中国已引入栽培。

分种检索表

1. 叶条形，扁平，叶基扭转排成羽状二列；大枝水平开展 ……………………………………………………………………………………………… (1)落羽杉 **T. distichum**

1. 叶钻形，在枝上螺旋状伸展，不成二列状，大枝向上伸长 ……………………………………………………………………………………………… (2)池杉 **T. ascenderis**

(1)落羽杉（落羽松） Taxodium distichum (L.) Rich.（图24）

［形态］ 落叶乔木。高达50m，胸径达3m以上，树冠在幼年期呈圆锥形，老树则开展成伞形，树干尖削度大，基部常膨大而有屈膝状之呼吸根；树皮呈长条状剥落；枝条平展，大树的小枝略下垂；一年生小枝褐色，着生叶的侧生小枝排成二列。叶条形，长1～1.5cm，扁平，先端尖，排成羽状二列，上面中脉凹下，淡绿色，秋季凋落前变暗红褐色。球果圆球形或卵圆形，径约2.5cm，熟时淡褐黄色；种子褐色，长1.2～1.8cm，花期5月；球果次年10月成熟。

［分布］ 原产于美国东南部，其分布区较池杉为广，在北美洲可分布于北纬40°地带，有一定耐寒力。我国已引入栽培达半个世纪以上，在长江流域及华南大城市的园林中常有栽培，最北界已达河南南部鸡公山一带。

［习性］　强阳性树；喜暖热湿润气候，极耐水湿，能生长于浅沼泽中，亦能生长于排水良好的陆地上。在湿地上生长的，树干基部可形成板状根，自水平根系上能向地面上伸出筒状的呼吸根，特别称为“膝根”。土壤以湿润而富含腐殖质者最佳。在原产地能形成大片森林。抗风性强。

［繁殖栽培］　可用插种和扦插法繁殖。

［观赏特性及用途］　树形整齐美观，秋叶古桐色。最适水旁配植，有防风护岸功能。

(2)池杉（池柏、沼杉、沼落羽松）　Taxodium ascenderis Brongn.

［形态］　落叶乔木。树干基部膨大，常有屈膝状呼吸根。树冠呈尖塔形。叶多钻形，球果圆球形或长圆状球形，有短梗。花期 3～4 月，果期 10～11 月。

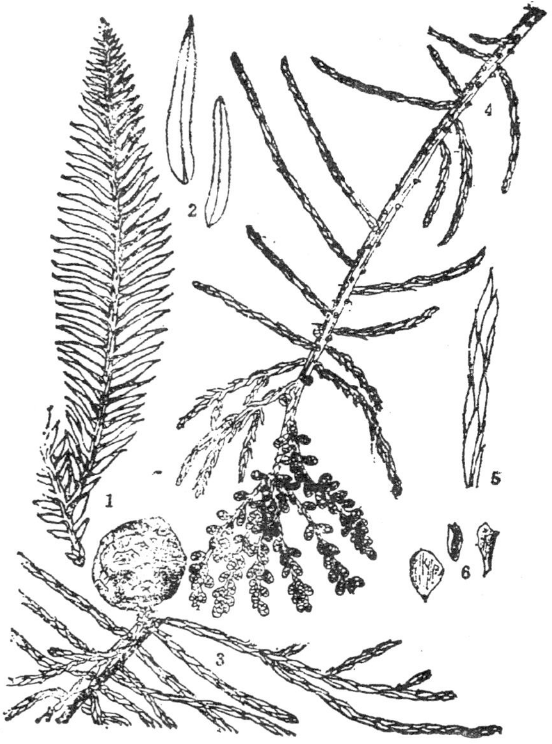

图 24　落羽杉及池杉

1、2. 落羽杉　3～6. 池杉　1. 叶枝　2. 叶　3. 球果枝　4. 雄球花枝　5. 小枝一段　6. 种子

［分析］　产于美国弗吉尼亚州南部，再沿墨西哥湾至亚拉巴马州及路易斯安那州东南部，见于沿海平原沼泽及低湿地。我国南京、杭州、武汉、广州等地有引种。

［习性］　喜温暖湿润气候和深厚疏松酸性、微酸性土。强阳性，耐涝。

［繁植栽培］　播种和扦插繁殖。

［观赏特性及用途］　适宜水滨湿地成片栽植，孤植或丛植。

6. 水杉属　Metasequoia Miki ex Hu et Cheng

仅 1 种，有的分类学家单列为 1 科。

水杉　Metasequoia glyptostroboides Hu et Cheng（图 25）

［形态］　落叶乔木。树高达 35m，胸径 2.5m；干基常膨大，幼树冠塔形，老树则为广圆头形。树皮灰褐色，大枝近轮生，小枝对生。叶交互对生，叶基扭转排成二列，呈羽状，

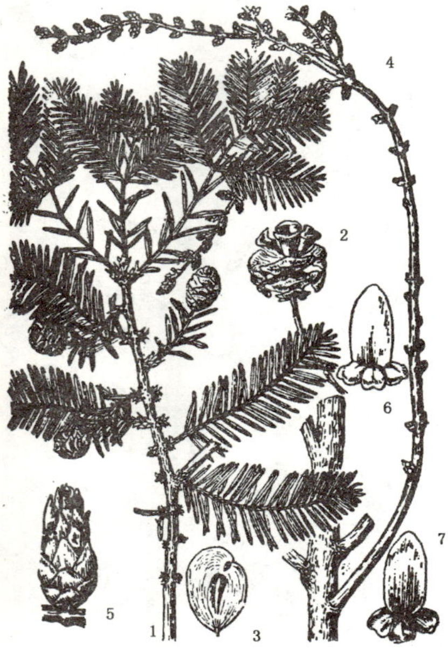

图 25　水　杉

1. 球果枝　2. 球果　3. 种子　4. 雄球花枝　5. 雄球花　6、7. 雌球花

条形，扁平，长 0.8～3.5cm，冬季与无芽小枝一同脱落。雌雄同株，单性；雄球花单生于枝顶和侧方，排列总状或圆锥花序状，雌球花单生于上年生枝顶或近枝顶，珠鳞 11～14 对，交叉对生，每珠鳞有 5～9 胚珠。球果近球形，长 1.8～2.5cm，熟时深褐色，下垂，种子扁平，倒卵形，周有狭翅，子叶 2，发芽时出土。花期在 2 月；球果当年 11 月成熟。

[变种、变型及品种]　窄塔(cv. ‘National’)明显的狭窄塔形，美国国家树木园 1985 年选育。

[分布]　我国特产树种。产于四川东部、湖北西部。国内、国外多有栽培。

[习性]　阳性树，喜温暖湿润气候，有一定的抗寒性。喜深厚肥沃的酸性土，但在微碱性土壤中亦可良好生长，不耐涝。

[繁殖栽培]　播种和扦插繁殖。

[观赏特性及用途]　树冠呈圆锥形，姿态优美，叶形秀美，秋叶由嫩绿转棕褐色。宜在园林中丛植、列植或孤植，也可片植，是城郊及风景区绿化的重要树种。

六、柏科　CUPRESSACEAE

常绿乔木及直立或匍匐灌木。叶交叉对生或 3 枚轮生，幼苗时叶刺状，成长后叶为鳞片状或刺状或同株上兼而有之。雌雄同株或异株，球花小而单生枝顶或叶腋；雄球花有雄蕊 2～16，每雄蕊有花药 2～6；雌球花有珠鳞 3～12，珠鳞上有一至数个直立胚珠；苞鳞与珠鳞结合，仅尖端分离。球果种鳞木质或革质，开裂，或肉质结合而生，不开裂；种子有翅或无翅；子叶 2，罕 5～6。

本科包括 22 属约 150 种，分布于全世界。我国产 8 属 29 种 7 变种，另引入栽培 1 属 15 种。

目前，柏科分为 3 个亚科。

分亚科属检索表

1. 球果成熟后种鳞合生 ……………………… (三)圆柏亚科 **JUNLPEROLDEAE**

2. 叶两型，鳞形或刺形；鳞形叶交互对生，刺形叶三枚轮生，叶基下延生长 ……………………………………………………………………… 1. 圆柏属 **Sabina**

2. 叶全为刺形，三叶轮生，基部有关节而不下延生长 …… 2. 刺柏属 **Junjperus**

1. 球果成熟后种鳞开裂

3. 种鳞扁平或鳞背隆起，但不为盾形；球果当年成熟 ……………………………………………………………… (一)侧柏亚科 **THUJOIDEAE**

生鳞叶的小枝扁平，发育中部的种鳞具 1～2 个种子…… 侧柏属 **Platycladus**

3. 种鳞盾形；球果翌年或当年成熟 ………… (二)柏木亚科 **CUPRESSOIDEAE**

生鳞叶的小枝四棱形或圆柱形，不排成平面，稀扁平排成平面，发育的中部种鳞具 5 至多个种子 ……………………………………… 柏木属 **Cupressus**

(一)侧柏亚科　THUJOIDEAE

球果的种鳞扁平、薄或鳞背隆起，肥厚，熟时张开；球果当年成熟，长卵圆形，卵状矩圆形、卵圆形或近球形。着生鳞叶的小枝扁平，鳞叶两型。

共 15 属近 50 种，分布于北半球。我国有 3 属 4 种 1 变种，另引种栽培 1 属 4 种。

侧柏属　Platycladus Spach

乔木。幼树树冠卵状尖塔形，老树广圆形。叶枝直展，扁平，排成一平面、两面同型。鳞叶形小，背面有腺点。雌雄同株，球花单生枝顶；雄球花具 6 对雄蕊，花药 2～4；雌球花具 4 对珠鳞，仅中部的 2 对珠鳞各有 1～2 胚珠。球果当年成熟，卵状椭圆形；种鳞木质，扁平，质厚，背部顶端的下方有一弯曲的钩状小尖头，最下部 1 对种鳞很小，不发育；中部 2 对发育种鳞各有 1～2 种子。种子椭圆形或卵形，无翅；种子顶端有短膜；子叶 2，发芽时出土。

1 种，产于我国北部及西南部，遍布全国。

侧柏　Platycladus orientalis(L.)Franco.(图 26)

［形态］　常绿乔木。高约 20m 余，胸径 1m；幼树树冠尖塔形，老树广圆形，树皮薄，淡褐色，呈薄片状剥离。大枝斜出，小枝直展，扁平，无白粉。叶全为鳞片状。雌雄同株，单性，球花单生小枝顶端；雄球花有 6 对雄蕊，每雄蕊有花药 2～4；雌球花有 4 对珠鳞，中间的 2 对珠鳞各有 1～2 胚珠。球果卵形，长 1.5～2.5cm，熟前绿色，肉质；种鳞顶端反曲尖头，成熟后变木质，开裂，红褐色。种子长卵形，无翅或几无翅；子叶 2，发芽时出土。花期 3～4 月；球果 10～11 月成熟。

［变种、变型及品种］

①千头柏［Platycladus orienlalis(L.)Franco. cv. 'Sieboldii'］　丛生灌木，无主干。枝密生，直展；树冠卵状球形或球形。叶绿色。供观赏及植绿篱。

②金黄球柏［Platycladus orientalis(L.)Franco. cv. 'Semperaurescens'］　矮生灌

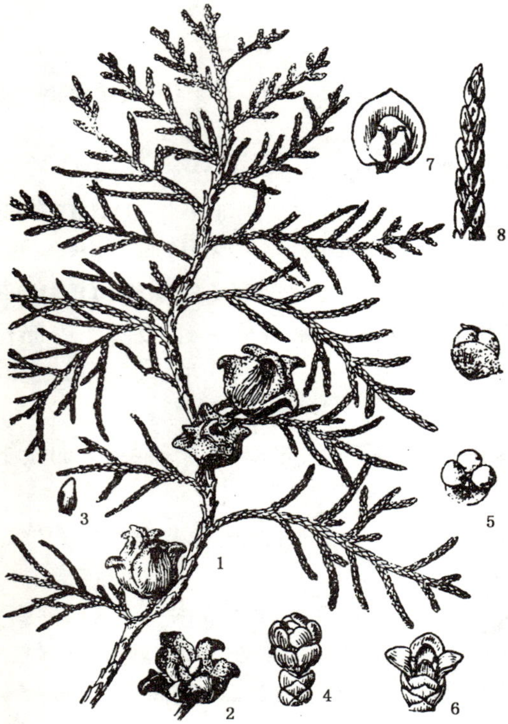

图 26 侧 柏

1. 球果枝 2. 球果 3. 种子 4. 雄球花 5. 雄蕊 6. 雌球花 7. 珠鳞及胚珠 8. 鳞叶枝

木。树冠球形。叶全年为金黄色。

③金塔柏[Platycladus orientalis (L.) Franco. cv. 'Beverleyensis'] 小乔木。树冠窄塔形。叶金黄色。

④窄冠侧柏[Platycladus orientalis (L.)Franco. cv. 'Zhaiguancebai'] 乔木。树冠窄,枝向上伸展或微斜上伸展,叶光绿色。

[分布] 原产于我国华北、东北,全国各地均有栽培。

[习性] 喜光,也有一定的耐荫能力,喜温暖、湿润气候,但也耐干旱、耐瘠薄、耐寒,抗盐性强,耐修剪,适应性很强。

[繁殖栽培] 播种繁殖。春季播种,播前进行催芽处理。侧柏幼苗期须根发达,移栽易成活。春季移植小苗要带土球,雨季可以进行裸根苗移植。

[观赏特性及用途] 侧柏是我国应用最广泛的园林树种之一,自古以来就栽植于寺庙、陵墓地和庭园中。北京中山公园的辽代古柏有千年左右,仍然生长健壮,枝繁叶茂。

侧柏耐干旱瘠薄,是荒山绿化首选的造林树种。在北京卧佛寺的樱桃沟内有一景——"石上松",其实就是侧柏,它完全长在石头缝中,仍然枝繁叶茂,可见其适应能力非同一般。在山区营造侧柏时,以混交林为宜,可与桧柏、油松、黄栌、臭椿等混合种植,效果比纯林更好。

侧柏耐修剪,而且下枝不易秃干,是选作绿篱的好材料。

(二)柏木亚科 CUPRESSOIDEAE

球果的种鳞盾形、木质,熟时张开;球果当年成熟或翌年成熟,球形、矩圆形或椭圆形;生鳞叶的小枝扁平,鳞叶两型;或小枝近圆柱形,鳞叶同型。

共 4 属约 30 钟,分布于北半球。我国有 3 属 7 种 1 变种,另引入栽培 7 种 1 变种。

柏木属 Cupressus L.

常绿乔木,罕为灌木状。有香气。生鳞叶的小枝四棱形或圆柱形,不排成一个平面,罕扁平而排成一个平面。鳞叶小,交叉对生,仅幼苗或萌芽枝上具刺形叶。雌雄同株,球花单生枝顶；雄球花具多数雄蕊，花药 2～6；雌球花具 4～8 对珠鳞，中部珠鳞具五至多数排成一行至数行的胚珠。球果翌年成熟，球形或近球形，种鳞 4～8 对，木质、盾形，熟时张开，中部种鳞发育，各具 5 至多数种子。种子长圆形或长圆倒卵形，稍扁，有棱角，两侧有窄翅；子叶 2～5。

约 20 种，产于北美、东亚、喜马拉雅山区和地中海温暖地带。我国产 5 种，引入栽培 4 种。

柏木　Cupressus funebris Endl.（图 27）

［形态］　常绿乔木。高 35m，胸径 2m；树冠狭圆锥形，树皮呈长条状剥落；小枝下垂，圆柱形，生叶的小枝扁平。鳞叶端尖，叶背中部有纵腺点。球果次年成熟，形小，径 8～12mm，木质；种鳞 4 对，盾形，有尖头，每种鳞内含 5～6 粒种子。种子两侧有狭翅；子叶 2 枚。花期 3～5 月；球果次年 5～6 月成熟。

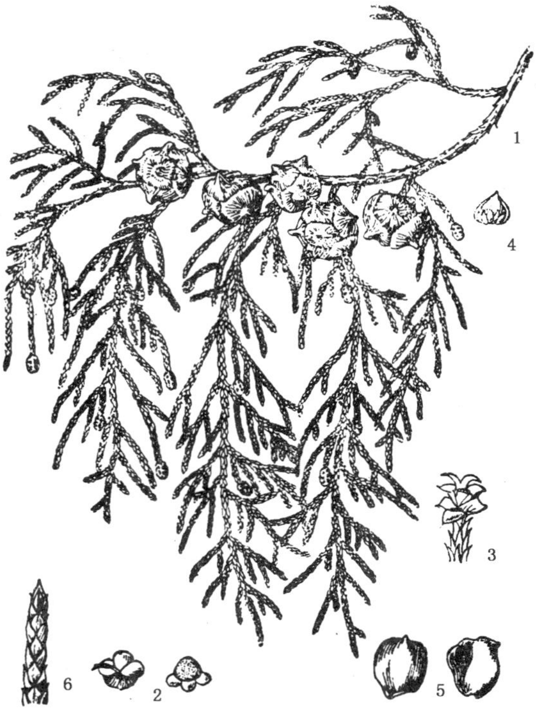

图 27　柏　木

1. 球果、球花枝　2. 雄蕊　3. 雌球花　4. 珠鳞及胚珠 5. 种子　6. 鳞叶枝

［分布］　分布很广，我国浙江、江西、四川、湖北、贵州、湖南、福建、云南、广东、广西、甘肃南部、陕西南部等地均有生长。

［习性］　阳性树，喜暖热湿润气候，不耐寒，是亚热带地区具有代表性的针叶树种。对土壤适应力强，耐干旱瘠薄，又略耐水湿。

［繁殖栽培］　种子繁殖，扦插也能成活。

［观赏特性及用途］　树冠整齐，能耐侧阴，故最适群植成林或列植成甬道，形成柏木森林景色。宜于公园、建筑前、陵墓、古迹和自然风景区作绿化用。材质优，具香气，耐湿抗腐，是良好的建筑用材。也可入药。

（三）圆柏亚科　JUNLPEROLDEAE

球果圆球形或卵圆形，熟时种鳞合生，肉质不张开，罕顶端微张开；种子无翅。叶刺形或鳞形，刺叶基部下延生长而无关节，或不下延生长而有关节，鳞叶同型，生鳞叶的小枝近圆形、近四棱形或四棱形。

共3属约70余种，分布于北半球。我国2属19种4变种，另外引入栽培3种。

1. 圆柏属 Sabina Mill.

常绿乔木或灌木。冬芽不显著。叶两型，鳞形或刺形，或全为刺形，鳞形叶交互对生，刺状叶3枚轮生。叶基下延生长。雌雄异株，罕同株。球花单生短枝顶端，雄球花有对生的雄蕊4～8对；雌球花有珠鳞4～8，每株鳞有胚珠1～6。球果常次年成熟，罕第三年成熟；种鳞合生，肉质，苞鳞与种鳞合生，仅苞鳞尖端分离，肉质；球果熟时不开裂，内含1～6种子，种子无翅，子叶2～6。

约50种，我国约产15种，5变种，另引入栽培有2种。

（1）圆柏（桧柏） Sabina chinensis（L.）Ant.（图28）

［形态］ 乔木。高达20m，胸径达3.5m；树冠尖塔形或圆锥形，老树则成广卵形、球形或钟形。树皮灰褐色，呈浅纵条剥离，有时呈扭转状。老枝常扭曲状，小枝直立或斜生，也有略下垂者。冬芽不显著，叶有两种，鳞叶交互对生，多见于老树或老枝上，刺叶常3枚轮生，长0.6～1.2cm，叶上面微凹，有2条白色气孔带。雌雄异株，极少同株；雄球花黄色，有雄蕊5～7对，对生，雌球花有珠鳞6～8，对生或轮生。球果球形，径6～8mm，次年或第三年成熟，熟时暗褐色，被白粉，球果有1～4种子，卵圆形，子叶2，发芽时出土。花期4月下旬；球果次年10～11月成熟。

图28 圆 柏

1. 雄球花枝 2. 球果枝 3. 鳞叶枝
4. 刺叶枝 5. 刺叶横剖面 6. 种子

［变种、变型及品种］

a.［野生变种］

①垂枝圆柏［f. pendula (Franch.) Cheng et. W. T. Wang］ 小枝下垂。原产陕西南部及甘肃南部。

②偃柏［var. sargentii (Henry) Cheng et. L. K. Fu］ 匍匐灌木。小枝上伸成密丛状。种子3粒；果蓝色，略带白粉。

b.［栽培变型］

①金叶桧（黄金柏）(cv. ‘Aurea’) 直立窄圆锥形灌木。小枝具刺和鳞叶，鳞叶金黄色。

②龙柏(cv. ‘Kaizuka’) 小枝扭曲上升，势如“龙”形，枝密生。多生为鳞叶，间有刺叶。

③匍地龙柏(cv. ‘Kaizuka Procumbens’) 区别在于无直立主干，植株平展。

④塔柏(cv. ‘Pyramidalis’) 树冠圆锥塔形，

密生，几为刺形叶。

⑤球柏(cv. 'Globosa')　树冠球形，丛生灌木。全为鳞叶，间有刺状叶。

⑥金枝球柏(cv. 'Aureoglobosa')　丛生灌木。多为鳞叶。区别在于刺叶呈金黄色。

⑦羽桧(cv. 'Plumosa')　矮生雄株，广阔灌木。枝丛密生，羽状。

⑧鹿角桧(cv. 'Pfitzeriana')　丛生灌木。枝叶斜伸，上展，风姿优美。

[分布]　原产于我国东北的南部及华北等地，北自内蒙古及沈阳以南，南至广东、广西北部，东自滨海省份，西至四川、云南均有分布。朝鲜、日本也有。

[习性]　喜光但耐阴性较强，耐寒，耐热；对土壤要求不严，能生于酸性、中性及石灰质土壤中。

[繁殖栽培]　用播种法及扦插法。

[观赏特性及用途]　在庭园中用途极广，作行道树、园景树均可。

(2)铺地柏(爬地柏、匍地柏、偃柏)　*Sabina procumbens* (Endl.) Iwata et Kusaka

[形态]　匍匐小灌木。高达 75cm，树冠幅逾 2m，贴近地面伏生。叶全为刺叶，3 叶交叉轮生，叶上面有 2 条白色气孔线，下面基部有 2 白色斑点，叶基下延生长，叶长 6～8mm；球果球形，内含种子 2～3。

[分布]　原产于日本。我国各地园林中常见栽培，也为常见桩景材料之一。

[习性]　阳性树，能在干燥的砂地上生长良好，喜石灰质的肥沃土壤，忌低湿地。

[繁殖栽培]　用扦插法易繁殖。

[观赏特性及用途]　在园林中可配植于岩石园或草坪角隅，又为缓土坡的良好地被植物，各地亦经常盆栽观赏。日本庭园中在水面上的传统配植技法“流枝”，即用本种造成。

(3)沙地柏(叉子圆柏)　*Sabina vulgaris* Ant.

[形态]　匍匐灌木。高不及 1m。叶两型：刺叶生于幼树上，常交互对生或兼有 3 枚轮生；鳞叶常生于壮龄植株或老树上，交互对生，斜方形，先端微钝或急尖，背面中部有明显腺体。球果生于弯曲的小枝顶端，倒三角状卵形。花期 4～5 月，果期 9～10 月。

[分布]　产于我国西北及内蒙古，南欧至中亚，蒙古也有分布。北京、西安、大连、沈阳、长春、哈尔滨等地均有栽培。

[习性]　极耐干旱，生于石山坡及砂地和林下。耐寒，生长势旺。

[繁殖栽培]　扦插繁殖。

[观赏特性及用途]　可作园林绿化中的护坡、地被及固沙树种。也可整型或作绿篱。

2. 刺柏属　*Juniperus* L.

常绿乔木或灌木。小枝近圆柱状或四棱状，冬芽显著。叶全为刺形，3 叶轮生，基部有关节而不下延生长，披针形或近条形，上面平而凹，有 1～2 条气孔带，下面隆起而具纵脊。雌雄同株或异株，球花单生叶腋；雄蕊约5对，雌球花有轮生珠鳞3，胚珠3，生珠鳞间。球果浆果状，近球形，二或三年成熟；种子常3粒，卵形而具棱脊，有树脂槽，无翅。

约10余种，分布于北温带及北寒带。我国产3种，另引入栽培1种。

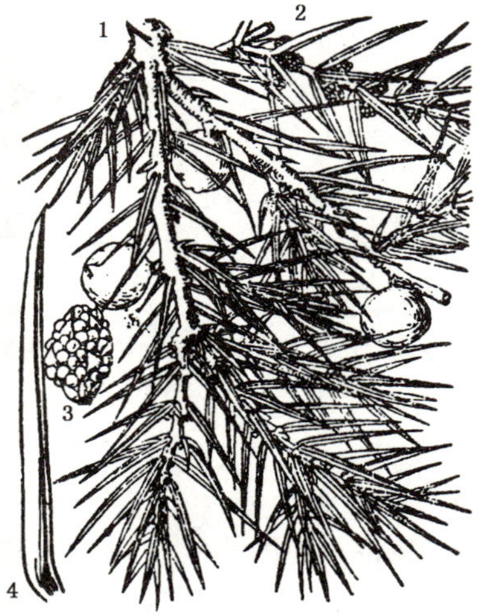

图29　杜　松

1. 球果枝　2. 雄球花枝

3. 雄球花　4. 刺叶

杜松　Juniperus rigida Sieb. et Zucc.（图29）

［形态］　乔木。高达12m，胸径1.3m；树冠圆柱形，老则圆头状。大枝直立，小枝下垂，叶全为条状刺形，坚硬，长1.2～1.7cm，上面有深槽，内有1条狭窄的白色气孔带，叶下有明显纵脊，无腺体。球果球形，径6～8mm，二年成熟，熟时淡褐黑或蓝黑色，每果内有2～4粒种子。花期在5月；球果次年10月成熟。

［分布］　产于我国黑龙江、吉林、辽宁海拔500m以下的低山区及内蒙古乌拉山的海拔1 400m地带，以及河北小五台山、陕西华山、山西北部以及西北地区的海拔1 400～2 200m之高山。在日本分布于本州中部以南及四国、九州；朝鲜亦产之。

［习性］　为强阳性树，但有一定的耐阴性。性喜冷凉气候，比圆柏的耐寒性要强得多；主根长而侧根发达，对土壤要求不严，能生于酸性土，以至在海边干燥的岩缝间或砂砾地均可生长，但以向阳适温之砂质壤土最佳。

［繁殖栽培］　可用播种及扦插法繁殖。

［观赏特性及用途］　对海潮风有相当强的抗性，故是良好的海岸庭园树种。

七、红豆杉科（紫杉科）　TAXACEAE

常绿乔木或灌木。叶条形，少数为条状披针形。雌雄异株，罕同株；雄球花单生或成短穗状花序，生于枝顶，雄蕊多数，每雄蕊有花药3～9，雌球花单生叶腋，顶部的苞片着生1个直立胚珠。种子于当年或次年成熟，全包或部分包被于杯状或瓶状的肉质假种皮中，有胚乳，子叶2。

共5属23种，有4属分布于北半球，1属分布于南半球。我国有4属12种1变种及1栽培种。

分属检索表

1. 叶上面中脉明显,雌球花单生于叶腋,种子部分生于红色假种皮内 ……………………………………………………………………………… 1. 红豆杉属 **Taxus**

1. 叶上面中脉不明显,雌球花成对生于叶腋,种子全部包于淡紫褐色假种皮内 ……………………………………………………………………………… 2. 榧树属 **Torreya**

1. 红豆杉属(紫杉属)　Taxus L.

常绿乔木或灌木。树皮红色或红褐色,呈长片状或鳞片状脱落。多枝,侧枝不规则互生。冬芽具有覆瓦状鳞片,叶互生或基部扭转排成假二列状,条形,直或略弯;叶上面中脉隆起,下面有 2 条灰绿色或淡黄、淡灰色气孔带。雌雄异株,球花单生叶腋;雄球花有盾状雄蕊 6～14,每雄蕊有花药 4～9;雌球花由数枚覆瓦状鳞片组成,最上部有一盘状珠托,着生 1 胚珠。种子坚果状,卵形或倒卵形,略有棱,内有胚乳,外种皮坚硬,外为红色肉质杯状假种皮所包被,有短梗,或无梗;子叶 2,发芽时出土。

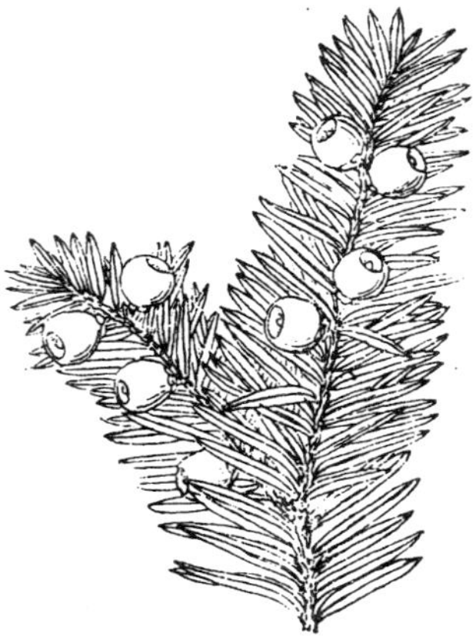

图 30　东北红豆杉

共约 11 种,分布于北半球。我国产 4 种 1 变种。

东北红豆杉(紫杉)　***Taxus cuspidata*** Sieb. et Zucc.(图 30)

[形态]　乔木。高达 20m,胸径达 1m;树冠阔卵形或倒卵形,雄株树冠较狭,雌株树冠较阔;树皮赤褐色,片状剥落。大枝近水平伸展,侧枝密生,无毛。芽小而长尖,呈淡绿或褐色,芽鳞较狭,先端锐尖,宿存于小枝基部。叶条形,长 1～2.3cm,宽 2.5～3mm,先端常突尖,上面深绿色,有光泽,下面有 2 条灰绿色气孔带;主枝上的叶呈螺旋状排列,侧枝上者呈不规则而断面近于 V 形的羽状排列。雄蕊 6～14 集成头状,各具 5～8 淡黄花药;雌花胚珠淡红色,卵形,花期 5～6 月。种子坚果状,卵形或三角状卵形,微扁,有 3～4 纵棱脊,长约 6mm,赤褐色,假种皮淡红色,杯形,9 月成熟。11 月脱落。

[分布]　产于我国吉林及辽宁东部长白山区林中。原苏联东部、朝鲜北部及日本北部亦有分布。

[习性]　阴性树,生长迟缓,侧根发达,喜生于富含有机质之湿润土壤中;性耐寒冷,在空气湿度较高处生长良好,在自然界,如长白山中,见于海拔 500～1 000m 地带,常与其他树种混生,未见有纯林者,可天然飞籽繁衍。寿命极长,国外有达千年的古树。

[繁殖栽培]　种子栽培,扦插亦可。

[观赏特性及用途]　树形端正,可孤植或群植,又可植为绿篱用。木材及枝叶中可提取紫杉素,药用。

［变种、变型及品种］ 矮丛紫杉（枷罗木）（cv. 'Nana'）（var. umbraculifera Mak.）半球状密丛灌木，大连等地有栽培。耐寒，耐荫，软材扦插易成活，北京可推广栽培。15年生树高 1.6m，冠幅 2～2.5m。

2. 榧树属 Torreya Arn.

常绿乔木。树皮纵裂。枝轮生，小枝近对生。叶螺旋状着生，但扭为二列状，条状披针形；下面有两条狭窄灰白或棕褐色气孔带。雌雄异株，罕同株；雄球花单生叶腋，椭圆形或长圆形，有短柄，基部有重叠的多数苞片，雄蕊排成 4～8 轮，每轮 4 枚，每雄蕊有花药 3 或 4；雌球花无柄，成对着生于叶腋，基部有交互对生的苞片两对及外侧有 1 小苞片共 5 枚，通常两花中仅有 1 个发育，每一雌球花有 1 胚珠，直生于鳞被上，授粉后鳞被长大而包被胚珠，次春完成受精，逐渐长大至第二年秋季成熟。种子核果状，卵形或长椭圆形，全为肉质假种皮所包被，种皮木质；胚乳皱凹状，胚存于胚乳上部，有子叶 2，发芽时不出土。

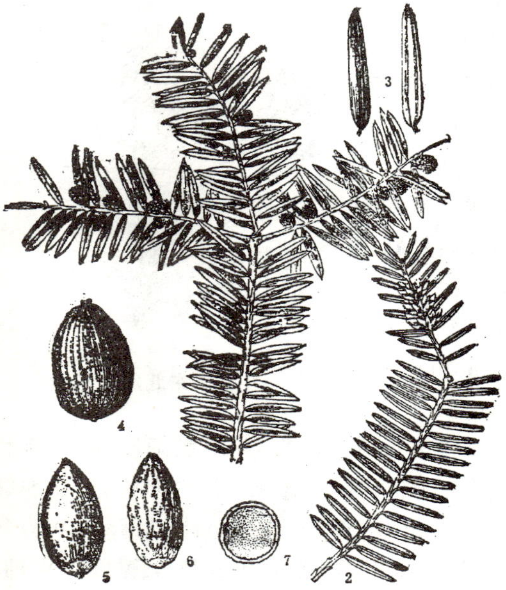

图 31 榧 树

1. 雄球花枝 2. 雌球花枝 3. 叶 4. 具假种皮之种子 5. 去假种皮之种子 6. 种仁 7. 种子横剖面

共 7 种，中国产 4 种，日本 1 种，北美 2 种。

榧树（榧、野杉、玉榧） Torreya grandis Fort. et Lindl.（T. nucifera S. et Z. var. grandis Pilg.）（图 31）

［形态］ 乔木。高达 25m，胸径 1m；树皮黄灰色纵裂。大枝轮生，一年生小枝绿色，对生，次年变为黄绿色。叶条形，直而不弯，长 1.1～2.5cm，宽 2.5～3.5mm，先端凸尖，上面绿色而有光泽，中脉不明显，下面有 2 条黄白色气孔带。雄球花生于上年生枝之叶腋，雌球花群生于上年生短枝顶部，白色，4 月～5 月开放。种子长圆形、卵形或倒卵形，长 2～4.5cm，径 1.5～2.5cm，皮熟时假种皮淡紫褐色，胚乳微皱；种子第二年 10 月左右成熟。发芽时子叶不出土。

［分布］ 我国特产树种。产于我国江苏南部、浙江、福建北部、安徽南部及湖南一带。

［品种］ '香榧'（cv. Merrillii）：嫁接树高达 20m。叶深绿色，质较软；种子长圆状倒卵形，长 2.7～3.2cm，产浙江诸暨等地。

［习性］　阴性，喜温暖湿润气候，不耐寒；喜生于酸性而肥沃深厚土壤，对自然灾害之抗性较强，树冠开张。在浙江西天目山多分布于海拔400～1 000m间，常与柳杉、金钱松、连香树、香果树等混生。榧树寿命长而生长慢，实生苗约8～9年始结实，但盛果期很长，至百龄老树犹能丰产，寿命可达500年。由于榧实第三年才成熟，所以一树上可见三代种实，对预报产量较有利。但采摘时也较麻烦，须注意避免碰落小果。

［繁殖栽培］　因种子富含油分，保存困难，故多采后即播，但也可层积后春播。发芽率50%～60%；若贮藏期间过干则常延迟一年出土或丧失发芽力。播时应选种以区别雌雄，大抵圆形者为雌，长形者为雄。通常点播，株距为5cm，每穴1～2粒，春播当年可发芽一部分，另一部分则常为次年出土，故不可急于移植。雌苗则枝多横展，雄苗则分枝狭小。一般多粗放栽培，如春秋施肥产量可显著增高。

［观赏特性及用途］　我国特有树种，树冠整齐，枝叶繁密，特适孤植、列植用。耐阴性强，可长期保持树冠外形。在针叶树种中本属植物对烟害的抗性较强，病、虫亦较少，又较能耐湿黏土壤。

八、麻黄科　EPHEDRACEAE

灌木、亚灌木或草本状。茎及枝内有深红色髓心，茎直立或匍匐，多分枝。小枝对生或轮生，绿色，圆筒状，有节。叶退化为膜质鞘状，在节上对生或轮生，基部多少合生。球花单性异株，罕同株；雄球花生于苞腋内，排成近球形或长椭圆形的穗状花序，具2～8对交互对生或2～8轮（每轮3枚）苞片，每苞片有1雄花，花被膜质，雄蕊2～8，花丝结合成1～2囊，花粉有气囊；雌花具胚珠1，直立，有一层膜质珠被，上部延长成珠被管，由花被管口伸出，花序上部4～6苞片于种子长大时变为肉质，红色或橘红色，或为膜质。种子1～3，当年发育为木质假种皮，子叶2，发芽时出土。

1属约40种，产亚洲、美洲、南欧及北美等干旱地区。我国产12种4变种，分布较广，而以西北、四川、云南等地为分布中心。麻黄多含生物碱麻黄素，为重要药用植物，又为固沙和地被植物。

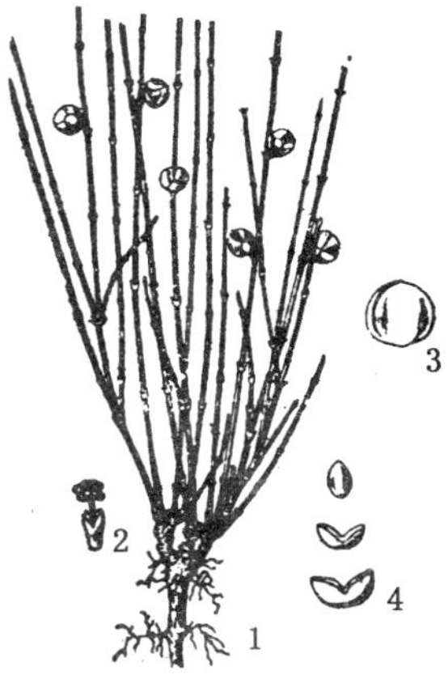

图32　麻　黄

1. 雌球花植株　2. 雄花　3. 成熟的雌球花　4. 种子及苞片

麻黄属　Ephedra L.

形态、分布及用途等，与科同。

麻黄　*Ephedra sinica* Stapf（图32）

［形态］　草本状灌木。高20～40cm，木质茎短或呈匍匐

状，小枝直伸或略曲，节间长 3～4cm，径约 2mm，纵槽常不明显。叶对生，鞘状，裂片锐三角形，先端急尖。雄花序多呈复穗状，常具总柄；雌花序单生。种子通常 2，包于红色肉质苞片内，不外露，或与肉质苞片等长，三角状卵形或广卵形，黑红或灰褐色，长 5～6mm。花期 5～6 月；种子 6～9 月成熟。

［分布］ 产于我国河北、山西、河南西北、陕西、内蒙古、辽宁及吉林小部分地区。蒙古也有分布。

［习性］ 适应性强，常见于山坡、平原干燥荒地及河床、草原等地，常组成大面积单纯群落。

［观赏特性及用途］ 系重要药用植物，富含生物碱，仅次于木贼麻黄（E. equisetina Bunge）；但茎木质少，易于加工，又常生于平原及山坡，较易采集，故在医药上所用数量之大往往超过木贼麻黄，成为我国提制麻黄素（碱）的主要植物。茎绿，四季常青，又有强大的适应力，颇有其可取处，做固沙、地被植物，可试用于华北及北京园林中。宜丛植，最适假山、岩石园及山坡等地栽种。

Ⅱ．被子植物门 ANGIOSPERMAE

乔木、灌木、草本或藤本。单叶或复叶，网状或平行叶脉。具典型的花，两性或单性，胚珠包藏于由心皮封闭而成的子房内；胚珠发育成种子，子房发育成果实。种子有胚乳或无，子叶 2 或 1。

被子植物全世界约有 25 万种；我国约 25 000 种，其中木本植物约 8 000 余种（乔木约2 000种，灌木 5 500 余种）。

被子植物主要根据子叶的数目分为双子叶植物和单子叶植物两个纲。

（Ⅰ）双子叶植物纲 DICOTYLEDONEAE

多为直根系；茎中维管束环状排列，有形成层，能使茎增粗生长；叶具网状脉。花各部每轮通常 4～5 基数；胚常具 2 片子叶。双子叶植物的种类约占被子植物的 3/4。我国 204 科2 390属，约 2 万种，其中木本植物 8 000 种。因此，双子叶植物是园林树木种类的重点所在。

根据花瓣的连合与否，常将双子叶植物分为离瓣花亚纲（古生花被亚纲）和合瓣花亚纲（后生花被亚纲）。

A. 离瓣花亚纲　ARCHICHLAMYDEAE

离瓣花亚纲(古生花被亚纲)是较原始的被子植物。花无被、单被或重被,而且以花瓣通常分离为主要特征。

九、木麻黄科　CASUARINACEAE

常绿乔木。小枝纤细,多节,绿色,具棱脊。叶退化为鳞片状,4～12 枚轮生,基部连合成鞘状。花单性,无花被,雄花具 1 雄蕊,成顶生纤细的穗状花序,风媒传粉;雌花成头状花序,生于短枝端,雌蕊由 2 心皮合成,外被 2 小苞片,子房上位,1 室,2 胚珠。果序球形,每 1 小果具木质化小苞 2 枚,熟时开裂似蒴果,坚硬形小,上部具翅,扁平,含 1 种子。

1 属,约 45 种,原产澳洲。我国南部引入栽培,常见有 3 种,多作沿海防护林及行道树。

木麻黄属　Casuarina L.

形态特征与种同。

木麻黄(驳骨松)　Casuarina equisetifolia L.(图 33)

[形态]　常绿乔木。高达 30～40m,树皮暗褐色,狭长条片状脱落。小枝细软下垂,灰绿色,如松针,每节有退化之鳞叶 6～8 枚,节间有棱脊 6～8 枚,部分小枝条冬季脱落。花单性,同株。果序球形,径 1～1.6cm,木质苞片被柔毛,坚固连翅长 5～7cm。花期在 5 月;果熟期 7～8 月。

[分布]　原产于澳洲及其邻近太平洋地区。我国南部沿海地区有栽培,生长良好。

[习性]　强阳性,喜炎热气候,耐干旱,耐瘠薄及盐碱地,亦耐潮湿。生长快,广东栽培的 15 年生树高 20m 以上。寿命短,30～50 年即衰老。

[繁殖栽培]　用种子繁殖。

[观赏特性及用途]　为华南沿海造林最

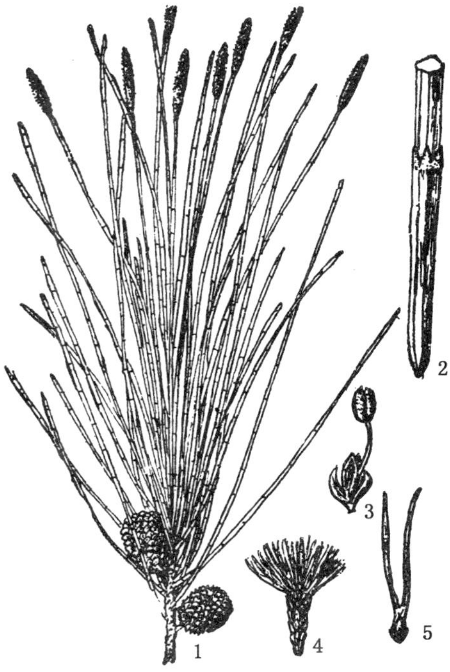

图 33　木麻黄

1. 具雄花的果枝　2. 节上轮生的齿状叶
3. 雄花　4. 雌花序　5. 雌花

适宜树种，在城市及郊区也可做行道树及防护林。木材坚实耐久，可供电杆、枕木、建筑等用。

十、杨柳科　SALICACEAE

落叶乔木或灌木。单叶互生，稀对生，有托叶；花单性，异株，成柔荑花序，无花被，单生于苞腋，有腺体或花盘，雄蕊二至多数，子房上位，1 室，2 心皮，胚珠多数；蒴果 2～4 裂，种子细小，基部有白色丝状长毛，无胚乳。

共 3 属，约 500 种，产于温带、亚寒带及亚热带。我国有 3 属，约 226 种，遍及全国。本科植物易于种间杂交，故在分类上较为困难。

分属检索表

1. 小枝顶芽发达，芽鳞数枚，花序下垂，风媒花 ………………… 1. 杨属 **Populus**

2. 小枝无顶芽，芽鳞 1 枚，花序直立，虫媒花 ………………………… 2. 柳属 **Salix**

1. 杨属　Populus L.

乔木。小枝较粗，髓心五角状，有顶芽，芽鳞数枚，常有树脂；花序下垂，苞片多具不规则之缺刻，花盘杯状，典型的无被花。

约 100 种以上，我国约有 50 种，广泛分布于北纬 25°～50°之间的平原、丘陵及高山。

分种检索表

1. 长枝之叶背或幼叶密被白色或灰色绒毛，芽有毛
  2. 叶不分裂
    3. 叶柄侧扁，叶缘波状齿，苞片边缘具长毛………… (1)毛白杨 **P. tomentosa**
    3. 叶柄圆柱形，叶缘具锯齿，苞片缘无长毛………… (8)大叶杨 **P. lasiocarpa**
  2. 长枝之叶 3～5 掌状裂，老叶叶背具白毛 ………………… (2)银白杨 **P. alba**
1. 叶背无毛或仅有短柔毛，或幼叶背面有稀疏毛；芽无毛
  4. 叶边缘半透明，叶柄扁形
    5. 叶较小，扁三角形或菱状卵形 …………… (6)钻天杨 **P. nigra var. italica**
    5. 叶较大，近正三角形或三角卵形……………… (3)加拿大杨 **P. canadensis**
  4. 叶边缘不透明，叶柄扁或圆柱状
    6. 叶柄圆柱状
      7. 小枝有角棱 ……………………………………… (7)小叶杨 **P. simonii**
      7. 小枝圆或幼时有棱；叶圆形；芽有粘胶 …………… (4)青杨 **P. cathayana**
    6. 叶柄扁形
      8. 叶柄端具 2 大腺体，叶卵状三角形，先端长渐尖 ……………………

……………………………………………………… 响叶杨 **P. adenopoda**

8. 叶柄端无腺体，叶近圆形，先端短或钝

9. 叶缘具波状或不规则缺裂；树皮灰白色……… (9)河北杨 **P. hopeiensis**

9. 叶缘具波状浅齿；树皮灰绿色 ……………… (5)山杨 **P. davidiana**

(1)毛白杨　Populus tomentosa Carr.(图 34)

［形态］　乔木。高达 30～40m，胸径 1.5m；树冠卵圆形或卵形，树皮幼时青白色，皮孔菱形；老年期树皮纵裂，呈灰暗色。嫩枝灰绿色，密被灰白色绒毛。长枝之叶三角状卵形，先端较尖，基部心形或截形，缘具缺刻或锯齿，表面光滑或稍有毛，背面密被白绒毛，叶柄扁平，先端常具腺体；短枝之叶三角状卵圆形，缘具波状缺刻，幼时有毛，后全脱落。叶柄常无腺体；雌株大枝较为平展，花芽小而稀疏；雄株大枝则多斜生，与其主干常呈 45°～62°夹角，花芽大而密集。花期 3～4 月，先花后叶。蒴果小，三角形，4 月下旬成熟。

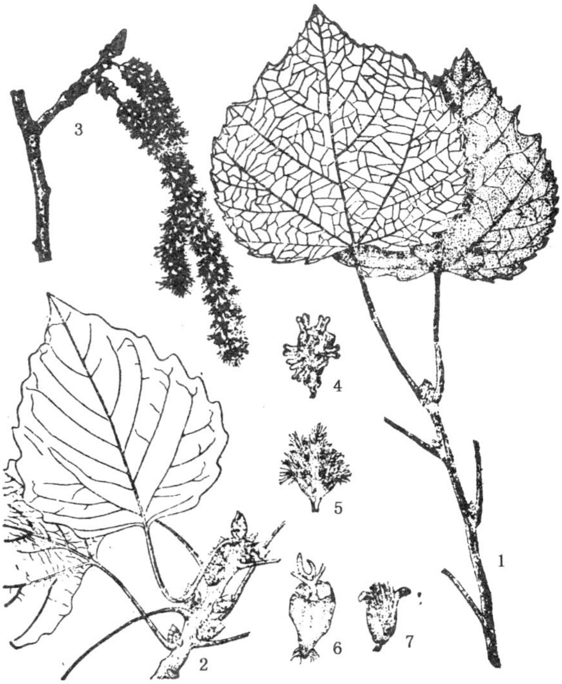

图 34　毛白杨

1. 长枝　2. 短枝　3. 雄花枝　4. 雄花　5. 苞片　6. 雌花　7. 果

［分布］　原产于我国，主要分布在黄河流域，北至辽宁南部，南达江苏、浙江，西至甘肃东部，西南至云南，均有分布。垂直分布一般在海拔 1 200m以下。

［习性］　强阳性，喜温暖、凉爽气候，较耐寒冷；喜湿润、深厚肥沃的土壤。

［繁殖栽培］　用埋条法，扦插、留根、压条、嫁接、分蘖等法也可。

［观赏特性及用途］　树形高大广阔，园林中常孤植作为庭荫树，也是许多华北城市的主要行道树。

(2)银白杨　Populus alba L.(图 35)

［形态］　乔木。高达 33m，胸径 2m，树冠广卵形或圆形。树皮灰白色，光滑，老时纵裂深。幼枝芽密被白色绒毛。长枝之叶广卵形或三角状卵形，常 3～5 掌状缺裂，裂片先

端钝尖，缘有粗齿或缺刻。基部截形或近心形，短枝之叶较小，卵形或椭圆状卵形，缺裂浅或呈波状；叶柄微扁，无腺体，幼叶两面密被白色绒毛。花期 3～4 月；果 4～5 月成熟。

［分布］ 产于我国西北、华北及辽宁南部、西藏等地；欧洲、北非及亚洲西部、北部也产。

［习性］ 性喜光，耐寒，耐旱，喜大陆性气候，不耐湿。

［繁殖栽培］ 可用播种、分蘖或扦插等法繁殖。

［观赏特性及用途］ 树形优美，园林中用作庭荫树、行道树，或于草地孤植、丛植均甚适宜。

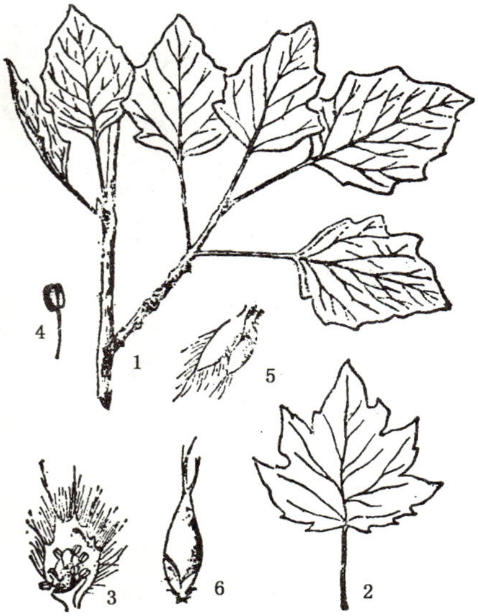

图 35 银白杨

1. 短枝 2. 萌枝之叶 3. 雄花及苞片
4. 雄蕊 5. 雌花及苞片 6. 果

图 36 加拿大杨

1. 叶枝 2. 雄花枝 3、4. 雄花及苞片
5、6. 雌花及苞片 7. 幼果

(3)加拿大杨(加杨) **Populus canadensis** Moench.（图 36）

［形态］ 乔木。高达 30m，胸径 1m，树冠开展呈卵形。小枝在叶柄下具 3 条棱脊，冬芽先端不贴枝，叶近正三角形，长 6～10cm，先端渐尖，基部截形，边缘半透明，具钝齿；两面无毛；叶柄扁平而长，有时具 1～2 腺体。花期 3～4 月；果熟期 5 月。

［分布］ 本种为美洲黑杨(P. deltoides Marsh.)与欧洲黑杨(P. nigra L.)之杂交种。现广植于欧、亚、美各洲。我国各地普遍栽培，而以华北及长江流域最多。杂种优势明显，生长势和适应性均较强。

［习性］ 喜光，颇耐寒，喜湿润而排水良好的冲积土，对水涝、盐碱和瘠薄土地均有一定耐性。

［观赏特性及用途］ 适作行道树、庭院树和防护林。

(4)青杨　Populus cathayana Rehd.（图 37）

［形态］ 乔木。高达 30m，胸径 1m；树冠圆形。树皮幼时灰绿色，光滑，老时灰白色，纵浅裂。小枝圆柱形，冬芽具大量黄色粘胶。枝叶均无毛。叶卵形或卵状椭圆形，长 5～10cm，基部圆形或近心形，先端长尖，缘有细锯齿，背面绿白色；叶柄圆而较细长，无腺体。花期 3 月下旬；果熟期 4～5 月。

［分布］ 我国特产，分布于东北南部、华北、西北及四川、云南、西藏等省区。

［习性］ 喜光，但亦较耐荫；喜湿润，亦耐干旱，但不耐水淹，耐寒。

［繁殖栽培］ 繁殖以扦插为主，播种和其他方法亦均可应用。

［观赏特性及用途］ 青杨展叶最早，新叶嫩绿光亮，可作庭荫树、行道树、防护林。

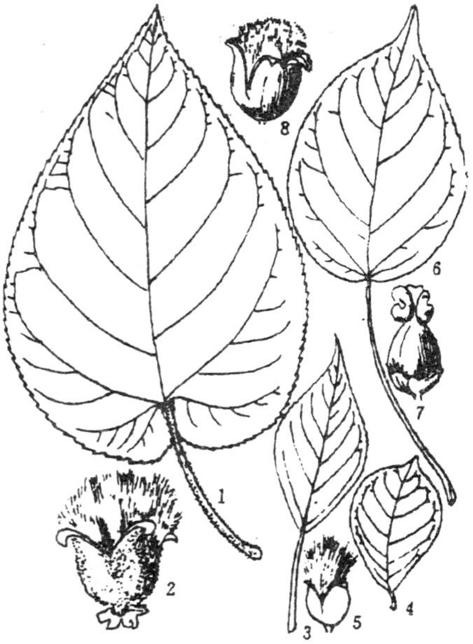

图 37　杨　属

1～2. 大叶杨　3～5. 小叶杨　6～8. 青杨

1、3、4、6. 叶　2、5、7、8. 果

(5)山杨　Populus davidiana Dode（图 38）

［形态］ 乔木。高达 25m，胸径 30cm，树冠圆形或卵圆形。树皮灰绿色，光滑，老时色暗而粗糙开裂。小枝圆柱形，幼时黄褐色，老时灰褐色。叶近圆形或三角形，长宽近相等，2.5～2.6cm，缘具波状钝齿，先端钝尖，幼时微被毛，后脱落；叶柄细而扁平，无腺体。4 月上旬花叶同放，5 月中旬果熟。

［分布］ 广布于我国东北、华北、华中、西北及西南各省区高山，黄河流域高山尤为常见。

［习性］ 强阳性，较耐干旱、瘠薄，不耐水湿，耐寒性强。

［繁殖栽培］ 用播种繁殖。

［观赏特性及用途］ 幼叶红艳美观，可供观赏。但主要是用于东北、华北荒山绿化造林。

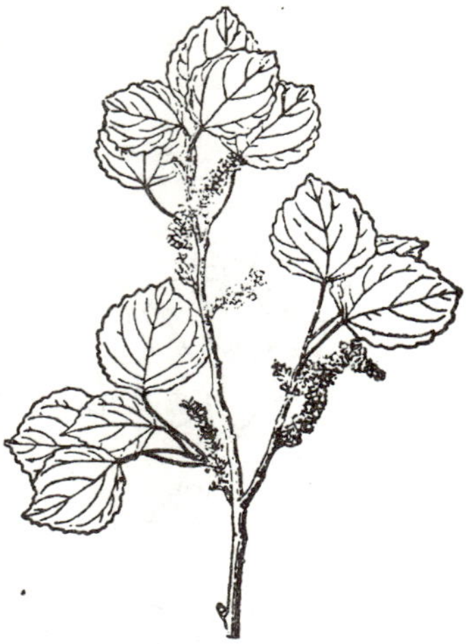
图38 山 杨

(6)钻天杨　Populus nigra L. var. italica Koehne.

树冠窄狭塔形，叶扁三角状卵形。

(7)小叶杨　Populus simonii Carr.（图 37）

叶菱状倒卵形，叶柄短，带红色。

(8)大叶杨　Populus lasiocarpa Oliv.（图 38）

［形态］ 高 20m，树皮暗灰色。枝粗壮，黄褐色，有棱，幼时被毛。叶卵形，长 15～30cm，宽 10～15cm，顶端渐尖，叶基深心形，叶缘有钝圆锯齿，叶背、叶柄被柔毛。雄花序长 10～12cm，雄蕊 30～40，花序轴被柔毛。蒴果卵形，长 1～1.5cm，密被绒毛，三瓣裂。种子棒状，长 3～3.5mm。花期 4～5 月，果期 5～6 月。

［分布］ 中国特有树种，产于陕西、甘肃、湖北、四川、贵州、云南等地；生于海拔1 300～3 500m 山地溪谷混交林中。

(9)河北杨（椴杨）　Populus hopeiensis Hu et Chow

叶近圆形，叶缘具波状浅齿；树皮灰白色。

2. 柳属　Salix L.

乔木或灌木。小枝较细。髓近圆形，无顶芽，芽鳞 1 枚。叶互生，罕对生，通常较狭长，叶柄较短。花序直立，苞片全缘，花无杯状花盘，有腺体。

约 350 种，主产于北半球温带及寒带，南半球极少，澳洲则不产。我国约 250 种。

分种检索表

1. 雄蕊两枚
  2. 花序粗大，盛开时密被白色光泽长柔毛 ………… (5)银芽柳 **S. leucopithecia**
  2. 花序较小，盛开时不被长柔毛
    3. 雄花花丝基部具长柔毛，雌花具两腺体 …………… (1)旱柳 **S. matsudana**
    3. 雄花花丝基部稍具毛，雌花具 1 腺体 ……………… (2)垂柳 **S. babylonica**
1. 雄蕊 3 枚以上
  4. 叶宽大，质较厚，雄蕊 8～12 枚 ………………………… (3)滇柳 **S. cavaleriei**
  4. 叶窄长，质较薄，雄蕊 3～5 枚 …………………… (4)河柳 **S. chaenomeloides**

(1)旱柳（立柳）　Salix matsudana Koidz.（图 39）

［形态］ 乔木。高达 18m，胸径 80cm；树冠卵圆形或倒卵形。树皮灰黑色，纵裂。枝条直伸或斜展，叶披针形或线状披针形，长 5～10cm，先端渐长尖，基部楔形，缘有细锯

齿，叶背微被白粉，叶柄短，托叶披针形，早落。雄花序轴有毛，苞片宽卵形；雄蕊 2，花丝分离，基部具 2 腺体，雌花子房背腹面各具 1 腺体。花期 3～4 月；果熟期 4～5 月。

［变种、变型及品种］

①馒头柳(f. umbraculifera Rehd.)　形如卵圆形，多见雌株。

②绦柳(f. pendula Sehneid)　大枝不下垂，小枝下垂，雄、雌花各具 2 个腺体。

③龙爪柳(f. tortuosa Rehd.)　枝条扭曲成“龙”状。

［分布］　主产于我国东北、华北，西至甘肃、青海，南至长江流域。垂直分布在海拔 1 500m 以下，平原地区更多。

［习性］　喜光，不耐荫；耐寒；喜水湿，也能耐旱；对土壤要求不严。

图 39　旱　柳

1. 叶枝　2. 雄花枝　3. 雄花　4. 雌花枝　5. 雌花　6. 幼果枝　7. 果

［繁殖栽培］　可用扦插、播种、压条等法繁殖。

［观赏特性及用途］　自古以来就是重要的园林绿化树，可作行道树、防护林及沙荒造林等用。

图 40　垂　柳

1. 叶枝　2. 雄花枝　3. 雄花　4. 雌花枝　5. 雌花　6. 幼果枝　7. 果

(2)垂柳　*Salix babylonica* L.(图 40)

［形态］　乔木。高达 18m，树冠倒广卵形。小枝细长下垂。叶披针形或线状披针形，长 8～16cm，先端渐长尖，缘有细锯齿；托叶阔镰形，早落。雄蕊 2，具 2 腺体，子房仅腹面具 1 腺体。花期 3～4 月；果熟期 4～5 月。

［分布］　主要分布在我国长江流域及其以南各省平原地区，华北、东北也有栽培，是平原水边常见树种。

［习性］　喜光，喜温暖气候及潮湿深厚之酸性、中性土壤；较耐寒，特耐水湿。

［繁殖栽培］　用扦插或播种繁殖。

［观赏特性及用途］　枝条细长柔垂，姿态优美，植于河岸、湖边最为理想，自古即为重要的庭园观赏树。

(3)滇柳(大叶柳)　Salix cavaleriei Levl.

叶较宽大,质地较厚,雄蕊 8～12 枚。

(4)河柳(腺柳)　Salix chaenomeloides Kimura.

叶较长,质地较薄,雄蕊 3～5 枚。

(5)银芽柳(棉花柳)　Salix leucopithecia Kimura.

灌木。雄花序粗大,有光泽,盛开时密被白色绢毛。

十一、杨梅科　MYRICACEAE

灌木或乔木。单叶互生,具油腺点,芳香;无托叶。花单性;柔荑花序,无花被;雄蕊 4～8(2～16),雌蕊由 2 心皮合生,子房上位,1 室,1 直生胚珠,柱头 2。核果,外被蜡质瘤点及腺点。子叶大,出土。

共 2 属约 50 种。我国特产 1 属 4 种。

杨梅属　Myrica L.

常绿乔木或小乔木。叶脉羽状,叶柄短。雄花序圆柱形,雌花序卵形或球形。

约 50 种。

杨梅　Myrica rubra (Lour.)Sieb. et Zucc.(图 41)

图 41　杨　梅

[形态]　常绿乔木。高达 12m,胸径 60cm。幼枝及叶背具黄色小油腺点。叶倒披针形,长 4～12cm,先端较钝,基部狭楔形,全缘或于端部有浅齿;叶柄长 0.5～1cm。雌雄异株,雄花序紫红色。核果球形,径 1.5～2cm,深红色。花期 3～4 月;6～7 月果成熟。

[分布]　分布于我国长江流域以南各省区,以浙江栽培最多。

[习性]　稍耐阴;喜温暖湿润气候及酸性且排水良好的土壤;不耐寒。

[繁殖栽培]　可用播种、压条及嫁接等法。

[观赏特性及用途]　枝叶茂密,树冠球形,整齐,为园林绿化优良树种。果实是著名水果,可生食或入药、酿酒。

十二、胡桃科　JUGLANDACEAE

乔木,很少为灌木。羽状复叶,互生,无托叶。花单性同株,单被或无被,雄花成柔荑花序，雌蕊由2心皮组成，子房下位，1室，基生1胚珠。核果或坚果，种子无胚乳。

8属，约60种，主产北温带，仅少数分布亚热带。我国产7属25种，引入2种。

分属种检索表

1. 核果
  2. 枝髓片状 ………………………………………………… 1. 胡桃属 **Juglans**
    3. 雌性穗状花序具1～3朵雌花 …………………………… (1)胡桃 **J. regia**
    3. 雌性穗状花序具5～10朵雌花
      4. 幼叶表面有腺毛，雄花序约长10cm …………… 胡桃楸 **J. mandshurica**
      4. 幼叶表面密被星状毛，雄花序约长20～30cm … 野胡桃 **J. cathayensis**
  2. 枝髓充实 ………………………………………………… 2. 山核桃属 **Carya**
    5. 裸芽，小叶5～7 ……………………………………… 山核桃 **C. cathayensis**
    5. 鳞芽，小叶11～17 ………………………… (2)薄壳山核桃 **C. illinoensis**
1. 翅果
  6. 枝髓片状 ………………………………………………… 3. 枫杨属 **Pterocarya**
  6. 枝髓充实 ………………………………………………… 4. 化香属 **Platycarya**

1. 胡桃属(核桃属)　Juglans L.

落叶乔木。小枝粗壮，髓片状，鳞芽。奇数羽状复叶，有香气。雄蕊8～10；子房不完全，2～4室。核果大形，肉质，果核具不规则皱沟。

16种，产于北温带。我国产4种，引入2种。

(1)胡桃(核桃)　Juglans regia L.(图42)

［形态］　乔木。高达30m，胸径1m。树冠广卵形至扁球形。树皮灰白色，老则深纵裂。一年生枝绿色，芽近球形。小叶5～9枚，椭圆形至倒卵形，长6～14cm，基部钝圆或歪斜，全缘(幼叶时有锯齿)，表面光滑，背面脉腋有簇毛，幼叶背面有油腺点。雄花为柔荑花序，生于上年生枝侧，花被6裂，雄蕊20枚；雌蕊1～3(5)朵成顶生穗状花序，花被4裂。核果球形，径4～5cm，外果皮薄，中果皮肉质，内果皮骨质。花期4～5月，9～10月果成熟。各地栽培品种很多，主要有隔年核桃、薄皮核桃、厚皮核桃等类型。

［分布］　原产于伊朗及小亚细亚一带。现我国东北北部、华北、西北、华中以及西南、华南均有栽培，但北方较多。

图42　胡　桃

1. 果枝　2. 雄花枝　3. 雌花　4. 果核纵剖面　5. 果核横剖面

图 43　胡桃楸
1. 幼果枝　2. 果核

［习性］　喜光，耐寒，怕晚霜。喜干燥气候及深厚肥沃、湿润而排水良好的中性土壤。

［繁殖栽培］　可用播种及嫁接法繁殖。

［观赏特性及用途］　树冠广大雄伟，是良好的庭荫树。花、果及叶的挥发气味有杀菌、杀虫的功效。

(2)胡桃楸(核桃楸)　Juglans mandshurica Maxim.(图 43)

［形态］　乔木。高 20m，胸径 60cm，树冠广卵形。小枝幼时密被毛，小叶 9～17 枚，卵状矩圆形，长 6～16cm，缘有细齿，表面幼时有腺毛，后脱落，但叶脉有星状毛，背面密被星状毛。雌花序具花 5～10 朵；雄花序长约 10cm。核果卵形，顶端尖，有腺毛，果核长卵形，具 8 条纵脊。花期 4～5 月；果 8～9 月成熟。

［分布］　产于我国东北、内蒙古及华北海拔 1 500m 以下的山区。原苏联、朝鲜、日本也有分布。

［习性］　强阳性，耐寒性强；喜湿润而排水良好土壤。

［繁殖栽培］　用种子繁殖。

［观赏特性及用途］　绿化配植上可孤植、列植或与槭类、椴类等耐荫树混交种植。

(3)野胡桃(野核桃)　Juglans cathayensis Dode

密被星状毛，雄花序长 20～30cm。

2. 山核桃属　Carya Nutt.

落叶乔木。小枝髓心充实；裸芽或鳞芽。奇数羽状复叶，互生，小叶有锯齿。雄花为 3 出下垂柔荑花序，花腋生于 3 裂之苞片内，花萼 3～6 裂，雄蕊 3～10；雌花 2～10 朵成穗状花序，无花萼，子房 1 室，外有 4 裂之总苞。核果，外果皮近木质，熟时开裂成 4 瓣；果核有纵棱脊，子叶不出土。

约 21 种，产北美及东亚。中国产 3 种，引入 1 种。

山核桃　Carya cathayensis Sarg.

［形态］　落叶乔木。高达 25～30m，胸径 60～70cm；树冠开展，呈扁球形。干皮光滑，灰白色。裸芽、幼枝、叶背及果实均密被褐黄色腺鳞。小叶 5～7，长椭圆状倒披针形，长 7.5～22cm，锯齿细尖。果卵圆形，核壳较厚。花期 4 月；果熟期 9 月。

［分布］　我国特产，分布于长江以南、南岭以北的广大山区和丘陵。尤其集中分布于浙西北和皖东南一带山区，多生于海拔200～700m的山麓或山谷平地，并常与杉木、马尾松、枫香、榧树、麻栎、油桐、乌桕等混生。

［习性］　喜光，但较耐侧方庇荫。喜温暖湿润、夏季凉爽、雨量充沛、光照不太强烈的山区环境；不耐寒，尤其开花期不能有晚霜，否则易受冻害。对土壤要求不严，能耐瘠薄，但以深厚，富含有机质及排水良好之沙壤土生长最好。生长较慢，40年生树高约14m，干径14cm。

［繁殖栽培］　播种或嫁接繁殖。秋播或春播，幼苗需遮荫。7～8年生开始结果，11～12年以后进入盛果期，结果期可保持100～200年。嫁接可用化香树为砧木。

3. 枫杨属　Pterocarya Kunth

落叶乔木。枝髓片状，冬芽有柄，裸露或具脱落数鳞片。奇数羽状复叶，小叶有锯齿。雄花序单生于上年生枝侧，雄花生于苞腋，萼片1～4，雄蕊6～18。雌花序单生于新枝顶端，雌花有1苞片和2小苞片。果序下垂，坚果由2小苞片发育而形成翅状。子叶2枚，4裂，出土。

共12种，产于北温带。我国产10种。

枫杨　Pterocarya stenoptera DC.（图44）

［形态］　乔木。高30m，胸径1m以上。裸芽密被褐色毛，有叠生无柄潜芽。复叶之叶轴有翼，小叶9～23枚，长椭圆形，长5～10cm，缘有细锯齿，顶生小叶有时不发育。果序下垂，长20～30cm；坚果近球形，果翅长圆形或长圆状披针形，长2～3cm，宽约0.6cm，斜展。花期4～5月；8～9月果熟。

［分布］　广布于我国东北的南部、华北、华中和华南、西南各省，栽培或野生。朝鲜也有之。

［习性］　喜光，稍耐阴；喜温暖湿润气候，较耐寒，耐水湿，也有一定的耐旱力。

［繁殖栽培］　播种繁殖。

［观赏特性及用途］　树冠宽广，适应性较强，多植为庭荫树及行道树，亦可作公路绿化、水边护岸堤及防风林树种。

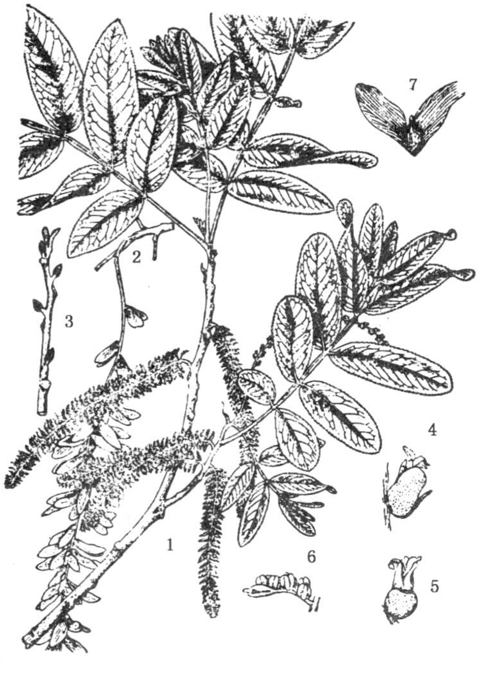

图44　枫　杨

1. 花枝　2. 果枝　3. 冬态枝　4. 具苞片雌花　5. 去苞片雌花　6. 雄花　7. 果

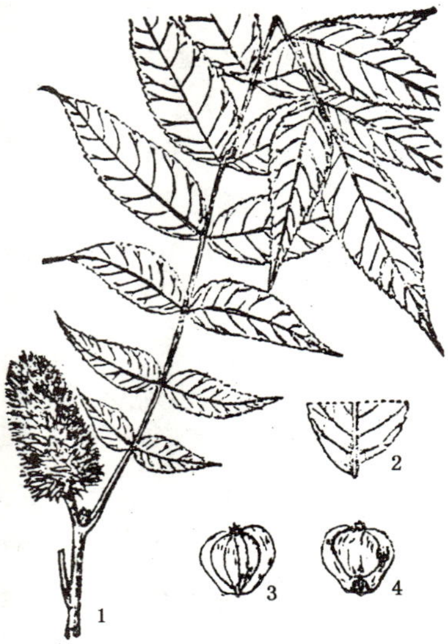

图 45 化 香

1. 果枝 2. 叶基 3、4. 果

4. 化香属 Platycarya Sieb. et Zucc.

落叶乔木。枝髓充实，鳞芽。奇数羽状复叶，小叶有齿。花无花被，雄花成直立腋生柔荑花序，雌花序球果状，顶生。小坚果有翅，生于苞腋内而成一球果状体。

共 2 种，产中国和日本。

化香(化香树) Platycar ya strobilacea Sieb et Zucc.(图 45)

［形态］ 落叶乔木。高可达 20m，但通常不足 10m。树皮灰色，浅纵裂。小叶 7～19，卵状长椭圆形，长 5～14cm，缘有重锯齿，基部歪斜。果序球果状，果苞内生扁平有翅小坚果。花期 5～6 月；果熟期 10 月。

［分布］ 主要分布于我国长江流域及西南各省区，是低山丘陵常见树种。日本、朝鲜也有分布。

［习性］ 喜光，耐干旱瘠薄，为荒山绿化先锋树种。萌芽性强；在酸性土、钙质土上均可生长。

［观赏特性及用途］ 果序及树皮富含单宁，为重要栲胶树种。又可作为嫁接胡桃、山核桃和薄壳山核桃之砧木。

十三、桦木科 BETULACEAE

落叶乔木或灌木。单叶互生；托叶早落。雄花序为下垂柔荑花序，1～3 朵生于苞腋，雄蕊 2～14；雌花为球果状、穗状或柔荑花序，花被萼筒状或无，2～3 朵生于苞腋，雌蕊 2 心皮组成，子房下位，2 室，每室有 1 倒生胚珠。坚果有翅或无翅，外具总苞，种子无胚乳。

6 属，约 200 种，主产于北半球温带及较冷的地区。6 属在中国均有分布，约 96 种。

分属检索表

1. 坚果小而扁，常具膜质翅
  2. 树皮多层纸状剥落；柔荑花序；果苞革质，脱落 …………… 1. 桦木属 **Betula**
  2. 树皮鳞状开裂；雄花柔荑花序；果序球果状，果苞木质，脱落 …………………………………………………………………………… 2. 赤杨属 **Alnus**
1. 坚果近圆形，不具膜质翅
  3. 坚果小，果序穗状，下垂，圆卵形；叶脉 9 对以上 …… 3. 鹅耳枥属 **Carpinus**

3. 坚果大,果单生或簇生,球形或卵形;叶脉 5～8 对 ………… 4. 榛属 **Corylus**

1. 桦木属　Betula L.

落叶乔木,罕灌木。树皮常多层纸状剥离。单叶互生,有齿。花单性同株,成柔荑花序。坚果扁平而细小,常具膜质翅,果苞革质,3 裂,脱落。

分种检索表

1. 叶的侧脉 5～8 对;果翅稍宽于小坚果或等于果的二分之一
  2. 树皮白色;叶三角状卵形;果翅宽于小坚果 ………… (1)白桦 **B. platyphylla**
  2. 树皮黑褐色;叶卵形;果翅为小坚果的二分之一 ……… (2)黑桦 **B. davurica**
1. 叶的侧脉 8～16 对;果翅比小坚果窄,但不等于二分之一
  3. 树皮暗灰色;果穗几无柄,果近无翅 …………………… (4)坚桦 **B. chinensis**
  3. 树皮红褐色;果穗有梗,果翅比小坚果窄,但宽于小坚果的二分之一 ……… ……………………………………………………… (3)红桦 **B. albo-sinensis**

(1)白桦　Betula platyphylla Suk. (图 46)

[形态]　落叶乔木。高达 20～25m;树皮白色,多层纸状剥落;小枝红褐色,无毛,背面有腺点。果序单生,下垂,圆柱形,长 2.5～4.5cm。

[分布]　产于我国东北林区及华北高山。朝鲜、日本也有分布。是东北林区主要的阔叶树种之一。

[习性]　喜光,耐严寒;喜酸性土,耐瘠薄及水湿;生长快。

[观赏特性及用途]　枝叶稀疏,姿态优美,树皮光滑洁白,十分引人注目,有独特的观赏价值。可栽作园林及风景树种。

图 46　白　桦

1. 果枝　2. 花枝　3、4. 果苞　5. 果

(2)黑桦(棘皮桦)　Betula davurica Pall.

树皮方块状剥落。果翅的宽为坚果之半。

(3)红桦　Betula albo-sinensis Burkill.

树皮红褐色,层状剥落。果苞的侧裂片是中裂片的 1/3。

(4)坚桦(杵榆)　Betula chinensis Maxim.

灌木。树皮暗灰色,不剥落。果苞的中裂片披针形,是侧裂片的 3～4 倍,果近无翅。

图 47 赤 杨

2. 赤杨属 Alnus B. Ehrh.

乔木或灌木。树皮鳞状开裂。冬芽有柄，小枝有棱。雄花具 4 深裂之花萼，雄花无花被，每 2 朵生于苞腋。果序球果状，坚果小而扁，两侧有窄翅，果苞木质，宿存，先端 5 浅裂。

约 30 余种，产于北半球寒温带至亚热带。我国产 11 种。本属树木具有能固氮的根瘤。

赤杨 Alnus japonica (Thunb.)Steud. (图 47)

[形态] 落叶乔木。高达 25m，胸径 60cm。小枝无毛，具油腺点。叶长椭圆形或长卵形，长 3～10cm，先端渐尖，基部楔形，缘具细尖单锯齿，背脉隆起并有腺点。果序椭圆形或卵圆形，1.5～2cm，2～6 个集生于一总柄上。花期 2～3 月；9～10 月果熟。

[分布] 产于我国东北南部及山东、江苏、安徽等省。日本亦产之。多生于沟谷及河岸低湿处。

[习性] 喜光，喜凉爽气候。生长快，10 年生树木胸径可达 20cm；萌芽性强。

[繁殖栽培] 繁殖用播种或分蘖法。

[观赏特性及用途] 是适于低湿地、护堤及改良土壤的绿化树种。

3. 鹅耳枥属 Carpinus L.

乔木或灌木。叶缘常具细尖复锯齿，羽状脉整齐。雄花无花被，雄蕊 3～13 枚，花丝 2 叉，花药有毛。坚果圆卵形，有纵纹，每 2 枚着生于叶状果苞基部；果序穗状，下垂，果苞不对称，淡绿色，有锯齿。

约 60 种，分布于北温带，主产于东亚。我国约产 30 种。

图 48 鹅耳枥
1. 果枝 2. 花枝 3. 雄花 4. 雄蕊 5. 雌花 6. 果苞及果 7. 果

鹅耳枥 Carpinus turczaninowii Hance(图48)

[形态] 落叶小乔木或灌木状。树冠紧密而整齐。树皮灰褐色，浅裂。小枝细，灰褐色，有毛；冬芽红褐色。叶卵形，长 3～5cm，先端渐尖，基部圆形或近心形，缘有复锯齿，表面光亮，

背面脉腋及叶柄有毛，侧脉 8～12 对。果穗稀疏，下垂；果苞叶状，偏长卵形，一边全缘，一边有齿。坚果卵圆形，具肋条，疏生油腺点。花期 4 月下旬；果 10 月成熟。

[分布] 广布于我国辽宁、河北、山西、陕西、甘肃、河南、山东、江苏、湖北、四川、贵州、云南等省；垂直分布于海拔 400～2 100m间。

[习性] 稍耐阴，喜生于背阴之山坡及沟谷中，阳坡亦能生长；喜中性及石灰土壤。

[繁殖栽培] 繁殖用播种或萌蘖法。

[观赏特性及用途] 叶形秀丽，枝叶茂盛，尤其宜作桩景材料。木材坚硬致密。

4. 榛属 Corylus L.

落叶灌木或乔木。叶具不规则重锯齿或缺裂。雄花无花被，雄蕊 4～8 枚，花丝 2 叉，花药有毛，雌花簇生或单生。坚果较大，球形或卵形，部分或全部为叶状、囊状或刺状之总苞所包。子叶不出土。

约 20 种，我国产 7 种。

(1)榛 Corylus heterophylla Fisch. ex Bess.（图 49）

[形态] 灌木或小乔木。高达 7m；树皮灰褐色，有光泽。小枝具腺毛。叶形多变异，卵圆形至倒广卵形，长 4～13cm，先端突尖，近截形或有凹缺及缺裂，基部心形，缘有不规则复锯齿，背面有毛。坚果常 2 枚簇生，总苞钟状，端部 6～9 裂。花期 4～5 月；果 9 月成熟。

图 49 榛

[分布] 分布于我国东北、内蒙古、华北及陕西、甘肃等地。原苏联、朝鲜、日本亦有之。

[习性] 性喜光，耐寒，耐旱，喜肥沃之酸性土壤。

[繁殖栽培] 繁殖用播种或分蘖法。

[观赏特性及用途] 是北方山区绿化及水土保持的重要树种。

(2)毛榛 Corylus mandshurica Maxim.

灌木。果苞长管状，密生刺毛。叶缘具不整齐的粗锯齿。

十四、山毛榉科(壳斗科) FAGACEAE

常绿或落叶乔木，罕灌木。芽鳞覆瓦状排列。单叶、互生，羽状脉；具叶柄，托叶早落。花单性，雌雄同株；单被花，形小，花被 4～7 裂，雄花多为柔荑花序，罕头状花序，雄蕊与花被裂片同数或为其倍数，花丝细长；雌花 1～3(5)朵生于总苞内，总苞单生、簇生或集生成穗状，罕生于雄花序基部。子房下位，2～6 室，每室 2 胚珠。总苞在果实成熟时木质化形成壳斗，壳斗被鳞形、线形小苞片、瘤状突起或针刺，每壳斗具1～3(5)坚果，每果具1种子。种子无胚乳。

8属900多种，分布于温带、亚热带及热带。我国7属300多种。

分属检索表

1. 雄花序为直立或斜伸之柔荑花序
   2. 落叶；枝无顶芽；总苞球状，密被针刺，内含1～3坚果 …… 1. 栗属 **Castanea**
   2. 常绿；枝具顶芽
      3. 总苞球状，稀杯状，内含1～3坚果；叶2裂，全缘或有齿 …………………………………………………………………… 2. 栲属 **Castanopsis**
      3. 总苞盘状或杯状，稀球状，内含1坚果；叶不为2裂，通常全缘 …………………………………………………………………… 3. 石栎属 **Lithocarpus**
1. 雄花序为下垂之柔荑花序；总苞杯状或盘状
   4. 总苞之鳞片分离，不结合成环状；落叶，稀常绿 ………… 4. 栎属 **Quercus**
   4. 总苞之鳞片结合成多条环状；常绿 ………… 5. 青冈栎属 **Cyclobalanopsis**

1. 栗属　Castanea Mill.

落叶乔木，罕灌木。枝无顶芽，芽鳞2～3。叶2裂，缘有芒锯齿。雄花序为直立或斜伸之柔荑花序；雌花生于雄花序之基部或单独成花序，总苞(壳斗)球形，密被长针刺，熟时开裂，内含1～3枚大型褐色坚果。

共12种，我国产3种。

板栗　Castanea mollissima Bl.(图50)

［形态］　乔木。高达20m，胸径1m，树冠扁球形。树皮灰褐色，交错纵深裂。小枝有灰色绒毛，无顶芽。叶椭圆形至椭圆状披针形，长9～18cm，先端渐尖，基部圆形或广楔形，缘齿尖芒状，背面常有白色柔毛。雄花序直立；总苞球形，直径6～8cm，外具长针刺，内含1～3坚果。花期5月；9月果成熟。

［分布］　我国北自辽宁，南至广东、广西广泛栽培，以河北为最多。垂直分布于平原至海拔2 800m。

［习性］　喜光，尤其开花期要求光照充

图50　板　栗

1. 花枝　2. 雄花　3. 雌花　4. 叶之下面　5. 果枝　6. 壳斗及果　7. 果

足。北方品种能耐寒，耐旱；南方品种则喜温暖而不怕炎热，但耐寒、耐旱性较差。

［繁殖栽培］　主要用播种、嫁接法繁殖，分蘖也可。

［观赏特性及用途］　树冠圆润，枝叶稠密。主要作干果进行生产栽培，也可用于山区绿化造林，水土保持；庭园和草坪种植也很合适，是园林结合生产的优良树种。

2. 栲属（苦槠属）　Castanopsis Spach

常绿乔木。枝具顶芽，芽鳞多数。叶二列，全缘或有齿，革质。雄花序细长而直立，雄花常3朵聚生，萼片5～6裂，雄蕊10～12；雌花子房3室，总苞多近球形，稀杯状，外部具刺，稀为瘤状或鳞状。坚果1～3，当年或翌年成熟。

约130种，主产亚洲，以东亚的亚热带为分布中心。中国约产70种，主要分布于长江以南温暖地区。多数种类是中国南方常绿阔叶林的建群种。

苦槠　Castanopsis sclerophylla (Lindl.) Schott.（图51）

［形态］　常绿乔木。高达20m；树冠圆球形。树皮暗灰色，纵裂。小枝绿色，无毛，常有棱沟。叶长椭圆形，长7～14cm，中上部有齿，背面有灰白色或浅褐色蜡层，革质。雄花序穗状，直立。坚果单生于球状总苞内，总苞外有环列之瘤状苞片；果苞成串生于枝上。花期5月；果10月成熟。

［分布］　主产于我国长江以南各省区，多生于海拔1 000m以下的低山丘陵和村庄附近。是南方常绿阔叶林组成树种之一，亦是本属中分布最北（至陕西南部）的一种。

图51　苦　槠
1. 果枝　2. 雄花枝　3. 雌花枝
4. 雄花　5. 雌花　6. 果

［习性］　喜雨量充沛和温暖气候，能耐阴，喜深厚、湿润的中性和酸性土，亦耐干旱和瘠薄。深根性，萌芽性强。生长速度中等偏慢，寿命长。对二氧化硫等有毒气体抗性强。

［繁殖栽培］　用播种繁殖。10月采种，随即秋播或混沙贮藏至翌春（2～3月）播种。条播行距15～20cm，每亩* 用种约60kg。覆土2～3cm，盖草。幼苗需适当遮荫。一年

* 1亩≈666.7平方米，下同。

生苗高 20～30cm。苗木主根发达，侧根少，可在翌年早春用利铲斜切土中，将主根 15～20cm 处切断，促使多发侧根。移栽须带土球，宜在 2 月下旬至 3 月下旬进行，并剪去部分枝叶，以减少水分蒸腾，保证成活。

［观赏特性及用途］ 本种枝叶繁密，树冠圆浑，颇为美观，宜于草坪孤植、丛植，也可于山麓坡地成片栽植，构成以常绿阔叶树为基调的风景林，或作为花木的背景树。又因抗毒、防尘、隔声及防火性能好，适宜用作工厂绿化及防护林带。木材致密、坚韧、富弹性，可作建筑、桥梁、枕木、家具、体育用具等用材。果含大量淀粉、糖、蛋白质和脂肪，但含单宁较多，味苦，须浸提后才可食用，常制成“苦槠豆腐”食用。果苞可提取栲胶。

图 52　石　栎

3. 石栎属　Lithocarpus Bl.

常绿乔木。叶螺旋状互生，不为二列，全缘，稀有齿。雄花序直立；雌花在雄花序之下部，子房下位，3 室，每室 2 胚珠。总苞盘状或杯状，稀球形；内含 1 坚果，翌年成熟。

约 300 种，主产东南亚。中国约产 100 种，分布于长江以南各省区。是常绿阔叶林主要成分之一。

石 栎（柯）　Lithocarpus glaber（Thunb.）Nakai（图 52）

［形态］ 常绿乔木。高达 20m；树冠半球形。干皮青灰色，不裂；小枝密生灰黄色绒毛。叶长椭圆形，长 8～12cm，先端尾状尖，基部楔形，全缘或近端部略有钝齿，厚革质，背面有灰白色蜡层，侧脉 6～10 对，叶脉粗。总苞浅碗状，鳞片三角形；坚果椭圆形，具白粉。花期 8～9 月；果翌年 9～10 月成熟。

［分布］ 产于我国长江以南各省区；常生于海拔 500m 以下山区丘陵。

［习性］ 稍耐阴，喜温暖气候及湿润、深厚的土壤，但也较耐干旱和瘠薄。为本属中分布偏北较耐寒的树种。萌芽力强。种子繁殖。本种枝叶茂密，绿荫深浓，宜作庭荫树。在草坪中孤植、丛植、山坡成片栽植，或作其他花木的背景树都很合适。木材坚硬致密，有弹性，可供建筑、农具、车、船等用材。种子富含淀粉，可作饲料或酿酒。

4. 栎属（麻栎属）　Quercus L.

落叶或常绿乔木，罕灌木。枝有顶芽，芽鳞多数。叶缘有锯齿或波状，罕全缘。雄花序为下垂柔荑花序。坚果单生，总苞盘状或杯状，其鳞片离生，不结合成环状。

约 350 种，我国约 90 种，南北各地皆有分布。

分种检索表

1. 叶卵状披针形，锯齿尖芒状；总苞鳞片粗刺状；果翌年成熟
  2. 叶背密生灰白色毛；小枝无毛；树皮有厚木栓层………… (1)栓皮栎 **Q. variabilis**
  2. 叶背淡绿色，无毛或略有毛；小枝有毛，树皮坚硬，深纵裂 ……………………………………………………………………… (6)麻栎 **Q. acutissima**
1. 叶倒卵形，叶缘波状或波状裂，无芒齿；果当年成熟
  3. 小枝及叶背密被毛；叶无柄或极短；总苞鳞片披针形，显著反卷 …………………………………………………………………………… (2)槲树 **Q. dentata**
  3. 小枝及叶背无毛或疏生毛；叶显具柄；总苞鳞片细鳞状或瘤状
    4. 叶柄长 1～3cm，叶多散生或近枝顶集生；叶端钝圆，微有凹缺 ……………………………………………………………………… (3)槲栎 **Q. aliena**
    4. 叶柄短于 1cm，叶常集生枝端，叶缘有波状浅裂
      5. 叶较大，侧脉 8～15 对，叶柄有毛；总苞有瘤状突起 ………………………………………………………………… (4)蒙古栎 **Q. mongolica**
      5. 叶较小，侧脉 6～10 对，叶柄无毛；总苞鳞片线状卵形 ……………………………………………………………… (5)辽东栎 **Q. liaotungensis**

(1)栓皮栎　Quercus variabilis Bl.（图 53）

［形态］ 落叶乔木。高达 25m，胸径 1m；树冠广卵形，纵深裂，木栓层特厚。小枝淡褐色，无毛，冬芽圆锥形。叶长椭圆形或长椭圆状披针形，长 8～15cm，先端渐尖，基部楔形，缘有芒状锯齿，背面密被灰白色星状毛。雄花序生于当年生枝下部；雌花单生或双生于当年生枝叶腋，总苞杯状，小苞片钻形反卷，有毛。坚果卵球形或椭球形。花期在 5 月；翌年 9～10 月果熟。

图 53　栓皮栎
1. 果枝　2. 雄花枝　3、4、5. 雄花
6. 叶之下面　7. 果及壳斗

［分布］ 广布于我国东北的南部、华北、西北、华中、华南及西南各省。日本、朝鲜亦有之。

［习性］ 喜光，常生于山地阳坡，但幼龄树以有侧方庇荫为好。耐寒，喜深厚肥沃、适当湿润而排水良好之土壤，也耐干旱瘠薄。

［观赏特性及用途］ 树干通直，枝条伸展，是良好的绿化观赏树种，可作行道树、庭院树。

（2）槲树（菠萝叶） **Quercus dentata** Thunb.（图54）

图 54 槲 树

［形态］ 落叶乔木。高达 25m，树冠椭圆形。小枝粗壮，有沟棱，密生灰黄色绒毛。叶倒卵形，长 15～25cm，先端钝圆，基部耳形或楔形，缘具波状裂片，侧脉 8～10 对，背面灰绿色，有星状毛；叶柄甚短或近无柄。总苞的鳞片披针形并反曲。花期在 5 月；果 10 月成熟。

［分布］ 产于我国东北、华北至长江流域。

［习性］ 喜光，稍耐阴；耐寒，耐旱。抗烟尘及有害气体。耐火力强。深根性，萌芽力强，生长速度中等。

［繁殖栽培］ 播种繁殖。

［观赏特性及用途］ 幼叶可饲柞蚕。木材坚实，供建筑等用。可作行道树、庭荫树。

（3）槲栎 **Quercus aliena** Bl.

［形态］ 落叶乔木。高达 25m，胸径 1m，树冠广卵形。小枝无毛，芽被灰毛。叶倒卵状椭圆形，长 8～15cm，先端钝圆，基部耳形或圆形，缘具波状缺刻，侧脉 10～14 对，背面灰绿色，有星状毛，叶柄长 1～3cm。总苞的鳞片短小。花期 4～5 月，10 月果熟。

［分布］ 我国自辽宁、河北至华南、西南均有分布，垂直分布河北在海拔 1 000m 以下，云南可达 2 000m。

［习性］ 喜光，稍耐阴；耐寒，耐干旱瘠薄。

［观赏特性及用途］ 是温暖带落叶阔叶林的主要树种。

（4）蒙古栎 **Quercus mongolica** Fish.（图55）

图 55 蒙古栎

1. 果枝 2. 壳斗之部分苞片

［形态］ 落叶乔木。高达 30m；小枝粗壮，栗褐色，无毛叶常集生枝端，倒卵形，长 7～20cm，先端钝圆，基部窄或近耳形，缘具深波状缺刻，侧脉 8～15 对，仅背面脉上有毛；叶柄短，仅 2～

5mm，疏生绒毛。坚果卵形，总苞浅碗状。花期 5～6 月；9～10 月果熟。

［分布］　分布于我国东北、内蒙古、华北、西北各地，华中亦有少量分布。朝鲜、日本、蒙古均有分布。

［习性］　喜光，耐寒，能抗低温，喜凉爽气候；耐干旱、瘠薄；喜中性或酸性土，通常多生于向阳干燥山坡。

［观赏特性及用途］　可作北方荒山造林树种。

(5)辽东栎　Quercus liaotungensis Koidz.（图 56）

图 56　辽东栎

［形态］　落叶乔木。高达 15m；小枝幼时有毛，后脱落，叶多集生于枝端，长倒卵形，长 5～12cm，先端钝圆，基部耳形，缘有波状疏齿，侧脉 5～7 对，背面微被星状毛，叶柄 2～4mm，无毛。坚果卵形或椭圆形，总苞浅碗状，鳞片鳞状，有毛。花期在 5 月；9～10 月果熟。

［分布］　产于我国东北的南部及东部、河北、山西、陕西、甘肃、四川等省；垂直分布在海拔 800～2 800m 地带。

［习性］　抗旱性强。

［观赏特性及用途］　用途、习性与槲树相近。

(6)麻栎　Quercus acutissima Carr.

乔木。叶两面无毛，亮绿色，芒状锯齿，叶长椭圆状披针形。

5. 青冈栎属　Cyclobalanopsis Oerst.

常绿乔木。枝有顶芽，侧芽常集生于近端处，芽鳞多数。雄花序下垂；雌花花柱 3～6。总苞杯状或盘状，鳞片结合成数条环带。坚果当年或翌年成熟。

约 100 余种，主产亚洲热带和亚热带。中国约产 70 余种，多分布于秦岭及淮河以南各省区，是组成南方常绿阔叶林的主要成分之一。

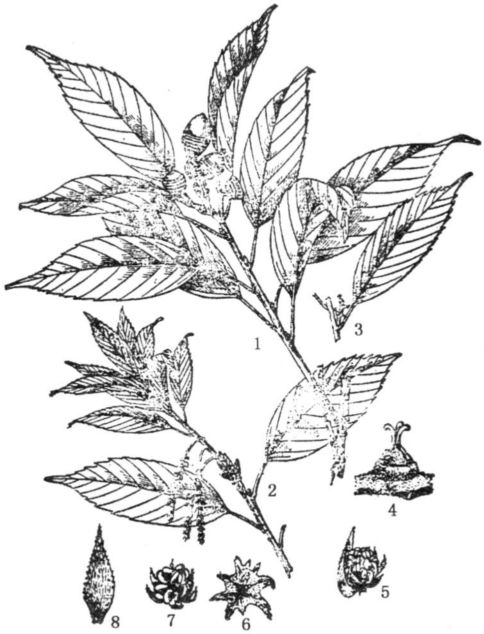

图 57　青冈栎

1. 果枝　2. 雄花枝　3. 雌花枝　4. 雌花　5. 雄花及苞片 6. 雄花被之下面　7. 雄花　8. 苞片

青冈栎　Cyclobalanopsis glauca(Thunb.)Oerst.（Quercus glauca Thunb.）（图 57）

［形态］　常绿乔木。高达 22m，胸径

1m。树皮平滑不裂；小枝青褐色，无棱，幼时有毛，后脱落。叶长椭圆形或倒卵状长椭圆形，长6～13cm，先端渐尖，基部广楔形，边缘上半部有疏齿，中部以下全缘，背面灰绿色，有平伏毛，侧脉8～12对，叶柄长1～2.5cm。总苞单生或2～3个集生，杯状，鳞片结合成5～8条环带。坚果卵形或近球形，无毛。花期4～5月；果10～11月成熟。

［分布］ 主要分布于我国长江流域及其以南各省区，北至河南、陕西及甘肃南部，是本属中分布范围最广且最北的一种；垂直分布一般在海拔1 000～1 600m以下，云南可达2 400m。此外，朝鲜、日本、印度也产。

［习性］ 喜温暖多雨气候，较耐阴；喜钙质土，常生于石灰岩山地，在排水良好、腐殖质深厚的酸性土壤上亦生长很好。生长速度中等，在四川28年生树高14.95m，胸径25.1cm。萌芽力强，耐修剪；深根性。抗有毒气体能力较强。

［繁殖栽培］ 播种繁殖。10～11月间种子成熟时采收，去总苞后摊放通风处阴干即可播种。也可混沙贮藏至翌年2～3月春播，沙不宜过湿，以防种子霉烂变质。条播行距15～20cm，覆土2～3cm，上盖草保湿。每亩播种量约75kg。出苗后要搭棚遮荫。6～7月间可追施薄肥。当年苗高20～30cm。为促发侧根，可于第二年早春用利铲斜插土中，在15～20cm处切断主根。

十五、榆科 ULMACEAE

乔木，少为灌木。落叶或常绿。芽具覆瓦状鳞片。单叶，互生，羽状脉或三出脉。叶基常偏斜，叶缘具锯齿，稀有全缘；托叶早落。花小，单生或簇生，或排列成聚伞花序。花两性、单性、杂性，雌雄同株。花被裂片常为4～5，罕3～9，宿存。雄蕊与花被裂片同数且对生，罕为其2倍。子房上位，2心皮1室，具1倒生或半倒生胚珠，花柱2。果为翅果、核果或小坚果。种子通常无胚乳。

约16属230种，分布于热带或温带。我国8属，约52种。

分属检索表

1. 花单性，果实为小坚果 …………………………………………… 4. 榉属 **Zelkova**
1. 花两性或杂性，果实为翅果或核果
  2. 果实为核果
    3. 叶基偏斜，侧脉不伸入齿端 ……………………………… 2. 朴属 **Celtis**
    3. 叶基不偏斜，侧脉直达齿端 ………………………… 5. 糙叶树属 **Aphananthe**
  2. 果实为翅果
    4. 花两性，叶为羽状脉 …………………………………… 1. 榆属 **Ulmus**
    4. 花杂性，叶为三出脉 ………………………………… 3. 青檀属 **Pteroceltis**

1. 榆属　Ulmus L.

落叶或半常绿乔木，罕为灌木。芽鳞紫褐色，花芽近球形，叶多为重锯齿，羽状脉，花两性，簇生或成短总花序。翅果扁平，翅在果核周围，顶端有缺口。

约 45 种，广布于北半球。我国产 25 种。

分种检索表

1. 花在春季先叶开放或与叶同时开放
  2. 种子位于果翅中部
    3. 叶缘常具单锯齿，稀为间生少数重锯齿 ……………… (1)榆树 **U. pumila**
    3. 叶缘常具垂锯齿
      4. 枝条具木栓翅 ……………………………… (2)大果榆 **U. macrocarpa**
      4. 枝条不具木栓翅 ………………………… (6)欧洲大叶榆 **U. laevis**
  2. 种子位于果翅上部
    5. 树皮暗灰色，纵裂；叶背脉腋具簇毛，叶柄具短毛 ……… (3)春榆 **U. propinqua**
    5. 树皮褐色，脱落；叶背幼时疏生柔毛，叶柄密生丝柔毛 … (4)黑榆 **U. davidiana**
1. 花在夏秋季开放，树皮片状剥落，叶背幼时被毛………… (5)榔榆 **U. parvifolia**

(1)榆树(白榆、家榆)　Ulmus pumila L.(图 58)

[形态]　落叶乔木。高达 25m，胸径 1m，树冠圆球形。树皮纵裂，粗糙，暗灰色，小枝灰色，细长，排成二列状。叶卵状长椭圆形，长 2～6cm，先端尖，基部稍歪，叶缘多为不规则之锯齿。早春叶前开花，簇生于上年生枝上。翅果近圆形，种子位于翅果中部。花期 3～4 月；4～6 月果熟。

[分布]　主产于我国华东、东北、西北，南至长江流域，华北、淮北平原地区尤为常见。

[习性]　喜光，耐寒，能适应干冷气候；喜排水良好土壤，不耐水湿，耐干旱、瘠薄。

[繁殖栽培]　以播种繁殖为主，分蘖亦可。

[观赏特性及用途]　适应性强，在城乡绿化中宜作行道树、庭荫树、防护林及四旁绿化用。

(2)大果榆(黄榆)　Ulmus macrocarpa Hance(图 59)

[形态]　落叶乔木。高达 10m，胸径 30cm；树冠扁球形。小枝淡黄褐色，常具规则木栓翅 2 或 4 条，有毛。叶倒卵形，长 5～9cm，先端突尖，基部歪斜，缘具不规则重锯齿，质地粗厚，翅果大，径 2.5～3.5cm，具黄褐色长毛。

[分布]　主产于我国东北及华北。朝鲜、原苏联也有之。

[习性]　喜光，耐寒，耐旱，在山麓、阳坡、近沙漠的极干旱地带甚至岩石缝中都能生长。

[繁殖栽培]　用种子或分株繁殖。

图 58　榆　树

1. 果枝　2. 花枝　3. 花　4. 果

图 59　大果榆

［观赏特性及用途］　每当深秋(10 月中下旬)叶色即变为红褐色,点缀山林颇为美观,是北方秋色树种之一。

(3)春榆　Ulmus propinqua Koidz.

枝有 4 条不规则的木栓翅;叶基偏斜。

(4)黑榆　Ulmus davidiana Planch.

叶缘重锯齿,粗糙。翅果有毛,小枝无毛。

(5)榔榆　Ulmus parvifolia Jacq.

叶较小,叶缘单锯齿。开花较晚,花期 8～9 月。

(6)欧洲大叶榆　Ulmus laevis Pall.

［形态］　乔木。高达 35m,胸径可达 200cm;树皮纵裂。叶倒卵状椭圆形或宽圆形,长 6～14cm,宽 3.5～9cm。花序有花 20～30 朵,花梗长 6～20mm。翅果卵形或卵状椭圆形,长约 1.5cm;种子位于果翅近中部。

［分布］　原产于欧洲。哈尔滨及辽宁、北京、新疆等地引栽,生长均很好。

2. 朴属　Celtis L.

落叶乔木,罕灌木。树皮不裂。冬芽小,卵形,先端贴枝。单叶互生,基部全缘,三出脉,侧脉弧曲向上,不伸入齿端。花杂性,同株。核果近球形,果肉味甜。鸟播。

共约 70～80 种,产于北温带至热带。我国产 21 种,南北方各地均有。

(1)小叶朴(黑弹树)　Celtis bungeana Bl.(图 60)

［形态］　乔木。高达 20m,树冠倒广卵形至扁球形。小枝通常无毛。叶长卵形,长 4～8cm,先端渐长尖,锯齿较钝,两面无毛(幼树及萌芽枝的叶背面沿脉有毛),叶柄长 0.3～1cm。核果近球形,紫黑色,果柄 1～2cm。花期 6 月下旬;9 月下旬果熟。

［分布］　产于我国东北南部、华北至长江流域及四川、云南等地。

［习性］　喜光,稍耐阴;耐寒;喜深厚之中性黏质土壤,常生于向阳山地、平地及河流两岸。

［繁殖栽培］　繁殖用播种法。

［观赏特性及用途］　可作庭荫树及绿化造林用。

图 60　小叶朴

(2)朴树　Celits sinensis Pers.(图 61)

［形态］　乔木。高达 20m,胸径 1m。小枝幼时有毛,后渐脱落。叶卵状椭圆形,长 4～8cm,先端短尖,基部不对称,锯齿钝,表面有光泽,背脉隆起并疏生毛。果橙红色,果柄与叶柄近等长。

图 61　朴　树

1. 花枝　2. 果枝　3. 雄花

4. 两性花　5. 果核

［分布］　产于我国淮河流域、秦岭以南至华南,散生于平原及低山区,村落附近常见。

［习性］　喜光,喜湿润处,适应性强。深根性,寿命长。

［繁殖栽培］　播种繁殖。

［观赏特性及用途］　树形美观,并有浓荫,可作庭荫树及桩景材料。木材可制作家具、鞋楦等。

3. 青檀属(翼朴属)　Pteroceltis Maxim.

仅 1 种,我国特产。

青檀(翼朴)　Pteroceltis tatarinowii Maxim.(图 62)

［形态］　落叶乔木。高达 20m,胸径 1.7m。干皮薄长片剥落。单叶互生,卵形,长 3.5～13cm,基部全缘,三出脉,侧脉不直达齿端,先端长尖或渐尖。花杂性,同株。小坚果周围有薄翅。花期在 4 月;7～8 月果熟。

图 62 青 檀

［分布］ 主产于我国黄河及长江流域，南达广东、广西及西南等地。

［习性］ 喜光，耐干旱、瘠薄，通常生于石灰岩山地。

［观赏特性及用途］ 树皮纤维优良，为制造宣纸原料。可作为石灰岩山地造林树种。

4. 榉属 Zelkova Spach

榉树（大叶榉） Zelkova schneideriana Hand.-Mazz.

单锯齿。花单性。坚果无翅。可作行道树或造林树种。

5. 糙叶树属 Aphananthe Planch.

乔木或灌木。叶基部三出脉，基部以上有锯齿，侧脉直伸至锯齿尖端。花单性，雌雄同株，雄花为伞房花序，雌花单生。花萼 5(4)裂，雄蕊 5。核果，花萼、花柱宿存。种子具弯胚。

8 种，分布东南亚和澳大利亚。中国有 2 种，产长江流域及西南。

糙叶树 Aphananthe aspera (Bl.) Planch.（图 63）

［形态］ 高达 20m，胸径达 100cm。小枝被平伏硬毛。叶长卵形，长 4～13cm，宽 2～6cm，叶缘除基部外全有锯齿，叶两面被粗伏硬毛；叶柄长 5～17mm。核果近球形，径约 8mm，被平伏毛。花期 4～5 月，果期 9～10 月。

［分布］ 产于我国山东（崂山太清宫庙前有一株高 15m，胸径 124cm，号称“龙头榆”，相传为唐代栽植），河南太行山、济源及大别山商城，陕西的南郑（海拔 730m），甘肃的南礼、康县、成县，以南至广东、广西；常生于山谷、溪流附近。

［习性］ 略耐阴，喜湿润肥沃的土壤，不耐严寒。

图 63 糙叶树

1. 花枝 2. 果枝 3. 雄花 4. 雌花 5. 果 6. 种子

十六、桑科　MORACEAE

落叶或常绿乔木或灌木，有时为藤本或直立草本。多数属具有乳汁。叶常为互生，罕对生，单叶或复叶，全缘或有锯齿；托叶早落。花单性，雌雄同株或异株，常集成柔荑花序、头状花序、聚伞花序、圆锥花序或隐头花序。花小，整齐。雄花被片通常为4，离生或基部稍连合。雄蕊与花被裂片同数且对生；花药2室，纵裂；雌花被片4，基部稍连合，2心皮，柱头1或2，子房上位，1室，1胚珠。果实为瘦果或核果。种子具胚乳。

约60属1 000种，分布于热带和亚热带地区。我国18属150种。

分属检索表

1. 具枝刺 ………………………………………………………… 3. 柘属 **Cudrania**
1. 不具枝刺
  2. 雌花和雄花均着生在同一个凹陷的肉质花托内成隐头花序………… 4. 榕属 **Ficus**
  2. 不成隐头花序
    3. 雌雄花均成柔荑花序，聚花果长圆形，果熟时子房柄不伸长 …… 1. 桑属 **Morus**
    3. 头状花序或雄花柔荑花序，雌花为头状花序
      4. 头状花序，雌雄同株 ………………………………… 5. 桂木属 **Artocarpus**
      4. 雄花柔荑花序，雌花头状花序，雌雄异株 ………… 2. 构属 **Broussonetia**

1. 桑属　Morus L.

落叶乔木或灌木。枝无顶芽，芽鳞3～6。叶互生，有锯齿或缺裂，托叶披针形，早落。花单性，同株或异株，组成柔荑花序。花被4片，雄蕊4枚。小瘦果包藏于肉质花被内，集成圆柱形聚花果，名桑椹果。

共约12种，我国产9种。

分种检索表

1. 叶缘锯齿先端不为刺芒状
  2. 叶上面近光滑，下面脉上具疏毛，脉腋具簇毛；花柱不明显或无花柱 ………………………………………………………………… (1)桑树 **M. alba**
  2. 叶上面粗糙具毛，下面具柔毛，脉腋无簇毛；花柱长而明显 ………………………………………………………………… (2)鸡桑 **M. australis**
1. 叶缘锯齿先端刺芒状 ………………………………… (3)蒙桑 **M. mongoliaca**

(1)桑树　Morus alba L.(图64)

[形态]　落叶乔木。高达15m，胸径50cm，树冠广倒卵形。树皮灰褐色，根鲜黄色，叶卵形或卵圆形，长6～15cm，先端尖，基部圆形或心形，锯齿粗钝，幼树之叶有时分裂，

图 64　桑　树

1. 雌花枝　2. 雄花枝　3. 雄花

4. 雌花　5. 聚花果

表面光滑，背面脉腋或沿脉有疏毛。桑椹果紫黑色、红色或白色，多汁味甜。花期在 4 月；5～6 月（7 月）果熟。

［分布］　原产于我国中部，现南北各地广泛栽培，尤以长江中下游为多。垂直分布一般在海拔 1 200m 以下，西部可达1 500m。朝鲜、蒙古、日本、原苏联、欧洲也有分布。

［习性］　喜光，喜温暖，适应性强；耐旱，耐寒，耐水湿和瘠薄。

［繁殖栽培］　可用播种、扦插、压条、分根、嫁接等法繁殖。

［观赏特性及用途］　树冠宽阔，枝叶茂盛，秋季叶色变黄，颇为美观又能抗烟尘，适于城市、工矿区及四旁绿化，或作防护林，但更重要的是营造桑园采叶饲养家蚕。

（2）鸡桑　Morus australis Poir

叶缘具粗齿，表面粗糙，背面密被短柔毛。

（3）蒙桑（崖桑）　Morus mongoliaca (Bureau Schneid.)

叶缘有刺芒状尖头，表面光滑无毛，脉腋常有簇毛。

2. 构属　Broussonetia L'Her. ex Vent.

落叶乔木或灌木。有乳汁。枝无顶芽，侧芽小。叶互生，有锯齿，托叶早落。雌雄异株，雄花为柔荑花序，罕为头状花序，雄蕊 4。雌花为球形头状花序，花柱线状。聚花果球形，熟时橙红色。

共 4 种，我国均产。

构树（楮）　Broussonetia papyrifera（L.）L'Her. ex Vent.（图 65）

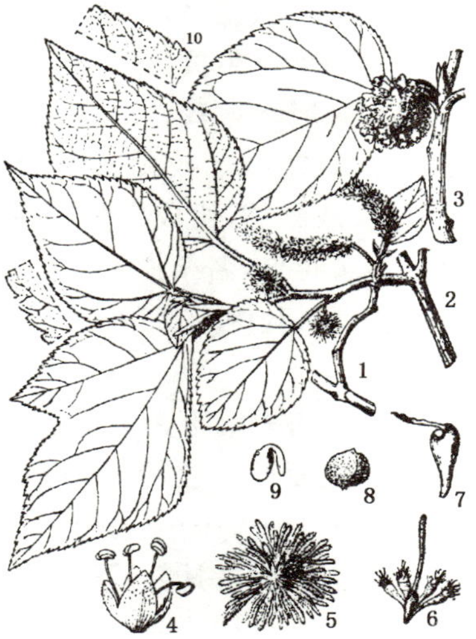

图 65　构　树

1. 雄花序枝　2. 雌花序枝　3. 果枝　4. 雄花

5. 雌花序　6. 雌花　7. 肉质子房柄与小瘦果

8. 小瘦果　9. 胚　10. 叶缘部分放大

［形态］　乔木。高达 16m；树皮浅灰色，不易裂。小枝粗壮，密被丝状刚毛。叶卵形，长 7

～20cm，先端渐尖，基部圆形或近心形，缘有锯齿，不裂或2～5裂，两面密生柔毛。果球形，径2～2.5cm，熟时橘红色。花期4～5月；8～9月果熟。

［分布］ 分布广，我国华北至华南均有。

［习性］ 喜光，适应性强；能耐干冷和湿热气候；耐干旱瘠薄，也能生于水边；根较浅，侧根分布很广。抗烟尘，少病虫害。

［繁殖栽培］ 繁殖容易，种子繁殖，亦可用埋根、分蘖法繁殖。

［观赏特性及用途］ 是绿化工矿区及荒山坡地的好树种，也可作为庭荫树及防护林用。叶可入药。

3. 柘属　Cudrania Trec.

乔木或灌木，或攀援性。常具枝刺。叶互生，全缘或3裂，托叶早落。雌雄异株，均为腋生球形头状花序。聚花果球形，肉质。

共约10种，我国产8种。

柘树（柘刺）　Cudrania tricuspidata (Carr.)Bur.（图66）

［形态］ 落叶小乔木，常呈灌木状。小枝常有刺。叶卵形至倒卵形，长3.5～11cm，全缘或有时3裂。聚花果近球形，径约2.5cm，熟时红色，肉质。花期在5月；9～10月果熟。

图66　柘　树

1. 具刺枝　2. 雌花枝　3. 雌花　4. 雌蕊　5. 雄花　6. 果枝

［分布］ 主产于我国华东、中南及西南，华北也有分布。

［习性］ 耐干旱瘠薄，多生于山野路边或石缝中。

［繁殖栽培］ 繁殖用播种、扦插或分蘖法均可。

［观赏特性及用途］ 可供绿篱、刺篱、荒山绿化和水土保持用。木可提取黄色染料，即“柘黄”；叶可饲蚕；果可食；根皮入药。

4. 榕属　Ficus L.

乔木、灌木或藤木。多为常绿，常具气根。托叶合生，包被顶芽，脱落后在枝上留下环状托叶痕。叶多互生、全缘。雌雄同株，花小，生于中空的肉质花序托内，形成隐头花序。隐花果肉质，内具小瘦果。

约1 000余种，分布于热带和亚热带。中国约有120种，主产长江以南各省区。

图 67 榕 树

(1)榕树(细叶榕、小叶榕) Ficus microcarpa L.f.(图 67)

［形态］ 常绿乔木。枝具下垂须状气生根。叶椭圆形至倒卵形,长 4～10cm,先端钝尖,基部楔形,全缘或浅波状,羽状脉,侧脉 5～6 对,革质,无毛。隐花果腋生,近扁球形,径约 8mm。广州花期 5 月;果 7～9 月成熟。

［分布］ 产于我国华南。印度、越南、缅甸、马来西亚、菲律宾等国也有分布。

［习性］ 喜暖热多雨气候及酸性土壤。生长快,寿命长。

［繁殖栽培］ 用播种或扦插法繁殖均容易,大枝扦插也易成活。

［观赏特性及用途］ 本种树冠庞大,枝叶茂密,是华南地区常见的行道树及遮荫树。木材轻软,纹理不匀,易腐朽,供薪炭等用;叶和气根可入药。

(2)无花果 Ficus carica L.(图 68)

［形态］ 落叶小乔木。高可达 10m,或成灌木状。小枝粗壮;叶广卵形或近圆形,长 10～20cm,常 3～5 掌状裂,边缘波状或成粗齿,表面粗糙,背面有柔毛。隐花果梨形,长 5～8cm,绿黄色。

［分布］ 原产于地中海沿岸,栽培历史悠久,约 4 000 年前在叙利亚即有栽培。我国各地有栽培。

［习性］ 喜光,喜温暖湿润气候,不耐寒,冬季在－12℃时小枝受冻,－20～－22℃则地上部分全部冻死。对土壤要求不严,能耐旱,在酸性、中性和石灰性土上均可生长,以肥沃的砂质壤土栽培最宜。根系发达,但分布较浅。生长较快,用营养繁殖(分株、压条、扦插)极易成活,2～3 年生树可开始结果,6～7 年生进入盛果期,寿命可达百年以上。

图 68 无花果

1. 果枝 2. 雄花 3. 雌花

［繁殖栽培］　本种繁殖栽培容易，栽培品种多，青岛、长江流域及其以南地区可露地栽培，常植于庭院及公共绿地；华北多盆栽观赏，需在温室越冬。

果可生食或制成罐头和果干食用，并有清热、润肠等药效；根、叶也可入药，治肠炎、腹泻等。是绿化、观赏结合生产的好树种。

5. 桂木属　Artocarpus Forst.

常绿乔木，有乳汁。枝有顶芽，无刺。叶互生，羽状脉；托叶形状大小不一。雌雄同株，雄花序长圆形，雄蕊 1；雌花序球形，雌花花萼管状，下部隐入花序轴中。聚花果近球形，瘦果外被肉质宿存花萼。

共约 60 种，分布于东南亚。中国产 9 种，分布于华南。

木菠萝（树菠萝、菠萝蜜）　Artocarpus heterophyllus Lam.（图 69）

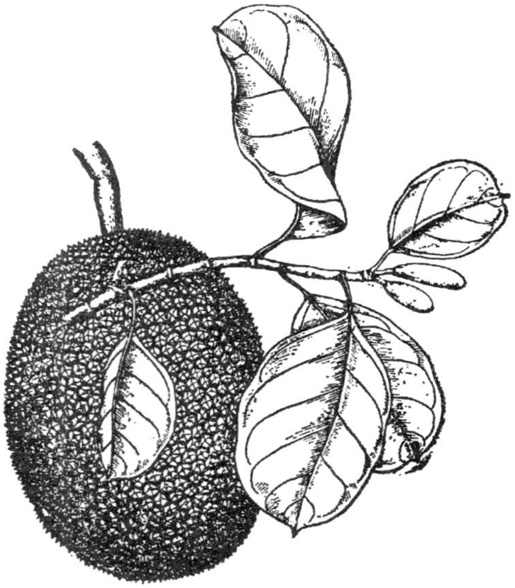

图 69　木菠萝

［形态］　常绿乔木。高 10～15m，有时具板状根。小枝有环状托叶痕。叶椭圆形至倒卵形，长 7～15cm，全缘（幼树之叶有时 3 裂），两面无毛，背面粗糙，厚革质。雄花序顶生或腋生，圆柱形，长 5～8cm，径约 2.5cm；雌花序椭球形，生于树干或大枝上。聚花果成熟时黄色，长 25～60cm，重可达 20kg，外皮有六角形瘤状突起。花期 2～3 月；果 7～8 月成熟。

［分布］　原产于印度和马来西亚，现广植于热带各地。我国华南有栽培。

［观赏特性及用途］　本种是热带果树之一，果肉（实为花被）味香甜可食。种子可炒食或煮食；树液和叶供药用，能消肿解毒。在华南地区除作果树栽培外，可栽作庭荫树及行道树。

十七、紫茉莉科　NYCTAGINACEAE

草本或木本。单叶对生或互生，全缘；无托叶。花序聚伞状，或簇生；花两性，稀单性；苞片显著，呈萼状；花单被，常花瓣状，钟形、管形或高脚碟形；雄蕊 3～30；子房 1 室，1 胚珠。瘦果；种子有胚乳。

共 30 属，约 300 余种，主产美洲热带。中国产 1 属 4 种；引入 2 属 4 种，常栽培观赏。

叶子花属　Bougainvillea Comm. ex Juss.

藤状灌木。茎多具枝刺。叶互生，有柄。花常 3 朵聚生，为 3 片美丽的叶状大苞片所包围，花总梗连生于苞片中脉上；花被管状，端 5～6 裂，雄蕊 6～8 枚，子房具柄。瘦果具 5 棱。

共 10 余种，主产南美热带及亚热带。中国引入栽培 2 种，为极美丽的观赏植物。

分种检索表

1. 枝叶无毛或稍有毛；花之苞片暗红色或紫色 …………… (1)光叶子花 **B. glabra**
1. 枝叶密生柔毛；花之苞片鲜红色 ……………………… (2)叶子花 **B. spectabilis**

(1)光叶子花(宝巾，光三角花)

Bougainvillea glabra Choisy(图 70)

图 70　光叶子花

［形态］　常绿攀援灌木。枝有利刺。枝条常拱形下垂，无毛或稍有柔毛。单叶互生，卵形或卵状椭圆形，长 5～10cm，先端渐尖，基部圆形至广楔形，全缘，表面无毛，背面幼时疏生短柔毛；叶柄长 1～2.5cm。花顶生，常 3 朵簇生，各具 1 枚叶状大苞片，紫红色，椭圆形，长 3～3.5cm；花被管长 1.5～2cm，淡绿色，疏生柔毛，顶端 5 裂。瘦果有 5 棱。

［分布］　原产于巴西。我国各地有栽培。

［习性］　喜光，喜温暖气候，不耐寒；不择土壤，干湿都可以，但适当干些可以加深花色。生长健壮；扦插容易成活。华南及西南暖地多植于庭园、宅旁，常设立栅架或让其攀援山石、园墙、廊柱而上；花期很长(冬春间开花)，极为美丽。长江流域及其以北地区多盆栽观赏，温室越冬。花期在 6～12 月。

(2)叶子花(毛宝巾、三角花、九重葛)　Bougainvillea spectabilis willd.

外形与上种近似，但枝、叶密生柔毛；苞片鲜红色；其变种砖红叶子花(var. lateritia Lem.)之苞片为砖红色。

原产于巴西，我国各地有栽培。习性、繁殖、用途等均同光叶子花。

十八、毛茛科　RANUNCULACEAE

草本，罕为木质藤本或灌木。叶互生或对生。花多两性，辐射或两侧对称，单生或成总状、圆锥状花序，雄蕊、雌蕊常多数，离生，螺旋状排列。聚合蓇葖果或聚合瘦果。罕为浆果或蒴果。

约48属2 000种，主产于北温带。我国约产40属，近600种，各地均有分布。

1. 芍药属　Paeonia L.

宿根草本或落叶灌木。芽大，具芽鳞数枚。叶互生，2回羽状复叶或全裂。花大，单生或数朵，红色、白色或黄色，萼片5，雄蕊多数；心皮2～5，离生。蓇葖果成熟时开裂。具数枚大粒种子。

约有40种。产于北半球，我国产12种，多数皆花大而美，为著名观花植物，兼作药用（近年多数学者将本属单独立为芍药科 Paeoniaaceae）。

牡丹　Paeonia suffruticosa Andr.（图71）

［形态］　落叶灌木。高达2m；枝粗壮。二回三出复叶，小叶广卵形至卵状长椭圆形，先端3～5裂，基部全缘，背面有白粉，平滑无毛。花单生枝顶，大型，径10～30cm，有单瓣和重瓣，花色丰富，有紫、深红、粉红、白、黄、豆绿等色，极为美丽。雄蕊多数，心皮5枚，有毛，周围为花盘所包，花期4月下旬至5月；9月果熟。

图71　牡　丹

［变种、变型及品种］

①矮牡丹（var. spontanea Rehd.）

②紫斑牡丹［var. papaveracea（Andr.）Kerner］

［分布］　原产于我国西部及北部，栽培历史很久。目前以山东菏泽、河南洛阳、北京等地最为著名，秦岭、嵩山等地有野生。

［习性］　喜光，而以在稍阴下生长良好。花期适当遮荫更延长开花时间，使色彩分外鲜艳。较耐寒，喜凉爽，畏炎热；喜深厚肥沃而排水良好的砂质壤土。

［繁殖栽培］　主要用分枝、嫁接和播种三法繁殖。栽培牡丹最重要的问题是选择和创造适合其生长的环境条件。适当深厚肥沃而排水良好的壤土或砂质壤土和地下水位较低、有倾斜的背风向阳地区栽植牡丹最为理想。

［观赏特性及用途］　花大而美，素被称为“花中之王”，在园林中常作专类花园，供重点美化区应用，又可植于花台、花池观赏。此外，还可盆栽作室内观赏或切花瓶插等

用。根皮(丹皮)可入药。

2. 铁线莲属　Clematis L.

(1)铁线莲　Clematis florida Thunb.

夏季开花,花梗上有2枚叶状苞片。结果时花柱无羽状毛。

(2)转子莲　Clematis patens Morr.

春季开花,花梗上无苞片。结果时花柱有羽状毛。

十九、小檗科　BERBERIDACEAE

灌木或多年生草本。单叶或复叶,互生,罕对生或基生。花两性,整齐,单生或总状、聚伞花序或圆锥花序;花萼、花瓣相似,二至多轮,每轮3枚,花瓣常具蜜腺,雄蕊与花瓣同数并与其对生,罕为其2倍,花药瓣裂或纵裂;子房上位,心皮1个,1室,胚珠少数至多数。浆果或蒴果。种子富含胚乳。

12属约650种。中国11属200种。

分属检索表

1. 灌木;单叶,簇生;枝具刺 ………………………………………… 1. 小檗属 **Berberis**
1. 灌木或草本;羽状复叶;无刺
   2. 一回羽状复叶,小叶有锯齿;花黄色,花药瓣裂 …… 2. 十大功劳属 **Mahonia**
   2. 2~3回羽状复叶,小叶全缘;花白色,花药纵裂 ……… 3. 南天竹属 **Nandina**

1. 小檗属　Berberis L.

图72　小　檗

灌木。枝在节部有针刺。单叶互生或在短枝上簇生。花黄色,萼、瓣相似,各为6,雄蕊6,花药瓣裂。浆果红色或蓝黑色。

约有500种,广布于亚、欧、美、非各洲。我国约有200种,多分布于西部及西南部。

(1)小檗(日本小檗)　Berberis thunbergii DC.(图72)

[形态]　落叶灌木。高2~3m。小枝通常红褐色,有沟槽,刺通常不分叉。叶倒卵形或匙形,长0.5~2cm,先端钝,基部急狭,全缘,表面暗绿色,背面灰绿色。花浅黄色,1~5朵成簇生状伞形花序。浆果椭球形,长约1cm,熟时亮红色。花期在5月;9月果熟。

[变种、变型及品种]　紫叶小檗(f. atropurpurea Rehd)叶深紫色,观赏价值高。

[分布] 原产于日本。我国各大城市有栽培。

[习性] 喜光,稍耐阴;耐寒;对土壤要求不严,以在肥沃而排水良好的砂质土壤中生长最好。

[繁殖栽培] 主要用播种繁殖。

[观赏特性及用途] 秋叶红色,果也红艳可爱,宜作观赏刺篱,也可用作基础种植及岩石园种植材料。

(2)细叶小檗(波氏小檗) Berberis poiretii Schneid.

叶全缘,总状花序,叶狭倒披针形。

(3)阿穆尔小檗 Berberis amurensis Rupr.

叶缘有刺毛状细锯齿,花瓣先端微凹。

(4)刺檗 Berberis vulgaris L.

叶缘有刺毛状锯齿,花瓣先端不凹。

2. 十大功劳属 Mahonia Nutt.

十大功劳(狭叶十大功劳) Mahonia fortunei (Lindl.)Fedde.

一回羽状复叶,小叶缘有刺齿。

3. 南天竹属 Nandina Thunb.

南天竹 Nandina domestica Thunb.

2～3 回羽状复叶,小叶全缘。

二十、木兰科 MAGNOLIACEAE

乔木或灌木,罕藤本,常绿或落叶。单叶互生,全缘,罕浅裂或有齿;托叶有或无。花两性或单性,单生或数朵成花序,萼片 3,罕 4,常为花瓣状,花瓣 6 或更多,罕缺乏,雄蕊多数,螺旋状排列,罕为 4 枚,心皮多数,离生,螺旋状排列,子房 1 室,含一至多个胚珠。蓇葖果、蒴果或浆果,罕为带翅坚果。

共约 12 属 215 种,产于亚洲和北美的温带至热带。我国约产 10 属 80 种。

分属检索表

1. 直立木本;花两性;蓇葖果或聚合果
  2. 叶全缘不裂,稀先端凹缺呈两裂;蓇葖果沿腹缝线或背缝线开裂,种皮似假种皮,与果肉分离
    3. 花顶生,雌蕊群无柄;蓇葖果沿背缝线开裂 ………… 1. 木兰属 **Magnolia**
    3. 花腋生,雌蕊群有柄;蓇葖果沿背缝线或同时沿腹缝线两瓣裂 ……………………………………………………………… 2. 含笑属 **Michelia**

2. 叶通常 4～6 裂，先端近平截或成宽的凹陷；聚合果不开裂，全部自中轴脱落，种皮附着于内果皮 ………………………………… 3. 鹅掌楸属 **Liriodendron**

1. 攀援木质藤本；雌雄异株，浆果 ………………………… 4. 五味子属 **Schizandra**

1. 木兰属　Magnolia L.

乔木或灌木，落叶或常绿。枝常具环状叶痕，单叶互生，全绿。花大，单生枝顶，萼片 3，花瓣 6～12，雄蕊、雌蕊均多数，螺旋状着生于伸长之花托上。蓇葖果聚合成球果状，各具 1～2 种子。

约有 90 种，我国约产 30 种。

分种检索表

1. 花药内向开裂，花不先叶开放

2. 常绿，叶卵形或长圆状卵形，幼叶下面密被长毛 …… (6)山玉兰 **M. delavayi**

2. 落叶

3. 叶集生于枝端，椭圆状卵形 ………………………… (4)厚朴 **M. officinalia**

3. 叶不集生于枝端，倒卵形，叶柄细长 ……………… (5)天女花 **M. sieboldii**

1. 花药侧向开裂或近侧向开裂，花先叶开放或花叶同放

4. 花先叶开放

5. 花被片大小近相同，白色 ……………………………… (2)玉兰 **M. denudata**

5. 萼片 3，花瓣状，长度为花瓣之半，或绿色披针形，花瓣白色，外面略呈玫瑰红色，内面白色 ………………………… (3)二乔玉兰 **M. ×soulangeana**

4. 花叶同放，花被片极不相等，外轮绿色披针形，早落，内两轮紫色 ……………………………………………………………… (1)木兰 **M. liliflora**

(1)木兰(紫玉兰、辛夷、木笔)　**Magnolia liliflora** Desr.(图 73)

［形态］ 落叶大灌木。高 3～5m；大枝近直伸，小枝紫褐色，无毛。叶椭圆形或倒卵状长椭圆形，长 10～18cm，先端渐尖，基部楔形，背面脉上有毛。花大，花瓣 6，外面紫色，内面近白色，萼片 3，黄绿色，披针形，长约为花瓣的1/3，早落。果柄无毛，3～4 月叶前开花，10 月果成熟。

［分布］ 原产于我国中部，现除严寒地区外都有栽培。

［习性］ 喜光，不耐严寒；喜肥沃、湿润而排水良好的土壤。

［繁殖栽培］ 通常用分株、压条法繁殖。

［观赏特性及用途］ 栽培历史较久，为庭园珍贵花木之一。宜配植于庭院窗前，或丛植于草地边缘。花蕾可入药。

(2)玉兰(白玉兰)　**Magnolia denudata** Desr.(图 74)

［形态］ 落叶乔木。高达 15m；树冠卵形或近球形，幼枝及芽均有毛。叶倒卵状长

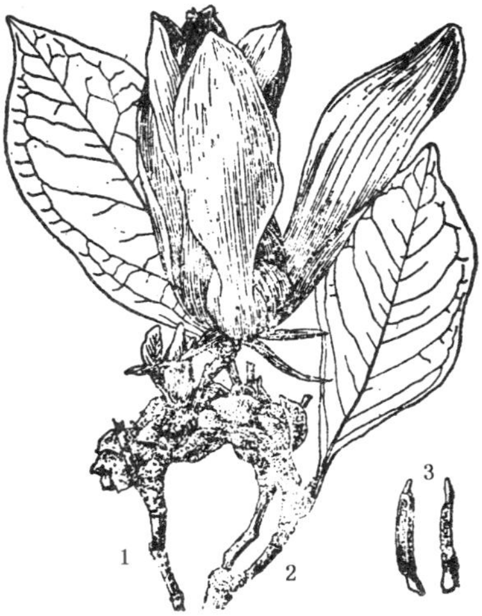

图 73　木　兰
1. 花枝　2. 果枝　3. 雄蕊

图 74　玉　兰
1. 叶枝　2. 花枝　3. 去花被片之花

椭圆形，长 10～15cm，先端突尖而短钝，基部广楔形或近圆形，幼时背面有毛。花大，径 12～15cm，纯白色，芳香，花萼、花瓣相似，共 9 片。3～4 月叶前开花，花期 8～10 天；8～9 月果熟。

［分布］　原产于我国中部山野中；现国内外庭园常见栽培。

［习性］　喜光，稍耐阴；颇耐寒，北京地区于背风向阳处可露地越冬；喜肥沃、湿润而排水良好的土壤。

［繁殖栽培］　可用播种、扦插、压条及嫁接等法繁殖。

［观赏特性及用途］　花大而洁白，芳香，是我国著名的早春花木，自古即有栽培。宜列植堂前，点缀中庭，或插瓶观赏。树皮、花蕾可入药。

(3)二乔玉兰（朱砂玉兰）　Magnolia × soulangeana (Lindl.) Soul.-Bod.

落叶小乔木或灌木。高 7～9m；叶倒卵形至卵状长椭圆形，花大，呈钟状，内面白色，外面淡紫，有芳香，花萼似花瓣，但长仅达其半，亦有呈小形而绿色者。叶前开花，花期与玉兰相若。为玉兰与木兰的杂交种。在国内外庭园中普遍栽培。

［变种、变型及品种］

①大花二乔玉兰(cv. Lennei)　灌木。高 2.5m；花外侧紫色或鲜红，内侧淡红色，比原种开花早，栽培较多。

②美丽二乔玉兰(cv. Speciosa)　花瓣外面白色，但有紫色条纹，花形较小。

③塔形二乔玉兰(var. niemetzii Hort.)　树冠柱状。

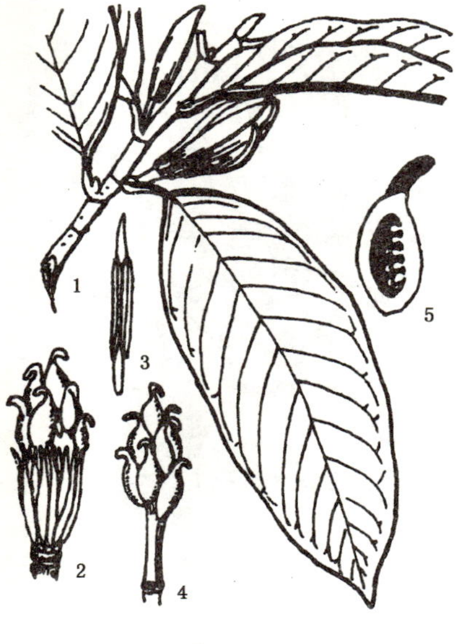

图 75　白兰花

1. 花枝　2. 雌、雄蕊　3. 雄蕊
4. 雌蕊群　5. 子房纵剖面

各种二乔玉兰均较玉兰、木兰更为耐寒、耐旱，移植难。

(4)厚朴　Magnolia officinalia Rehd. et Wils.

叶较大，长 15cm 以上，侧脉 20～30 对，药用。

(5)天女花　Magnolia sieboldii Koch.

叶较小，长 6～12cm，侧脉 6～8 对，落叶小乔木。

(6)山玉兰　Magnolia delavayi Franch.

常绿乔木。叶背粉白色，托叶痕延至叶柄顶部。

2. 含笑属(白兰花属)　Michelia L.

常绿乔木或灌木。枝上有环状托叶痕；叶柄与托叶分离。花两性，单生叶腋，芳香；萼片花瓣状，花被 6～9 枚，排为 2～3 轮；雄蕊群与雌蕊群间有间隔，每雌蕊有 2 枚以上胚珠。聚合果中有部分蓇葖不发育，自背部开裂；种子二至数粒，红色或褐色。

约 60 种，产于亚洲热带至亚热带。中国约 35 种。

(1)白兰花(缅桂、白兰、白玉兰[广东]、旃簸迦[台湾])　Michelia alba DC.(图 75)

［形态］　乔木。高 17m，胸径 40cm；干皮灰色。新枝及芽有浅白色绢毛，一年生枝无毛。叶薄革质，长圆状椭圆形或椭圆状披针形，长 10～25cm，宽 4～10cm，两端均渐狭；叶表叶背均无毛或背面脉上有疏毛；叶柄长 1.5～3cm；托叶痕仅达叶柄中部以下。花白色，极芳香，长 3～4cm，花瓣披针形，约为 10 枚以上，通常多不结实，在热带地方果成熟时随着花托的延伸而形成疏生的穗状聚合果；蓇葖革质。花期 4 月下旬至 9 月下旬，开放不绝。

［分布］　原产于印度尼西亚、爪哇。中国华南各省多有栽培，在长江流域及华北有盆栽。

［习性］　喜阳光充分、暖热多湿气候及肥沃富含腐殖质而排水良好的微酸性砂质壤土。不耐寒，根肉质，怕积水。

(2)含笑[含笑梅、山节子]　Michelia figo(Lour.) Spreng.(M. fuscata Blume)(图 76)

图 76　含　笑

［形态］　灌木或小乔木，高 2～5m。分枝紧密，

小枝有锈褐色茸毛。叶革质，倒卵状椭圆形，长 4～10cm，宽 2～4cm；叶柄极短，长仅 4mm，密被粗毛。花直立，淡黄色而瓣缘常晕紫，香味似香蕉味，花径 2～3cm。蓇葖果卵圆形，先端呈鸟嘴状，外有疣点。花期 3～4 月。

［分布］　原产于我国华南山坡杂木林中。现在从华南至长江流域各省均有栽培。

［习性］　喜弱阴，不耐暴晒和干燥，否则叶易变黄，喜暖热多湿气候及酸性土壤，不耐石灰质土壤。有一定耐寒力，在－13℃左右之低温下虽然会掉落叶子，但却不会冻死。

［繁殖栽培］　可用播种、分株、压条和扦插法繁殖。

［观赏特性及用途］　本种亦为著名芳香花木，适于在小游园、花园、公园或街道上成丛种植，可配植于草坪边缘或稀疏林丛之下。使游人在休息之中常得到芳香气味的享受。

3. 鹅掌楸属　Liriodendron L.

落叶乔木。冬芽外被 2 芽鳞状托叶。叶马褂形，叶端平截或微凹，两侧各具 1～2 裂；托叶痕不延至叶柄。花两性，单生枝顶；萼片 8；花瓣 6；雄蕊心皮多数，覆瓦状排列于纺锤状花托上；胚珠 2。聚合果纺锤形，由具翅小坚果组成。

本属在新生代有 10 余种，广布于北半球，第四纪冰期后大部分灭绝，现仅存 2 种：中国 1 种，北美 1 种。

鹅掌楸（马褂木）　Liriodendron chinense （Hemsl.）Sarg.（L. tulipifera var. chinense Hemsl.）（图 77）

［形态］　乔木。高 40m，胸径 1m 以上，树冠圆锥状。一年生枝灰色或灰褐色。叶马褂形，长 12～15cm，各边 1 裂，向中腰部缩入，老叶背部有白色乳状突点。花黄绿色；花瓣长 3～4cm，花丝短，约 0.5cm。聚合果，长 7～9cm，翅状小坚果，先端钝或钝尖。花期 5～6 月；果 10 月成熟。

［分布］　我国浙江、江苏、安徽、江西、湖南、湖北、四川、贵州、广西、云南等省均有。越南北部也有。

［习性］　自然分布于长江以南各省山区，大体在海拔 500～1 700m 间与各种阔叶、落叶或阔叶常绿树混生。性喜光及温和湿润气候，有一定的耐寒性，可经受－15℃

图 77　鹅掌楸

1. 花枝　2. 雄蕊　3. 果　4. 具翅小坚果

低温而完全不受伤害。在北京地区小气候良好的条件下可露地过冬。喜深厚肥沃、适湿而排水良好的酸性或微酸性土壤(pH4.5～6.5),在干旱土地上生长不良,也忌低湿水涝。生长速度快,在长江流域适宜地点1年生苗可达40cm,10～15年可开花结实,20年生者高达20m左右,胸径约30cm。本树种对空气中的SO_2气体有中等的抗性。

[繁殖栽培] 多用种子繁殖,但发芽率较低,约为10%～20%。据经验,在孤植树上采种者发芽率更低,只有0%～6%,而在群植的树上采种者,可达20%～35%左右。发芽率低的原因主要是受精不良,因为在花未开放时雌蕊已成熟,待开放后已过熟,故若行人工授粉则可提高种子发芽率达70%以上。在10月份,果实呈褐色时即可采收,先在室内阴干1周,然后在阳光下晒裂,清整种子后行干藏但最好是采后即播,每千克种子9 000～12 000粒。春播于高床上,覆盖稻草防干,约经20余日可出土,幼苗期最好适当遮荫。当年苗高可达30余cm,三年生苗高1.5m。暖地可于落叶后秋插,较寒冷地区可行春季扦插,以1～2年生枝条做插穗行硬材扦插,成活率可达80%以上。亦可行软材扦插及压条法繁殖。本树不耐移植,故移栽后应加强养护。一般不行修剪,如需轻度修剪时应在晚夏,暖地可在初冬。本树具有一定的萌芽力,可行萌芽更新。

[观赏特性及用途] 树形端正,叶形奇特,是优美的庭荫树和行道树种。花淡黄绿色,美而不艳,最宜植于园林中的安静休息区的草坪上。秋叶呈黄色,很美丽。可独栽或群植,在江南自然风景区中可与木荷、山核桃、板栗等行混交林式种植。木材淡红色,材质细致,软而轻,不易干裂或变形,可供建筑、家具及细工用。叶及树皮可入药,主治风湿症。

4. 五味子属 Schizandra Michx.

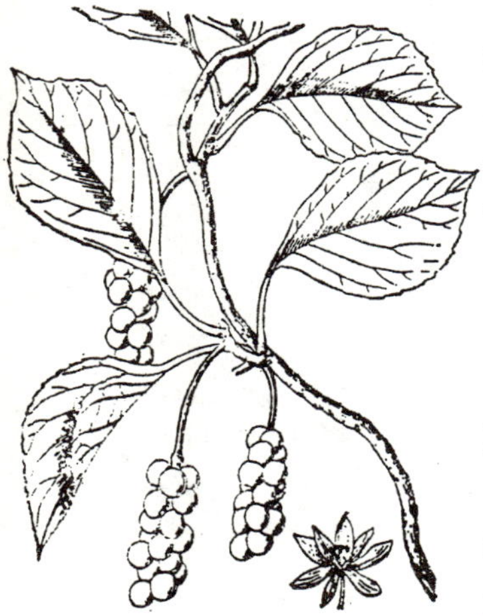

图78 五味子

落叶或常绿藤本。芽有数枚覆瓦状鳞片。雌雄异株。花数朵腋生于当年嫩枝;萼片及花瓣不易区分,共7～12枚;雄蕊5～15,略连合;心皮多数,在花内呈密覆瓦状排列,各发育成浆果而排列于伸长之花托上,形成下垂的穗状。

本属共约25种,产于亚洲东南部及美国东南部。中国约有19种。

五味子(北五味子) Schisandra chinensis(Turcz.) Baill.(图78)

[形态] 落叶藤本。长达8m,树皮褐色;小枝无毛,稍有棱。叶互生,倒卵形或椭圆形,长5～10cm,先端急尖或渐尖,基部楔形,叶缘疏生细齿,叶表有光泽,叶背淡绿色,叶柄 及叶脉常带红色;网脉在叶表下凹,在叶背凸起。花单性异株,乳白或带粉红色,芳香,径约1.5cm;雄蕊5

枚。浆果球形，熟时深红色，聚合成下垂之穗状。花期5～6月；果8～9月成熟。

［分布］　产于我国东北、华北及湖北、湖南、江西、四川等省。朝鲜、日本、苏联亦有分布。

［习性］　喜光、耐半阴，耐寒性强；喜适当湿润而排水良好的土壤；在自然界常缠绕他树而生，多生于山之阴坡。

［繁殖栽培］　用播种、压条或扦插法繁殖，颇易生根。

［观赏特性及用途］　因果实成串，鲜红而美丽，故可作庭园观果树种，也可盆栽供观赏。果肉甘酸，种子辛苦而略有咸味，五味俱全故名"五味子"。果实入药，治肺虚喘咳、泄痢、盗汗等。

二十一、腊梅科　CALYCANTHACEAE

落叶或常绿灌木。单叶对生，全缘，羽状脉，无托叶。花两性，单生，芳香，花被片多数，无萼片、花瓣之分，螺旋状排列，雄蕊5～30，心皮离生多数，着生于杯状花托内，胚珠1～2。花托发育为坛状果托，小瘦果着生其中，种子无胚乳，子叶旋卷。

共3属7种，产于东亚和北美。我国产2属5种，均为观赏花木。

腊梅属　Chimonanthus Lindl.

灌木。鳞芽。花黄色，远在叶前（冬季或早春）开花，雄蕊5～6，果托坛状。

共3种，我国特产。

腊梅　Chimonanthus praecox (L.) Link（图79）

［形态］　落叶灌木。暖地半常绿，高达3m。小枝近方形。叶卵状披针形或卵状椭圆形，长7～15cm，先端渐尖，基部圆形或广楔形，表面粗糙，背面光滑无毛，半革质。花单生，径约2.5cm，花被外轮腊质黄色，中轮带紫色条纹，具浓香，远在叶前（自初冬至早春）开花。瘦果种子状，为坛状果托所包。8月果熟。

［分布］　原产于我国中部湖北、陕西等省。在北京以南各地庭园中广泛栽培，河南鄢陵为腊梅苗木的传统生产中心。

图79　腊　梅

［习性］　喜光，但也略耐阴；较耐寒，在北京小气候条件良好处可露地栽培。较耐干旱，忌水湿，喜深厚而排水良好的轻壤土。

［繁殖栽培］　主要是以实生苗（狗蝇梅）为砧木进行切接或靠接。

［观赏特性及用途］ 花开于寒月早春，为冬季观花佳品，深受群众喜爱。配植于公园、窗前、绿地及庭园之斜坡、水边都很适宜。茎、根可入药。

二十二、樟科 LAURACEAE

乔木或灌木。具油细胞，有香气。单叶互生，罕对生或簇生，全缘，罕有裂；无托叶。花小，两性或单性，成伞形、总状或圆锥花序；花各部多为3基数、花被片常为6，2轮；雄蕊3～4轮，每轮3，第4轮雄蕊退化，花药瓣裂；单雌蕊，子房上位，1室1胚珠。核果或浆果；种子无胚乳。

约45属，近2 000种，主产于东南亚、巴西。我国产20属，近400种，主要分布在长江以南各地区。

分属检索表

1. 圆锥花序，花两性，叶常绿
   2. 花被片脱落，果生于肥厚果托上 ……………………… 1. 樟属 **Cinnamomum**
   2. 花被片宿存，裂片厚而短，直立或紧抱果实基部 ………… 2. 楠木属 **Phoebe**
1. 伞形花序，雌雄异株，叶常绿或落叶
   3. 花被片6，发育雄蕊9，叶常绿或落叶 …………………… 3. 胡椒属 **Lindera**
   3. 花被片4，发育雄蕊12，常绿 ……………………………… 4. 月桂属 **Laurus**

1. 樟属 Cinnamomum Bl.

常绿乔木或灌木。叶通常互生，罕对生，全缘，三出脉，离基三出脉或羽状脉，脉腋常有腺体。圆锥花序，花两性，稀单性，花被裂片早落。浆果状核果，基部有厚萼筒形成之盘状果托。

共约250余种，我国约产50种。

分种检索表

1. 叶互生，脉腋有腺体
   2. 羽状脉，稀离基三出脉，叶背苍白色 …………… (2)云南樟 **C. glanduliferum**
   2. 离基三出脉，背面灰绿色 …………………………… (1)樟树 **C. camphora**
1. 叶互生或近对生，脉腋无腺体
   3. 小枝无毛；叶互生，三出脉在叶表面隆起 ……… (3)浙江樟 **C. chekiangense**
   3. 小枝密被毛，叶对生；三出脉在表面凹下 ……………… (4)肉桂 **C. cassia**

(1)樟树(香樟) **Cinnamomum camphora** (L.) Presl.(图80)

［形态］ 乔木。高20～30m，最高可达50m，胸径4～5m，树冠卵球形。树皮灰褐色，纵裂。叶互生，卵状椭圆形，长5～8cm，薄革质，离基三出脉，脉腋有腺体，背面灰绿色，

无毛。圆锥花序腋生于新枝，花被淡黄绿色，6裂。核果球形，径约0.6cm，熟时紫黑色，果托盘状。花期在5月；9～11月果熟。

［分布］　大体以我国长江为北界，南至广东、广西及西南，而以福建、台湾、浙江、江西等东南沿海省份最多。日本也有分布。

［习性］　喜光，稍耐阴；喜暖热湿润气候，耐寒性不强；喜深厚、肥沃而湿润的黏质土，在地下水位较高的潮湿地亦可生长。能耐短期水淹，不耐干旱瘠薄。

［繁殖栽培］　可用播种、软材扦插及分栽根蘖法繁殖。

［观赏特性及用途］　树姿雄伟，冠大荫浓，是城市绿化的良好树种，广泛用作庭荫树、行道树、防护林及风景林，孤植、丛植或群植都很合适。全树各部均可提制樟脑及樟油。

图80　樟　树

1. 果枝　2. 花枝　3. 花　4. 第1、2轮雄蕊　5. 第3轮雄蕊　6. 退化雄蕊　7. 雌蕊　8. 果纵剖面

(2)云南樟（臭樟）　Cinnamomum glanduliferum (Wall.) Nees.

羽状脉，脉腋有腺体，有毛，革质。

(3)浙江樟　Cinnamomum chekiangense Nakai.

小枝无毛，脉腋无腺体，三出脉在叶表面隆起。

(4)肉桂　Cinnamomum cassia Presl.

小枝密被毛，脉腋无腺体，三出脉在叶表面凹下。

2. 楠木属　Phoebe Nees

常绿乔木或灌木。叶互生，羽状脉，全缘。花两性或杂性，圆锥花序；花被片6，短而厚，宿存，直立或紧抱果实基部。果卵形或椭球形。

共约80种，中国约有30种。多为珍贵用材树种。

楠木（桢楠）　Phoebe zhennan S. Lee et F. N. Wei

［形态］　常绿乔木，高达30m，胸径1.5m。树干通直；小枝有柔毛。叶椭圆形至长椭圆形，少为披针形或倒披针形，长7～11cm，宽2.5～4cm，先端渐尖，基部楔形，背面密被柔毛，侧脉每边8～13条，横脉及小脉在背面不明显；叶柄长1.2～2cm。花序长7.5～12cm。果卵形或椭球形，径6～7mm。花期4～5月；果9～10月成熟。

［分布］ 产于我国贵州东北部、西部及四川盆地西部；多见于海拔 1 000m 以下的阔叶林中。

［习性］ 中性树种，幼时耐阴性较强，喜温暖湿润气候及肥沃、湿润而排水良好的中性或微酸性土壤。生长速度缓慢，寿命长。深根性，有较强的萌蘖力。

［繁殖栽培］ 播种繁殖，种子成熟后宜随即播种，若翌年春播则需沙藏越冬。一年生苗高约 30cm。楠木愈伤速度较慢，故一般不行剪枝，以免引起病害。

［观赏特性及用途］ 本种树干高大端直，树冠雄伟，宜作庭荫树及风景树用，在产区园林及寺庙中常见栽培。木材坚硬致密，淡黄褐色，有香气，纹理直，不翘不裂，耐腐朽，是珍贵的建筑及高级家具用材。

3. 胡椒属 Lindera Thunb.

分种检索表

1. 常绿小乔木，叶椭圆形；羽状脉，果红色 ……………… (1)香叶树 **L. communis**

1. 落叶乔木或灌木

  2. 叶全缘，羽状脉；果熟时黑色 …………………………… (2)山胡椒 **L. glauca**

  2. 叶 3 裂，三出脉；果熟时暗红色或黑色 ………… (3)三丫乌药 **L. obtusiloba**

(1)香叶树（香果树，香油果） Lindera communis Hemsl.

常绿小乔木。羽状脉，果红色。

(2)山胡椒（牛筋树） Lindera glauca (Sieb. et Zucc.)Bl.

落叶灌木或小乔木。叶脉羽状全缘。果黑色。

(3)三丫乌药 Lindera obtusiloba Bl.

叶为基部三出脉，通常明显 3 裂，果红色或黑色。

4. 月桂属 Laurus L.

常绿小乔木。叶互生，羽状脉。花雌雄异株或两性，伞形花序呈球形，具 4 枚总苞片；花被片 4，发育雄蕊常为 12，花药 2 室。果卵球形，有宿存花被筒。

共 2 种，产于大西洋加拿利群岛、马德拉岛及地中海沿岸地区。我国引入栽培 1 种。

月桂 Laurus nobilis L.（图 81）

［形态］ 常绿小乔木。高可达 12m；树冠卵形。小枝绿色。叶长椭圆形至广披针形，长 4～10cm，先端渐尖，基部楔形，全缘，常呈波状，表面

图 81 月 桂

暗绿色，有光泽，背面淡绿色，革质，揉碎有醇香；叶柄带紫色。花小，黄色，成聚伞状花序簇生于叶腋，4月开放；核果椭圆形，9～10月成熟，黑色或暗紫色。

［分布］ 原产于地中海一带。我国浙江、江苏、福建、台湾、四川、云南等省有引种栽培。上海、南京一带常见栽作庭园绿化树种。

［习性］ 喜光，稍耐阴；喜温暖湿润气候及疏松肥沃的土壤，对土壤酸碱度要求不严，在酸性、中性及微碱性土上均能适应；耐干旱，并有一定耐寒能力，短期－8℃低温不受冻害。萌芽力强。

［繁殖栽培］ 繁殖可用扦插、播种等法。扦插可于3月中下旬采去年生枝插，亦可在6～7月间用软枝插，均以带踵插为好。播种法于9月采种，不需处理，带果皮阴干后沙藏，翌年春播。小苗移栽要多留宿土，大苗需带土球，在3月中旬至4月上旬进行。

［观赏特性及用途］ 本种树形圆整，枝叶茂密，四季常青，春天又有黄花缀满枝间，颇为美丽，是良好的庭园绿化树种。孤植、丛植于草坪，列植于路旁、墙边，或对植于门旁都很合适。叶有芳香，用作罐头矫味剂。种子可榨油；树皮、叶、果实均可入药。

二十三、虎耳草科　SAXIFRAGACEAE

草本、灌木或小乔木。叶互生或对生。单叶，罕复叶；通常无托叶。花两性，罕单性，整齐，罕不整齐；萼片4～5，花瓣4～5；雄蕊与花瓣同数并与其互生，或为其倍数，心皮2～5，全部或部分合生，罕离生；子房上位至下位，中轴胎座或侧膜胎座，1～2室，罕5室；胚珠多数。蒴果或浆果；种子小，有翅，具胚乳。

共80属，约1 500种。我国产27属，约400种。

分属检索表

1. 叶对生，蒴果
  2. 花同型，均发育
    3. 萼片、花瓣均为4；雄蕊多数，植物体通常无星状毛……………………………………………………………………………… 1. 山梅花属 **Philadelphus**
    3. 萼片、花瓣均为5，雄蕊10，植物体有星状毛…………… 2. 溲疏属 **Deutzia**
  2. 花二型，可孕花小，不孕花大，并常在花序边缘 …… 3. 八仙花属 **Hydrangea**
1. 叶互生，浆果 ………………………………………… 4. 茶藨子属 **Ribes**

1. 山梅花属　Philadelphus L.

落叶灌木。枝具白色髓心，皮通常剥落。单叶对生，基部3～5主脉，全缘或有齿，无托叶。花白色，常成总状花序，或聚伞状，稀为圆锥状；萼片、花瓣各4，雄蕊20～40，子房下位或半下位，4室。蒴果，常4瓣裂。种子细小而多。

共约 100 种，产北温带。我国约产 15 种，多为美丽芳香的观赏植物。

分种检索表

1. 萼外面无毛，叶背无毛或仅近基部有毛
 2. 叶通常两面均无毛，或幼叶背脉腋有毛，叶柄常带紫色；花淡黄白色 ……………………………………………………………… (1)太平花 **P. pekinensis**
 2. 叶背脉腋有毛，有时脉上有毛；花雪白色 …… (2)西洋山梅花 **P. coronarius**
1. 萼外面有毛，叶背密生灰色柔毛 ……………………… (3)山梅花 **P. incanus**

(1)太平花(京山梅花)　Philadelphus pekinensis Rupr.(图 82)

图 82　太平花

[形态]　丛生灌木。高达 2m，树皮栗褐色，薄片状剥落；小枝光滑无毛，常带紫褐色。叶卵状椭圆形，长 3～6cm，基部 3 主脉，先端稍带紫色。花 5～9 朵或成总状花序，花乳白色，径 2～3cm，微有香气，萼外面无毛，内面沿边有短毛。蒴果陀螺形。花期在 6 月；8～9 月果熟。

[变种、变型及品种]

①毛太平花(var. brachybotrys Koehne)

②毛萼太平花(var. dascalyx Rehd.)

[分布]　产于我国北部及中部；各地庭园常有栽培。朝鲜也有分布。

[习性]　喜光，耐寒；多生于肥沃湿润的山区或溪沟两侧排水良好处，也能生长在向阳的干瘠土地上，不耐积水。

[繁殖栽培]　可用播种、分蘖、压条、扦插等法繁殖。

[观赏特性及用途]　花乳白而清香，多朵聚集，颇为美丽。宜丛植于草地、林缘、园路转角和建筑物前，也可作为自然式花篱或大型花坛的中心栽植材料。

(2)西洋山梅花　Philadelphus coronarius L.

萼外面无毛，叶背脉腋有毛，花雪白，叶 3～5 脉。

(3)山梅花　Philadelphus incanus Koehne

萼外面有毛，叶三出脉，叶背密生灰色柔毛，脉上较多。

2. 溲疏属　Deutzia Thunb.

落叶灌木，稀常绿，通常有星状毛。小枝中空。叶对生，有锯齿，无托叶。萼片，花瓣各为 5，雄蕊 10 或更多，花丝顶端常有 2 尖齿。蒴果 3～5 瓣裂，具多数细小种子。

共约 100 种，产于北温带。我国约产 50 种，西南部最多。

分种检索表

1. 花瓣在芽内镊合状
   2. 圆锥花序 ………………………………………………………… (2)溲疏 **D. scabra**
   2. 花 1～3 朵聚伞状 ……………………………………… (1)大花溲疏 **D. grandiflora**
1. 花瓣在芽内覆瓦状,伞房花序 ……………………………… (3)小花溲疏 **D. parviflora**

(1)大花溲疏 Deutzia grandiflora Bunge(图 83)

[形态] 灌木。高达 2m;树皮通常灰褐色。叶卵形,长 2.5～5cm,先端急尖或短渐尖,基部圆形,缘有小齿,表面散生星状毛,背面密被白色星状毛。花白色,较大,径 2.5～3cm,1～3 朵聚伞状,雄蕊 10,花丝端部两侧具钩状齿牙,花柱 3,长于雄蕊,萼片线状披针形,比花托长。花期 4～5 月;6 月果熟。

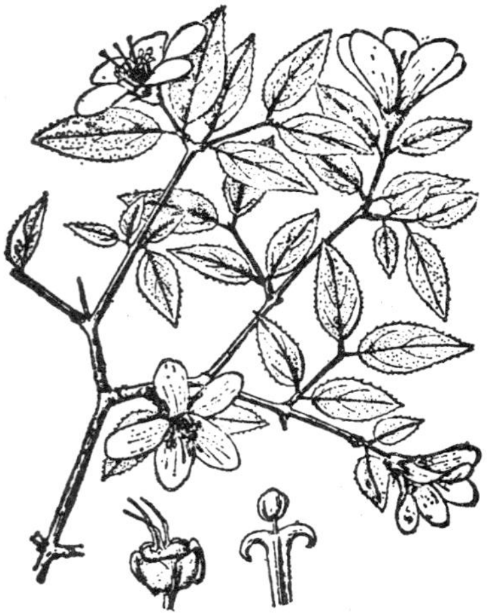

图 83 大花溲疏

[分布] 产于我国湖北、河北、陕西、山东、内蒙古、辽宁等省区。朝鲜也有分布。多生于丘陵或低山坡灌木丛中。

[习性] 喜光,稍耐阴;耐寒,耐旱;对土壤要求不严。

[繁殖栽培] 可用播种、分株法繁殖。

[观赏特性及用途] 花大而开花早,宜植于庭园观赏;也可作为山坡地水土保持树种。

(2)溲疏 Deutzia scabra Thunb.

灌木。圆锥花序,花瓣在芽内镊合状。

(3)小花溲疏 Deutzia parviflora Bunge

灌木。伞房花序,花白色,较小多。

3. 八仙花属 Hydrangea L.

落叶乔木,罕藤本。树皮片状脱落,枝通常具白色或黄色大髓。叶对生,常具齿,罕有裂;无托叶。花两性,萼片和花瓣各为 4～5,雄蕊 8～20,通常 10;子房下位或半上位,花柱 2～5,较短。花序边缘常具大形不育花。蒴果;种子多而细小。

共约 85 种,我国约产 43 种。

分种检索表

1. 伞房花序,扁平或半球形
   2. 可育性花蓝色或水红色;叶近光滑无毛 ………… (1)八仙花 **H. macrophylla**
   2. 可育性花白色;叶背密生柔毛 ……………… (2)东陵八仙花 **H. bretschneideri**

1. 圆锥花序 ……………………………………… (3)圆锥八仙花 **H. paniculata**

图 84　八仙花

(1)八仙花(绣球花)　Hydrangea macrophylla (Thunb.) Seringe(图 84)

[形态]　灌木。小枝粗壮,无毛,皮孔明显。叶大而有光泽,倒卵形或椭圆形,长 7～20cm,缘有粗锯齿,两面无毛或背脉有毛。顶生伞房花序近球形,径可达 20cm,几乎全部为不育花,扩大的萼片全缘,卵圆形,粉红色,蓝色或白色,极美丽。花期 6～7 月。

[分布]　我国各地庭园常见栽培。

[习性]　喜阴,喜温暖气候,耐寒性不强。华北地区多盆栽,于温室越冬。喜湿润,喜富含腐殖质而排水良好的轻壤土。

[繁殖栽培]　可用扦插、压条、分株法。

[观赏特性及用途]　花球大而美丽,是极好的观赏花木。宜配植于疏林下、棚架边或林荫路旁;盆栽则可作室内布置用。花干后可入药。

(2)东陵八仙花　Hydrangea bretschneideri Dippel.

灌木。叶背密生柔毛,伞房花序。

(3)圆锥八仙花　Hydrangea paniculata Sieb.

灌木。叶背有刚毛,圆锥花序。

4. 茶藨子属　Ribes L.

落叶灌木,罕常绿。枝无刺或有刺。单叶互生或簇生,常掌状裂,具长柄;无托叶。花两性或单性异株,总状花序或簇生,罕单生;花 4～5 基数,花萼管状,6～5 裂,花瓣小或无;雄蕊与萼片同数且与其对生,子房下位,1 室,胚珠多数,花柱 2。浆果球形,常有宿存的花萼;种子多数,有胚乳。

约 200 种,我国产 45 种。

图 85　东北茶藨子

(1)东北茶藨子　Ribes mandshurica (Maxim.)Kom.(图 85)

[形态]　落叶灌木。高 2m;枝皮褐色。叶掌状 3 裂,长 5～10cm,先端尖,基部心形,缘有尖齿,表面散生细毛,背面密生白色绒毛。总状花序长 2.5～10cm(20cm),初直立,后下垂,花多为 40 朵,黄绿色,萼裂片 5,反卷,花瓣短小,花托短。浆果球形,径 7～

9mm，红色。花期5～6月；果7～8月成熟。

［分布］ 产于我国东北及河北、山西、河南、陕西、甘肃等省。朝鲜、原苏联亦有分布。多生于山坡或山谷的林下。

［习性］ 喜光，稍耐阴；耐寒性强，怕热。

［繁殖栽培］ 可用播种、分株、压条等法繁殖。

［观赏特性及用途］ 夏季球红果颇为美丽，叶尤其美观，宜在北方自然风景区或森林公园配植。果可食。果味酸，可制果酱，酿酒。

图86　刺果茶藨子

（2）刺果茶藨子　Ribes burejense Fr.'Schmidt'（图86）

［形态］ 落叶灌木。小枝灰黄色，密生刺。叶近圆形，掌状3～5裂。两面有毛，叶柄疏生腺毛。花1～2朵腋生，较大，红褐色，花萼、花瓣各为5，子房有刺和毛。浆果红色，具黄褐色长刺和宿存萼片。花期5～6月；果7～8月成熟。

二十四、海桐科　PITTOSPORACEAE

乔木或灌木。单叶互生；无托叶。花两性，整齐，萼片、花瓣、雄蕊均为5；雌蕊由2或3～5心皮合生而成，子房上位，花柱单一。蒴果或浆果状；种子通常多数，生于黏质的果肉中。

约9属200余种，广布于东半球的热带、亚热带地区。我国产1属，约34种。

图87　海　桐

海桐属　Pittosporum Banks

常绿灌木或乔木。单叶互生，有时轮生状，全缘或具波状齿。花较小，单生或顶生圆锥或伞房花序，花瓣离生或基部相连；子房2室。蒴果，具2至多数种子，种子藏于红色黏质果肉内。

共约160种。我国产1属，约34种。

海桐　P. tobira（Thunb.）Ait.（图87）

［形态］ 常绿灌木。高2～6m，树冠圆球形。叶革质，倒卵状椭圆形，长5～12 cm，先端圆钝，基部楔形，边缘反曲，全缘，无毛，表面深绿而有光泽。顶生伞房花序，花白色或淡黄绿

色，径约 1 cm，芳香。蒴果卵形，长 1～1.5 cm，有棱角，熟时 3 瓣裂，种子鲜红色。花期在 3 月，10 月果熟。

［分布］ 原产于我国江苏、浙江、福建、广东等省。朝鲜、日本也有分布。

［习性］ 喜光，略耐阴；喜温暖湿润气候及肥沃湿润土壤，耐寒性不强。

［繁殖栽培］ 可用播种法，扦插也易成活。

［观赏特性及用途］ 枝叶茂密，叶色浓绿而有光泽，是南方庭园常见的绿化观赏树。通常用作房屋基础种植及绿篱材料，孤植或丛植于草地边缘或林缘也很合适。

二十五、金缕梅科 HAMAMELIDACEAE

乔木或灌木。单叶互生，罕对生；常有托叶。花较小，单性或两性，成头状、穗状或总状花序；萼片、花瓣、雄蕊通常均为 4～5，有时无花瓣；雌蕊由 2 心皮合成，子房通常下位或半下位，2 室，花柱 2，分离，中柱胎座。蒴果木质，2(4)裂。

约 27 属 140 种，主产于东南亚和亚热带区。我国产 17 属，约 76 种。

分属检索表

1. 花无花冠
  2. 落叶性，掌状叶脉，叶有分裂；头状花序 …………… 1. 枫香属 **Liquidambar**
  2. 常绿性，羽状叶脉，叶不分裂；总状花序 ……………… 2. 蚊母树属 **Distylium**
1. 花有花冠；羽状叶脉
  3. 花簇生或呈头状花序；花瓣 4，长条形
    4. 叶较大，长 7～14cm；萼裂显著，花药 2 室，药隔不突出 ………………………………………………………… 3. 金缕梅属 **Hamamelis**
    4. 叶较小，长不足 6cm；萼裂不显，花药 4 室，药隔突出呈尖头状 ………………………………………………………… 4. 檵木属 **Loropetalum**
  3. 总状花序；花瓣 5，较宽而有爪；蒴果端钝，无皮孔 …… 5. 蜡瓣花属 **Corylopsis**

1. 枫香属 Liquidambar L.

落叶乔木。树液芳香。叶互生，3～5 掌状裂，有齿，托叶线形，早落。花单性同株，无花瓣，雄花无花被，头状花序常数个排成总状，花间有小鳞片混生；雌花长有数枚刺状萼片，头状花序单生，子房半下位，2 室，每室具数胚珠。果序球形，蒴果木质，具宿存花柱；果内有 1～2 枚有翅的发育种子，其余多数为无翅的不发育种子。

共 6 种，产于北美及亚洲。我国产 2 种。

枫香（枫树） L. farmosana Hance（图 88）

［形态］ 乔木。高达 40 m，胸径 1.5 m，树冠广卵形或略扁平。叶常 3 裂，长 6～12

cm，基部心形或截形，裂片先端尖，缘有锯齿，幼叶有毛，后渐脱落。果序较大，径 3～4 cm，宿存花柱长达 1.5 cm；刺状萼片宿存。花期 3～4 月；10 月果成熟。

［分布］ 产于我国长江流域及其以南各省；垂直分布一般在海拔 1 000～1 500 m 以下。日本也有分布。

［习性］ 喜光，幼树稍耐阴；喜温暖湿润气候及深厚湿润土壤，也耐干旱瘠薄，但较不耐水湿。

［繁殖栽培］ 用播种、扦插或压条法繁殖。

［观赏特性及用途］ 树干通直，树冠宽大。入秋叶色红色，是南方著名的秋色叶树种。在我国南方低山、丘陵营造风景林很合适。也可在园林中作庭荫树，最宜与常绿树丛配合种植。枫香的根、叶、果均可入药。

图 88　枫　香

2. 蚊母树属　Distylium Sieb. et Zucc.

常绿乔木或灌木。单叶互生，全缘，稀有齿，羽状脉；托叶早落。花单性或杂性，成腋生总状花序，花小而无花瓣，萼片 1～5，或无，雄蕊 2～8；子房上位，2 室，花柱 2，自基部离生。蒴果木质，每室具 1 种子。

共 8 种，中国产 4 种。

蚊母树　Distylium racemosum Sieb. et Zucc.（图 89）

［形态］ 常绿乔木。高可达 25m，栽培时常呈灌木状；树冠开展，呈球形。小枝略呈"之"字形曲折，嫩枝端具星状鳞毛；顶芽歪桃形，暗褐色。叶倒卵状长椭圆形，长 3～7cm，先端钝或稍圆，全缘，厚革质，光滑无毛，侧脉 5～6 对，在表面不显著，在背面略隆起。总状花序长约 2cm，花药红色。蒴果卵形，长约 1cm，密生星状毛，顶端有 2 宿存花柱。花期 4 月；果 9 月成熟。

［分布］ 产于我国广东、福建、台湾、浙江等省，多生于海拔 100～300m 之丘陵地带。日本也有分布。长江流域城市园林中常有栽培。

［习性］ 喜光，稍耐阴，喜温暖湿润气候，耐寒性不强；对土壤要求不严，酸性、中性土壤均能适应，尤以排水良好而肥沃、湿润土壤为最好。萌芽、发枝力强，耐修剪。对烟

图 89　蚊母树

尘及多种有毒气体抗性很强，能适应城市环境。

［繁殖栽培］　可用播种和扦插法繁殖。播种在 9 月采收果实，日晒脱粒，净种后干藏，至翌年 2～3 月播种，发芽率 70%～80%。扦插在 3 月用硬枝踵状插，也可在梅雨季用嫩枝踵状插。移植在 10 月中旬至 11 月下旬，或 2 月下旬至 4 月上旬进行，需带土球。栽后适当疏去枝叶，可保证成活。蚊母树一般病虫害较少，但若种在潮湿阴暗和不透风处，易遭介壳虫危害。

［观赏特性及用途］　蚊母树枝叶密集，树形整齐，叶色浓绿，经冬不凋，春日开细小红花也颇美丽，加之抗性强、防尘及隔音效果好，是理想的城市及工矿区绿化及观赏树种。植于路旁、庭前草坪上及大树下都很合适；成丛、成片栽植作为分隔空间或作为其他花木之背景效果亦佳。若修剪成球形，宜于门旁对植或作基础种植材料。亦可栽作绿篱和防护林带。木材坚硬致密，可供建筑、家具及雕刻等用；树皮含单宁，可提制栲胶。

3. 金缕梅属　Hamamelis L.

落叶灌木或小乔木；有星状毛。裸芽，有柄。叶互生，有波状齿；托叶大而早落。花两性，数朵簇生于叶腋；花瓣 4，长条形，花萼 4 裂；雄蕊 4，有短花丝，与鳞片状退化雄蕊互生，花药 2 室，药隔不突出；花柱短，分离。蒴果 2 瓣裂，每瓣又 2 浅裂，花萼宿存。

约 6～8 种，产于北美和东亚。中国产 2 种。本属树种多于早春开花，颇为美丽，且秋叶常变黄色或红色，故常植为庭园观赏树。

图 90　金缕梅

金缕梅　Hamamelis mollis Oliv.（图 90）

［形态］　落叶灌木或小乔木，高可达 9m。幼枝密生星状绒毛；裸芽有柄。叶倒卵圆形，长 8～15cm，先端急尖，基部歪心形，缘有波状齿，表面略粗糙，背面密生绒毛。花瓣 4 片，狭长带，长 1.5～2cm，淡黄色，基部带红色，芳香；萼背有锈色绒毛。蒴果卵球形，长约

1.2cm。2～3月叶前开花；果10月成熟。

［分布］ 产于我国安徽、浙江、江西、湖北、湖南、广西等省区，多生于山地次生林中。

［习性］ 喜光，耐半阴，喜温暖湿润气候，但畏炎热，有一定的耐寒力；对土壤要求不严，在酸性、中性土以及山坡、平原均能适应，而以排水良好之湿润而富含腐殖质的土壤最好。

［繁殖栽培］ 主要用播种繁殖，也可用压条和嫁接法繁殖。在10月采种，暴晒脱粒，净种后随即播种，或干藏至翌年1月条播，但最迟不逾2月，若迟至3月播种，往往隔年才能发芽。幼苗出土后要搭棚遮荫。压条在秋季进行，翌春即可割离母株。嫁接于2～4月进行，可用野生树之根作砧木进行根接；其优良品种可接在实生苗上。移栽应在10～11月进行，这样不致影响早春开花。大树移栽只要带土球，不难成活。

［观赏特性及用途］ 本种花形奇特，具有芳香，早春先叶开放，黄色细长花瓣宛如金缕，缀满枝头，十分惹人喜爱。国内外庭园常有栽培，并有一些好品种出现，是著名观赏花木之一。在庭院角隅、池边、溪畔、山石间及树丛外缘配植都很合适。此外，花枝可作切花瓶插材料。如欲催花，则于12月至翌年1月间将枝条剪下瓶插于20℃左右温室中，约经10～20天即可开花。

4. 檵木属　Loropetalum R. Br.

常绿灌木或小乔木，有锈色星状毛。叶互生，较小，全缘。花两性，头状花序顶生；萼筒与子房愈合，有不显之4裂片；花瓣4，带状线形；雄蕊4，药隔伸出如刺状；子房半下位。蒴果木质，熟时2瓣裂，每瓣又2浅裂，具2黑色有光泽的种子。

约4种，分布于东亚之亚热带地区。中国有3种。

图91　檵　木

檵木（檵花）　Lorpetalum chinense（R. Br.）Oliv.（图91）

［形态］ 常绿灌木或小乔木，高4～9(12)m。小枝、嫩叶及花萼均有锈色星状短柔毛。叶卵形或椭圆形，长2～5cm，基部歪圆形，先端锐尖，全缘，背面密生星状柔毛。花瓣带状线形，浅黄白色，长1～2cm，苞片线形；花3～8朵簇生于小枝端。蒴果褐色，近卵形，长约1cm，有星状毛。花期5月；果8月成熟。

［分布］ 产于我国长江中下游及其以南、北回归线以北地区。印度北部也有分布。多生于山野及丘陵灌丛中。

［习性］ 耐半阴，喜温暖气候及酸性土壤，适应性较强。

［繁殖栽培］ 可用播种或嫁接法（可嫁接在金缕梅属植物上）繁殖。

［观赏特性及用途］ 本种花繁密而显著，初夏开花如覆雪，颇为美丽。丛植于草地、林缘或与石山相配合都很合适，也可用作风景林之下木。其变种红檵木（var. rubrum Yieh）叶暗紫，花也紫红色，更宜植于庭园观赏。檵木之根、叶、花、果均可药用，能解热、止血、通经活络；木材坚实耐用；枝叶可提制栲胶。

5. 蜡瓣花属 Corylopsis Sieb. et Zucc.

落叶灌木。单叶互生，有锯齿；具托叶。花两性，先叶开放，黄色，成下垂之总状花序，基部有数枚大形鞘状苞片；花瓣 5，宽而有爪；雄蕊 5，子房半上位。蒴果木质，2 或 4 瓣裂，内有 2 黑色种子。

约 30 种，主产东亚。中国有 20 种，产于西南部至东南部。

蜡瓣花（中华蜡瓣花） Corylopsis sinensis Hemsl.（图 92）

图 92 蜡瓣花

［形态］ 落叶灌木或小乔木，高 2～5m。小枝密被短柔毛。叶倒卵形至倒卵状椭圆形，长 5～9cm，先端短尖或稍钝，基部歪心形，缘具锐尖齿，背面有星状毛，侧脉 7～9 对。花黄色，芳香，10～18 朵成下垂之总状花序，长 3～5cm。蒴果卵球形，有毛，熟时 2 或 4 裂，弹出光亮黑色种子。花期 3 月，叶前开放；果 9 月～10 月成熟。

［分布］ 产于我国长江流域及其以南各省区山地。垂直分布一般在海拔 1 200～1 800m。多生于坡谷灌木丛中。

［习性］ 喜光，耐半阴，喜温暖湿润气候及肥沃、湿润而排水良好之酸性土壤，性颇强健，有一定耐寒能力，但忌干燥土壤。引种平原栽培，能正常生长发育。

［繁殖栽培］ 繁殖可用播种、硬枝扦插、压条、分株等法。插种于 9～10 月间蒴果成熟时适当提前采收果实，因一旦开裂种子会散失。采后加罩暴晒脱粒，净种后秋播，或密藏至翌年春播。春播前用温水浸种可避免隔年发芽现象。移植在落叶后萌芽前进行，大苗最好带土球，并于栽后重剪，以保证成活。

［观赏特性及用途］ 本种花期早而芳香，早春枝上黄花成串下垂，滑泽如涂蜡，甚为秀丽。丛植于草地、林缘、路边，或作基础种植，或点缀于假山、岩石间，均颇具雅趣。

二十六、杜仲科　EUCOMMIACEAE

落叶乔木。植物体各部均具胶质。单叶互生，羽状脉，有锯齿，无托叶。花单性异株，无花被，簇生或单生；雄蕊 4～10；雌蕊由 2 心皮合成，子房上位，1 室。翅果，含 1 种子。

仅 1 属 1 种，我国特产。

杜仲属　Eucommia Oliv.

仅 1 种，特征同科。

杜仲　Eucommia ulmoides Oliv.（图 93）

［形态］　乔木。高达 20 m，胸径 1 m；树冠圆球形。小枝光滑，无顶芽，具片状髓。叶椭圆状卵形，长 7～14 cm，先端渐尖，基部圆形或广楔形，缘有锯齿，老叶表面网脉下陷，呈皱纹状。翅果狭椭圆形，扁平，长约 3.5 cm，顶端 2 裂。枝、叶、果及树皮断裂后有弹性丝相连，为其识别要点。花期在 4 月，开于叶前或与叶同放；9 月～10 月果熟。

［分布］　原产于我国中部及西部，四川、贵州、湖北为名产区。垂直分布可达海拔 1 300～1 500 m。

［习性］　喜光，不耐庇荫；喜温暖湿润气候及肥沃、湿润、深厚而排水良好土壤。

［繁殖栽培］　主要用播种法，扦插、压条及分蘖法也可。

［观赏特性及用途］　枝叶茂密，树形整齐，可作庭荫树及行道树，也可作为一般的绿化、造林树种。杜仲的各部分，包括枝、叶、果、树皮及根皮等均可提炼优质胶，即杜仲胶。

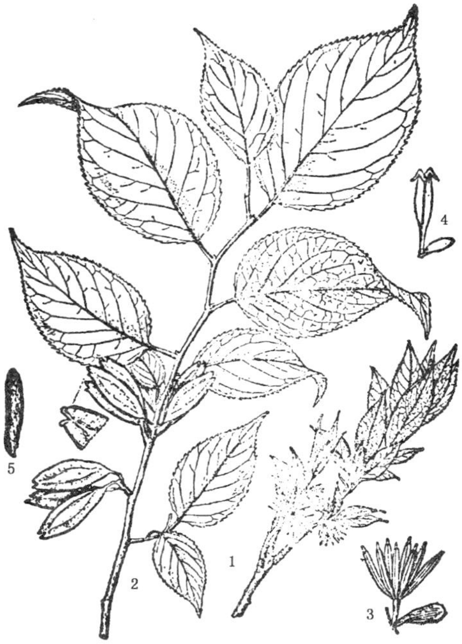

图 93　杜　仲
1. 雄花枝　2. 果枝　3. 雄花
4. 雌花　5. 种子

二十七、悬铃木科　PLATANACEAE

落叶乔木。树皮薄片剥落，有星状毛；叶柄下芽，芽鳞 1 枚，单叶互生，掌状裂；托叶大，圆领形。花单性同株，球形头状花序；雄花无花萼和花瓣，仅有1苞片，雄蕊3～8；雌花有花萼和花瓣，各3～8，离生心皮3～8，子房上位，1室。聚花果球形，小坚果有棱角，基部有褐色长毛，种子1。

共1属约6～7种。我国引入栽培3种。

悬铃木属　Platanus L.

属的形态特征同科。

分种检索表

1. 叶3～5裂
  2. 叶的中部裂片宽度大于长度；果球常单生；无刺毛 ………………………………………………………… (3)美桐 **P. occidentalis**
  2. 叶的中部裂片长宽近相等，果球常2个一串，有刺毛 ………………………………………………………… (1)英桐 **P. acerifolia**
1. 叶5～7深裂；果球3～6个一串，有刺毛 ………………… (2)法桐 **P. orientalis**

(1)英桐(悬铃木，二球悬铃木)　Platanus acerifolia(Ait.)Willd.(图94)

[形态]　乔木。高达35 m，胸径4 m。叶广卵形至三角状广卵形，掌状3～5裂，中部裂片的长度与宽度近于相等。果球通常为2个一串，偶有单生或3个一串者，有由宿存花柱形成之刺毛。花期4～5月；9～10月果成熟。有金斑、银斑、塔型等变种。

[分布]　本种可能是法桐与美桐的杂交种，18世纪初出现于英国，现广植于世界各地。我国各城市新植者，绝大多数为本种，在长江中下游各城市尤为普遍。

图94　英　桐

图95　美　桐

［习性］ 喜光，喜温暖气候，有一定抗寒力，在北京可露地栽培。能适应各种土壤条件，既耐干旱、瘠薄，又耐水湿。

［繁殖栽培］ 可用播种及扦插法繁殖。

［观赏特性及用途］ 叶大荫浓，树冠雄伟，是最好的城市行道树及工厂区绿化树种，也可植于公园作庭荫树及在水边作护岸固堤树种。

(2)法桐(三球悬铃木)　*Platanus orientalis* L.

3～6 个一串，有刺毛，叶 5～7 深裂至中部或更深。

(3)美桐(一球悬铃木)　*Platanus occidentalis* L.(图 95)

球果单生，无刺毛，3～5 浅裂，中部裂片的宽度大于长度。

二十八、蔷薇科　ROSACEAE

草本或木本。有刺或无刺。单叶或复叶，多互生，罕对生；通常有托叶。花两性，整齐，单生或排成伞房、圆锥花序；花萼的基部多少与花托愈合成碟状或坛状萼管，萼片和花瓣常 5 枚，雄蕊多数(常是 5 的倍数)，着生于花托(或萼管)的边缘；心皮一至多数，离生或合生，子房上位，有时与花托合生成子房下位。蓇葖果、瘦果、核果或梨果。种子一般无胚乳，子叶出土。

有 4 亚科，约 120 属，3 300 余种；广布于世界各地。我国约有 48 属，1 056 种。

分亚科检索表

1. 果为开裂的蓇葖果或蒴果；单叶或复叶，通常无托叶 ………………………………………………………………………… (一)绣线菊亚科 **SPIRAEOIDEAE**

1. 果不开裂；叶有托叶
　2. 子房下位，萼筒与花托在果时变成肉质的梨果，有时浆果状 ……………………………………………………………………… (二)苹果亚科 **MALOIDEAE**
　2. 子房上位
　　3. 心皮通常多数，生于膨大的花托上，聚合瘦果或小核果(若仅 1～2 心皮，则不为核果状)；萼宿存；常为复叶 …………… (三)蔷薇亚科 **ROSOIDEAE**
　　3. 心皮常为 1，稀 2 或 5；核果；萼常脱落；单叶 … (四)李亚科 **PRUNOIDEAE**

(一)绣线菊亚科　SPIRAEOIDEAE

灌木，罕草本。单叶，罕复叶，叶全缘或具锯齿；无托叶，罕有托叶。心皮 1～5(12)，离生或基部连合；子房上位，具二至多数悬垂胚珠。蓇葖果，罕蒴果。

分属检索表

1. 蓇葖果，种子无翅；花径不超过 2cm

2. 单叶，无托叶；心皮离生

3. 蓇葖果不胀大，仅沿腹线开裂 ………………………… 1. 绣线菊属 **Spiraea**

3. 蓇葖果胀大，沿腹背两缝线开裂 ……………… 2. 风箱果属 **Physocarpus**

2. 羽状复叶，有托叶；心皮基部合生 ……………………… 3. 珍珠梅属 **Sorbaria**

1. 蒴果，种子有翅；花径约4cm；单叶，无托叶 …………… 4. 白鹃梅属 **Exochorda**

1. 绣线菊属　Spiraea L.

落叶灌木。单叶互生，缘有齿或裂；无花托。花小，成伞形总状、复伞房或圆锥花序，心皮5，离生。蓇葖果；种子细小，无翅。

约有100种，广布于北温带。我国产50余种。多数种类具美丽的花朵及细致的叶片，可栽于庭园观赏。

分种检索表

1. 伞形或总状花序，花白色

2. 伞形花序，无总梗，有极小的叶状苞位于花序基部

3. 叶椭圆形至卵形，背面常有毛 ……………… (2)李叶绣线菊 **S. prunifolia**

3. 叶线状披针形，光滑无毛 ……………………… (3)珍珠花 **S. thunbergii**

2. 伞形总状花序，着生于多叶的小枝上

4. 叶端尖，菱状长圆形至披针形，羽状脉 ……… (4)麻叶绣球 **S. cantoniensis**

4. 叶端钝，3出脉或羽状脉

5. 叶近圆形，通常3裂，基脉3～5出 …………… (1)三丫绣球 **S. trilobata**

5. 叶菱状卵形至倒卵形，羽状脉 ………………… (5)珍珠绣球 **S. blumei**

1. 圆锥花序，花粉红至红色 ……………………… (6)绣线菊 **S. salicifolia**

(1)三丫绣球(三裂绣线菊)　Spiraea trilobata L.(图96)

[形态]　灌木。高1～2 m。枝丛生展开，无毛；叶近圆形，长1.5～3 cm，先端钝，常3裂，基部圆形或广楔形，边缘中部以上有少数圆钝齿，基脉3～5出，两面无毛。花小而白色，成密集伞形总状花序。花期5～6月。

图96　三丫绣球

[分布]　产于我国东北及华北各省。西伯利亚及土耳其也有分布。多生于海拔450～2 400m的多岩石向阳山坡或灌木丛中。

[习性]　喜光，稍耐阴；耐寒，耐旱。性强健，栽培容易。

[繁殖栽培]　可用播种、分株及扦插等法繁殖。

[观赏特性及用途]　华北庭园常栽培观赏，植于岩石园尤为适宜。

(2)李叶绣线菊　Spiraea prunifolia Sieb. et Zucc.

伞形花序,无总梗,有极小的叶状苞,位于花序基部。

(3)珍珠花(喷雪花)　Spiraea thunbergii Sieb. et Bl.

叶线状披针形,伞形花序,无总梗,3～5 朵花。

(4)麻叶绣球(麻叶绣线菊)　Spiraea cantoniensis Lour.

伞形总状花序。叶菱状长圆形至披针形,羽状脉。

(5)珍珠绣球(补氏绣线菊)　Spiraea blumei G. Don.

花序小,伞形,白色,叶卵状,叶缘有深裂钝齿或 3～5 裂片。

(6)绣线菊(柳叶绣线菊)　Spiraea salicifolia L.

花粉红色,顶生圆锥花序,叶长椭圆形至披针形。

2. 风箱果属　Physocarpus Maxim.

落叶灌木。树皮成纵向剥裂;芽小,有 5 褐色鳞片。叶互生,具柄,通常 3 裂,叶基三出脉;叶缘有锯齿。花呈顶生伞形总状花序;花托杯形;萼片 5,镊合状;花瓣开展,近圆形较萼片略长,白色,稀粉色;雄蕊 20～40;雌蕊 1～5,基部连合。蓇葖果通常膨大,熟时沿腹背两缝线裂开;种子 2～5,带黄色。

约 14 种,13 种产于北美,1 种产于东南亚。

风箱果　Physocarpus amurensis (Maxim.) Maxim.(图 97)

[形态]　灌木,高约 3m。叶互生,广卵形,长 3.5～5.5cm,宽 3.5cm,叶端尖,叶基心形,稀截形,3～5 浅裂,叶缘有复锯齿,叶背脉有毛。花伞形总状花序,梗长约 1～2cm,密被星状绒毛;花白色,径约 1cm;萼筒杯状。蓇葖果膨大,熟时沿背腹两线开裂。花期 6 月。

图 97　风箱果

[分布]　分布于我国黑龙江、河北。朝鲜、原苏联也有分布。

[繁殖栽培]　通常用播种繁殖。

[观赏特性及用途]本种树形开展,在鲜绿色叶丛上面呈现出团团白色的花序,花虽然不美丽但却显得十分朴素淡雅,而在晚夏时膨大的果实又呈红色,故可供园林观赏用。在自然界,常丛生于山沟及树林边缘,故也宜丛植于自然风景区中。性强健、耐寒,喜生于湿润而排水良好土壤,一般不需精细的栽培管理。种子也可榨油用。

图 98 珍珠梅

3. 珍珠梅属 Sorbaria A. Br.

落叶灌木。枝圆柱形。奇数羽状复叶互生，小叶有锯齿。花小而白色，成顶生大形圆锥花序。萼片 5，反卷；花瓣 5，雄蕊 20～50，心皮 5，基部合生。蓇葖果沿腹缝线开裂，内含种子微粒。

共 9 种，产于东亚。我国产 4 种。

（1）珍珠梅（吉氏珍珠梅） Sorbaria kirilowii (Regel) Maxim.（图 98）

［形态］ 落叶丛生灌木。高 2～3 m。奇数羽状复叶，小叶 13～21 枚，卵状披针形，长 4～7cm，缘有重锯齿，无毛。花小而白色，蕾时如珍珠，雄蕊 20，与花瓣等长或稍短；顶生圆锥花序，分枝近直立。花期 6～8 月。

［分布］ 产于我国北部，河北、山西、山东、河南、陕西、甘肃、内蒙古等省区均有分布。多生于海拔 200～1 300 m的山坡及杂木林中。各地庭园有栽培。

［习性］ 喜光，能耐阴；耐寒，对土壤要求不严。

［繁殖栽培］ 可用分株及扦插法繁殖。

［观赏特性及用途］ 花叶清丽，花期长，又值夏季少花季节，是很好的庭园观赏灌木，并可在背荫处栽植。

（2）东北珍珠梅 Sorbaria sorbiflolia (L.) A. Br.

区别在于雄蕊 40～50，长于花瓣。

4. 白鹃梅属 Exochorda Lindl.

落叶灌木。单叶互生，全缘或有齿；托叶无或小而早落。花白色，颇大，成顶生总状花序；萼、瓣各为 5；雄蕊 15～30；心皮 5，合生。蒴果具 5 棱，熟时 5 瓣裂，每瓣具 1～2 粒有翅种子。

图 99 白鹃梅

有 5 种，产于亚洲中部至东部。我国产 3 种。

白鹃梅 Exochorda racemosa (Lindl.) Rehd.（图 99）

［形态］ 灌木。高达 3～5m，全株无毛。叶椭圆形，或倒卵状椭圆形，长 3.5 ～6.5 cm，全缘或上部有疏齿，先端钝或具短尖，背面粉蓝色。花白色，径约 4 cm，6～10 朵成总状花序；花萼浅钟状，裂片宽三角形，花瓣倒卵形，基部有短爪；雄蕊 15～20，3～4 枚一束，着生于花盘边缘，并于花瓣对生。蒴果倒卵形。花期 4～5 月；9 月果熟。

［分布］ 产于我国江苏、浙江、江西、湖南、湖北等省。

［习性］ 性强健，喜光，耐半阴；喜肥沃、深厚土壤；耐寒性颇强，在北京可露地越冬。

［繁殖栽培］ 常用播种及嫩枝扦插法繁殖。

［观赏特性及用途］ 春日开花，满树雪白，是美丽的观赏树种。宜作基础种植，或于草地边缘、路边丛植。

(二)苹果亚科　MALOIDEAE

灌木或乔木。单叶或复叶，有托叶。心皮2～5(1)，子房下位，半下位，罕上位，2～5(1)室，每室具2(罕一至多数)直立胚珠。梨果，罕浆果状或小核果状。

共20属，我国16属。

分属检索表

1. 心皮成熟时为坚硬骨质，果具1～5小硬核
  2. 枝无刺；叶常全缘 ………………………………… 1. 枸子属 **Cotoneaster**
  2. 枝常有刺；叶常有齿或裂
    3. 常绿灌木，叶具钝齿或全缘；心皮5，各具成熟胚珠2 ……………………………………………………………………… 8. 火棘属 **Pyracantha**
    3. 落叶小乔木，叶具锯齿并常分裂，心皮1～5，各具成熟胚球1 ……………………………………………………………………… 2. 山楂属 **Crataegus**
1. 心皮成熟时具革质或纸质壁，梨果1～5室
  4. 复伞房花序或圆锥花序
    5. 心皮完全合生，圆锥花序；梨果内含1至少数大型种子，常绿 ……………………………………………………………………… 7. 枇杷属 **Eriobotrya**
    5. 心皮部分离生，伞房花序或伞房状圆锥花序
      6. 花梗及花序无瘤状物；落叶 ……………………… 6. 花楸属 **Sorbus**
      6. 花梗及花序常具瘤状物；叶多常绿 ……………… 9. 石楠属 **Photinia**
  4. 伞形或总状花序，有时花单生
    7. 各心皮内含4至多数种子；花柱基部合生；叶有齿 ……………………………………………………………………… 3. 木瓜属 **Chaenomeles**
    7. 各心皮内含1～2种子
      8. 花柱基部合生，花药常黄色；果无石细胞 ……………… 4. 苹果属 **Malus**
      8. 花柱基部离生，花药常紫色；果有多数石细胞 ……………… 5. 梨属 **Pyrus**

1. 栒子属　Cotoneaster (B. Ehrh) Medik

灌木。无刺。单叶互生，全缘；托叶多针形，早落。花两性，成伞房花序，罕单生；雄蕊通常20；花柱2～5，离生，子房下位。小梨果红色或黑色，内含2～5小核，具宿存萼片。

约 90 余种，分部于亚洲、欧洲及北非的温带。我国约产 60 种，西南为分布中心。多数可作庭园观赏灌木。种子播种后 1～3 年发芽。

分种检索表

1. 花瓣小，直立，倒卵形，粉红色
  2. 茎匍匐，花 1～2 朵，果红色
    3. 茎匍匐地面，不规则分枝；叶缘常呈波状 ……… (2)匍匐栒子 **C. adpressus**
    3. 枝水平开张，呈规则二列；叶缘不呈波状 …… (1)平枝栒子 **C. horizontalis**
  2. 茎直立；花 2～5 朵；果黑色 ……………………………… (3)灰栒子 **C. acutifolius**
1. 花瓣开展，近圆形，白色；具多花……………………………… (4)水栒子 **C. multiflorus**

(1)平枝栒子(铺地蜈蚣)　Cotoneaster horizontalis Decne.(图 100)

图 100　平枝栒子

[形态]　落叶或半常绿匍匐灌木。枝水平张开成整齐二列，宛如蜈蚣。叶近圆形至倒卵形，长 5～14 cm，先端急尖，基部广楔形，表面暗绿色，无毛，背面疏生平贴细毛。花 1～2 朵，粉红色，径 5～7cm，近无梗；花瓣直立，倒卵形。果近球形，4～6mm，鲜红色，常有 3 小核。5～6 月开花；9～10 月果熟。

[分布]　产于我国陕西、甘肃、湖北、湖南、四川、贵州、云南等省。多生于海拔 2 000～3 500 m 的灌木丛中。

[繁殖栽培]　种子繁殖。

[观赏特性及用途]　较匍匐栒子略小而结实较多，最宜作基础种植材料；根或主株可药用。

(2)匍匐栒子　Cotoneaster adpressus Bois(图 101)

落叶匍匐灌木。茎不规则分枝，叶全缘而成波状，果红色。

(3)灰栒子　Cotoneaster acutifolius Turcz.

落叶灌木。叶卵形，花 2～5 朵，果黑色。

(4)水栒子(多花栒子)　Cotoneaster multiflorus Bunge

落叶灌木。小枝细长拱形，花 6～21 成聚伞花序，果红色。

2. 山楂属　Crataegus L.

落叶小乔木或灌木。通常有枝刺。叶互生，有齿或裂，托叶较大。花白色，少有红色；成顶生伞房花序。萼片、花瓣各 5，雄蕊 5～25，心皮 1～5。果实梨果状，内含 1～5 具单种子的骨质小核。

共约 1 000 种，广泛分布于北半球温带，尤以北美东部为多。我国约产 17 种。

山楂　Crataegus pinnatifida Bunge（图 102）

［形态］　落叶小乔木。高达 6 m；叶三角状卵形至菱状卵形，长 5～12 cm，羽状 5 ～9 裂，裂缘有不规则尖锐锯齿，两面沿脉疏生短柔毛，叶柄细，长 2～6 cm；托叶大而有齿。花白色，径约 18 cm，雄蕊 20，伞房花序有长柔毛。果近球形，径约 1.5 cm，红色，有白色皮孔。花期 5～6 月；10 月果熟。

［分布］　主产于我国东北、华北、江苏。朝鲜及西伯利亚地区也有。生于海拔 100～1 500 m 的山坡林边或灌木丛中。

［习性］　喜光，稍耐阴；耐寒，耐干燥；耐贫瘠土壤，但以在湿润而排水良好的砂质土壤中生长最好。

［繁殖栽培］　繁殖可用播种和分株法。

图 101　匍匐栒子

［变种、变型及品种］　山里红（var. major N. E. Br.）又名大山楂。树形较原种大而健壮，叶较大而厚，羽状 3～5 浅裂；果较大；径约 2.5 cm，深红色。

［观赏特性及用途］　原种及其变种均树冠整齐，花繁叶茂，果实鲜红可爱，是观花、观果和园林结合生产的良好绿化树种。

图 102　山　楂

1. 花枝　2. 花纵剖面　3. 果

3. 木瓜属　Chaenomeles Lindl.

落叶或半常绿灌木或小乔木。有时具枝刺。单叶互生，缘有锯齿；托叶大。花单生或簇生；萼片 5，花瓣 5，雄蕊 20 或更多；花柱 5，基部合生；子房下位，5 室，各含多数胚珠。果为具多数褐色种子的大型梨果。

共 5 种，我国产 4 种，日本产 1 种。

分种检索表

1. 枝有刺；花簇生，萼片全缘，直立；托叶大
  2. 小枝平滑，二年生枝无疣状突起；叶卵形至椭圆形，锯齿尖锐 ………………………………………………………………… （1）贴梗海棠 **C. speciosa**
  2. 小枝粗糙，二年生枝有疣状突起；叶倒卵形至匙形，锯齿钝 …………………………………………………………… （2）日本贴梗海棠 **C. japonica**
1. 枝无刺；花单生，萼片有细齿，反折；托叶小……………………… （3）木瓜 **C. sinensis**

图 103 贴梗海棠
1. 花枝 2. 叶、托叶

(1)贴梗海棠(铁角海棠、皱皮木瓜) Chaenomeles speciosa (Sweet) Nakai(图 103)

[形态] 落叶灌木。高达 2 m;枝开展,无毛,有刺。叶卵形至椭圆形,长 3～8 cm;先端尖,基部楔形,缘有尖锐锯齿,齿尖开展,表面无毛,有光泽,背面无毛或脉上稍有毛;托叶大,肾形或半圆形,缘有尖锐重锯齿。花 3～5 朵族生二年生老枝上,朱红、粉红或白色,径约 3 ～5 cm,萼筒钟状,无毛,萼片直立,花柱基部无毛或稍有毛,花梗粗短或近于无梗。果卵形至球形,径 4～6 cm,黄色或黄绿色,芳香,萼片脱落。花期 3～4 月,叶前开放;果熟期 9～10 月。

[分布] 产于我国陕西、甘肃、四川、贵州、云南、广东等省区;各地均有栽培。缅甸也有。

[习性] 喜光,有一定耐寒力,北方小气候良好处可露地越冬;对土壤要求不严,但喜排水良好的肥厚壤土,不宜在低洼积水处栽植。

[繁殖栽培] 主要用分株、扦插和压条法繁殖。

[观赏特性及用途] 早春叶前开花,簇生枝间,秋天又有黄色、芳香的硕果,是一种很好的观花、观果灌木。宜于草坪、庭院或花坛内丛植或孤植,又可作为绿篱及基础种植材料。

(2)日本贴梗海棠(倭海棠) Chaenomeles japonica Lindl.

枝有刺,小枝粗糙,有疣状突起,叶倒卵形至匙形。

(3)木瓜 Chaenomeles sinensis(Thouin) Koehne.

小乔木。枝无刺,花单生,果大,有香气。

4. 苹果属 Malus Mill.

落叶乔木或灌木。叶有锯齿或缺裂,有托叶。花白色、粉红色至紫红色,成伞形总状花序;雄蕊 15～50,花药通常黄色,子房下位,3～5 室,花柱 2～5,基部合生。梨果,无或稍有石细胞。

共约 35 种,广布于北半球温带。我国产 23 种。多数为重要果树及砧木或观赏树种。

分种检索表

1. 萼片宿存

  2. 萼片较萼筒长,先端尖锐

    3. 叶缘锯齿圆钝;果扁球形或球形,先端常隆起,萼洼下陷,果柄短粗 ………

…………………………………………………………… (1)苹果 **M. pumila**

3. 叶缘锯齿尖锐;果卵圆形,先端狭窄不隆起,萼洼微突,果梗细长

4. 果较大,径 4～5cm,黄色或红色,宿存萼片无毛 … (4)花红 **M. asiatica**

4. 果较小,径 2～2.5cm,红色,宿存萼片有毛 … (5)海棠果 **M. prunifolia**

2. 萼片较萼筒短或等长,先端较钝

5. 叶基部广楔形或近圆形,叶柄长 1～2.5cm;果黄色,基部无凹陷 …………………………………………………… (2)海棠花 **M. spectabilis**

5. 叶基楔形,叶柄长 2～2.5cm;果红色,基部有凹陷 …………………………………………………… (6)小果海棠 **M. micromalus**

1. 萼片脱落

6. 萼片长于萼筒,狭披针形;花白色 ………………………… (3)山荆子 **M. baccata**

6. 萼片短于萼筒或等长,三角状卵形;花白色或粉红色 … (7)垂丝海棠 **M. halliana**

(1)苹果　Malus pumila Mill.(图 104)

[形态]　乔木。高达 15 m。小枝幼时密生绒毛,后变光滑,紫褐色。叶椭圆形至卵形,长 4.5 ～10 cm,先端尖,缘有圆钝锯齿,幼时两面有毛,后表面光滑,暗绿色。花白色带红晕,径 3～4cm,花梗与萼均具灰白色绒毛,萼片长尖,宿存;雄蕊 20,花柱 5。果为略扁的球形,径 5 cm 以上,两端均凹陷,端部常有棱脊。花期 4～5 月;7～11 月果熟。

[分布]　原产于欧洲东南部、小亚细亚及南高加索一带。我国在东北的南部及华北、西北各省广泛栽培,以辽宁、山东、河北栽培最多,江苏、浙江、湖北、四川、贵州、云南也有栽培。主要品种有国光、青香蕉、金帅、红玉、金冠、红富士等。

[习性]　为温带果树,要求比较冷凉和干燥的气候,喜阳光充足,以肥沃深厚而排水良好的土壤为最好,不耐瘠薄。

[繁殖栽培]　嫁接繁殖,砧木用山荆子或海棠果。

[观赏特性及用途]　苹果开花时节颇为可观;果熟季节,累累果实,色彩鲜艳,深受广大群众所喜爱。

(2)海棠花(海棠)　Malus spectabilis Borkh.(图 105)

[形态]　小乔木。树形峭立,可高达 8m 。小枝红褐色,幼时疏生柔毛。叶椭圆形至长椭圆形,长 5～8 cm,先端短锐尖,基部广楔形至圆形,缘具紧贴细锯齿,背面幼时有柔毛。花在蕾时甚红艳,开放后呈淡粉红色,径 4～5 cm,单瓣或重瓣;萼片较萼筒短或等长,三角状卵形,宿存,花梗长 2～3 cm。果近球形,黄色,径约 2 cm,基部不凹陷,果味苦。花期 4～5 月;果熟期 9 月。

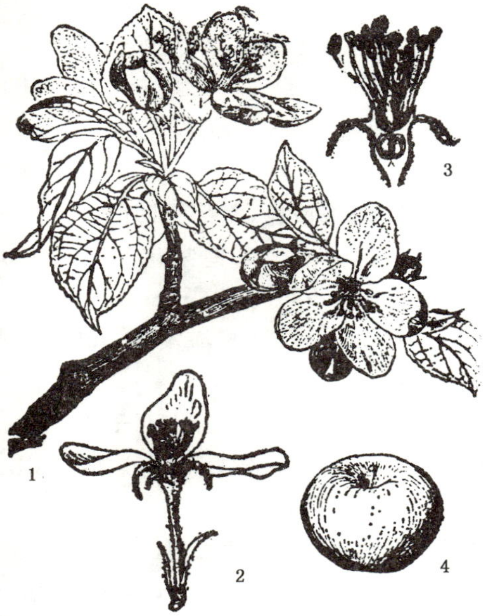

图 104　苹　果

1. 花枝　2. 去二花瓣，示花柱基部合生

3. 去花瓣之花纵剖面　4. 果

图 105　海棠花

1. 花枝　2. 果枝

图 106　山荆子

1. 花枝　2. 果枝

［变种、变型及品种］

①重瓣粉海棠（西府海棠）（var. riversii Nash.）　花重瓣粉红色，叶较宽而大。

②重瓣白海棠（var. albi-plena Schelle.）　花白色，重瓣。

［分布］　原产于我国，是久经栽培的著名观赏树种，华北、华东尤为常见。

［习性］　喜光，耐寒，耐干旱，忌水湿，在北方干燥地带生长良好。

［繁殖栽培］　可用播种、压条、分株和嫁接等法繁殖。

［观赏特性及用途］　春天开花，美丽可爱，为我国的著名观赏花木。植于门旁、庭院、亭廊周围，草地、林缘都很合适，也可作盆栽及切花材料。

（3）山荆子（山定子）　Malus baccata Borkh.（图106）

［形态］　乔木。高达 10～14 m。小枝细长而无毛，

暗褐色。叶卵状椭圆形，长 3～8 cm，先端尖锐，基部楔形至圆形，锯齿细尖，背面疏生柔毛或光滑，叶柄细长，2～5 cm。花白色，径 3～3.5 cm，花柱 5 或 4；萼片狭披针形，长于筒部，无毛，花梗细，长 1.5 ～4 cm。果近球形，径 8～10 mm，红色或黄色，光亮，萼片脱落。花期 4 月下旬；果熟期 9 月。

［分布］ 产于我国华北、东北及内蒙古。朝鲜、蒙古、原苏联也有。生于海拔 50～1 500 m 的山坡杂木中及山谷灌木丛中。

［习性］ 性强健，耐寒、耐旱力较强，但抗涝力较弱；深根性。

［繁殖栽培］ 繁殖可用播种、扦插及压条等法。

［观赏特性及用途］ 春天白花满树，秋季红果累累，甚为美观，可栽作庭园观赏树。果可酿酒。

(4)花红(沙果)　Malus asiatica Nakai

叶缘锯齿尖锐，果较大，宿存，萼片无毛。

(5)海棠果(楸子)　Malus prunifolia (Wild.) Borkh.

叶缘锯齿尖锐，果较小，红色，宿存，萼片有毛。

(6)小果海棠(西府海棠)　Malus micromalus Mak.

萼片较萼筒短或等长，叶柄长，果红色，基部凹陷。

(7)垂丝海棠　Malus halliana (Voss.) Koehne.

叶柄及中肋常带紫红色，4～7 朵簇生，花梗细长，下垂，紫色。

5. 梨属　Pyrus L.

落叶或半常绿乔木，罕为灌木。有时具枝刺。单叶互生，常有锯齿，罕裂，在芽内席卷状，具叶柄及托叶。花常与叶同放，呈伞形总状花序；花白色，罕粉红色，花瓣具爪，近圆形；雄蕊 20 ～30，花药常紫红色；花柱 2～5，离生，子房下位，2～5 裂，每室具 2 胚珠。梨果显具皮孔，果肉多汁，富含石细胞，子房壁软骨质。种子黑色或黑褐色。

约 25 种，产于欧亚及北非温带。我国产 14 种。许多种为重要果树。

分种检索表

1. 叶缘锯齿尖锐或刺芒者
　2. 锯齿刺芒状，花柱 4～5，果较大，径 2cm 以上
　　3. 花萼脱落，花柱无毛
　　　4. 果黄白色，叶基广楔形 ………………………… (1)白梨 **P. brestchneideri**
　　　4. 果褐色，叶基圆形或近心形 ……………………… (2)沙梨 **P. pyrifolia**
　　3. 花萼宿存、花柱有毛，果红色 ……………………… (5)秋子梨 **P. ussuriensis**
　2. 锯齿尖锐，花柱 2～3，果小，径约 1cm ……………… (4)杜梨 **P. betulaefolia**
1. 叶缘锯齿细钝，果黄绿色，瓢形，花萼宿存，花柱常为 5 ………………

………………………………………………………………………… (3)西洋梨 **P. communis**

(1)白梨　Pyrus bretschneideri Rehd.（图 107）

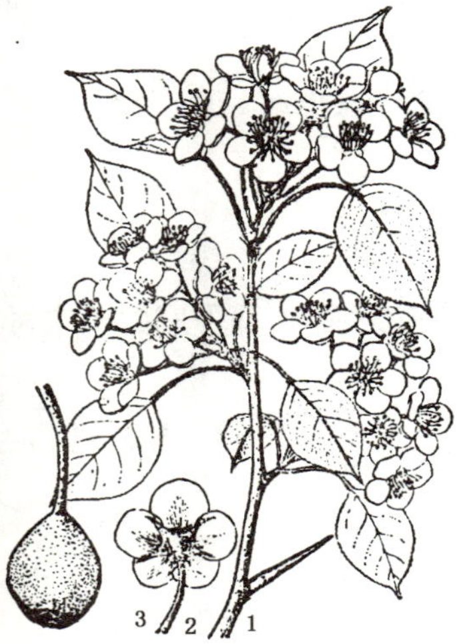

图 107　白　梨
1. 花枝　2. 花　3. 果

［形态］　落叶乔木。高 5～8m；小枝粗壮，幼时有柔毛。叶卵形或卵状椭圆形，长 5～11cm，基部广楔形或近圆形，有刺芒状尖锯齿，齿端微向内曲，幼时两面有绒毛，后变光滑，叶柄长 2.5～7 cm。花白色，径 2～3.5 cm，花柱 5，罕为 4，无毛，花梗长 1.5 ～7 cm。果卵形或近球形，黄色或黄白色，有细密斑点，果肉软，花萼脱落。花期在 4 月；果熟期 8～9 月。

［分布］　原产于我国北部，河北、河南、山东、山西、陕西、甘肃、青海等省皆有分布；栽培遍及华北、东北、西北及苏北、四川等。

［习性］　性喜干燥冷凉，抗寒力较强；喜光；对土壤要求不严，以深厚、疏松、地下水位较低的肥沃砂质壤土为最好。开花期中忌寒冷和阴雨。

［繁殖栽培］　繁殖多用杜梨为砧木进行嫁接。优良品种很多，形成北方梨（或白梨）系统。著名的有河北的鸭梨、象牙梨等。

［观赏特性及用途］　春天开花，满树雪白，树姿也美，因此在园林中是观赏结合生产的好树种。

(2)沙梨　Pyrus pyrifolia (Burm. f.) Nakai

锯齿刺芒状，花萼脱落，果褐色，叶基圆形或近心形。

(3)西洋梨　Pyrus communis L.

锯齿细钝，果黄绿色，瓢形，花萼宿存，花柱常为 5。

(4)杜梨(棠梨)　Pyrus betulaefolia Bunge

锯齿尖锐，花柱 2～3，果小，径约 1cm。

(5)秋子梨　Pyrus ussuriensis

长刺，芒状锯齿。

6. 花楸属　Sorbus L.

落叶乔木或灌木。叶互生，有托叶，单叶或奇数羽状复叶，有锯齿。花白色，罕为粉红色，成顶生复伞房花序；雄蕊 15～20 ，心皮 2～5，各含 2 胚珠，花柱离生或基部连合。果实为 2～5 室的梨果，形小，子房壁成软骨质，每室有 1～2 种子。

约有 80 余种，广布于北半球温带。我国约产 60 种。

分种检索表

1. 奇数羽状复叶，小叶长椭圆形，花萼宿存 …… (1)百花花楸 **S. pohuashanensis**

1. 单叶，卵形至椭圆状卵形；花萼早落 …………………… (2)水榆花楸 **S. alifolia**

(1)百花花楸(花楸树、臭山槐)　Sorbus pohuashanensis(Hance) Hedl.(图 108)

［形态］　小乔木。高达 8m；小枝及芽均具绒毛，托叶大，近卵形，有齿缺；奇数羽状复叶，小叶 11～15 枚，长椭圆形至长椭圆状披针形，长 3～8cm，先端尖，通常中部以上有锯齿，背面灰绿色，常有柔毛。花序伞房状，具绒毛；花白色，径 6～8mm。果红色，近球形，径 6～8mm。花期 5 月；果熟期 10 月。

［分布］　产于我国东北、华北至甘肃一带。生于海拔 900～2 500m 山坡或山谷杂木林中。

［习性］　喜湿润之酸性或微酸性土壤，较耐阴。

［繁殖栽培］　播种繁殖，种子采后须先沙藏层积，春天播种。

［观赏特性及用途］　本种花叶美丽，入秋红果累累，是优美的庭园风景树。风景林中配植若干，可使山林增色。果实可酿酒，制果酱、果醋等，含多种维生素。

图 108　百花花楸

(2)水榆花楸(水榆、千筋树)　Sorbus alifolia (Sieo. et Zucc.) K. Koch(图 109)

［形态］　乔木。高达 20m；树皮光滑，灰色；小枝有灰白色皮孔，光滑或稍有毛。单叶卵形至椭圆状卵形。长 5～10cm，先端锐尖，基部圆形，缘有不整齐尖锐重锯齿，两面无毛或稍有短柔毛。复伞房花序，有花 6～25 朵；花白色，径 1～1.5cm，花柱常为 2。果椭球形或卵形，径 7～10mm，红色或黄色，不具斑点。花期 5 月；果熟期 11 月。

［分布］　产于我国长江流域、黄河流域及东北南部。朝鲜、日本也有。生于海拔 500～2 300m 的山坡、山沟、山顶混交林或灌木丛中。

［观赏特性及用途］　本种树形高大，树冠圆锥形，秋天叶先变黄后转红，又结果累累，颇为美观，可作园林风景树栽植。果可食用或酿酒。

7. 枇杷属　Eriobotrya Lindl.

常绿小乔木或灌木。单叶互生，具短柄或近无柄，缘有齿，羽状侧脉直达齿尖。花白色，成顶生圆锥花序；花萼 5 裂，宿存；花瓣 5，具爪；雄蕊 20；心皮合生，子房下位，2～5 室，每室具 2 胚珠。梨果含一至数大粒种子。

图 109 水榆花楸

1. 花枝 2. 果

本属共 30 余种，主要产于亚洲温带及亚热带。我国产 13 种，华中、华南、华西均有分布。

枇杷 **Eriobotrya aponica**(Thunb.) Lindl.(图 110)

［形态］ 常绿小乔木。高可达 10m；小枝、叶背及花序均密被锈色绒毛。叶粗大革质，常为倒披针状椭圆形。长 12～30cm，先端尖，基部楔形，锯齿粗钝，侧脉 11～21 对，表面多皱而有光泽。花白色，芳香，10～12 月开花，翌年初夏果熟。果近球形或梨形，黄色或橙黄色，径 2～5cm。

［分布］ 原产于我国，四川、湖北有野生；南方各地多作果树栽培；浙江塘栖、江苏洞庭及福建莆田都是枇杷的有名产地。越南、缅甸、印度、印度尼西亚、日本也有栽培。

［习性］ 喜光，稍耐阴；喜温暖气候及肥沃湿润而排水良好的土壤，不耐寒。生长缓慢，寿命较长；一年能发三次新梢。嫁接苗 4～5 年生开始结果，15 年左右进入盛果期，40 年后产量减少。

［繁殖栽培］ 枇杷繁殖以播种、嫁接为主，扦插、压条也可。优良品种多用嫁接繁殖，砧木用枇杷实生苗或石楠、榅桲苗。播种一般在秋季进行，第三年春季进行枝接，接活后当年秋季或翌年春季可以移栽。栽植要选向阳避风处，因为枇杷是冬季开花，如果在它开花时受了冻害，就会影响结果。栽植的株行距为 4～5m。移栽时要带土球，栽后宜疏去部分枝叶，并注意及时灌水。霉雨季节要注意排水防涝。枇杷树冠整齐，层性明显，一般不必在修剪上下功夫，只需将其不适当的枝条稍作调整即可。切不可随意剪去枝条顶端，因为它开花结果都在枝条顶端。为了使其结果良好，要在秋后开花前施一次人粪尿或动物粪肥。

图 110 枇 杷

1. 花枝 2. 花纵剖面 3. 子房纵剖面

4. 果 5. 种子

［观赏特性及用途］ 枇杷树形整齐美观，叶大荫浓，常绿而有光泽，冬日白花盛开，初夏黄果累累，南方暖地多于庭园内栽植，是园林结合生产的好树种。果味鲜美，酸甜适口，上市早，除生食外，还可酿酒或制成罐头。叶晒干去毛后，可供药用。有化痰止咳、和胃降气等效。花为良好的蜜源。木材红棕色，可作木梳、手杖等用。

8. 火棘属　Pyracantha Roem.

常绿灌木。枝常有棘刺。单叶互生，有短柄；托叶小，早落。花白色，小而多，成复伞房花序；雄蕊 20；心皮 5，腹面离生，背面有 1/2 连于萼筒。梨果形小，红色或橘红色，内含 5 小硬核。

本属有 10 种，分布于亚洲东部至欧洲南部。中国 7 种，主要分布于西南地区。

火棘（火把果）　Pyracantha fortuneana(Maxim) Li (P. crenato-serrata Rehd.)（图 111）

图 111　火　棘

［形态］ 常绿灌木。高约 3m。枝拱形下垂，幼时有锈色短柔毛，短侧枝常成刺状。叶倒卵形至倒卵状长椭圆形，长 1.5～6cm，先端圆钝微凹，有时有短尖头，基部楔形，缘有圆钝锯齿，齿尖内弯，近基部全缘，两面无毛。花白色。径约 1cm，成复伞房花序。果近球形，红色，径约 5mm。花期 5 月；果熟期 9～10 月。

［分布］ 产于我国陕西、江苏、浙江、福建、湖北、湖南、广西、四川、云南、贵州等省区。生于海拔 500～2 800m 的山地灌丛中或河沟。

［习性］ 喜光，不耐寒；要求土壤排水良好。

［繁殖栽培］ 一般采用播种繁殖，秋季采种后即播；也可在晚夏进行软枝扦插。移植时尽量少伤根系，或带土团。定植后要适当重剪，成活后不需精细管理。

［观赏特性及用途］ 本种枝叶茂盛，初夏白花繁密，入秋果红如火，且留存枝头甚久，美丽可爱。在庭园中常作绿篱及基础种植材料，也可丛植或孤植于草地边缘或园路转角处。果枝还是瓶插的好材料，红果可经久不落。果可酿酒或磨粉代食。

9. 石楠属　Photinia Lindl.

落叶或常绿，灌木或乔木。单叶，有短柄，边缘常有锯齿，有托叶。花小而白色，成伞房或圆锥花序；萼片 5，宿存；花瓣 5，圆形；雄蕊约为 20；花柱 2，罕 3～5，至少基部合生；子房 2～4 室，近半上位。梨果，含 1～4 粒种子，顶端圆且洼。

本属约 60 余种，主产于亚洲东部及南部。中国产 40 余种，多分布于温暖的南方。

分种检索表

1. 叶柄短，长 0.5～1.5cm；叶片较小；树干、枝条上有刺 …………………………………………………………………………………… (1)椤木石楠 **Ph. davidsoniae**

2. 叶柄长，长 2～4cm；叶片较大；干、枝上无刺 …………… (2)石楠 **Ph. serrulata**

(1)椤木石楠(椤木)　**Photinia davidsoniae** Rehd. et Wils.(图 112)

图 112　椤木石楠

［形态］　常绿乔木。高 6～15m；幼枝棕色，贴生短毛，后呈紫褐色，最后呈灰色无毛。树干及枝条上有刺。叶革质，长圆形至倒卵状披针形，长 5～15cm，宽 2～5cm，叶端渐尖而有短尖头，叶基楔形，叶缘有带腺的细锯齿；叶柄长 0.8～1.5cm。花多而密，呈顶生复伞房花序；花序梗、花柄均贴生短柔毛；花白色，径 1～1.2cm。梨果，黄红色，径 7～10mm。花期 5 月；果 9～10 月成熟。

［分布］　分布于我国华中、华南、西南各省。

［观赏特性及用途］　花、叶均美，可作刺篱用。

(2)石楠　**Photinia serrulata** Lindl.(图 113)

［形态］　常绿小乔木。高达 12m；全体几无毛。叶长椭圆形至倒卵状长椭圆形，长 8～20cm，先端尖，基部圆形或广楔形，缘有细尖锯齿，革质有光泽，幼叶带红色。花白色，径 6～8mm，成顶生复伞房花序。果球形，径 5～6mm，红色。花期 5～7 月；果熟期 10 月。

图 113　石　楠

［分布］　产于我国中部及南部。印尼也有。生于 1 000～2 500m 的杂木林中。

［习性］　喜光，稍耐阴；喜温暖，尚耐寒，能耐短期的－15℃低温，在西安可露地越冬；喜排水良好的肥沃壤土，也耐干旱瘠薄，能生长在石缝中，不耐水湿。生长较慢。

［繁殖栽培］　繁殖以播种为主，种子进行层积，翌年春天播种。也可在 7～9 月进行踵状扦插或于秋季进行压条繁殖。一般无需修剪，也不必特殊管理。

［观赏特性及用途］　本种树冠圆形，枝叶浓密，早春嫩叶鲜红，秋冬又有红果，是美丽的观赏树种。园林中孤植、丛植及基础栽植都甚为合适，尤宜配植于整形式园林

中。木材坚硬致密,可作器具柄、车轮等;种子可榨油供制肥皂等;叶和根供药用,有强壮、利尿、解热、镇痛之效。此外,石楠可作枇杷的砧木,用石楠嫁接的枇杷寿命长,耐瘠薄土壤,生长强壮。

(三)蔷薇亚科 ROSOIDEAE

灌木或草本。复叶,罕单叶;有托叶。离生心皮常多数或少数,罕单数;每子房有1～2悬垂或直立胚珠,子房上位,罕下位。聚合瘦果,花托杯状、坛状、扁平或隆起,成熟时肉质或干硬。

共34属。我国19属,其中木本6属。

分属检索表

1. 有刺灌木或藤本;羽状复叶;瘦果多数,生于坛状花托内 ……… 1. 蔷薇属 **Rosa**
1. 无刺落叶灌木;瘦果,着生扁平或微凹花托基部
  2. 单叶、托叶不与叶柄连合
    3. 叶互生;花黄色,5基数,无副萼;心皮5～8,各含1胚珠 …… 2. 棣棠属 **Kerria**
    3. 叶对生;花白色,4基数,有副萼;心皮4,各含2胚珠 … 3. 鸡麻属 **Rhodotypos**
  2. 羽状复叶,托叶常与叶柄连合 ……………………… 4. 金露梅属 **Dasiphora**

1. 蔷薇属 Rosa L.

落叶或常绿灌木。茎直立或攀援,通常有皮刺。叶互生,奇数羽状复叶,具托叶,罕为单叶而无托叶。花单生或成伞房花序,生于新梢顶端;萼片及花瓣各5,罕为4,雄蕊多数,生于萼筒之口部;雌蕊通常多数,包藏于壶状花托内。花托老熟即为肉质的浆果状假果,特称蔷薇果,内含少数或多数骨质瘦果。

约150种,主产于北半球温带及亚热带。我国产60余种。

分种检索表

1. 多为直立灌木;具皮刺;托叶至少有一半与叶柄合生,宿存
  2. 花柱伸出花托口外甚长
    3. 花柱合成柱状,约与雄蕊等长
      4. 托叶边缘蓖齿状;刺常生在托叶下;叶表面绿色,无光泽 ……………… ………………………………………………… (1)野蔷薇 **R. multiflora**
      4. 托叶全缘或有细齿;刺散生;叶表面暗绿色,有光泽 …………………… …………………………………………… (8)光叶蔷薇 **R. wichuraiana**
    3. 花柱离生或半离生,长约为雄蕊一半
      5. 萼片通常羽裂,花香或微香
        6. 植株较矮,枝较弱,生长季中连续开花,花多为紫红或粉红 ………… ……………………………………………… (9)月季 **R. chinensis**

6. 植株健壮，叶大，生长季中开 1～2 次花，多为紫、粉或白色 ………………………………………………………… (7)杂种香水月季 **Hybrid Tea Rose**

5. 萼片常全缘，花极香 ……………………………… (6)香水月季 **R. odorata**

2. 花柱短，聚成头状，不伸出或稍伸出花托口外

7. 花序聚伞状，若单生花梗上必有苞片；小叶厚而表面皱 …… (2)玫瑰 **R. rugosa**

7. 花长单生，无苞片

8. 小叶 3～5；叶缘重锯齿，具腺体 ………………… (5)法国蔷薇 **R. gallica**

8. 小叶 5～9；叶缘单锯齿，无腺体 ………………… (3)黄刺玫 **R. xanthina**

1. 常绿攀援灌木；几无刺；托叶离生或近离生，早落；伞形花序，花小，白色或淡黄色，浓香 ……………………………………………………… (4)木香 **R. banksiae**

(1)野蔷薇　Rosa multiflora Thunb.（图 114）

图 114　野蔷薇

［形态］　落叶灌木。茎长，偃伏或攀援，托叶下有刺。小叶 5～9(11)，倒卵形至椭圆形，长 1.5～3 cm，缘有齿，两面有毛，托叶明显，边缘篦齿状。花多朵成密集圆锥状伞房花序，白色或略带粉晕，芳香，径约 2 cm，萼片有毛，花后反折。果近球形，径约 6 mm，褐红色。花期 5～6 月；果熟期 10～11 月。

［分布］　产于我国华北、华东、华中、华南及西南。朝鲜、日本也有。

［习性］　性强健，喜光，耐寒，对土壤要求不严，在黏重土中也可正常生长。

［繁殖栽培］　繁殖用播种、扦插、分根均易成活。

［观赏特性及用途］　在园林中最宜植为花篱，坡地丛栽也颇有野趣。

［变种、变型及品种］

①粉团蔷薇(var. cathayensis Rehd. et Wils.)　小叶较大，通常 5～7。花较大，单瓣，平顶伞房花序。

②荷花蔷薇(f. carnea Thory)　花重瓣，粉红色，多朵成簇，甚美丽。

③七姊妹(f. platyphylla Thory)　叶较大；花重瓣，深红色，常 6～7 朵成扁伞房花序。

(2)玫瑰　Rosa rugosa Thunb.（图 115）

［形态］　落叶直立丛生灌木。高达 2 m；茎枝灰褐色，密生刚毛与倒刺。小叶 5～9，椭圆形至椭圆状倒卵形，长 2～5 cm，缘有钝齿，质厚，表面亮绿色，多皱，无毛，背面有柔毛及刺毛，托叶大部附着于叶柄上。花单生或数朵聚生，常为紫色，芳香，径 6～8 cm。

果扁球形，径 2～2.5 cm，砖红色，具宿存萼片。盛花期在 5 月，7～8 月零星开放；9～10 月果熟。

图 115　玫　瑰

［变种、变型及品种］

①紫玫瑰（var. typica Reg.）　花玫瑰紫色。

②红玫瑰（var. rosea Rehd.）　花玫瑰红色。

③白玫瑰（var. alba W. Robins.）　花白色。

④重瓣紫玫瑰（var. plena Reg.）　花玫瑰紫色，重瓣，香气馥郁，品质优良，多不结实。

⑤重瓣白玫瑰（var. albo-plena Rehd.）　花白色，重瓣。

［分布］　原产于我国北部，现各地都有栽培，以山东、江苏、浙江、广东为多。

［习性］　生长健壮，适应性很强，耐寒，耐旱，对土壤要求不严。喜阳光充足、凉爽而通风及排水良好之处。

［繁殖栽培］　一般以分株、扦插为主。

［观赏特性及用途］　色艳花香，适应性强，最宜作绿篱、花境、花坛及坡地栽培。花蕾及根入药。

(3)黄刺玫　Rosa xanthina Lindl.（图 116）

图 116　黄刺玫

［形态］　落叶丛生灌木。高 1～3 m；小枝褐色，有硬直皮刺，无刺毛。小叶 7～13，广卵形至近圆形，长 0.8～1.5 cm，先端钝或微凹，缘有钝锯齿，背面幼时微有柔毛，但无腺。花单生，黄色，重瓣或单瓣，径约 4.5～5 cm。果近球形，红褐色，径约 1 cm。花期 4 月下旬至 5 月中旬。

［分布］　产于我国东北、内蒙古、华北至西北。朝鲜也有。

［习性］　性强健，喜光，耐寒，耐旱，耐瘠薄。

［繁殖栽培］　繁殖多用分株、压条及扦插法。

［观赏特性及用途］　春天开金黄色花朵，而且花期较长，实为北方园林春景添色不少。宜于草坪、林缘、路边丛植，也可作绿篱及基础种植。

(4)木香 Rosa banksiae Ait.

常绿攀援灌木。托叶离生或近离生，几无刺。花小，多花伞形花序。白色浓香。

(5)法国蔷薇 Rosa gallica L.

花常单生，无苞片；小叶 3～5；刺极不等长；叶缘为具腺的重锯齿。

(6)香水月季 Rosa odorata Sweet.

花极香，萼片常全缘，新叶及嫩梢常带古铜色晕。

(7)杂种香水月季 (Hybrid Tea Rose)

多为灌木。花蕾多卵尖而秀美，花大而秀，色形丰富，且芳香。花梗多长。

(8)光叶蔷薇 Rosa wichuraiana Crep.

花柱合成柱状，托叶全缘，刺散生，叶表面暗绿色，有光泽。

(9)月季(月季花) Rosa chinensis Jacq.

常绿。花较大，植株较矮，枝纤弱，花梗细而常下垂，花色多，品种多。

2. 棣棠属 Kerria DC.

灌木。单叶互生，重瓣锯齿，有托叶。花单生，黄色，两性；萼片 5，短小而全缘。花瓣 5，雄蕊多数；心皮 5～8。瘦果干而小。

仅 1 种，产于我国及日本。

棣棠 Kerria japonica (I.) DC.(图 117)

[形态] 落叶丛生无刺灌木。高 1.5～2 m；小枝绿色，光滑，有棱。叶卵形至卵状椭圆形，长 4～8 cm，先端长尖，基部截形或近圆形，缘有尖锐重锯齿，背面略有短柔毛。花金黄色，径 3～4.5 cm，单生于侧枝顶端。瘦果褐黑色，生于盘状花托上，萼片宿存。花期 4 月下旬至 5 月底。

图 117 棣 棠

[分布] 产于我国河南、湖北、湖南、江西、浙江、江苏、四川、云南、广东等省。日本也有。

[习性] 性喜温暖、半阴而略湿之地。野生状态多在山涧、岩石旁，灌丛中或乔木林下生长。

[繁殖栽培] 繁殖多用分株法，于晚秋或早春进行。

[观赏特性及用途] 花、叶、枝俱美，丛植于篱边、墙际、水畔、坡地、林缘及草坪边缘，或栽作花径、花篱，或与假山配植，都很合适。

3. 鸡麻属 Rhodotypas Sieb et Zucc.

灌木。单叶对生，缘具重锯齿，有托叶；花单生，白色。萼片 4,卵形,有锯齿,基具 4 互生付萼。花瓣 4,近圆形,雄蕊多数,心皮通常 4;核果熟时干燥,黑色,果基部具大型宿存萼。

本属仅 1 种,产于我国及日本。

鸡麻 Phodotypas scandens(Thunb.)Mak.(图 118)

[形态] 落叶灌木。高 2～3m;枝开展,紫褐色,无毛。叶卵形至卵状椭圆形,长 4～8cm,端锐尖,基圆形,缘具尖锐重锯齿,表面皱,背面至少幼时有柔毛;叶柄长 3～5mm。花纯白色,径 3～5cm,单生新枝顶端。核果 4,倒卵形,长约 8mm,亮黑色。花期 4～5 月。

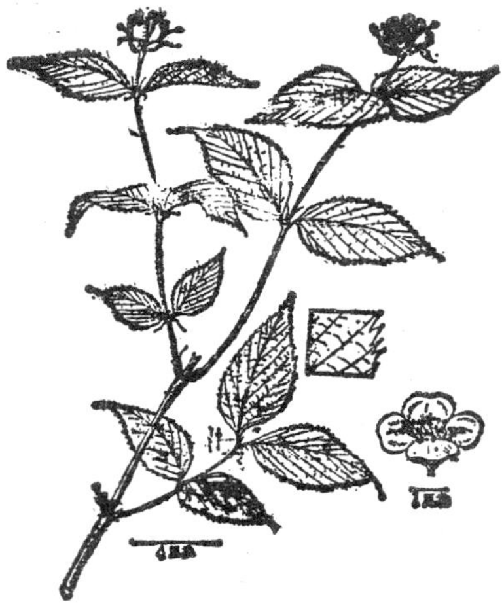

图 118 鸡 麻

[分布] 产于我国辽宁、山东、河南、陕西、甘肃、安徽、江苏、浙江、湖北等省;日本也有。生于海拔 800m 以上山坡疏林下。

[繁殖栽培] 繁殖多用分株法。

[观赏特性及用途] 一般栽培于庭园观赏。果及根可药用,治血虚肾亏。

4. 金露梅属 Dasiphora

落叶小灌木。复叶,托叶连于叶柄并成鞘状。花单生或顶生聚伞花序;萼片 5,基具 5 互生苞片;花瓣 5 圆形;雄蕊 10～30;雌蕊多,生于一较低的圆锥形花托上,后各变为干瘦果;花柱脱落。

共数十种,广布于北温带及亚寒带。

本属过去曾与草本植物合称为 Potentilla L.(委陵菜或翻白草属),现在将木本与草本分开。

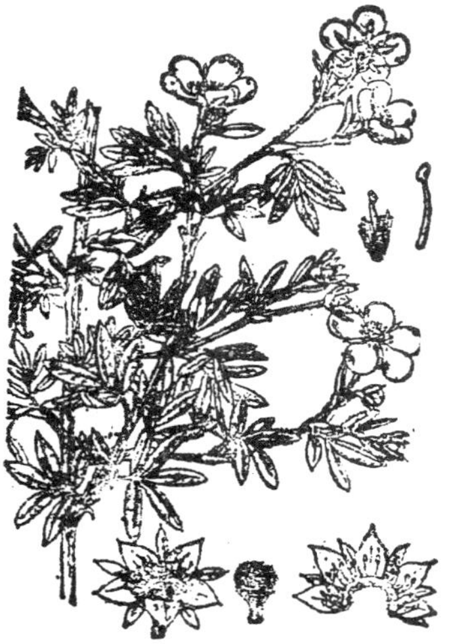

图 119 金露梅

金露梅(金老梅、金腊梅) Dasiphora fruticosa(L.)Rydb.(图 119)

[形态] 落叶灌木。高达 1.5m;树皮纵向剥落,分枝多,幼枝有丝状毛。羽状复叶,小叶 3～7,通常 5 枚,长椭圆形至线状长圆形,长 1～2.5cm,宽 3～6mm,全缘,两面微有毛,叶柄短;托叶膜质。花单生或数朵成伞房状,花黄色,罕白色,径 2～3cm;副萼片披针形,萼片卵形;花瓣圆形;瘦果密生长柔毛。花期 7～8 月。

［分布］ 原种产于我国北部及西部，如河北、山东、山西、河南、四川、西藏、陕西、甘肃、云南等地。

［变种、变型及品种］ 银老梅（达乌里金老梅）var. davurica Ser.（Potentilla davurica Nestl.）灌木。高1m；小叶长1cm，叶表疏生丝状毛；托叶褐色，具膜质缘，顶具丛毛。花单生，白色；萼广卵形；副萼小，倒卵形；苞常椭圆形。

［分布］ 产于我国陕西、甘肃、青海。西伯利亚、日本亦有分布。

［繁殖栽培］ 用种子繁殖，栽培粗放。此外尚有许多变种，可供栽培。

［观赏特性及用途］ 性强健，耐寒，耐干旱，常分布于高山；植株紧密，花色鲜丽，为良好的观花树种，可配植于高山园或岩石园。

（四）李亚科 PRUNOIDEAE

乔木或灌木。单叶，互生，有托叶。心皮1(2)；子房上位，1室，胚珠2，悬垂。核果，稀开裂。

4属，我国特产。

李属 Prunus L.

乔木或灌木。多落叶，罕常绿。单叶互生，有锯齿，罕全缘，叶柄或叶片基部常有腺体，托叶小，早落。花两性，为白色、粉红或红色，花瓣各5，雄蕊多数，周位生；雌蕊1，子房上位，具伸长花柱及2胚珠。核果，通常含1种子。

约200种，主产于北温带。我国约有140种。其中有许多种类为栽培果树，并大多数种类为庭园观赏树木，赏花观果。

分种检索表

1. 果实外面有沟槽
  2. 腋芽单生，无顶芽；叶在芽中席卷状
    3. 子房和果实无毛，花具较长花梗
      4. 花常3朵簇生，白色；叶绿色 …………………………… (1)李 **P. salicina**
      4. 花常单生，粉红色；叶紫红色 … (15)红叶李 **P. cerasifera cv. Atropurea**
    3. 子房和果实被短毛；花多无梗
      5. 小枝红褐色；果肉离核，核光滑 ………………………… (2)杏 **P. armeniaca**
      5. 小枝绿色；果肉粘核，核具点穴 ………………………… (3)梅 **P. mume**
  2. 腋芽3，具顶芽；叶在芽中对折状
    6. 乔木或小乔木；叶缘为单锯齿
      7. 萼筒有短柔毛；叶片中部或中下部以上最宽，叶柄具腺体 ……………………………………………………………………… (4)桃 **P. persica**
      7. 萼筒无毛；叶片近基部最宽，叶柄常无腺体 ……… (5)山桃 **P. davidiana**

6. 灌木；叶缘为重锯齿，叶端常 3 裂状 ………………… (6)榆叶梅 **P. triloba**

1. 果实外面无沟槽

8. 花单生或少数成短总状花序，苞片常显著

9. 腋芽 3；灌木

10. 花近无梗，花萼筒状；小枝及叶背密被绒毛 …… (13)毛樱桃 **P. tomentosa**

10. 花具中长梗，花萼钟状

11. 叶卵形至卵状披针形，先端渐尖，基部圆形，锯齿重尖 ……………………………………………………………… (14)郁李 **P. japonica**

11. 叶卵状长圆形至椭圆状披针形，先端急尖，基部广楔形，锯齿细钝 ……………………………………………………………… (10) 麦李 **P. glandulosa**

9. 腋芽单生；乔木或小乔木

12. 苞片小而脱落；叶缘重锯齿，无芒；花白色；果红色 ……………………………………………………………… (7)樱桃 **P. pseudocerasus**

12. 苞片大而常宿存；叶缘具芒状重锯齿

13. 花萼筒状，具柔毛；叶至少背脉有短毛 … (9)东京樱花 **P. yedoensis**

13. 花萼钟状，无毛；叶片无毛

14. 叶缘齿端有短芒；树皮暗灰色；花无香气…… (8)樱花 **P. serrulata**

14. 叶缘齿端有长芒；树皮浅灰色；花有香气 ……………………………………………………… (11)日本晚樱 **P. lannesiana**

8. 花 10 朵以上成长总状花序，花序总梗具叶；果梗细，果核显具皱纹 ……………………………………………………………… (12)稠李 **P. padus**

(1)李　Prunus salicina Lindl.（图 120）

［形态］　乔木。高达 12 m；小枝无毛，红褐色，有光泽。叶多倒卵状椭圆形，长 6～10 cm，先端突渐尖，基部楔形，缘有细钝重锯齿，背面脉腋有簇毛；叶柄长 1～1.5 cm，近端处有 2～3 腺体。花白色，径 1.5～2 cm，常 3 朵簇生，花梗长 1～1.5 cm，无毛，萼筒钟状，无毛，裂片有细齿。果卵球形，径 4～7 cm，黄绿色至紫色，无毛，外被蜡粉。花期 3～4 月；果熟期 7 月。

［分布］　我国东北、华北、华东、华中均有分布。

［习性］　喜光，也能耐半阴；耐寒，喜肥沃湿润的黏质壤土。

［繁殖栽培］　繁殖可用嫁接、分株、播种等法。

［观赏特性及用途］　李树花白而早开，为我国南北久经栽培的果树，也是观赏树。在庭院、宅旁、村旁或风景区栽植都很合适。根、叶、花、树胶可药用。

图 120　李

1. 花枝　2. 果枝

图 121　杏

1. 花枝　2. 果枝　3. 雄蕊　4. 雌蕊　5. 果核

(2)杏　Prunus armeniaca L.(图 121)

［形态］　落叶乔木。高达 10 m,树冠圆整;小枝红褐色或褐色。叶广卵形或圆卵形,长 5～10 cm,先端短尖锐,基部圆形或近心形,锯齿细钝,两面无毛或背面脉腋有簇毛;叶柄多带红色,长 2～3 cm。花单生,先叶开放,白色至淡粉红色,径约 2.5 cm,萼鲜绛红色。果球形,径 2.5～3 cm,黄色而常一边带红晕。表面有细柔毛,核略扁而平滑。花期 3～4 月;果熟期 6 月。

［变种、变型和品种］

①垂枝杏(var. pendula Jaeg)　枝条下垂,供观赏用。

②斑叶杏(f. variegata Schneid.)　叶有斑纹,观叶、观花用。

［分布］　我国东北、华北、西北、西南及长江中下游各省均有分布。

［习性］　喜光,耐寒,耐旱,对土壤要求不严。极不耐涝,也不喜空气湿度过高。

［繁殖栽培］　繁殖用播种、嫁接均可。

［观赏特性及用途］　早春开花,繁茂可观,北方栽植尤多。除在庭院少量种植外,宜群植、林植于山坡、水畔。果供食用,杏仁及杏仁油均可入药。

(3)梅　Prunus mume Sied. et Zucc.(图 122)

［形态］　落叶乔木。高达 10 m;树干褐紫色,有纵斑驳纹。小枝细而无毛,多为绿

色。叶广卵形至卵形,长 4～10 cm,先端渐长尖或尾尖,基部广楔形或近圆形,锯齿细尖,多仅叶背脉上有毛。花 1～2 朵,具短梗,淡粉或白色,有芳香,在冬季或早春叶前开放;果球形,绿黄色,密被黄色细毛,径 2～3 cm,核面有凹点甚多,果肉粘核,味酸。果熟期 5～6 月。

[分布] 野生于我国西南山区,栽培于全国各地。

[习性] 性好温暖而稍潮湿气候,在阳光充足、通风良好处更宜生长;对土壤要求不严。

[繁殖栽培] 繁殖方法很多,最常用的是嫁接,其次是扦插、压条。

[观赏特性及用途] 为我国传统名花之一,树姿、花色、花态、花香俱美,为广大民众所重视。最宜植于庭院、草坪、低山、四旁及风景区,孤植、丛植、林植俱美。果实可加工食用,并可入药。

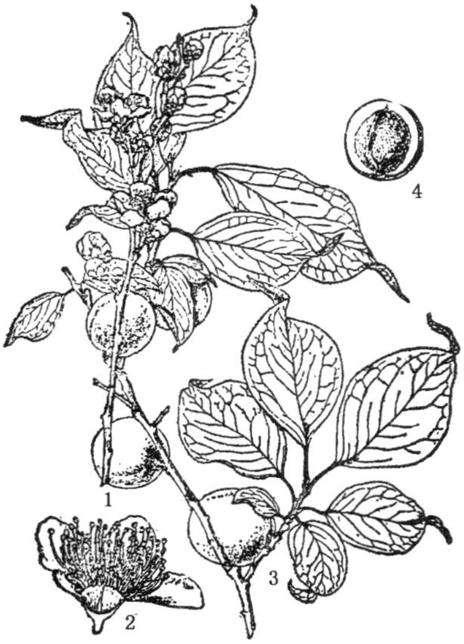

图 122 梅

1. 花枝 2. 花纵剖面 3. 果枝 4. 果纵剖面

图 123 桃

1. 果枝 2. 花枝 3. 花纵剖面 4. 果核

(4)桃 Prunus persica (L.)Batsch.(图 123)

[形态] 落叶小乔木。高达 8 m;小枝红褐色或褐绿色,无毛,芽密被灰色绒毛。叶椭圆状披针形,长 7～15 cm,先端渐尖,基部阔楔形,缘有细锯齿,两面无毛或背面脉腋有毛,叶柄长 1～1.5 cm,有腺体。花单生,粉红色,近无柄,萼片被毛。果近球形,径 5～7 cm,表面密被绒毛。花期 3～4 月,叶前开花;6～9 月果熟。

[分布] 原产于我国,华北、华中、西南等地山区现仍有野生桃树。目前桃树在国内外普遍栽培。

［习性］ 喜光，耐旱；喜肥沃而排水良好的土壤，不耐水湿；喜夏季高温，有一定的耐寒力。

［繁殖栽培］ 以嫁接为主，各地多用切接或盾状芽接。

［观赏特性及用途］ 桃花烂漫芳菲，妩媚可爱。既可食用其果实，又可作为观赏树，园林中食用桃可在风景区大片栽种；观赏种则种植于山坡、水畔、墙际、草坪边俱宜。桃为著名果品，枝、叶、根亦可入药。

图 124　山　桃

（5）山桃　Prunus davidiana (Carr.) Franch.（图 124）

［形态］ 落叶小乔木。高达 10 m；树皮紫褐色而有光泽。小枝细而无毛，多直立或斜伸。叶狭卵状披针形，长 6～10 cm，先端长渐尖，基部广楔形，锯齿细毛，两面无毛；叶柄长 1～2 cm，罕具腺体。花单生，淡粉红色，花萼无毛。果球形，径约 3 cm，果肉薄而干燥，离核，不堪食。花期 3 月～4 月，叶前开放；7 月果熟。

［分布］ 主要分布于我国黄河流域各省，西南也有。多生于向阳的石灰岩山地。

［习性］ 耐寒，耐旱。

［繁殖栽培］ 用播种法繁殖。在北方多用做梅、杏、李、樱的砧木。

［观赏特性及用途］ 花期早，花时美丽可观，并有曲枝、白花、柱形等变异类型。园林中宜成片植于山坡并以苍松翠柏为背景，在庭院、草坪、水际、林缘前零星栽培也很合适。

（6）榆叶梅　Prunus triloba Lindl.（图 125）

［形态］ 落叶灌木。高 3～5m；小枝细，无毛或幼时稍有柔毛。叶椭圆形至倒卵形，长 3～5 cm，先端尖或有时 3 浅裂，基部阔楔形，缘具粗重锯齿，两面多少有毛。花 1～2 朵，粉红色，径 2～3 cm；萼筒钟状，萼片卵形，有齿。核果球形，径 1～1.5 cm，红色。花期在 4 月，先叶或与叶同放；7 月果熟。

图 125　榆叶梅

［分布］ 原产于我国北部，河北、山西、山东、浙江等省皆有野生；华北栽培较普遍。

［习性］ 性喜光，耐寒，耐旱，不耐水涝。

［繁殖栽培］ 繁殖用嫁接或播种法。

［观赏特性及用途］ 在园林或庭院中最好以苍松翠柏为背景丛植，或与连翘配植。此外，还可作盆栽、切花或催花材料。

（7）樱桃 **Prunus pseudocerasus** Lindl.（图126）

［形态］ 落叶小乔木。高可达 8 m；叶卵形至卵状椭圆形，长 7～12 cm，先端尖锐，基部圆形，缘有大小不等重锯齿，齿尖有腺，上面无毛或微有毛，背面疏生柔毛。花白色，径约 1.5～2.5 cm，萼筒有毛；3～6 朵成短总状花序。果近球形，径 1～1.5 cm，红色。花期在 4 月，先叶开放；5～6 月果熟。

［分布］ 我国河北、陕西、甘肃、山东、山西、江苏、江西、贵州、广西等省区均有分布。

［习性］ 喜日照充足、温暖而略湿润的气候及肥沃而排水良好的砂壤土；有一定的耐寒与耐旱力，华北栽培普遍。

图 126　樱　桃
1. 果枝　2. 花枝

［繁殖栽培］ 繁殖可用分株、扦插及压条等法。

［观赏特性及用途］ 果实味甜，花先叶开放，也颇可观，是园林观赏及果实兼用树种。

（8）樱花 **Prunus serrulata** Lindl.（图 127）

［形态］ 落叶乔木。高 10～25 m；树皮暗栗褐色，光滑，小枝无毛。叶卵形至卵状椭圆形，长 6～12 cm，先端尾状，缘具尖锐重或单锯齿，齿端短刺芒状，两面无毛，背面苍白色；幼叶淡绿褐色；叶柄长 1.5～3 cm，无毛，常有 2～4 腺体。花白色或淡粉红色，径 2.5～4 cm，无香；萼筒钟状，无毛，萼裂片有细锯齿；3～5 朵成簇短总状花序。核果球形，径 6～8 mm，黑色。花期 4 月，与叶同放；7 月果熟。

图 127　樱　花

［分布］ 主产于我国长江流域，但我国东北、华北及朝鲜、日本均有分布，且变种、变型甚多。

［习性］ 性喜光，喜深厚肥沃而排水良好的土壤，对烟尘、有害气体及海潮风抵抗力均较弱；有一定耐寒能力，但栽培品种在北京仍需选小气候良好处种植。

［繁殖栽培］ 根系较浅，栽培容易。繁殖多用嫁接法，

砧木可用樱桃、桃、杏等实生苗。

［观赏特性及用途］ 宜于山坡、庭院、建筑物前及园路旁栽植。

(9)东京樱花 Prunus yedoensis Matsum.

落叶乔木。叶卵状椭圆形，叶缘有细尖重锯齿；单瓣，3～6朵成短总状花序。

(10)麦李 Prunus glandulosa Thunb.

落叶灌木。花粉红色或近白色；花梗长约1 cm；果近球形，红色，可食。

(11)日本晚樱 Prunus lannesiana Wils.

乔木。小枝较粗壮；叶常倒卵形，呈长尾状，叶缘锯齿具长芒；1～5朵排成伞房花序，小苞片叶状，有总梗，常下垂。

(12)稠李 Prunus padus L.

落叶乔木。小枝紫褐色，叶缘有细锐锯齿，花数朵，排成总状花序，基部有叶。

(13)毛樱桃(山豆子) Prunus tomentosa Thunb.

幼枝密生绒毛；叶表面皱，背面密生绒毛；无梗，萼红色；果小，红色。

(14)郁李 Prunus japonica Thunb.

枝细密，冬芽3枚并生；叶卵形，先端常尾状，基部圆形；果球形，红色。

(15)红叶李(紫叶李) Prunus cerasifera Ehrh cv. Atropurea Jacq.

叶重锯齿，紫红色，花常单生，花梗长。果球形，暗酒红色。

二十九、豆科 LEGUMINOSAE

乔木、灌木或草本。多为复叶，罕单叶，常互生；有托叶。花序总状、穗状或头状；花多两性，花萼、花瓣各5，多为两侧对称或假蝶形花，少数为辐射对称；雄蕊10，常成二体，罕为多数而全部离生或常单体；单心皮，子房上位，胚珠一至多数。荚果，种子多无胚乳，子叶肥大。

通常分为3个亚科，共约550属，13 000余种，分布于全世界。中国产150余属，1 200余种。

分亚科检索表

1. 花辐射对称 ………………………………… (一)含羞草亚科 **MIMOSOIDEAE**
1. 花两侧对称
   2. 花冠不为蝶形，在上方的一枚花瓣位于最内方 ………………………………………… (二)苏木亚科 **CAESALPINIOIDEAE**
   2. 花冠蝶形，在上方的一枚花瓣位于最外方 ………………………………………… (3)蝶形花亚科 **PAPILIONOIDEAE**

(一)含羞草亚科　MIMOSOIDEAE

乔木、灌木、藤本,罕草本。二回羽状复叶,互生,小叶全缘,具托叶。穗状,总状或头状花序;花小,两性或杂性,辐射对称;萼管状,花瓣镊合状排列;雄蕊 5～10 或更多,子房上位,花柱丝状,荚果。

约 56 属 2 800 种,我国主产 17 属 63 种,分布西南及东部。引入 10 属,约 20 种。

分属检索表

1. 花丝多少合生,荚果扁平而直,不开裂,二回羽状复叶 …… 1. 合欢属 **Albizzia**

1. 花丝离生,叶为二回羽状复叶,或退化为 1 叶柄 ………… 2. 金合欢属 **Acacia**

1. 合欢属　Albizzia Durazz.

落叶乔木或灌木。二回羽状复叶,互生,总柄下部有腺体,羽片及小叶均对生;小叶全缘,近无柄,中脉常偏于一边。头状或穗状花序,花序柄细长;萼筒状,端 5 裂;花冠小,5 裂至中部以上;雄蕊多数,花丝细长,基部合生。荚果带状,成熟后宿存枝梢,常不开裂。

共约 50 种,产于亚洲、非洲及澳洲的热带和亚热带。我国产 13 种。

合欢(绒花树)　Albizzia julibrissin Durazz.(图 128)

[形态]　乔木。高达 16 m;枝条开展,常呈伞状。树皮褐灰色或浅灰色,不裂。二回羽状复叶,具羽片 4～12 对,各具小叶 10～13 对,小叶镰刀形,长 6～13 mm,宽 1.5～4 mm,中脉明显偏于一边,两面无毛或仅叶缘及背面中脉有毛。头状花序具细长的总柄,排成伞房状,萼片花冠均黄绿色,花丝粉红色,细长如绒缨。荚果扁条形,长 9～17 cm,花期 6～7 月;果熟 9～10 月。

[分布]　产于亚洲及非洲。我国华北至华南、西南均有分布。

[习性]　喜光,适应性颇强,有一定的耐寒能力,但华北宜选平原或低山的小气候较好处栽植;对土壤要求不严,能耐干旱、瘠薄,但不耐水涝。

[繁殖栽培]　主要用播种法繁殖。

[观赏特性及用途]　树姿优美,叶形雅致,是美丽的庭园观赏树种。宜作庭荫树、行道树,植于房前、草坪、山坡、林缘都很适宜。树皮及花可入药。

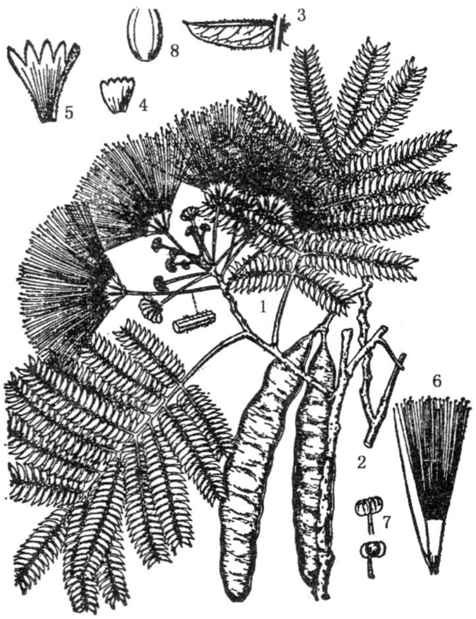

图 128　合　欢

1. 花枝　2. 果枝　3. 小叶　4. 花萼　5. 花冠　6. 雄蕊和雌蕊　7. 花药　8. 种子

2. 金合欢属　Acacia Willd.

乔木、灌木或藤本。具托叶刺或皮刺，罕无刺。偶数二回羽状复叶，互生，或退化为叶状柄。花序头状或圆柱形穗状，花黄色或白色；花瓣离生或基部合生；雄蕊多数，花丝分离，或于基部合生。荚果开裂或不开裂。

约 500 种，全部产于热带和亚热带，尤以澳洲及非洲为多。中国产 10 种。

分种检索表

1. 乔木无刺，叶退化为1个扁平的叶状柄 ……………… (1)台湾相思 **A. confusa**

1. 灌木有刺，枝上无针刺而只有托叶刺 ………………… (2)金合欢 **A. farnesiana**

(1)台湾相思(相思树、相思子、台湾柳)　Acacia cacia confusa Merr.(图 129)

图 129　台湾相思

1. 花枝　2. 花　3. 果

［形态］　常绿乔木。高 6～15m；小枝无刺，无毛。幼苗具羽状复叶，长大后小叶退化，仅存1叶状柄，狭披针形，长 6～10cm，具 3～5 平行脉，革质，全缘。头状花序 1～3 个腋生，径约 1cm；花黄色，微香。荚果扁带状，长 5～10cm，种子间略缢缩。花期 4～6 月；果 7～8 月成熟。

［分布］　产于我国台湾省，在福建、广东、广西、云南等省均有栽培。

［习性］　性强健，喜暖热气候，在北纬 26°左右以南年平均温度 18～26℃区域均可栽培。能耐瘠薄土壤，在砂质土及黏质土壤上均可生长。喜酸性土，在石灰质土上生长不良。耐干旱，又耐短期水淹。极喜光，不耐荫，为强阳性树种。根深而枝条韧性强，能耐 12 级台风而无倒折现象。生长迅速，萌芽力强，能耐多次斫伐。由于根系发达且具根瘤，故为良好的水土保持树种。本树属速生树种，定植后的头三四年每年生长量约 0.7m，此后则逐渐加快，年生长量可达 1m 左右。

［繁殖栽培］　用种子繁殖。在 8 月左右荚果成熟而未开裂时采集，取出种子后可充分晾晒，拌以石灰或草木灰加以干藏。每千克种子约 3～4 万粒。发芽率可达 80%以上。播种前用 80℃热水浸种约 1 分钟，再入凉水浸泡一昼夜后播种。每亩条播约需 5～6kg 种子。一年生苗可高达 70cm。主干欠通直且分枝很多，故应注意整形修枝以养成通直主干。

［观赏特性及用途］　本树生长迅速，抗逆性强，适作荒山绿化的先锋树。又可作防

风林带、水土保持及防火林带用。在华南亦常作公路两旁的行道树，颇具特色。材质坚韧有弹性，不易折断，不易翘曲，可供制造车、船、家具用。树皮含单宁 23%～25%，可作栲胶原料。花含芳香油。枝的燃烧力强，可供作薪炭用。

（2）金合欢（刺毬花、鸭皂树、牛角花） Acacia farnesiana（L.）Willd.（图 130）

［分布］ 灌木。多枝，有刺，高 2～4m，枝略呈左右曲折状；托叶刺长 6～12mm。羽片 4～8 对，小叶 10～20 对，细狭长圆形，长 2～6mm，宽 1～1.5mm。头状花序腋生，单生或 2～3 个簇生，球形，径 1cm，花黄色，极芳香；花序梗长 1～3cm。荚果圆筒形，膨胀，长 4～10cm，直径 1～1.5cm，直或弯曲。花期 10 月。

［分布］ 分布于我国浙江、福建、广东、广西、四川、云南、台湾等广大地区。

［观赏特性及用途］ 在园林中可作刺篱用；花可提香精；荚及根可作黑色染料，又可入药，有收敛、清热之效；茎上流出的树脂可供艺术及药用，其品质优于阿拉伯树胶。材质坚硬，可制贵重器具。

图 130 金合欢

（二）苏木亚科 CAESALPINIOIDEAE

乔木、灌木或藤本，罕草本。一回或二回羽状复叶，互生。花两性，萼片 5，分离或合生；花瓣 5，雄蕊 10，分离或部分联合；单雌蕊，子房上位，1 室。荚果，种子无胚乳。

共 156 属，约 2 800 种。我国 18 属 120 种。

分属检索表

1. 单叶或分裂成 2 小叶
　2. 单叶、全缘，花冠假蝶形 ………………………………… 1. 紫荆属 **Cercis**
　2. 叶 2 裂或沿中脉分为 2 小叶状；花瓣稍不等 ………… 3. 羊蹄甲属 **Bauhinia**
1. 偶数羽状复叶
　3. 2 回偶数羽状复叶或 1～2 回羽状复叶
　　4. 植株无刺，花两性，大而显著，近于整齐，二回羽状复叶 ……………………
　　………………………………………………………… 4. 凤凰木属 **Delonix**
　　4. 植株有刺
　　　5. 植株具分枝硬刺；花小，杂性，1～2 回羽状复叶 …… 2. 皂荚属 **Gleditsia**
　　　5. 植株具刺，花显著，两性，二回羽状复叶 ………… 5. 云实属 **Caesalpinia**
　3. 一回偶数羽状复叶；雄蕊 10 或 5，花药顶端孔裂 ………… 6. 决明属 **Cassia**

图 131　紫　荆
1. 叶枝　2. 花枝　3. 花　4. 花瓣
5. 去花瓣之花　6. 雄蕊
7. 雌蕊　8. 果　9. 种子

1. 紫荆属　Cercis L.

落叶乔木或灌木。芽叠生;单叶互生,全缘,掌状叶脉。花萼 5 齿裂,红色;花冠假蝶形,上部 1 瓣较小,下部 2 瓣较大,雄蕊 10 ,花丝分离。荚果扁带形;种子也扁形。

共约 11 种,产于北美、东亚及南欧。我国有 7 种,皆为美丽的观赏植物。

紫荆　Cercis chinensis Bunge(图 131)

[形态]　乔木。高达 15 m,胸径 50 cm,但在栽培情况下多呈灌木状。叶近圆形,长 6～14 cm,先端急尖,基部心形,全缘,两面无毛。花紫红色,4～10 朵簇生老枝上。荚果长 5～14 cm,沿腹缝线有窄翅。花期在 4 月,先叶开放;10 月果熟。

[分布]　我国华北、西北至华南、西南均有分布。

[习性]　喜光,有一定耐寒性;喜肥沃而排水良好的土壤;不耐涝。

[繁殖栽培]　繁殖用播种、分株、扦插、压条等法均可,而以播种为主。

[观赏特性及用途]　早春繁花簇生枝间,艳丽可爱。在园林中多植于草坪边缘或建筑物近旁。其花梗及树皮还可药用。

2. 皂荚属　Gleditsia L.

落叶乔木,罕为灌木。树皮粗糙不裂;枝干常具分枝的刺。枝无顶芽,侧芽叠生。一回或兼有二回羽状复叶,互生。花杂性,近整齐,萼、瓣各为 3～5; 雄蕊 6～10。荚果长带状或较小;种子具角质胚乳。

共约 13 种,产于亚洲、美洲及热带非洲。我国产 10 种,分布很广。

(1)皂荚(皂角)　Gleditsia sinensis Lam.(图 132)

[形态]　落叶乔木。高达 15～30 m;树冠扁球形,具分枝的圆刺。一回羽状复叶,小叶 6～14 枚,卵形至卵状长椭圆形,长 3～8 cm,先端钝而具短尖头,缘有细钝锯齿,背面网脉明显。总状花序腋生;萼、瓣各为 4。荚果较肥厚,直而不扭转,长 12～30 cm,黑褐色,被白粉。花期 5～6 月;果 10 月成熟。

[分布]　我国北部至南部及四川、贵州均有分布。多生于平原、山谷及丘陵地区。

[习性]　喜光而稍耐阴,喜温暖湿润气候及肥沃土壤,亦耐寒冷和干旱,对土壤要求不严。

[繁殖栽培]　用播种法繁殖。

[观赏特性及用途]　皂荚树冠宽广,叶密荫浓,宜作庭荫树及四旁绿化或造林用。

果实、种子、枝刺、树皮等均可入药。

(2)山皂荚(日本皂荚) **Gleditsia japonica** Miq.

枝刺扁。萌芽枝上常为二回羽状复叶,穗状花序。荚果扭曲。

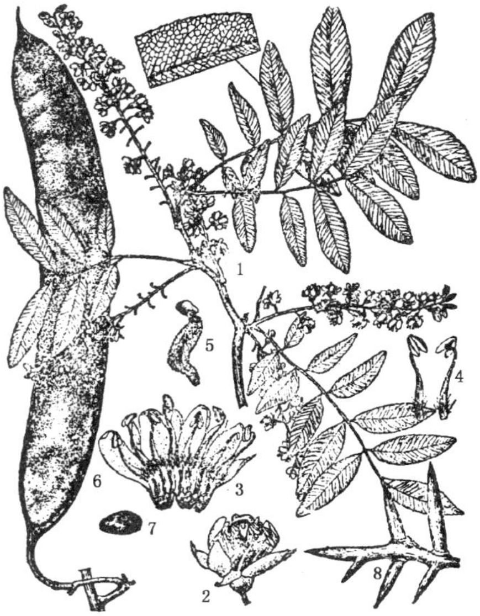

图 132　皂　荚
1. 花枝　2. 花　3. 展开之花　4. 雄蕊　5. 雌蕊　6. 果　7. 种子　8. 枝刺

3. 羊蹄甲属　Bauhinia L.

乔木、灌木或藤本。单叶互生,顶端常 2 深裂或裂为 2 小叶。花单生或排为伞房、总状、圆锥花序;萼全缘呈佛焰苞状或 2～5 齿裂;花瓣 5,稍不相等;雄蕊 10 或退化为 5 或 3,罕 1,花丝分离。

本属约 250 种,产于热带。中国栽培约 6 种。

紫羊蹄甲(羊蹄甲、白紫荆)　Bauhinia purpurea L.(图 133)

［形态］　常绿乔木。高 4～8m;叶近革质,广椭圆形至近圆形,长 5～12cm,端 2 裂,裂片为全长的 1/3～1/2,裂片端钝或略尖,有掌状脉 9～13 条,两面无毛。伞房花序顶生;花玫瑰红色,有时白色,花萼裂为几乎相等的 2 裂片;花瓣倒披针形,宽不足 1cm;发育雄蕊 3～4。荚果扁条形,长 15～30cm,略弯曲。花期 10 月。

图 133　紫羊蹄甲

［分布］　分布于我国福建、广东、广西、云南等省。马来半岛、南洋一带均有栽培。

［繁殖栽培］　可用播种及扦插法繁殖。

［观赏特性及用途］　树冠开展,枝桠低垂,花大而美丽,秋冬时开放,叶片形如牛羊的蹄甲,是个很有特色的树种。在广州及其他华南城市常作行道树及庭园风景树用。树皮含单宁;嫩叶治咳嗽;花芽经盐渍可充蔬菜食用。材质坚重,有光泽,可作细工、农具。

4. 凤凰木属　Delonix Raf.

大乔木。二回偶数羽状复叶,小叶形小,多数。花大而显著,成伞房总状花序;萼 5 深裂,镊合状排列;花瓣 5,圆形,具长爪;雄蕊 10,花丝分离;子房无柄,胚珠多数。荚果大,扁带形,木质。

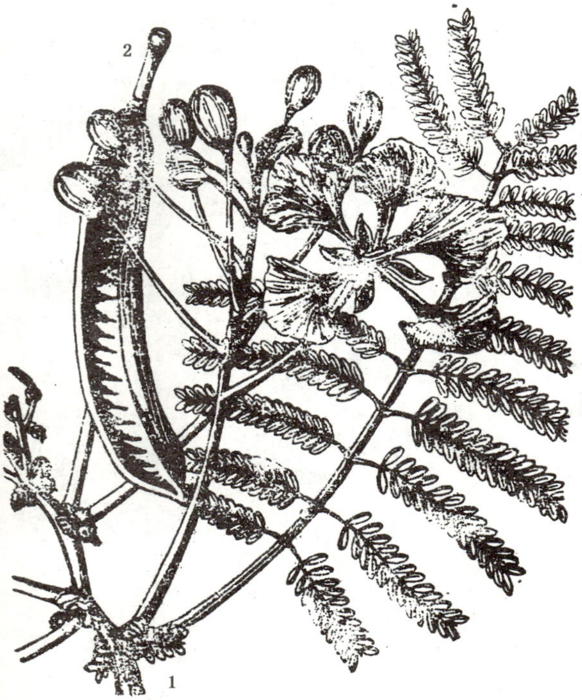

图 134　凤凰木
1. 花枝　2. 果

约 3 种，产热带非洲。我国华南引入 1 种。

凤凰木　Delonix regia(Bojer) Raf.（图 134）

［形态］　落叶乔木。高达 20m，树冠开展如伞状。复叶具羽状 10～24 对，对生；小叶 20～40 对，对生，近矩圆形，长 5～8mm，宽 2～3mm，先端钝圆，基部歪斜，表面中脉凹下，侧脉不显，两面均有毛。花萼绿色；花冠鲜红色，上部的花瓣有黄色条纹。荚果木质，长达 50cm；花期 5～8 月。

［分布］　原产于马达加斯加岛及热带非洲，现广植于热带各地。我国台湾、福建南部、广东、广西、云南均有栽培。

［习性］　性喜光，不耐寒；生长迅速，根系发达。耐烟尘性差。

［繁殖栽培］　用播种法繁殖；移植易活。

［观赏特性及用途］　本树树冠宽阔，叶形如鸟羽，有轻柔之感，花大而色艳，初夏开放，满树如火，与绿叶相映更为美丽。在华南各市多栽作庭荫树及行道树。材质轻软而松，黄白色。

5. 云实属（苏木属）　Caesalpinia L.

落叶乔木或灌木，有时为藤本。有刺或无刺；叶为二回偶数羽状重复叶。总状或圆锥状花序，腋生或顶生；花两性，不整齐；花萼 5 齿，基部合生，最下方 1 齿突出，最外方者最大；花瓣 5，有爪，最上的一瓣最小；雄蕊 10，分离，花丝基部有腺体或毛；子房近于无柄或无柄，有少数胚珠。荚果长圆形，革质或木质，扁平或肿胀，光滑或有刺或毛，开裂或不裂。

约 60 种，分布于热带、亚热带地区。中国有 14 种。

云实（牛王刺）　Caesalpinia sepiaria Roxb.（图 135）

［形态］　攀缘灌木。密生倒钩状刺。叶为二回羽状复叶，羽片 3～10 对，小叶 6～12 对，长椭圆形，叶表绿色，叶背有白粉。花黄色，排成顶生总状花序；雄蕊略长于花冠。荚

果长圆形，木质，长 6～12cm，宽 2.3～3cm，荚顶有短尖，沿腹缝线有宽 3～4mm 的窄翅；种子 6～9 粒。花期 5 月；果 8～10 月成熟。

［分布］ 产于我国长江以南各省，见于平原、河旁及丘陵。

［习性］ 性强健、萌生力强，是暖地的良好刺篱树种。

［观赏特性及用途］ 是良好的刺篱树种。荚及枝含单宁；种子可榨油；根、茎、果均入药，有祛寒、发表、活血通经、解毒杀虫之效。

图 135　云　实

6. 决明属　Cassia L.

乔木、灌木或草本。偶数羽状复叶，叶轴上在 2 小叶之间或叶柄上常有腺体。圆锥花序顶生，总状花序腋生，偶有一至多花簇生叶腋；花黄色；萼片 5，萼筒短；花瓣 3～5，后方 1 花瓣位于最内方；雄蕊 10，常有 3～5 个退化，药顶孔开裂；子房无或有柄，含多数胚珠。荚果形状多种，开裂或不开裂，常在种子间有间隔膜；种子有胚乳。

约 400 种，主要分布于热带。中国产 13 种。

铁刀木（黑心树）　*Cassia siamea* Linn.（图 136）

图 136　铁刀木

［形态］ 常绿乔木。高 5～12m；树皮灰色，较光滑。偶数羽状复叶，叶长 25～30cm，叶柄和总轴无腺体；小叶 6～10 对，近革质，椭圆形至长圆形，长 4～7cm，宽 1.5～2cm，花序之腋生者呈伞房状的总状花序，顶生者则呈圆锥状花序，序长达 40cm；序轴密生黄色柔毛；苞片线形，坚硬。花瓣 5，长卵形，黄色，长 12mm。荚果扁条形，长 15～30cm，宽 1cm，微弯，内含种子 10～20 粒。花期 7～12 月；果 1～4 月成熟。

［分布］ 原产于印度、马来亚、缅甸、泰国一带。我国华南、西南有栽培。

［习性］ 喜暖热气候，在年平均温度 19.5～24℃，极端低温在 0℃以上地区均能正常生长，但在有霜冻害地区不能正常生长。而从园林绿化角度来看则可放宽尺度，即使不能正常长成乔木但能成活长成灌木亦是可以有一定利用价值的。例如在云南思茅，年均温为 17.5℃，积温6 390℃，最冷月气

温 11.1℃，极端低温－3.4℃，在此等气候下，铁刀木成为落叶灌木状。

性喜光照充足，也有一定耐荫能力。对土壤要求不严，在红壤、黄壤及干燥瘠薄地点均能生长，但以适润肥沃的石灰质及中性土壤为最佳。忌积水。性强健，能抗烟、抗风，极少病虫害。萌芽力极强，根系强大，生长速度视生长条件而异；一般言之，1 年生高约 2～3m；5 年可达 7～8m；10 年高 7～13m，径约 20cm；15 年高 10～14m，径约 30cm；20 年高 18m，径 37cm，实生苗约 3～5 年可开花。

[繁殖栽培] 用播种法。

[观赏特性及用途] 是美丽的庭荫和观花树种，有很高的利用价值，是良好的绿化树种，宜作行道树和防护林。木材耐腐蚀，不受白蚁虫蛀危害，是良好的薪炭用材。

(三)蝶形花亚科 PAPILIONOIDEAE

乔木、灌木或草本。叶互生。花冠蝶形，雄蕊 10，且多二体或单体，子房上位，1 室，边缘胎座。荚果常开裂或不裂。种子无胚乳。

共 482 属，约 12 000 种，广布于全世界。我国约 108 属 1 100 种。

分属检索表

1. 羽状复叶
  2. 奇数羽状复叶
    3. 小叶互生，荚果薄而扁平，呈矩形或舌形 ……………… 8. 黄檀属 **Dalbergia**
    3. 小叶对生
      4. 有托叶刺，荚果扁薄 ………………………………………… 1. 刺槐属 **Robinia**
      4. 托叶不为刺状
        5. 乔木或灌木
          6. 乔木
            7. 叶革质，荚果不为念珠状，种皮多鲜红色 …… 12. 红豆树属 **Ormosia**
            7. 叶不为革质，荚果为念珠状，种皮不为鲜红色……… 2. 槐属 **Sophora**
          6. 灌木
            8. 花冠退化仅有一枚旗瓣，荚果小，仅 1 粒种子 ……………………………………………………………………… 7. 紫穗槐属 **Amorpha**
            8. 花冠完全，龙骨瓣有爪，药隔顶端有腺体，荚果种子多数 ………………………………………………………………… 9. 木蓝属 **Indigofera**
        5. 藤本，总状花序下垂，花冠紫色，荚果外有绒毛 … 3. 紫藤属 **Wisteria**
  2. 偶数羽状复叶，叶轴端具尖刺，花多带黄色 ………… 4. 锦鸡儿属 **Caragana**
1. 三出复叶
  9. 乔木或灌木

10. 乔木或灌木，植株有刺 ………………………………… 10. 刺桐属 **Erythrina**

10. 灌木，植株无刺

11. 苞片宿存，其腋间常具 2 花，花柄无关节 …… 5. 胡枝子属 **Lespedeza**

11. 苞片常脱落，其腋间具 1 花，花柄有关节 ……………………………………………………… 6. 杭子梢属 **Campylotropis**

9. 藤本 ………………………………………………………… 11. 葛属 **Pueraria**

1. 刺槐属　Robinia L.

落叶乔木或灌木。叶柄下芽，无芽鳞。奇数羽状复叶互生，小叶全缘，对生或近对生；托叶变为刺；总状花序腋生，下垂；雄蕊二体(9+1)。荚果带状，开裂。

约 20 种，产于北美及墨西哥。我国引入 2 种。

(1)刺槐(洋槐)　Robinia pseudoacacia L.(图 137)

［形态］　落叶乔木。高 10～25 m；树冠椭圆状倒卵形。树皮灰褐色，纵裂；枝条具托叶刺，冬芽小。奇数羽状复叶，小叶 7～19，椭圆形至卵状矩圆形，长 2～5cm，先端钝或微凹，有小尖头。花蝶形，白色，有芳香，成腋生总状花序。荚果扁平，长 4～10 cm，种子肾形，黑色。花期在 5 月；果 10～11 月成熟。

［变种、变型及品种］

①无刺槐［var. inermis (Mirb.)Rehd.］树冠开扩，树形帚形，无托叶刺。

②球冠无刺槐［f. umbraculifera (DC.) Rehd.］　小乔木。树冠呈球形至卵圆形，近于无刺。

图 137　刺　槐

1. 花枝　2. 果枝　3. 托叶刺　4. 去花瓣之花　5～7. 三种花瓣

［分布］　原产于美国，现欧、亚各国广泛栽培。我国尤以黄淮流域最为常见。

［习性］　强阳性，喜较干燥而凉爽气候；颇耐寒，耐干旱，耐瘠薄。

［繁殖栽培］　繁殖可用播种、分蘖、根插等法，而以播种为主。

［观赏特性及用途］　树冠高大，枝叶茂密，可作庭荫树及行道树，尤其适宜作四旁绿化、工矿区绿化及荒山、荒地的绿化先锋树种。

(2)毛刺槐(江南槐)　Robinia hispida L.

灌木。茎、小枝、花梗均有红色刺毛。托叶不变为刺状。小叶 7～13。花粉红色，2～

图 138 槐

1. 花枝 2. 果枝 3. 叶 4. 托叶 5. 花 6. 雄蕊和雌蕊 7～9. 三种花瓣 10. 种子

7 朵成稀疏的总状花序，荚果长 5～8 mm，具腺状刺毛。

2. 槐属 Sophora L.

乔木或灌木，罕为草本。冬芽小，芽鳞不显。奇数羽状复叶互生，小叶对生，全缘，托叶小。顶生总状或圆锥花序；花蝶形，萼 5 齿裂，雄蕊 10，离生或仅基部合生。荚果于种子间缢缩成串珠状，不开裂。

约 50 余种，分布于亚洲及北美的温带、亚热带。我国产 15 种。

槐（国槐） Sophora japonica L.（图 138）

［形态］ 落叶乔木。高达 25 m，胸径 1.5 m，树冠圆形。干皮暗灰色；小枝绿色，皮孔明显；芽被青紫色毛。小叶 7～17，卵形至卵状披针形，长 2.5～5 cm，先端尖，基部圆形至广楔形，背面有白粉及柔毛。花浅黄绿色，圆锥花序。荚果串珠状，肉质，长 2～8 cm，成熟后不开裂，常悬挂树梢，经冬不落。花期 7 月～8 月；果 10 月成熟。

［变种、变型及品种］

①龙爪槐（var. pendula Loud.） 小枝弯曲下垂，树冠呈伞状。多嫁接而成。

②紫花槐（var. pubescens Bosse.） 小叶 15～17 枚，叶背有蓝灰色丝状短柔毛。花的翼瓣和龙骨瓣常带紫色。

③五叶槐（var. oligophylla Franch.） 小叶 3～5 簇生，顶生小叶常 3 裂，侧生小叶下部常有大裂片，叶背有毛。

［分布］ 我国南北各地普遍栽培，尤以黄土高原及华北平原最为常见。朝鲜、日本、越南也产。

［习性］ 喜光，喜干冷气候，但在高温高湿的华南也能生长；要求深厚而排水良好的土壤。

［繁殖栽培］ 一般采用播种法繁殖。

［观赏特性及用途］ 枝叶茂密，树冠广阔而匀称，是良好的庭荫树和行道树，也是优良的蜜源树种。花蕾、果实、根皮、枝叶均可药用。

3. 紫藤属　Wisteria Nutt.

落叶藤本。奇数羽状复叶互生，小叶互生，具小托叶。花序总状下垂，花蓝紫色或白色；萼钟形，5 齿裂，花冠蝶形，旗瓣大而反卷，翼瓣镰形，基具耳垂，龙骨瓣端钝；雄蕊二体(9+1)。荚果扁而长，具数种子，种子间常稍缩细。

约 9 种，产于东亚及北美东部。我国约有 3 种，多栽作棚架材料。

紫藤(藤萝)　Wisteria sinensis Sweet(图 139)

［形态］　大型木质藤本。常缠绕于它物上。小叶 7～13，常为 9，卵形至卵状披针形，长 5～10 cm，先端渐尖，基部圆形至宽楔形，幼时两面有白色柔毛，后渐脱落。花大，堇紫色或淡紫色，芳香，集为下垂的总状花序，长 15～30 cm。荚果长 10～20 cm，密生银灰色有光泽的绒毛。花期 4～5 月间，先叶开放；果 9～10 月成熟。

图 139　紫　藤

［变种、变型及品种］　银藤(var. alba Lindl.)　花白色，耐寒性较差。

［分布］　产于我国辽宁、内蒙古、河北、河南、山西、山东、江苏、浙江、湖北、湖南、陕西、甘肃、四川、广东等省区。

［习性］　喜光，略耐阴；较耐寒，喜深厚、肥沃而排水良好的土壤；有一定的耐干旱、瘠薄和水湿的能力。

［繁殖栽培］　用播种、分株、压条、扦插、嫁接均可。

［观赏特性及用途］　树叶茂密，是优良的棚架、门廊、枯树及山石绿化材料。制成盆栽可供室内装饰。茎皮及花供药用。

4. 锦鸡儿属　Caragana Lam.

落叶灌木。偶数羽状复叶，在长枝上互生，短枝上簇生；叶轴端呈刺状，花黄色，稀白色或粉红色，单生或簇生；萼呈筒状或钟状；花冠蝶形，雄蕊二体(9+1)。荚果细圆筒形或稍扁，有种子数粒。

约 60 种，产亚洲东部及中部。中国约产 50 种，主要分布于黄河流域。

分种检索表

1. 小叶常为 2～4 枚
　2. 小叶 2 对，2 对叶之间距大 ………………………………… (1)锦鸡儿 **C. sinica**
　2. 小叶 4 枚紧密簇生呈掌状排列 ………………………………… (2)金雀儿 **C. rosea**
1. 小叶 8～18 枚

3. 小叶 8～12 枚，长 1～2.5cm ……………………… (3)树锦鸡儿 **C. arborescens**

3. 小叶 12～18 枚，长 3～8mm …………………… (4)小叶锦鸡儿 **C. microphylla**

(1)锦鸡儿　Caragana sinica Rehd. (C. chamlagu Lam.)(图 140)

［形态］ 灌木。高达 1.5m；枝细长，开展，有角棱。托叶针刺状。小叶 4 枚，成远离的 2 对，倒卵形，长 1～3.5cm，叶端圆而微凹。花单性，红黄色，长 2.5～3cm，花梗长约 1cm，中部有关节。荚果长 3～3.5cm。花期 4～5 月。

［分布］ 主要产于中国北部及中部，西南也有分布。日本园林中有栽培。

［习性］ 性喜光，耐寒，适应性强，不择土壤又能耐干旱瘠薄，能生于岩石缝隙中。

［繁殖栽培］ 可用播种法繁殖，最好采后即播，如经干藏，次春播种前应行浸种催芽；亦可用分株、压条、根插法繁殖。

［观赏特性及用途］ 本种叶色鲜绿，花亦美丽，在园林中可植于岩石旁，小路边，或作绿篱用，也可作盆景材料。又是良好的蜜源植物及水土保持植物。花和根皮供药用，能祛风活络、除湿利尿、化痰止咳。

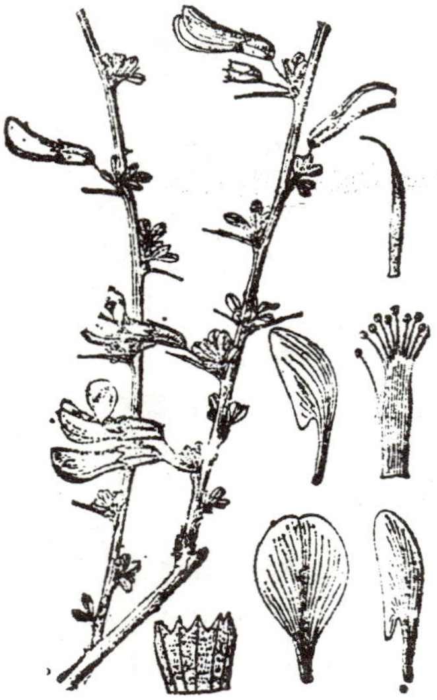

图 140　锦鸡儿

图 141　金雀儿

(2)金雀儿(红花锦鸡儿)　Caragana rosea Turcz. (图 141)

［形态］ 灌木。高达 1m；枝直生。小叶 2 对簇生，长圆状倒卵形，长 1～2.5cm；托叶有细刺。花总梗单生，中部有关节；花冠黄色，龙骨瓣玫瑰红色，谢后变红色，花冠长约 2cm。荚果筒状，长约 6cm。

［分布］　产于我国河北、山东、江苏、浙江、甘肃、陕西等省。原苏联西伯利亚也有分布。

［习性］　性喜光，很耐寒、耐干燥瘠薄土地。

［繁殖栽培］　可用播种法繁殖。本种易生根，可自行繁衍成片。

［观赏特性及用途］　可供观赏及作山野地被水土保持植物。

(3)树锦鸡儿　Caragana arborescens Lam.（图 142）

［形态］　灌木或小乔木。高达 6m；枝具托叶刺，幼枝有毛。小叶 8～12 枚，倒卵形至椭圆状长圆形，长 1～2.5cm，叶端钝圆，有小突尖，幼时表、背有毛。花 1～4 朵簇生，黄色，花冠长 1.5～2cm；萼具短齿。荚果长 3.5～5cm。花期 5 月；果熟期 7 月。

［分布］　产于我国东北及山东、河北、陕西省。原苏联西伯利亚也有分布。

［习性］　性喜光、强健、耐寒。

［繁殖栽培］　用种子繁殖。

［观赏特性及用途］　可作绿篱用，亦为水土保持材料。

(4)小叶锦鸡儿　Caragana microphylla Lam.

［形态］　灌木。高达 3m；枝斜生，幼枝有丝毛。小叶 12～18 枚，卵形至倒卵形，长 3～8mm，叶端圆或微凹。花 1～2 朵，黄色，长约 2cm，花梗长 1.5～2.5cm；萼疏生柔毛。荚果长 2.5～4cm。花期 5～6 月；果 8 月成熟。

图 142　树锦鸡儿

图 143　胡枝子

1. 花枝　2. 一枚三出复叶之轮廓　3. 花　4～6. 三种花瓣　7. 花萼　8. 去花瓣、花萼之花　9. 雌蕊　10. 花药　11. 果

［分布］ 产于我国山东、河北、山西、陕西及东北等地。原苏联西伯利亚及日本亦有分布。

［习性］ 性喜光、强健、耐寒，喜生于通气良好的沙地。

［繁殖栽培］ 用种子繁殖。

［观赏特性及用途］ 具有良好的观赏性和水土保持作用。

5. 胡枝子属 Lespedeza Michx.

胡枝子 Lespedeza bicolor Turcz.（图 143）

灌木。羽状复叶 3 小叶，全缘。花常 2 朵并生，宿存苞片内。花梗无关节。二体雄蕊(9+1)。荚果短小。

6. 杭子梢属 Campylotropis Bge.

落叶灌木。羽状复叶 3 小叶。花排成腋生总状花序再集成圆锥状；花梗细长，单生于脱落或宿存之苞内，在花萼下有关节；萼钟形，5 裂，有 2 裂连合；龙骨瓣弯曲，具喙状端。

约 60 种，产于欧、亚二洲。中国产约 40 余种。

图 144 杭子梢

杭子梢 Campylotropis macrocarpa Rehd.（图 144）

［形态］ 灌木。高达 2m；小枝幼时有丝毛。小叶椭圆形至长圆形，长 3～6.5cm，叶端钝或微凹，叶表无毛，叶背有淡黄色柔毛；叶柄长 1.5～3.5cm；托叶线形。花紫色，长约 1cm，排成腋生密集总状花序；苞脱落性，花梗在萼下有关节。荚果椭圆形，长 1.2～1.5cm，有明显网脉。花期 5～6 月间。

［分布］ 分布于我国北部及中部以至西南部，如辽宁、河北、山西、陕西、甘肃、河南、江苏、浙江、安徽、四川、湖北、云南等省。

［习性］ 性强健，喜光亦略耐阴，花序美丽。可供园林观赏以及作水土保持或牧草用。

7. 紫穗槐属 Amorpha L.

落叶灌木。奇数羽状复叶，互生，小叶对生或近对生。总状花序顶生，直立；萼钟状。5 齿裂，具油腺点；旗瓣包被雄蕊，翼瓣及龙骨瓣均退化；雄蕊 10，花丝基部合生。荚果小，微弯曲，具油腺点，不开裂，内含 1 粒种子。

约 15 种，产于北美。中国引入栽培 1 种。

紫穗槐　Amorpha fruticosa L.（图145）

丛生灌木。奇数羽状复叶，旗瓣包被雄蕊，而翼瓣和龙骨瓣退化。荚果短镰形，有油腺点。

8. 黄檀属　Dalbergia L.

黄檀　Dalbergia hupeana Hance

落叶乔木。树皮呈窄条状剥落。小叶7～11；花序顶生，花黄白色；雄蕊二体（5＋5）。荚果扁平，长圆形，长3～7 cm，种子1～3粒。

9. 木蓝属（马棘属）　Indigofera L.

落叶灌木、亚灌木或草本，罕乔木。全体有单毛或丁字毛。叶为奇数羽状复叶，罕为单叶或3小叶；小叶对生，罕互生，有短柄，全缘；托叶小，针状，基部着生在叶柄上。总状或穗状花序腋生，花淡红色至紫色，罕白色、黄色或绿色；苞片脱落；花萼钟形，端5齿裂；花冠易落，旗瓣圆至长圆形，翼瓣卵圆形略与龙骨瓣相连，龙骨瓣有爪，爪上有1矩；雄蕊为（9＋1）二体，药隔顶端常有腺体或成1簇短毛；子房近于无柄或无柄，花柱内弯，柱头扫帚状。荚果线状、圆筒状或球形，常肿胀；种子数粒，罕1或2粒。

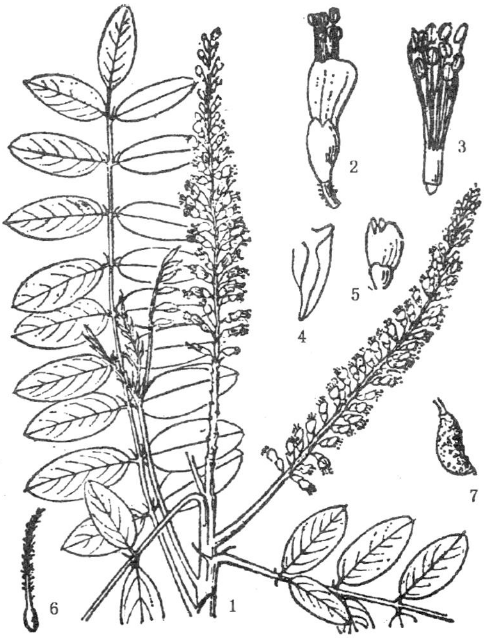

图145　紫穗槐

1. 花枝　2. 花　3. 雄蕊　4. 花瓣　5. 花萼　6. 雌蕊　7. 果

图146　花木蓝

约400种，广布于热带和温带。中国产120种，分布很广。

花木蓝（吉氏木蓝、山绿豆、山扫帚）Indigofera kirilowii Maxim. ex Palibin（图146）

［形态］　灌木。高约1m；枝条有白色丁字毛。小叶7～11，阔卵形至椭圆形，长1.5～3cm，

宽1～2cm，两面有白色丁字毛。总状花序腋生，与叶近等长(12cm)；花淡红色；萼杯形，5裂；花冠长1.5cm。荚果圆柱形，长3.5～7cm，棕褐色、无毛。花期5～6月；果8月成熟。

[分布] 分布于东北、华北、华东。朝鲜、日本也有。常见于山坡疏林中。

[繁殖栽培] 播种繁殖。

[观赏特性及用途] 叶羽状而花序长，很美丽，可作地被观赏，日本有栽培。

10. 刺桐属 Erythrina L.

乔木或灌木，很少草本。茎、叶常有刺。叶互生，小叶3枚；小托叶为腺状体。花大，红色，2～3朵成束，排为总状花序；萼偏斜，佛焰状，最后分裂至基部，或成钟形，2唇状；花瓣不等大，旗瓣宽阔或窄，翼瓣小或缺；雄蕊一束或二束，上面的1枚花丝离生，其他的花丝至中部合生；子房具柄，胚珠多数；花柱内弯，无毛。荚果线形，肿胀，种子间收为念珠状。

约30种以上，分布于热带、亚热带地区。

分种检索表

1. 萼截头形，钟状；花盛开时旗瓣与翼瓣及龙骨瓣近平行 ……………………………………………………………………………… (1)龙牙花 **E. corallodendron**
2. 萼佛焰形，萼口偏斜，由背开裂至基部；花盛开时旗瓣与翼瓣及龙骨瓣成直角 ……………………………………………… (2)刺桐 **E. variegata var. orientalis**

(1)龙牙花(珊瑚树) Erythrina corallodendron L.(图147)

[形态] 小乔木。高3～5m，干有粗刺。小叶3枚，长5～10cm，阔斜方状卵形，叶端尖刀状，叶基阔楔形至近截头形，无毛，有时柄上及中脉上有刺。总状花序腋生，短或长达30cm以上；花深红色，具短柄，2～3朵聚生，长4～6cm，狭而近于闭合；萼管阔而截头形，下面有短尖齿，长8～10mm；旗瓣狭，常将龙骨瓣包围，翼瓣短，略长于萼，龙骨瓣比翼瓣略长；雄蕊比旗瓣略短。荚果长约10cm，端有喙，种子间收缩；种子深红色，通常有黑斑。花期6月份。

[分布] 原产于热带美洲。我国华南庭园中有种植，北京有盆栽。

[习性] 性喜暖热气候。

[繁殖栽培] 用种子及扦插法繁殖，插条很易生根。

[观赏特性及用途] 叶鲜绿，花绯红，很美丽。

(2)刺桐 Erythrrna variegata var. orienlalis(L.) Merr.(E. indica L.)

[形态] 大乔木。高达20m；干皮灰色，有圆锥形刺。叶大，长20～30cm，柄长10～15cm，通常无刺；小叶3枚，阔卵形至斜方状卵形，顶端1枚，宽大于长，长10～15cm；小托叶变为宿存腺体。总状花序长约15cm；萼佛焰状，长约2～3cm，萼口偏斜，一边开

裂；花冠大红色，旗瓣长 5～6cm，翼瓣与龙骨瓣近相等，短于萼。荚果厚，长 15～30cm，念珠状；种子暗红色。花期 3 月份。

［分布］ 华南有栽培。

［观赏特性及用途］ 可供四旁绿化用。树皮富含纤维可制绳索又可入药，有退热之效；叶可作止呕、驱虫药，也可作饲料用。

图 147 龙牙花

11. 葛藤属 Pueraria DC.

藤本。叶为三出羽状复叶；具托叶。总状花序腋生，有延长具节的总花梗，多花簇生于节上；萼钟状，裂片不等，上 2 齿连合；花蓝色或紫色；雄蕊有时为单体或二体。荚果线形，扁平，缝线两侧无纵肋；种子多数。

约 15 种，分布于日本、马来西亚、印度。中国产 12 种。

葛藤（野葛、葛根） Pueraria lobata（Willd.）Ohwi［P. thunbergiana（Sieb. et Zucc.）Benth.，P. pseudo-hirsuta Tang et Wang］（图 148）

［形态］ 藤本。全株有黄色长硬毛。块根厚大。小叶 3，顶生小叶菱状卵形，长 5.5～19cm，宽 4.5～18cm，端渐尖，全缘，有时浅裂，叶背有粉霜；侧生小叶偏斜，深裂；托叶盾形。总状花序腋生；萼钟形，萼齿 5，下面 1 齿较长，两面有黄毛；花冠紫红色，长约 1.5cm，翼瓣的耳长大于阔。荚果线形，长 5～10cm，扁平，密生长硬黄毛。花及果期 8～11 月。

［分布］ 分布极广，除新疆、西藏外几遍全国。朝鲜、日本也有。常见于山坡及疏林中。

［习性］ 葛藤性强健，不择土壤，生长迅速，蔓延力强，枝叶稠密，是良好的水土保持地被植物。在自然风景区中可多行利用。

［繁殖栽培］ 可用播种或压条法繁殖。

［观赏特性及用途］ 落叶有改善地力之效。茎富含纤维，可织成葛布或造纸用；块根可制葛粉，供食用及糊用；根切成片晒干称为葛根，可入药；花名葛花也可入药，有解热透疹、生津止渴、解毒、止泻、醒酒之效；种子可榨油，故可谓全身是宝。

12. 红豆树属 Ormosia Jacks.

乔木。叶为单叶或奇数羽状复叶，常为革质。花为顶生或腋生总状花序或圆锥花序；

图 148 葛 藤

1. 花枝 2. 果枝 3. 三种花瓣

4. 去花瓣之花 5. 叶缘部分放大

萼钟形，5 裂；花冠略高出于花萼；花瓣 5 枚，有爪；雄蕊 10～5 枚，全分离，长短不一，开花时略突出于花冠；子房无柄。荚果革质、本质或肉质，两瓣裂，中无间隔，缝线上无狭翅；种子一至数粒，种皮多呈鲜红色，亦有呈暗红色或间有黑褐色的。

约 60 种以上，主产于热带、亚热带。中国产 26 种。

软荚红豆（相思子、红豆） Ormosia semicastrata Hance.

［形态］ 乔木。高达 12m；小枝疏生黄色柔毛。羽状复叶之小叶 3～9 枚，革质，长椭圆形，长 4～14cm，宽 2～6cm。圆锥花序腋生，总花梗、花梗、序轴均密生黄柔毛；花萼钟状，密生棕色毛；花瓣白色。荚果革质，小而呈圆形，长 1.5～2cm；种子 1 粒，鲜红色，扁圆形。花期 5 月份。

［分布］ 分布于我国江西、福建、广西、广东等省区。

［习性］ 性喜暖热气候。

［观赏特性及用途］ 种子红色可供装饰用，或制纪念品用。唐代著名诗人王维有《红豆诗》，即“红豆生南国，春来发几枝；愿君多采撷，此物最相思。”用本树布置园林一隅，游人拾几粒红豆，别具情趣。

三十、芸香科 RUTACEAE

乔木或灌木，罕为草本。具挥发性芳香油。叶多互生、少对生，单叶或复叶，常有透明的油腺点；无托叶，花两性，稀单性，常整齐，单生或聚伞花序、圆锥花序；萼 4～5 裂，花瓣 4～5；雄蕊常与花瓣同数或为其倍数，着生于花盘基部，花丝分离或基部合生；子房上位，心皮 2～15，分离或合生。柑果、蒴果、蓇葖果、核果或翅果。

共 150 属 1 700 种。产热带和亚热带，少数产温带；我国产 28 属，约 150 种。

分属检索表

1. 奇数羽状复叶
  2. 叶互生
    3. 枝有皮刺;小叶对生;蓇葖果 ························ 1. 花椒属 **Zanthoxylum**
    3. 枝无皮刺;小叶互生;果肉质 ························ 6. 九里香属 **Murraya**
  2. 叶对生,枝无刺,具柄下芽,核果 ······················ 2. 黄檗属 **Phellodendron**
1. 三出复叶或单身复叶
  4. 三出复叶;叶脱落;柑果密被短柔毛 ······················ 5. 枳属 **Poncirus**
  4. 单身复叶,叶常绿;柑果近无毛
    5. 果较小;子房3～6室,每室2胚珠 ······················ 3. 金柑属 **Fortunella**
    5. 果较大;子房8～15室,每室4～12胚珠 ······················ 4. 柑橘属 **Citrus**

1. 花椒属 Zanthoxylum L.

小乔木或灌木,稀为藤本。落叶或常绿,茎枝具皮刺。奇数羽状复叶或3小叶,互生,有透明油脂点,有锯齿,稀全缘。花小,单性异株或杂性,聚伞花序、圆锥花序或簇生,萼3～5(8)裂,花瓣3～5(8),稀无花瓣;雄蕊3～5(8);子房上位,1～5心皮,离生或基部合生,各具二并生胚珠。聚合蓇葖果1～5,外被油腺点,种子1,黑色而有光泽。

约250种,广布于热带、亚热带,温带较少。我国约产45种,主产于黄河流域以南。

花椒 Zanthoxylum bungeanum Maxim.(图149)

[形态] 落叶小乔木或灌木状。高达3～8 m,皮刺基部宽扁、粗大。奇数羽状复叶互生,小叶5～11,卵状椭圆形,长2～5(7) cm,缘有细钝齿,仅背面中脉基部两侧有褐色簇毛。花小,单性;成顶生聚伞状圆锥花序。蓇葖果红色或紫红色,密生疣状腺体。

[分布] 我国东北南部、华北至华南、西南各地均有分布;华北栽培最多。

[习性] 喜光,不耐严寒。喜肥沃湿润的钙质土。

[观赏特性及用途] 果实辛香,是著名的调味品,也可入药;种子可榨油。可植于庭园作刺篱材料。

图149 花 椒

2. 黄檗属 Phellodendron Rupr.

落叶乔木。树皮木栓层发达。具叶柄下芽;奇数羽状复叶对生,小叶常有锯齿,对生。花小,单性异株,圆锥花序顶生,萼片和花瓣各5～8,雄蕊5～6,子房5室,各具1胚珠。核果浆果状,具5核,每核1粒种子。

图 150　黄　檗

1. 果枝　2. 冬态枝　3. 雄花　4. 雌花及其纵剖面　5. 果横剖面　6. 种子　7. 茎内皮

黄檗（黄柏、黄菠萝）　Phellodendron amurense Rupr.（图 150）

［形态］　落叶乔木。高达 22 m；树皮木栓层发达，有弹性，纵深裂；内皮鲜黄色，味苦；冬芽为叶柄基部所包。羽状复叶对生，小叶 5～13，卵状披针形，缘有细钝锯齿及透明油点，仅背面中脉基部及叶缘有毛，撕裂后有臭味。花小，单性异株，顶生圆锥花序。核果黑色，径约 1 cm。

［分布］　产于我国东北至华北北部山地，多生于杂木林中。原苏联、朝鲜、日本也有分布。

［习性］　喜光，耐寒力强；喜湿润、肥沃、排水良好的土壤；深根性，抗风，耐火烧。

［观赏特性及用途］　材质坚硬，耐水湿，有光泽且抗腐力强，是珍贵用材树种。树干内皮为中药材。可栽作庭荫树及行道树。

3. 金柑属　Fortunella Swingle

与柑橘属相似，但果较小，子房 2～6 室，每室具 2 胚珠，可与之区分。

约 6 种，产于亚洲南部及东部。我国产 5 种，分布于长江以南地区。

金枣（金橘、罗浮）　Fortunella margarita（Lour.）Swingle（图 151）

［形态］　常绿灌木。高 3 m；通常无刺，多分枝。叶披针形至长椭圆形，长 5～9 cm，全缘或不显细齿；叶柄具极狭翅，顶端有关节。花小，白色，芳香，1～3 朵腋生，萼、瓣各 5，雌蕊 20～25，子房 5 室。果椭球形或倒卵形，长 2.5～3.5 cm，金黄色，果瓣 4～5。

［分布］　原产于我国南部，华北及长江中、下游各城市常温室盆栽观赏。

［繁殖栽培］　繁殖多用橡木或枸橘作砧木行嫁接。

［观赏特性及用途］　果可连皮食用，也可入药。

图 151　金　枣

1. 果枝　2. 果横剖面

4. 柑橘属　Citrus L.

分种检索表

1. 单叶，无翼叶，叶柄顶端无关节 …………………………… (1)枸橼 **C. medica**
1. 单身复叶，有宽和狭但长度不及叶身一半的翼叶，叶柄顶端有关节
  2. 叶柄多少有翼，花芽白色
    3. 小枝有毛，叶柄翼宽大，果大型，果皮滑 ………………… (3)柚 **C. grandis**
    3. 小枝无毛，果中等大小，果皮较粗糙
      4. 叶柄翼大，果味酸 …………………………………… (4)代代 **C. aurantium**
      4. 叶柄翼狭或近无
        5. 叶柄翼狭
          6. 果皮不易剥离，果心充实 ……………………… (5)甜橙 **C. sinensis**
          6. 果小，仅 2～2.5cm ………………………… (7)金橘 **C. microcarpa**
        5. 叶柄近无翼，果皮易剥离，果心中空 ……………… (6)橘 **C. reticulata**
  2. 叶柄只有狭边缘，花芽外面带紫色，果极酸 ……………… (2)藜檬 **C. limonia**

(1)枸橼　Citrus medica L.

常绿小乔木。枝有短刺，叶柄短，无翼，柄端无关节。果近球形，黄色。

(2)藜檬(柠檬)　Citrus limonia Osbeck.

枝具硬刺，叶较小，椭圆形，叶柄端有关节，有狭翼。花芽外面带紫色。

(3)柚　Citrus grandis (L.) Osbeck.

小枝有毛；叶柄翼宽大，果极大，径在 10 cm 以上，果皮平滑。春季开花。

(4)代代　Citrus aurantium L. var. amara Engl.

叶卵状椭圆形，叶柄翼宽，花白色，单生或簇生。果呈扁球形。

(5)甜橙　Citrus sinensis (L.) Osbeck.

叶柄翼狭，枝刺短或无，柄端有关节。果皮不易剥离，果心充实。

(6)柑橘　Citrus reticulata Blanco (图 152)

叶柄近无翼，有刺。花黄白色，单生或簇生叶腋。果皮易剥离，果心中空。

(7)金橘　Citrus microcarpa

常绿灌木或乔木。枝多刺；花白色，果小，深橘黄色。

5. 枳属　Poncirus Raf.

枳(枸橘)　Poncirus trifoliata (L.) Raf. (图 153)

小乔木。具枝刺；小枝绿色。羽状 3 小叶，枝刺粗长而略扁。先花后叶。

图 152 柑 橘

1. 花枝 2. 花 3. 花瓣 4. 雄蕊 5. 去花瓣、雄蕊之花 6. 果 7. 部分叶，示油点

图 153 枳

1. 花枝 2. 果枝 3. 去花被之花 4. 雌蕊

6. 九里香属 Murraya Linn.

图 154 九里香

灌木或小乔木，无刺。奇数羽状复叶，小叶互生，有柄。花排为腋生或顶生的聚伞花序；萼小，5深裂；雄蕊10枚，生于伸长花盘的周围，子房2～5室，每室具1～2胚珠。果肉质，有种子1～2粒。

约5种，产于亚洲热带地区及马来西亚。

九里香（千里香） Murraya paniculata（L.）Jack.（M. exotica L.）（图 154）

［形态］ 灌木或小乔木。高3～8m；小枝无毛，嫩枝略有毛。奇数羽状复叶；小叶3～9，互生，小叶形变异大，由卵形至倒卵形至菱形，长2～7cm，宽1～3cm，全缘。聚伞花序短，腋生或顶生，花大而少，白色，极芳香，长1.2～1.5cm，径达4cm；萼极小，5片，宿存；花瓣5，有透明腺点。果肉质，红色，长8～12mm，内含种子1～2粒。花期秋季。

［分布］ 分布于亚洲热带及亚热带。我国的南部及西南部山野间有野生，多生于疏林下。

［习性］ 性喜暖热气候，喜光亦较耐阴、耐旱。

［繁殖栽培］ 可用种子及扦插法繁殖。

［观赏特性及用途］ 园林中可植为植篱或盆栽欣赏其芳香。材质坚硬细致可供雕刻。全株均可入药，有活血散淤，消肿止痛、止疮痒、杀疥之效。

三十一、苦木科 SIMAROUBACEAE

乔木或灌木。树皮有苦味。羽状复叶，稀为单叶，互生，罕对生。花单性或杂性，整齐，通常形小，排成圆锥或穗状花序；萼 3～5 裂；花瓣 3～5，罕无；雄蕊常与花瓣同数或为其 2 倍；花丝分离，生于花盘上或基部，花丝基部常附生小鳞片。子房上位，1～5 室，每室 1 胚珠，花柱 1～5，分离或合生。果为核果状、浆果状，有时为翅果状，种子单生。

约 32 属 200 种。我国 5 属 10 种。

1. 臭椿属 Ailanthus Desf.

落叶乔木。小枝粗壮。芽鳞 2～4；奇数羽状复叶互生，小叶基部每边常具 1～4 缺齿，缺齿先端有腺体。花小，杂性或单性异株，顶生圆锥花序，花萼 5 裂，花瓣 5～6，雄蕊 10，花盘 10 裂，子房 2～6 深裂。翅果条状矩圆形，中部具一扁形种子。

约 10 种，产于亚洲及澳洲。我国产 6 种，温带至亚热带。

臭椿（樗） Ailanthus. altissima Swingle（图 155）

图 155 臭　椿

1. 果枝　2. 雄花枝　3. 雄花　4. 两性花　5. 果　6. 种子

［形态］ 落叶乔木。高达 30 m；树皮较光滑。小枝粗壮，缺顶芽；叶痕大而倒卵形，内具 9 维管束痕。奇数羽状复叶，小叶 13～25，卵状披针形，长约 4～15 cm，先端渐长尖，基部具 1～2 对臭腺齿，中上部全缘，背面稍有白粉，无毛或沿中脉有毛。花杂性或单性异株，成顶生圆锥花序。翅果长 3～5 cm，熟时淡褐黄色或淡红褐

色。花期4～5月;9～10月果熟。

［分布］ 我国东北南部、华北、西北至长江流域各地均有分布。朝鲜、日本也有。

图156 苦 木

［习性］ 喜光,适应性强;很耐干旱、瘠薄,但不耐水湿,长期积水会烂根致死。喜排水良好的砂壤土。

［繁殖栽培］ 一般用播种繁殖。

［观赏特性及用途］ 树干通直高大,树冠开阔。秋季红果满树,是很好的庭荫树及行道树,植于庭园四旁及工矿区都很合适。树皮、根皮、果实均可入药,叶可饲养椿蚕。

2. 苦木属 Picrasma Bl.

苦木 Picrasma quassioides (D. Don) Benn.(图156)

［形态］ 灌木或小乔木。枝叶有苦味。羽状复叶,小叶7～15,叶缘具不整齐的锯齿,基部稍偏斜。花序腋生,花杂性,雌雄异株,雄蕊5。核果,通常3～4并生。

［观赏特性及用途］ 根皮入药,杀虫,可作农业杀虫剂,亦可作庭院树。

三十二、楝科 MELIACEAE

乔木或灌木。羽状复叶,常互生,无托叶;圆锥花序,腋生或顶生。花两性或杂性异株,辐射对称。萼小,钟状,4～5裂。花瓣4～5,离生。雄蕊4～10,离生。花盘各式,生于雄蕊与雌蕊之间。子房上位,2～5室,胚珠一至多数,花柱单一。蒴果、核果或浆果,种子有翅或无翅。

约47属800种,分布于热带、亚热带地区。我国14属,约50种。

分属检索表

1. 小叶有锯齿
   2. 偶数羽状复叶,稀奇数;花白色,雄蕊5,分离;蒴果 ……… 1. 香椿属 **Toona**
   2. 二回羽状复叶;花暗紫色;雄蕊花丝全部或几乎全部结合成管;核果 ……………………………………… 3. 楝属 **Melia**
1. 小叶全缘;花黄色,极香;浆果 ……………………… 2. 米仔兰属 **Aglaia**

1. 香椿属 Toona Roem.

落叶或常绿乔木。偶数或奇数羽状复叶;花小,两性,白色或黄绿色,复聚伞花序;萼裂片、花瓣、雄蕊各为5;花丝分离;子房5室;每室8～10胚珠。蒴果5裂,中轴较肥厚,具多数带翅种子。

共15种，产于亚洲、澳洲。我国产4种，广布于华北至西南。

香椿 **Toona sinensis** (A. Juss.) Roem.（图157）

［形态］ 落叶乔木。高达25 m；树皮暗褐色，条片状剥落。小枝粗壮；叶痕大，扁圆形，内有5维管束痕；偶数（罕奇数）羽状复叶，有香气，小叶10～20 cm，先端渐长尖，基部不对称，全缘或具不明显钝锯尖。花白色，有香气，子房、花盘均无毛。

蒴果长椭圆形，长1.5～2.5 cm，5瓣裂，种子一端有膜质长翅。花期5～6月；9～10月果熟。

［分布］ 原产于我国中部，现北自辽宁南部、华北，南达广东和广西的北部，西至四川、贵州、云南均有分布，其中以河北、山东栽植最多。

［习性］ 喜光，不耐庇荫；适生于深厚肥沃、湿润的砂质壤土。

图157 香 椿

1. 花枝 2. 花 3. 去花瓣之花 4. 果序 5. 种子

［观赏特性及用途］ 是华北、华中及华东等地低山、丘陵及平原地区重要用材及四旁绿化树种。其嫩芽、嫩叶可作蔬菜用；根、皮、果可入药。

2. 米仔兰属 **Aglaia Lour.**

乔木或灌木。各部常被盾状鳞片。羽状复叶或3小叶复叶互生，小叶对生，全缘。花小，近球形，杂性异株，圆锥花序，雄蕊5。花丝合生坛状；子房1～3(5)室，每室1～2胚球，无花柱。浆果，种子1～2，常具肉质假种皮。

约200余种，产于印度至马来西亚。我国约产10种，分布于华南。

米仔兰 **Aglaia odorata** Lour.

［形态］ 常绿多枝灌木或小乔木。高4～7 m；顶芽，小枝先端常被褐色星形盾状鳞。小叶3～5，叶轴有窄翅，小叶倒卵形至长椭圆形，长2～7 cm，先端钝，基部楔形。圆锥花序腋生，长5～10cm；花黄色，极芳香，径约为2mm。浆果卵形或近球形，长约1.2cm，无毛。夏秋开花。

［分布］ 原产于东南亚，现广植于热带及亚热带。我国华南庭园常栽培观赏，长江流域及华北各大城市常温室盆栽。

图 158 楝

1. 花枝 2. 花 3. 单体雄蕊 4. 雌蕊及花盘 5. 子房横剖面 6. 子房纵剖面 7. 果序部分

［观赏特性及用途］ 花极香，可熏茶及提取芳香油。

3. 楝属 Melia L.

乔木。小枝具明显而大的叶痕和皮孔。2～3 回奇数羽状复叶互生，小叶全缘或有齿裂。花两性，成腋生复聚伞花序；花萼 5～6 裂，花瓣 5～6，离生；雄蕊为花瓣的 2 倍，花丝合生成筒状，顶端有 10～12 齿裂，花药着生于裂片间内侧；子房 3～6 室，每室 2 胚珠。核果，种子无翅。

约 20 种，主产于东南亚及大洋洲。我国产 3 种，分布于东南至西南部。

楝（苦楝） Melia azedarach L.（图 158）

［形态］ 落叶乔木。高 15～20 m；树皮暗褐色，浅纵裂。小枝粗壮，皮孔多而明显，幼枝有星状毛。2～3 回奇数羽状复叶。花淡紫色，有香味。成圆锥状复聚伞花序。核果近球形，熟时黄色，宿存树上。花期 4～5 月；果 10～11 月成熟。

［分布］ 产于我国华北南部至华南，西部甘肃、四川、云南也有分布。北京也有栽培。

［习性］ 喜光，不耐庇荫；喜温暖湿润气候，耐寒力不强。对土壤要求不严，在酸性、中性钙质土及盐碱土中均可生长。稍耐干旱，萌芽力强，抗风，生长快。

［繁殖栽培］ 多用播种法，分蘖也可。

［观赏特性及用途］ 是江南地区重要的四旁绿化及速生用材树种。树形优美，叶形秀丽，淡紫色花芳香。能抗烟尘，抗二氧化硫，是城市及工矿区良好的绿化树种，宜作庭荫树及行道树。木材轻软，易加工，可供家具和建筑等用。树皮、枝叶均可入药。种子可榨油等。

三十三、大戟科 EUPHORBIACEAE

草本、灌木或乔木，稀木质藤本。常具乳汁液。单叶，少数为复叶，互生或对生，有托叶；杯状聚伞花序，穗状、总状或圆锥花序。花单性，雌雄同株或异株。萼片 3～5，多无花瓣，稀有。雄蕊一至多数，花丝分离或合生。具多雄蕊的雄花常有花盘、腺体和退化雌蕊。雌花有梗。子房上位，3 室，每室 1～2 胚珠，中轴胎座。花柱 3～6。花盘杯状、环状或无。蒴果、核果或浆果状。

约 300 属 8 000 种，广布于世界各地。我国 61 属 350 余种，分布于南方各省。

分属检索表

1. 三出复叶，果浆果状 ………………………………………… 2. 重阳木属 **Bischoflia**

1. 单叶

　2. 乔木

　　3. 核果；花大，有花瓣及萼片 ……………………………… 3. 油桐属 **Aleurites**

　　3. 蒴果；花小，无花瓣 ……………………………………… 1. 乌桕属 **Sapium**

　2. 灌木

　　4. 花小，有花瓣 …………………………………………… 4. 黑钩叶属 **Leptopus**

　　4. 花小，无花瓣 …………………………………………… 5. 叶底珠属 **Securinega**

1. 乌桕属　Sapium P. Br.

乔木或灌木。常含毒乳液，全体无毛。单叶互生，羽状脉，通常全缘；叶柄顶端具二腺体。花单性同株，复总状花序常顶生，雄花通常 3 朵小聚伞花序，生于花序上部，雌花一至数朵生于花序下部，萼片 2～3；子房 3 室，每室 1 胚珠，无花盘。蒴果 3 裂，稀浆果状。

约 120 种，主产于热带。我国约产 10 种。

乌桕　Sapium sebiferum Roxb.（图 159）

［形态］　落叶乔木。树冠圆球形，高达 15 m。树皮暗灰色，浅纵裂；小枝纤细。叶纸质，菱状广卵形，长 5～9 cm，先端尾状，基部广楔形，全缘，两面均无毛；叶柄细长，顶端有二腺体。花序穗状顶生，长 6～12 cm，花黄绿色。蒴果三棱状球形，径约 1.5 cm，熟时黑色，3 裂。果皮脱落，种子黑色，外被白蜡，固着于中轴上经冬不落。花期 5～7 月；10～11 月果熟。

［分布］　我国分布很广，主产于长江流域及珠江流域，浙江、湖北、四川等省栽培尤多。日本、印度也有。

［习性］　喜光，喜温暖气候及深厚肥沃而含水分丰富的土壤。

［繁殖栽培］　一般用播种法，优良品种用嫁接法。

［观赏特性及用途］　树冠整齐，叶形秀丽，秋色红叶，是南方观赏红叶的主要树种。可作护堤树、庭荫树及行道树。还是我国南方重要工业油料树种，种子外被蜡质，可提取“皮油”；种仁所榨取的油称为“青油”；根皮及叶可入药。

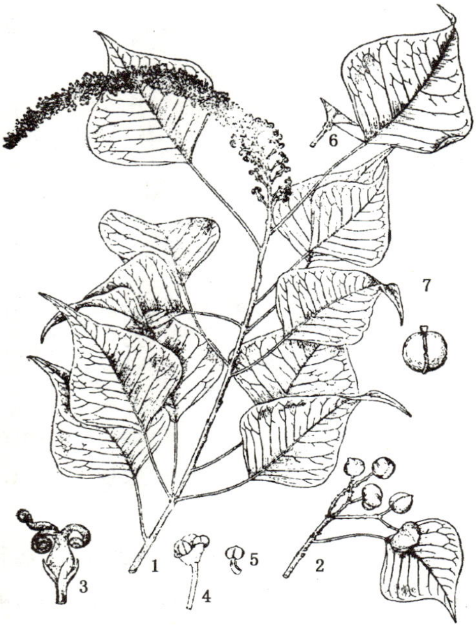

图 159 乌 桕

1. 花枝 2. 果枝 3. 雌花 4. 雄花 5. 雄蕊
6. 叶基部及叶柄,示腺体 7. 种子

图 160 重阳木

1. 果枝 2. 雄花枝 3. 雄花 4. 雌花枝
5. 雌花 6. 子房横剖面

2. 重阳木属 Bischoflia Bl.

乔木。3 小叶复叶,互生,小叶有锯齿。花小,单性异株,成腋生圆锥花序;花萼 5～6 裂,无花瓣,雄蕊 5,子房 2～4 室,每室 2 胚珠。浆果球形。

本属共 2 种,产于亚洲及大洋洲的热带及亚热带。两种中国均产。

(1)重阳木 Bischofia polycarpa(Lévl.) Airy-Shaw(B. racemosa Cheng et C. D. Chu)(图 160)

［形态］ 落叶乔木。高达 15m;树皮褐色,纵裂。小叶卵形至椭圆状卵形,长 5～11cm,先端突尖或突渐尖,基部圆形或近心形,缘有细钝齿(每厘米约 4～5 个),两面光滑无毛。花小,绿色,成总状花序。浆果球形,径 5～7mm,熟时红褐色。花期 4～5 月;果 9～11 月成熟。

［分布］ 产于我国秦岭、淮河流域以南至两广北部,在长江中下游平原习见。

［习性］ 喜光,稍耐阴;喜温暖气候,耐寒力弱;对土壤要求不严,在湿润、肥沃土壤中生长最好,能耐水湿。根系发达,抗风力强;生长较快。对二氧化硫有一定抗性。

［繁殖栽培］ 繁殖多用播种法。果熟后采收，用水浸泡后搓烂果皮，淘出种子，晾干后装袋于室内贮藏或拌沙贮藏。翌年早春 2～3 月条播，行距约 20cm，每亩播种量 2～2.5kg。覆土厚约 0.5cm，上盖草。播后 20～30 天幼苗出土，发芽率 40%～80%。一年生苗高约 50cm，最高可达 1m 以上。苗木主干下部易生侧枝，要及时剪去，使其在一定的高度分枝。移栽要掌握在芽萌动时带土球进行，这样成活率高。重阳木常见有吉丁虫为害树干，红蜡介壳虫、皮虫及刺蛾等为害枝叶，要注意及早防治。

［观赏特性及用途］ 本种枝叶茂密，树姿优美，早春嫩叶鲜绿光亮，入秋叶色转红，颇为美观。宜作庭荫树及行道树，也可作堤岸绿化树种。在草坪、湖畔、溪边丛植点缀也很合适，可以造成壮丽的秋景。木材红褐色，坚重，耐水湿，可供建筑、桥梁、枕木、器具等用。种子可榨油，供工业用。

(2)秋枫　Bischofia javanica Bl.

［形态］ 常绿或半常绿乔木。高达 40m，胸径 1m。树皮褐红色，光滑。小叶卵形或长椭圆形，长 7～15cm，先端渐尖，基部楔形，缘具粗钝锯齿(每厘米 2～3 个)。圆锥花序。果球形，较大，径 8～15mm，熟时蓝黑色。花期 3～4 月；果 9～10 月成熟。

［分布］ 产于我国秦岭、淮河流域以南各省区，直至越南、印度、印度尼西亚及澳大利亚等地。

［习性］ 喜光，耐水湿，耐寒性不如重阳木；生长快。用途同重阳木。

3. 油桐属　Aleurites Forst.

乔木。单叶互生，全缘或 3～5 掌状裂；叶基部具二腺体。花单性，同株或异株，顶生圆锥状聚伞花序；花萼 2～3 裂，花瓣 5，雄蕊 8～20，子房 2～5 室。核果大，种子富油质。

油桐(桐油树，三年桐)　Aleurites fordii Hemsl.

［形态］ 落叶乔木。高达 12m；树冠扁球形。树皮灰褐色；小枝粗壮，无毛。叶卵形，长 7～18cm，全缘，有时 3 浅裂；叶基具二紫红色扁平无柄腺体。雌雄同株；花大，径约 3cm，花瓣白色，基部有淡红褐色条斑。果实近球形，径 4～6cm，先端尖，表面平滑；种子 3～5 粒。花期 3～4 月，稍先于叶开放；果 10 月成熟。

［观赏特性及用途］ 油桐树冠圆整，叶大荫浓，花大而美丽，故也可植为庭荫树及行道树，是园林结合生产的树种之一。

4. 黑钩叶属　Leptopus Decne.

多年生草本或灌木。单叶，形小，互生，全缘。花小，单性同株，单生或数朵簇生叶腋，有花瓣；雄花萼片，花瓣均为 5(～6)，雄蕊 5(～6)，花丝分离或连合成圆柱形，有退化雌蕊；雌花子房 3 室，每室 2 胚珠。蒴果开裂为 3 个 2 裂的分果瓣，果皮不分离。

20 余种，分布于热带至温带。我国约 9 种，多产于南部和西南部，北部产黑钩叶 1 种。

黑钩叶(雀儿舌头)　Leptopus chinnensis (Bunge) Pojark. [Andrachne chinensis

Bunge]

[形态] 小灌木。高达3m;小枝被毛或渐变无毛。叶卵形至披针形,长1~4.5cm,宽0.4~2cm,叶柄纤细,长2~8mm,花白色。蒴果球形或扁球形,径6mm,花期5~6月;果期7~9月。

[分布] 产于我国吉林、辽宁、河北、山西、山东、河南、陕西、湖南、湖北、四川、广西、云南等省区。常生于岩崖及山坡阴处。

[观赏特性及用途] 叶可杀虫。可作为水土保持的下木或用于园林绿化。未开花的幼嫩枝叶有毒,羊多食可致死。

图161 叶底珠
1. 花枝 2. 花 3. 蒴果

5. 叶底珠属 Securinega Comm. ex Juss.

灌木。单叶互生,全缘。花小,单性异株或同株;无花瓣。雄花簇生,雌花1或数朵聚生;萼5深裂,雄蕊5,着生于花盘的基部,花盘裂为5枚离生的腺体,有退化的雌蕊;雌花子房3室,每室具2胚珠,花柱合生,顶端2裂或二回2裂。蒴果内果皮硬,基部有宿萼。

25种,分布于温带和亚热带。我国2种,产于西南至东北。

叶底珠(一叶萩) Securinega suffruticosa (Pall.) Rehd.(图161)

[形态] 高1~3m。叶椭圆形,长圆形或卵状长圆形,长1.5~5cm,宽1~2cm,两面无毛,全缘或有不整齐波状齿;叶柄短。花单性异株,蒴果三棱状,扁球形,径约5mm,红褐色,无毛。花期6~7月;果期8~9月。

[分布] 产东北、华北、华东及河南、陕西、四川。生于向阳干山坡,灌丛间,常成群落。

[观赏特性及用途] 茎皮纤维供纺织;叶、花供药用,对神经系统有兴奋作用。

三十四、黄杨科 BUXACEAE

常绿灌木或小乔木,稀草本。无乳汁。单叶,对生或互生,全缘或有锯齿,无托叶。花单性,同株或异株,稀两性。无花盘,有苞片;成穗状、头状或短总状花序,簇生,有时单生。萼片4,无花瓣。雄花多具雄蕊4~6,与萼片对生;花丝分离。雌花无退化雄蕊;子房常3室，每室2倒生胚珠，花柱3。蒴果或为核果状。种子黑色，胚乳肉质，胚直立。

4属，约100种，分布于热带和温带地区。我国3属27种。

黄杨属　Buxus L.

常绿灌木或小乔木。多分枝。单叶，对生，羽状脉，全缘，革质而有光泽。花单性同株，无花瓣，簇生叶腋或枝顶，通常顶生1雌花，其余为雄花；雄花中萼片、雄蕊各4；雌花萼片4～6，子房3室；花柱3，粗而短。蒴果，花柱宿存，室背开裂成3瓣，每室含2黑色光亮种子。

分种检索表

1. 叶椭圆形或倒卵形；不狭长
   2. 叶椭圆形至卵状椭圆形，中部或中小部最宽；小枝密集 ………………………………………………………………………… (2)锦熟黄杨 **B. sempervirens**
   2. 叶倒卵形至椭圆状倒卵形，中部以上最宽，枝叶较疏散 … (1)黄杨 **B. sinica**
1. 叶倒披针形至倒卵状披针形；叶狭长 ………………… (3)雀舌黄杨 **B. bodinieri**

约30种。我国约有12种。

(1)黄杨　Buxus sinica(Rehd. et Wils.) Cheng (图162)

［形态］ 常绿灌木或小乔木。小枝及冬芽外鳞均有短柔毛。叶倒卵形至椭圆状倒卵形，长达2.5～3.5cm，叶柄及叶背中脉基部有毛。花期在4月；7月果熟。

［分布］ 产于我国中部。

［习性］ 喜温暖气候，不耐寒；喜疏松肥沃的砂质壤土；耐半阴，畏强阳光。

［繁殖栽培］ 繁殖用扦插、播种等法。

［观赏特性及用途］ 枝叶较疏散。在长江流域及其以南地区多植于庭园或盆栽观赏。木材多作雕刻及梳、篦等细木工用材。

图162　黄　杨

(2)锦熟黄杨　Buxus sempervirens L.(图163)

叶椭圆形至卵状长椭圆形，中部或中下部最宽，小枝密集。

(3)雀舌黄杨　Buxus bodinieri Levl.(图164)

叶狭长，倒披针形至倒卵状长椭圆形。

图 163　锦熟黄杨

图 164　雀舌黄杨

三十五、漆树科　ANARCARDIACEAE

落叶或常绿乔木或灌木。树皮多含树脂。复叶，少数单叶，互生，稀对生；无托叶。花小，辐射对称，两性或单性、杂性，雌雄异株，成腋生或顶生的圆锥花序。萼片 3～5，花瓣与萼片同数，稀无花瓣。雄蕊与花瓣同数或为花瓣的 2 倍，生于花盘的上部或下部。雌蕊心皮 1～5，合生或分离。子房上位，1 室，稀 2～5，每室 1 胚珠。花柱 1～5，分离。核果或坚果。胚大肉质。

约 60 属 600 余种，分布于热带、亚热带及温带各地。我国 16 属 54 种。

分属检索表

1. 羽状复叶
  2. 无花瓣；常为偶然羽状复叶 ……………………… 1. 黄连木属 **Pistacia**
  2. 有花瓣；花有花瓣 …………………………………… 2. 漆树属 **Rhus**
1. 单叶；全缘 ……………………………………………… 3. 黄栌属 **Cotinus**

1. 黄连木属　Pistacia L.

乔木或灌木。偶数羽状复叶，稀 3 小叶或单叶，互生，小叶全缘，对生。花单性异株，圆锥或总状花序腋生，无花瓣，雄蕊 3～5，子房 1 室，花柱 3 裂。核果近球形，种子扁。

共 20 种。我国产 2 种，引入栽培 1 种。

黄连木(楷木)　**Pistacia chinensis** Bunge(图 165)

［形态］　落叶乔木。高达 30 m；树皮薄片剥落；树冠近圆球形。通常为偶数羽状复叶，小叶 10～14，披针形或卵状披针形，长 5～9 cm，先端渐尖，基部偏斜，全缘。圆锥花

序，雌花序红色，雄花序淡绿色。核果径 6 mm，初为黄色，后变为红色或蓝紫色，红果多空粒。花期 3～4 月，先叶开放；9～11 月果熟。

［分布］　黄河流域至华南、西南均有分布。常散生于低山丘陵及平原。

［习性］　喜光，不耐庇荫，畏严寒；耐干旱瘠薄，对土壤要求不严。

［繁殖栽培］　常用播种法，扦插也可。

［观赏特性及用途］　树冠浑圆，树姿雄伟。早春嫩叶红色，入秋叶变或深红色或橙色，是美丽的庭荫树、行道树及山地风景树。木材致密，可供建筑、家具等用。种子可榨油，根、枝、叶、皮可作农药。

图 165　黄连木

2. 漆树属　Rhus L.

乔木或灌木。多数种类体内含乳液。叶互生，通常为奇数羽状复叶；无托叶。花单性异株或杂性同株。圆锥花序，花萼 5 裂，宿存；花瓣 5，雄蕊 5，子房 3 心皮，1 室，1 胚珠。核果。

约 150 种，产于亚热带及暖温带。我国产 13 种，引入栽培 1 种。

分种检索表

1. 花序顶生，果序直立；小叶有锯齿
  2. 叶轴有狭翅，小叶 7～13 ………………………… (1)盐肤木 **R. chinensis**
  2. 叶轴无翅，小叶 11～31 ………………………… (3)火炬树 **R. typhina**
1. 花序腋生，果序下垂；小叶全缘 ………………………… (2)漆树 **R. verniciflua**

(1)盐肤木　Rhus chinensis Mill.（图 166）

［形态］　落叶小乔木。高达 8～10m；树冠圆形，小枝有毛。奇数羽状复叶，叶轴有狭翅，小叶 7～13，卵状椭圆形，长 6～14 cm。边缘有粗钝锯齿，背面密被灰褐色毛。近无柄，圆锥花序顶生，密生柔毛；花小而乳白色。核果扁球形，径约 5mm，橘红色，密被毛。花期 7～8 月；10～11 月果熟。

［分布］　我国分布很广，北自东北南部、黄河流域，南达广东、广西、海南省区，西至甘肃南部、四川中部、云南。朝鲜、日本、越南、马来西亚也有。

［习性］　喜光，喜温暖湿润气候，也能耐寒冷和干旱；不择土壤。

［繁殖栽培］　一般用播种、分蘖、扦插等法繁殖。

［观赏特性及用途］　是我国重要的特殊经济树种。主要供药用。

(2)漆树　Rhus verniciflua Stokes.

图 166　盐肤木
1. 花枝　2. 果枝　3. 雄花　4. 两性花
5. 两性花去花瓣示花萼、雌蕊及雄蕊
6. 果　7. 种子

小叶长 7～15 cm，宽 3～7cm，侧脉 8～16 对，小叶全缘，花序腋生，果序下垂。

(3)火炬树　Rhus typhina L.

落叶小乔木。小枝粗壮，密生长绒毛。羽状复叶，小叶 19～23，叶背有白粉。顶生圆锥花序，密生有毛。核果深红色，密生绒毛，密集成火炬形。

3. 黄栌属　Cotinus Adans.

落叶灌木或乔木。单叶互生，全缘。花杂性或单性异株，成顶生圆锥花序；萼片、花瓣、雄蕊各为 5，子房 1 室，1 胚珠；具 3 偏于一侧的花柱。果序上有许多羽毛状为不孕性伸长的花梗；核果歪斜。

约 3 种，我国产 2 种。

黄栌　Cotinus coggygria Scop.（图 167）

［形态］　落叶灌木或小乔木。高达 5～8m；树冠圆形，树皮暗灰褐色。小枝紫褐色，被蜡粉。单叶互生，通常倒卵形，长 3～8 cm，先端圆或微凹，全缘，无毛或仅背面脉上有短柔毛，侧脉顶端常分叉；叶柄细长，1～4 cm。花小而杂性，黄绿色；顶生圆锥花序。果序长 5～20 cm，有多数不孕花的紫绿色羽毛状细长花梗宿存。核果肾形，径 3～4mm。花期 4～5 月；果熟期 6～7 月。有毛叶、紫叶、垂枝等数变种。

图 167　黄　栌

［变种、变型及品种］　毛黄栌(var. pubescens)

［分布］　产于我国北部、中部及经喜玛拉雅山地至欧洲南部。多生于海拔 600～1 500m 向阳山林中。

［习性］　喜光，亦耐半阴；耐寒冷和干旱，也耐瘠薄和碱性土壤，但不耐水湿。

［繁殖栽培］　以播种为主，压条、根插、分株也可。

［观赏特性及用途］　叶片秋季变红，鲜艳可爱，北京香山的红叶即为本种。在园林

中宜丛植于山丘、山坡或草坪，也可混植。木材可供提取黄色染料及作雕刻等用材，枝叶可入药。

三十六、冬青科　AQUIFOLIACEAE

常绿或落叶乔木或灌木。单叶，互生，稀对生；托叶小，早落。花小，辐射对称。雌雄异株，或腋生的聚伞花序、簇生的伞形花序或总状花序。萼小，多为3～6裂。花瓣与萼片同数，分离或合生。雄蕊4～8，与花瓣对生。花丝短，子房上位，二至多室，每室1～2倒生胚珠，花柱短，柱头盘状、头状或圆柱状。雄花内有时有退化雌蕊，雌花中有时具退化的雄蕊。核果浆果状。种子胚乳肉质，子叶扁平。

共3属400余种，广泛分布于温暖地带，而以中、南美为分布中心。我国1属，约140种，多分布于南方。

冬青属　Ilex L.

乔木或灌木，多为常绿性。单叶互生，通常有锯齿或刺状齿，稀全缘；托叶小而早落。花单性异株，稀杂性，成腋生聚伞、伞形或圆锥花序，稀单生；萼裂片，花瓣及雄蕊常为4，花瓣基部合生。核果球形，通常具4核；萼宿存。

约400种，我国产118种。

(1)枸骨　Ilex cornuta Lindl(图168)

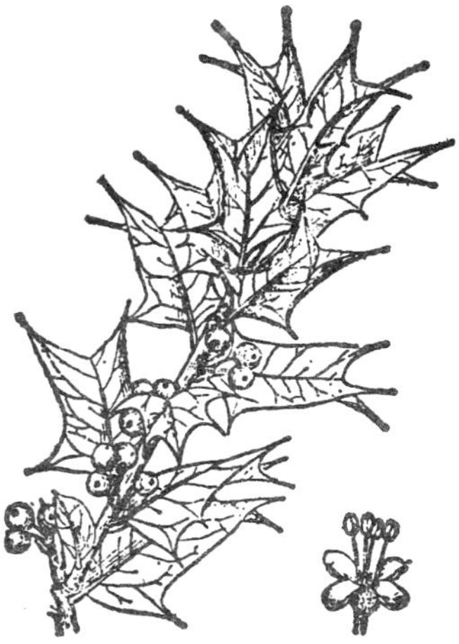

图168　枸　骨

［形态］　常绿灌木或小乔木。高3～4 m；树皮灰白色，平滑不裂，枝开展而密生。叶硬革质，矩圆形，长4～8 cm，宽2～4 cm，顶端扩大并具3大尖硬刺齿，基部两侧各具1～2同样大刺齿，表面深绿而有光泽，背面淡绿色。花黄绿色，簇生于2年生枝叶腋。核果球形，鲜红色，径8～10 mm，具4核。花期4～5月；果熟期9月。

［分布］　产于我国长江中下游各省。朝鲜也有。

［习性］　喜阳光充足；喜温暖气候，但耐寒性差；喜排水良好的酸性、肥沃土壤；生长缓慢。

［繁殖栽培］　用播种及扦插法繁殖。

［观赏特性及用途］　枝叶茂密，秋时红果累累，是良好的观叶、观果树种。宜作基础种植及岩石园材料；华北多盆栽观赏。

(2)冬青　Ilex chinensis Sims(图169)

常绿乔木。树叶密生，叶薄革质，长椭圆形至披针形，缘疏生浅齿，叶柄常淡紫红色，

图 169　冬　青

叶干后呈红褐色；雌雄异株，花瓣常紫红色或淡紫色。果实深红色。

三十七、卫矛科　CELASTRACEAE

落叶或常绿乔木或灌木，或为攀援藤本。单叶，对生或互生；托叶小，常早落。花两性，稀单性，辐射对称，聚伞或圆锥花序，有时单生、顶生或腋生。萼片 4～5，宿存。花瓣 4～5，稀无花瓣。雄蕊与花瓣同数。花盘肉质。子房上位 1～5 室，每室有 1～2 胚珠。蒴果、浆果、核果或翅果。种子通常有假种皮，子叶叶状，胚乳丰富。

约 38 属 450 种以上，分布于温带、亚热带及热带。我国 12 属 200 多种。

1. 卫矛属　Euonymus L.

乔木或灌木，稀藤本。叶对生，极少互生或轮生。花通常两性，聚伞或复聚伞花序腋生；花各部 4～5 基数，雄蕊着生于花盘边缘，子房藏于花盘内。蒴果瓣裂；种子具橘红色假种皮。

约 200 余种，我国约 120 种。

分种检索表

1. 常绿或半常绿性小乔木或藤本
　2. 叶常绿小乔木或灌木 ………………………………… (1)大叶黄杨 **E. japonicus**
　2. 藤本 ……………………………………………………… (3)扶芳藤 **E. fortunei**
1. 落叶小乔木 ……………………………………………… (2)丝棉木 **E. bungeanus**

(1)大叶黄杨(正木)　**Euonymus japonicus** Thunb.(图 170)

［形态］　常绿灌木或小乔木。高达 8 m；小枝绿色，稍呈四棱形。叶革质而有光泽，椭圆形至倒卵形，长 3～6 cm，缘有钝齿，两面无毛；叶柄长 6～10 mm。花绿白色，5～12 朵成聚伞花序，腋生枝条顶部。蒴果扁球形，径约 8mm，淡粉红色，熟时 4 瓣裂；假种皮橘红色。花期在 5 月；果熟期在 10 月。

［分布］　原产于日本南部。我国南北各省均有栽培，长江流域各城市尤多。

［习性］　喜光，但也能耐阴；喜温暖气候及肥沃湿润的土壤，耐寒性较差。耐修剪，生长较慢，寿命长。

［繁殖栽培］　用扦插法，嫁接、压条和播种法也可。

［观赏特性及用途］　叶色浓绿而有光泽，四季长青，是美丽的观叶树种。园林中常

作绿篱或丛植于花坛、草坪。其花叶变种更宜盆栽，用于室内或会场装饰。

(2)丝棉木(白杜)　**Euonymus bungeanus** Maxim. (图 171)

［形态］　落叶小乔木。高达 6～8m；树冠圆形或卵圆形。小枝细长，绿色，无毛。叶对生，卵形至卵状椭圆形，长 5～10cm，先端急长尖，基部近圆形，缘有细锯齿；叶柄细长，2～3.5cm。花淡绿色，径约 7mm，花部 4 数，3～7 朵成聚伞花序。蒴果粉红色，径约 1cm，4 深裂；种子具橘红色假种皮。花期在 5 月；8～10 月果熟。

［分布］　产于我国北部、中部及东部，辽宁、河北、河南、山东、山西、甘肃、安徽、江苏、浙江、福建、江西、湖北、四川均有分布。

［习性］　喜光，也稍耐阴；耐寒；对土壤要求不严；耐干旱，也耐湿；而以肥沃湿润的土壤最好。

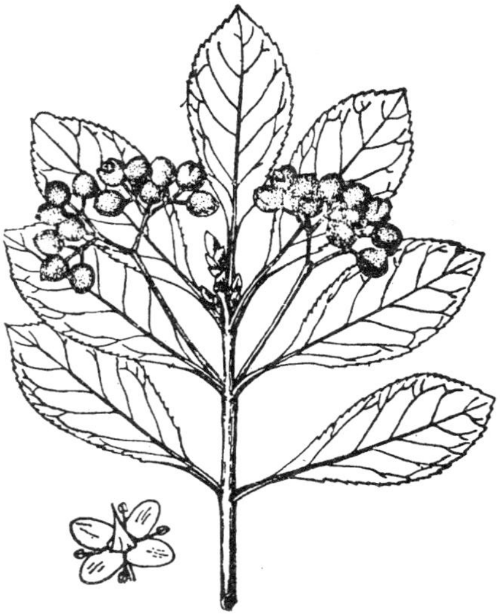

图 170　大叶黄杨

［繁殖栽培］　用播种、分蘖及硬枝扦插等法。

［观赏特性及用途］　枝叶秀丽，花果密集，是良好的庭园种植材料。宜植于林缘、路旁、湖岸、溪边，也可栽在城市及工厂作防护林用。

图 171　丝棉木

(3)扶芳藤　**Euonymus fortunei** (Turcz.) Hand.

常绿藤本。茎匍匐或攀援；枝密生小瘤状突起，生出不定根。种子外包橘红色假种皮。

2. 南蛇藤属　Celastrus L.

多为落叶藤本。单叶互生，有锯齿。花小，杂性异株，成总状、复总状或聚伞花序，腋生或顶生；花部 5 数，内生花盘杯状。蒴果室背 3 瓣裂，每室 1～2 种子，具肉质红色假种皮。

共 50 种，我国产 30 种。

南蛇藤　**Celastrus orbiculatus** Thunb. (图 172)

［形态］　落叶藤本。长达 2 m；小枝圆，髓心充实，皮孔大而隆起。叶近圆形，或椭圆状倒卵形，长 4～10 cm，先端突短尖或钝尖，基部广楔形或近圆形，缘有钝齿。短总状花

图 172 南蛇藤

序腋生，或偶在顶部与叶对生。蒴果球形，鲜黄色，径约 8 mm，种子白色，外包红色假种皮。花期在 5 月；9～10 月果熟。

［分布］ 我国东北、华北、华东、西北、西南及华中均有分布。朝鲜、日本也有。

［习性］ 性强健，喜光，也耐半阴；耐寒冷；在土壤疏松、肥沃及气候较湿润处生长良好。

［繁殖栽培］ 常用播种法繁殖，扦插、压条也可。

［观赏特性及用途］ 秋叶红色，果实开裂后露出鲜红色假种皮也颇美观。宜植于湖畔、溪边、坡地等处。此外，果枝可作插瓶材料。根、茎、叶、果可入药。

三十八、槭树科 ACERACEAE

落叶或少数常绿乔木或灌木。叶对生，有叶柄，无托叶，单叶或复叶，不裂或分裂。花小，辐射对称，两性、杂性或单性，雄花与两性花同株或异株，排列成伞房状、穗状或聚伞花序。萼片 5 或 4，花瓣 5 或 4。雄蕊 4～12，多为 8，生于花盘的外部或内部。两性花或雌花子房 2 室，每室 2 胚珠，中轴胎座。花柱 2。翅果，成熟后开裂成二分果，各含 1 粒种子。种子无胚乳。

3 属，约 300 种，分布于北温带和热带高山地区。我国 2 属，约 140 多种。

槭树属 Acer L.

乔木或灌木，多为落叶性。叶对生，单叶掌状裂或不裂，或奇数羽状复叶，稀掌状复叶。雄花与两性花同株或雌雄异株，萼片 5，花瓣 5，稀无花瓣，成总状、圆锥状、伞房状花序；花盘杯状或无花盘。果实两侧具长翅，成熟时由中间分裂为二，各具 1 果翅，各含 1 种子。

共 200 种，我国约 140 种。

分种检索表

1. 单叶，掌状裂
  2. 叶裂片全缘，或疏生浅齿
    3. 叶掌状 5～7 裂，裂片全缘
      4. 叶 5～7 裂，基部常截形；果翅长等于果核 …… (1)元宝枫 **A. truncatum**

4. 叶常5裂，叶基心形；果翅长为果核的2倍 ……… (2)五角枫 **A. mono**

3. 叶掌状3裂，裂片全缘或有浅齿；两果翅近于平行 ……………………………………………………………………………… (3)三角枫 **A. buergerianum**

2. 叶裂片具单锯齿或重锯齿

5. 叶掌3裂(中裂片特大)或不显5裂，有时不裂；两果翅近于平行 ……………………………………………………………………………… (4)茶条槭 **A. ginnala**

5. 叶掌状5～11裂

6. 叶5～7深裂；叶柄、花梗及子房均光滑无毛 ……………………………………………………………………………… (5)鸡爪槭 **A. palmatum**

6. 叶7～11裂；叶柄花梗及子房有毛，花较大，紫红色，果翅展开成钝角 ……………………………………………………………………………… (6)日本槭 **A. japonicum**

1. 羽状复叶，小叶3～7；小枝无毛，有白粉 ……………… (7)复叶槭 **A. negundo**

(1)元宝枫(平基槭) **Acer truncatum** Bunge.(图173)

［形态］ 落叶乔木。高达8～10 m；树冠伞形或倒广卵形。干皮灰黄色，浅纵裂；小枝淡土黄色，光滑无毛。叶掌状5裂，长5～10 cm，有时中裂片又3裂，裂片先端渐尖，叶基通常截形，两面无毛；叶柄细长，3～5 cm。花黄绿色，径约1 cm，成顶生伞房花序。翅果扁平，两翅展开约成直角，翅较宽，略长于果核。花期在4月；果10月成熟。

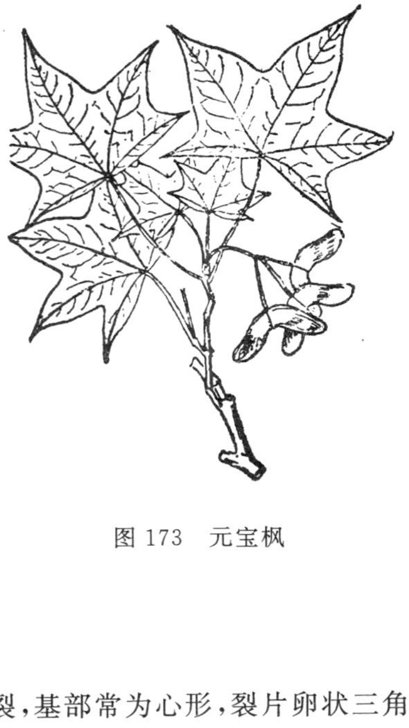

图173 元宝枫

［分布］ 主产于我国华北、辽宁南部，河北、山西、陕西、河南、山东、安徽南部均有分布。

［习性］ 弱阳性，耐半阴，喜生于阴坡及山谷；在湿润、肥沃及排水良好的土壤中生长良好。

［繁殖栽培］ 主要用播种法繁殖。

［观赏特性及用途］ 树姿优美，嫩叶红色，秋季叶又变成黄色或红色，为著名的秋色叶树种。宜作庭荫树及行道树。

(2)五角枫(色木) **Acer mono** Maxim.(图174)

［形态］ 落叶乔木。高可达20 m；叶通常掌状5裂，基部常为心形，裂片卵状三角形，全缘，两面无毛或仅背面脉腋有簇毛，网脉两面明显隆起。花黄绿色，多花成顶生伞房花序。果核扁平，果翅展开成钝角，长约为果核的2倍。花期在4月；果9～10月成熟。

图 174　五角枫

［分布］　广布于我国东北、华北，南达江苏、浙江、安徽、江西、湖北，西至陕西、四川。朝鲜、日本也有。

［习性］　弱阳性，稍耐阴；喜温凉湿润气候。

［繁殖栽培］　用种子繁殖。

［观赏特性及用途］　秋季叶变红色或黄色。可用作庭荫树及行道树。

(3)三角枫　Acer buergerianum Miq.

落叶乔木。叶掌状 3 裂，裂片全缘而略有浅齿。两果翅近于平行。

(4)茶条槭　Acer ginnala Maxim.

落叶小乔木。通常 3 裂，缘有不整齐重锯齿，脉腋有长柔毛。两果翅近于平行。

(5)鸡爪槭　Acer palmatum Thunb.

落叶小乔木。叶掌状 5～9 深裂，缘有重锯齿，脉腋有白簇毛。花紫色。

(6)日本槭　Acer japonicum Thunb.

落叶小乔木。叶 7～11 裂；花较大，紫红色。果翅展开成钝角。

(7)复叶槭　Acer negundo L.

落叶乔木。羽状复叶，小叶 3～7；小枝绿色，无毛，有白粉。

三十九、七叶树科　HIPPOCASTANACEAE

落叶乔木或灌木。枝叶粗大；叶对生。掌状复叶，小叶 3～9 片，羽状脉，无托叶。花两性，有时单性；雄性花和两性花同株，花不整齐，顶生圆锥花序。萼片 4～5，花瓣 4～5，离生具爪。雄蕊 5～9，分离。雌蕊由 3 心皮合成，子房上位，3 室，每室 2 胚珠，花柱 1，细长。花盘位于雄蕊外面。蒴果，常 1 粒种子，极大，无胚乳。

共 2 属，约 25 种。主要分布于南北美洲。我国产 1 属约 10 种。

七叶树属　Aesculus L.

落叶乔木或灌木。复叶具长柄，小叶 5～9，有锯齿。圆锥花序直立而多花；萼管状或钟状，花瓣具爪。

约 23 种，产于北美、东南亚及欧洲东南部。我国约产 10 种，引入栽培 2 种。

七叶树(梭椤树)　Aesculus chinensis Bunge (图 175)

［形态］　乔木。高达 25 m；树皮灰褐色，片状剥落。小枝粗壮，栗褐色，光滑无毛；冬

芽具树脂。小叶通常 7 枚,倒卵状长椭圆形,长 8～20 cm,先端渐尖,基部楔形,缘具细锯齿,侧脉 13～17 对,仅背面脉上疏生柔毛,小叶柄长 0.4～1.7 cm。花小,花瓣 4,白色,或微带红晕,成直立密集圆锥花序,近无毛。蒴果球形或倒卵形,径 3～4cm,黄褐色,无刺,也无尖头,内含种子 1～2 粒;种子形如板栗,种脐大,占种子一半以上。花期在 5 月;9～10 月果熟。

图 175　七叶树

［分布］　产于我国黄河流域及东部,包括陕西、甘肃、河南、山西、河北、江苏、浙江等省。

［习性］　喜光,稍耐阴;喜气候温和,也能耐寒;喜深厚、肥沃、湿润而排水良好的土壤。

［繁殖栽培］　以播种为主,扦插、芽接、高压也可。

［观赏特性及用途］　树干耸直,树冠开阔,有良好的遮荫效果,是世界著名的观赏树种,最宜作庭荫树及行道树。种子可入药。

四十、无患子科　SAPINDACEAE

乔木或灌木,稀草本。叶互生,稀对生。偶数羽状复叶或为奇数,稀单叶。花单性或杂性,辐射对称或左右对称,成圆锥花序或总状花序。萼 4～5,花瓣 4～5 或无,花盘发达。雄蕊 8～10,2 轮,基部联合。子房上位,2～4 室,每室具 1～2 胚珠,中轴胎座或侧膜胎座。花柱单生。蒴果、浆果、核果、坚果或翅果,种子无胚乳,有的具假种皮。

约 140 属 1 100 种,广布于热带及亚热带,少数产于温带。我国 23 属 40 余种,主要分布于华南和西南地区。

分属检索表

1. 蒴果,奇数羽状复叶
  2. 果皮膜质面膨胀,1～2 回奇数羽状复叶 …………… 1. 栾树属 **Koelreuteria**
  2. 果皮木质,一回奇数羽状复叶 …………………… 3. 文冠果属 **Xanthoceras**
1. 核果,偶数羽状复叶,小叶全缘
  3. 果皮肉质,种子无假种皮 ……………………………… 2. 无患子属 **Sapindus**
  3. 果皮革质或脆革质,种子有假种皮,并彼此分离:
    4. 有花瓣,果皮平滑,黄褐色 ……………………………………………………………………………… 4. 龙眼属 **Dimocarpus**
    4. 无花瓣,果皮具瘤状小凸起,红色或绿色 …………… 5. 荔枝属 **Litchi**

图 176 栾 树
1. 花枝 2. 花 3. 花瓣 4. 果及种子

1. 栾树属 Koelreuteria Laxm.

落叶乔木。芽鳞 2 枚;一或二回奇数羽状复叶,互生,小叶有齿或全缘。圆锥花序大形,通常顶生,花杂性,不整齐,萼 5 深裂;花瓣 5 或 4,鲜黄色,披针形,基部具二反转附属物。蒴果具膜质果皮,膨大如膀胱状,成熟时 3 瓣开裂;种子球形,黑色。

共 4 种,我国约产 3 种。

栾树 Koelreuteria paniculata Laxm.(图 176)

[形态] 落叶乔木。高达 15 m;树冠近圆球形。树皮灰褐色,细纵裂;小枝稍有圆棱,无顶芽,皮孔明显。奇数羽状复叶,有时部分小叶深裂而为不完全的二回羽状复叶,长达 40cm;小叶 7～15 枚,卵形或卵状椭圆形,缘有粗而不规则的锯齿,近基部常有深裂片,背面沿脉有毛。花小,金黄色;花序宽而疏散。蒴果三角状卵形,长 4～5cm,成熟时橘红色或红褐色。花期 6～7 月;果熟期 9 月。

[分布] 产于我国北部及中部,北自东北南部,南到长江流域及福建,西到甘肃东南及四川中部。日本、朝鲜也有分布。

[习性] 喜光,稍耐半阴;耐寒;耐干旱瘠薄,喜生于石灰质土壤。

[繁殖栽培] 以播种繁殖为主,分蘖或根插亦可。

[观赏特性及用途] 树形端正,枝叶茂密而秀丽,春季嫩叶多为红色,而入秋叶变黄色,是理想的观赏树木。宜作庭荫树、行道树及风景树,也可用作水土保持及荒山造林树种。

2. 无患子属 Sapindus L.

乔木或灌木。偶数羽状复叶,互生,小叶多全缘。花小,杂性。圆锥花序,萼片、花瓣各 4～5;雄蕊 8～10;子房 3 室,每室 1 胚珠,通常仅 1 室发育成核果。核果球形,中果皮肉质,内果皮革质;种子黑色,无假种皮。

约 15 种。我国产 4 种,分布于淮河流域以南。

无患子 Sapindus mukurossi Gaertn(图 177)

[形态] 落叶或半常绿乔木。高达 20～25 m;枝开展,成广卵形或扁圆形树冠,小枝无毛。羽状复叶,小叶 8～14 枚,互生或近对生,卵状披针形或卵状长椭圆形,长 7～

15 cm，先端尖，基部不对称，全缘，薄革质，无毛。圆锥花序顶生，花黄白或淡紫色。核果近球形，径1.5～2 cm，熟时黄色或橙黄色；种子球形，黑色，坚硬。花期5～6月；9～10月果熟。

［分布］ 产于我国长江流域及其以南各省区，为低山、丘陵及石岩山常见树种。

［习性］ 喜光，稍耐阴；喜温暖气候，耐寒性不强。

［繁殖栽培］ 用播种法繁殖。

［观赏特性及用途］ 树形高大，树冠广展，是良好的庭荫树。果肉含皂素，可代肥皂用；根及果可入药。

图177　无患子

1. 果枝　2. 花序部分　3. 花　4. 花瓣　5. 萼片　6. 雌蕊　7. 去花被后之花

3. 文冠果属　Xanthoceras Bunge

本属仅1种，中国特产。

文冠果（文宫果）　Xanthoceras sorbifolia Bunge

落叶小乔木。小叶9～17；花5数，花盘5裂，又有5条角状附属物。雄蕊8。蒴果3瓣裂。果大，油料树种。

4. 龙眼属　Dimocarpus Lour.

乔木。偶数羽状复叶，互生。花通常有花瓣。果球形，黄褐色，果皮幼时具瘤状突起，老则近于平滑；种子具白色、肉质、半透明、多汁的假种皮。

共20种，产于亚洲热带。中国产4种。

龙眼（桂圆）　Dimocarpus lonsan Lour.（Euphoria longan Stend.）

［形态］ 常绿乔木。高达10m以上。树皮粗糙，薄片状剥落；幼枝及花序被星状毛。偶数羽状复叶互生，小叶3～6对，长椭圆状披针形，长6～17cm，全缘，基部稍歪斜，表面侧脉明显。花小，花瓣5，黄色；圆锥花序顶生或腋生。果球形，径1.2～2.5cm，熟时果皮较平滑，黄褐色；种子黑褐色。花期4～5月；果7～8月成熟。

［分布］ 产于我国台湾、福建、广东、广西、四川等省区。中南半岛也有。

［习性］ 稍耐阴；喜暖热湿润气候，稍比荔枝耐寒和耐旱。

［观赏特性及用途］ 是华南地区的重要果树，栽培品种甚多，也常于庭园种植。种子外之假种皮味甜可食，有健脑、强身、安神等功效。果核、根、叶及花均可入药。木材坚重，极耐腐，抗虫蛀，但干燥后易开裂和变形，宜作舟、车、器具等用材。

5. 荔枝属　Litchi Sonn.

乔木。偶数羽状复叶，互生。花无花瓣。果熟时常为红色，果皮具明显的瘤状突起，种子具白色、肉质、半透明、多汁的假种皮。

共 2 种，1 种产于菲律宾，1 种产于中国。为热带著名果树。

荔枝　Litchi chinensis Sonn.

［形态］　常绿乔木。野生树高可达 30cm，胸径 1m。树皮灰褐色；不裂。偶数羽状复叶互生，小叶 2～4 对，长椭圆状披针形，长 6～12cm，全缘，表面侧脉不甚明显，中脉在叶面凹下，背面粉绿色。花小，无花瓣；成顶生圆锥花序。果球形或卵形，熟时红色，果皮有显著突起小瘤体；种子棕褐色。花期 3～4 月；果 5～8 月成熟。

［分布］　在我国华南，福建、广东、广西及云南东南部均有分布，四川、台湾有栽培。

［习性］　喜光，喜暖热湿润气候及富含腐殖质之深厚、酸性土壤，怕霜冻。

［观赏特性及用途］　是华南重要果树，品种很多，果除鲜食外可制成果干或罐头，每年有大宗出口。因树冠广阔，枝叶茂密，也常于庭园种植。木材坚重，经久耐用，是名贵用材，供造舟、车、家具等。根及果核可供药用，治疝气、胃痛等症。

四十一、鼠李科　RHAMNACEAE

乔木、灌木或木质藤本，稀草本。常具枝刺或托叶刺，单叶，互生，稀对生；叶脉羽状或三出；托叶小，早落，或变为刺。花小，两性或单性，辐射对称，或聚伞、圆锥、总状花序或簇生。萼片 5，稀 4，较大。雄蕊 5，稀 4，与花瓣对生。花丝短，着生于花盘边缘。花盘发达，肉质。心皮 2～4，合生。子房 2～4 室，上位，每室 1 胚珠，基生胎座。花柱 2～4。果为核果、翅果或蒴果。种子通常具大而直的胚。

约 58 属 900 种，广布于温带及热带地区。我国 14 属，约 133 种。

分属检索表

1. 叶为 3～5 条脉；乔木或小乔木
　2. 叶大形，阔丽形，长 8～14cm；果柄肉质扭曲 …………… 3. 枳椇属 **Hovenia**
　2. 叶小，卵状披针形，长不足 8cm；果柄非肉质扭曲 ………… 2. 枣属 **Zizyphus**
1. 叶为羽状脉；灌木 ……………………………………………… 1. 鼠李属 **Rhamnus**

1. 鼠李属　Rhamnus L.

灌木或乔木。枝端常具刺；叶互生或近对生，羽状脉，有齿或全缘；具托叶。花小，绿色或黄白色，两性或单性；腋生成簇或成伞形，总状花序，萼裂、花瓣、雄蕊各 4～5，有时无花瓣，子房上位，2～4 室。核果浆果状，具 2～4 种子。

约 160 种，主产于北温带。我国产 60 余种，遍布全国。

分种检索表

1. 叶较大,长 4～10 cm ………………………………………… (2)鼠李 **R. davurica**

1. 叶较小,长 1.5～4cm

　2. 叶菱状椭圆形;小枝与叶较光滑 …………………… (3)小叶鼠李 **R. parvifolia**

　2. 叶圆形或倒卵圆形;小枝与叶有柔毛 ……………… (1)圆叶鼠李 **R. globosa**

(1)圆叶鼠李　Rhamnus globosa Bunge (图 178)

[形态]　落叶灌木。高达 2 m;小枝有短柔毛,顶端具针刺。叶倒卵形或近圆形,长 2～4 cm,先端突尖,基部广楔形,锯齿细钝,两面有柔毛,侧脉 3～4 对,叶柄长 3～6mm。花黄绿色,成腋生集伞花序。核果球形,径约 6 mm,熟时黑色,种子 2 粒,基部有沟。花期在 5～6 月。

[分布]　产于我国河北、山西、山东、陕西、河南、湖北、江苏、浙江、安徽等省。多生于山坡杂木林或灌木丛中。

[观赏特性及用途]　种子可榨油供润滑用;果实入药。

(2)鼠李(大绿)　Rhamnus. davurica Pall.

落叶灌木。小枝粗壮;叶近对生,侧脉 4～5 对,叶表有光泽,背面灰绿色。果黑色。

图 178　圆叶鼠李

图 179　小叶鼠李

(3)小叶鼠李(玻璃枝)　Rhamnus parvifolia Bunge (图 179)

落叶灌木。顶端成针刺,叶近对生,较小,叶柄及花梗较短。

2. 枣属　Zizyphus Mill.

灌木或乔木。单叶互生,具短柄。叶基三或五出脉;托叶常变为刺。花小,两性,或腋生短聚伞花序;花部 5 数,子房上位,埋藏于花盘内,花柱 2 裂。核果,具 1 核,1～3 室,每室 1 粒种子。

图 180　枣　树

1. 花枝　2. 果树　3. 具刺之枝

4. 花　5. 果　6. 果核

我国产 10 余种。

枣树　Zizyphus jujuba Mill.（图 180）

［形态］　落叶乔木。高达 10 m；树皮灰褐色，条裂。枝有长枝、短枝和脱落性小枝三种：长枝呈之字形曲折，红褐色，光滑，有托叶刺或不明显；短枝俗称枣股；脱落性小枝为纤细的无芽枝，簇生在短枝上。叶卵形至卵状长椭圆形，缘有细钝齿，基部三出脉。花小，黄绿色。核果，熟后暗红色。花期 5～6 月；果 8～9 月成熟。

［变种、变型及品种］　酸枣（var. spinosa Hu）常成灌木状。托叶刺明显，一长一短；叶较小。核果小，近球形；味酸，野生。

［分布］　分布于我国。黄河中下游、华北平原栽培很普遍。

［习性］　强阳性树种；对土壤适应性较强，耐干旱、瘠薄，对酸性土、盐碱土及低温都有一定耐性。

［繁殖栽培］　主要用分蘖或根插法繁殖。也常用酸枣嫁接大枣。

［观赏特性及用途］　果树。品种很多。也可用作庭荫树及园路树。果实含维生素 C 较多；可加工成食品。木材坚硬、厚重，可作优良用材；也是优良的蜜源植物。

3. 枳椇属　Hovenia Thunb.

落叶乔木。单叶互生，基部三出脉。花小，两性，聚伞花序；花萼 5 裂；花瓣 5，有爪；雄蕊 5；子房 3 室，花柱 3 裂。核果，有 3 种子；果序分枝肥厚肉质并扭曲。

共 6 种，中国均产。

枳椇（拐枣）　Hovenia dulcis Thunb.（图 181）

［形态］　落叶乔木。高达 15～25 cm；树皮灰

图 181　枳　椇

1. 花枝　2. 果枝　3. 花

4. 果横剖面　5. 种子

黑色,深纵裂;小枝红褐色。叶广卵形至卵状椭圆形,长 8～16 cm,先端短渐尖,基部近圆形,缘有粗钝锯齿,基部 3 出脉,背面无毛或仅脉上有毛;叶柄长 3～5 cm。聚伞花序常顶生,二歧分枝常不对称。果梗肥大肉质,经霜后味甜可食(俗称鸡爪梨)。花期 6 月;果 9～10 月成熟。

［分布］ 我国华北南部至长江流域及其以南地区普遍分布,西至陕西、四川、云南。日本也产。多生于阳光充足的沟边、路旁或山谷中。

［习性］ 喜光,有一定的耐寒能力;对土壤要求不严,在土层深厚、湿润而排水良好处生长快,能成大材。深根性,萌芽力强。

［繁殖栽培］ 主要用播种繁殖,也可扦插、分蘖繁殖。10 月果熟后采收,除去果梗后晒干碾碎果壳,筛出种子,沙藏越冬,春天条播。条距 20～25 cm,覆土厚约 1 cm。每亩播种量约 5kg。一年生苗高可达 50～80 cm。用于城市绿化的苗木需要移栽培育 3～4 年方可出圃。栽植在秋季落叶后或春季发芽前进行。

［观赏特性及用途］ 本种树态优美,叶大荫浓,生长快,适应性强,是良好的庭荫树、行道树及农村“四旁”绿化树种。木材硬度适中,纹理美观,可作建筑、家具、车、船及工艺美术用材。果序梗肥大肉质,富含糖分,可生食和酿酒。果实为清凉、利尿药;树皮、木汁及叶也可供药用。

四十二、葡萄科　VITACEAE

木质藤本,具卷须,稀草本、灌木或小乔木。节部常肿胀或具关节。叶互生,单叶或为掌状复叶或羽状复叶。托叶贴生于叶柄或缺。聚伞、伞房或圆锥花序,常和叶对生。花小,辐射对称,两性或单性。萼片 4～5。花瓣与萼片同数。雄蕊 4～5,着生于花盘基部,与花瓣对生。雌蕊心皮 2,合生,2 室,每室含 1～2 倒生胚珠,着生于中轴胎座上。花柱单一,果实为浆果。种子坚硬,胚直,胚乳丰富。

约 12 属 700 种,主产于热带、亚热带至温带。我国 8 属 106 种。

分属检索表

1. 髓褐色;茎无皮孔 …………………………………………… 1. 葡萄属 **Vitis**
1. 髓白色;茎有皮孔
   2. 茎有卷须,无吸盘 ………………………………………… 2. 蛇葡萄属 **Ampelopsis**
   2. 茎有卷须,顶端扩大成吸盘 …………………… 3. 爬山虎属　**Parthenocissus**

1. 葡萄属　Vitis L.

落叶藤本。卷须与叶对生;髓褐色。单叶掌状裂,很少为掌状复叶,缘有齿。花杂性异株,稀同株,圆锥花序与叶对生;花部 5 数,萼小或不明显,花瓣顶部连接成帽状,开花

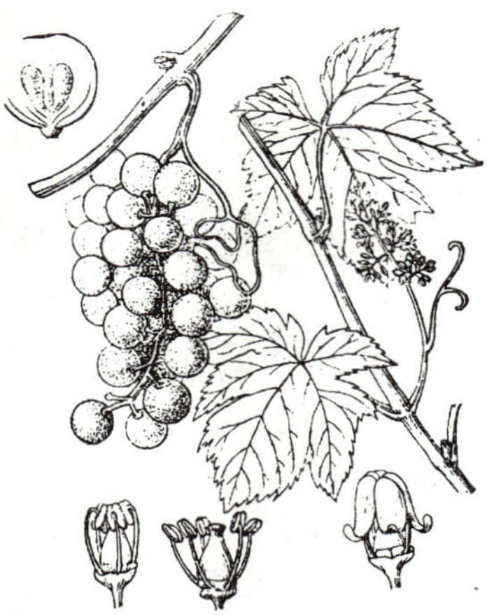

图 182　葡　萄

时脱落，花盘具 5 蜜腺，子房 2 室。浆果含 2～4 种子；种皮坚硬。

约 70 种。我国约 30 种，南北均有分布。

葡萄　Vitis vinifera L.（图 182）

［形态］　落叶木质藤本。长达 30 m；茎皮红褐色，条状剥落。幼枝有毛或无毛，卷须分枝，间歇性着生。叶近圆形，长 7～15 cm，3～5 裂，基部心形，缘具粗齿，两面无毛或背面有短柔毛；叶柄长 4～8 cm。花小，黄绿色，圆锥花序大而长。浆果椭球形或圆球形，有白粉。花期 5～6 月；果熟期 8～9 月。

［分布］　原产于亚洲。我国已有 2 000 年栽培历史，分布广，尤以长江流域以北栽培较多。

［习性］　喜光，喜干燥及夏季高温的大陆性气候；冬季需要一定低温，但严寒时必须埋土防寒；耐干旱。

［繁殖栽培］　一般用扦插、压条、嫁接等方法繁殖。

［观赏特性及用途］　是重要的温带果树，品种繁多。果除生食外，可酿酒、制葡萄干；叶、根可入药。除专业果园栽培外，也常用于庭园绿化。

2. 蛇葡萄属　Ampelopsis Michx

落叶藤本。借卷须攀援，枝具皮孔及白髓。叶互生，单叶或复叶，具长柄。花小，两性，聚伞花序具长梗，与叶对生或顶生；花部常为 5 数，花萼全缘，花瓣离生并开展，雄蕊短，子房 2 室，花柱细长。浆果具 1～4 种子。

约 60 种，产于北美及亚洲。我国产 9 种。

(1)蛇葡萄　Ampelopsis humulifolia (Maxim.) Trautv.

［形态］　藤本。幼枝具毛；叶纸质，广卵形，长 6～12 cm，基部心形，端 3 浅裂，偶 5 浅裂或不裂，缘有粗齿，表面深绿色，背面稍淡并有毛。聚伞花序与叶对生，梗上有毛；花黄绿色。浆果近球形，径 6～8 mm，成熟时鲜蓝色。花期 5～6 月；果熟期 8～9 月。

［分布］　产于亚洲东部及北部，我国自东北经河北、山东到长江流域、华南均有分布。

［观赏特性及用途］　可作棚架绿化材料。果可酿酒，根、茎可入药。

(2)乌头叶蛇葡萄　Ampelopsis aconitifolia Bunge

落叶藤本。掌状复叶，小叶常为 5；羽状分裂。果熟红色。

3. 爬山虎属　Parthenocissus Planch.

藤本。卷须顶端常扩大成吸盘。叶互生；掌状复叶或单叶 3 裂。具长柄。花两性，罕杂性，聚伞花序与叶对生；花部常 5 数，花盘不明显或无，花瓣离生，子房 2 室，每室 2

胚珠。浆果具1～4种子。

共15种，产于北美及亚洲。我国9种。

（1）爬山虎（爬墙虎、地锦）　Parthenocissus tricuspidata(Sieb. et Zucc.)Planch.（图183）

［形态］　落叶藤本。卷须短而多分枝。叶广卵形，长10～20 cm，通常3裂，基部心形，缘有粗齿，表面无毛，背面脉上有柔毛；幼苗或上部枝上的叶较小，常分成3小叶或为3全裂。聚伞花序通常生于短枝顶端两叶之间。浆果球形，径6～8 mm，熟时蓝黑色，有白粉。花期6月前后；果熟期10月。

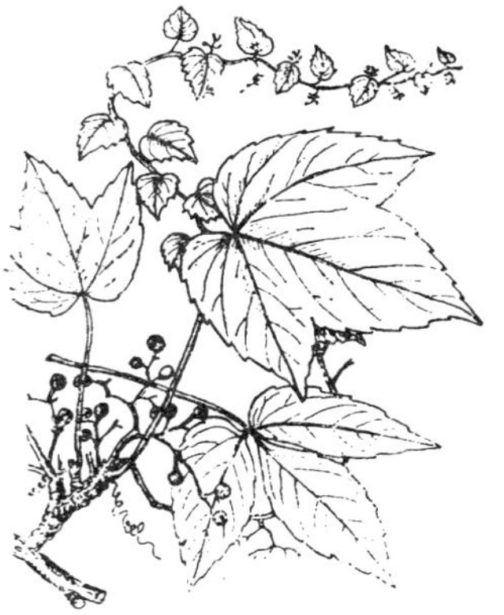

图183　爬山虎

［分布］　我国分布很广，北起吉林，南至广东。日本也有。

［习性］　喜阴，耐寒，对土壤及气候适应性很强，生长快。

［繁殖栽培］　一般用短枝或嫩枝扦插繁殖，播种、压条也可。

［观赏特性及用途］　是一种优美的攀援植物，能借吸盘爬上墙壁或山石，常用作垂直绿化建筑物及假山、老树干等。

（2）五叶地锦（美国地锦）　Parthenocissus quinquefolia Planch.（图184）

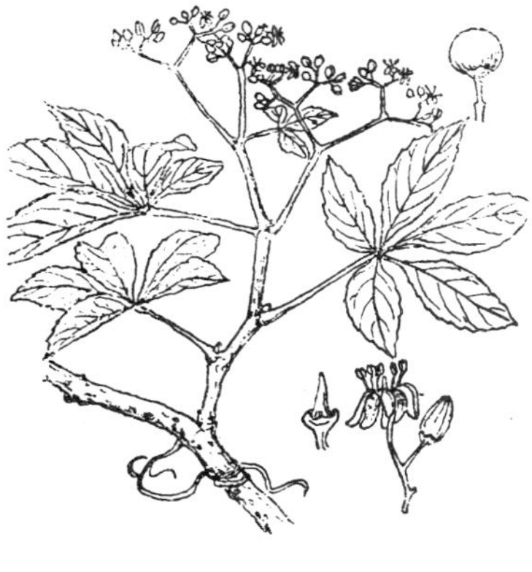

图184　五叶地锦

［形态］　落叶藤本。幼枝带紫红色，卷须与叶对生，5～12分枝，顶端吸盘大。掌状复叶，具长柄，小叶5。质较厚，叶缘具大齿。聚伞花序成圆锥状。浆果近球形，成熟时蓝黑色，稍带白粉。花期7～8月；果9～10月成熟。

［分布］　原产于美国东部。我国有引种栽培。

其他，同爬山虎。

四十三、杜英科　ELAEOCARPACEAE

乔木或灌木。单叶，互生或对生；有托叶。花通常两性，常成总状或圆锥花序；萼片4～5；花瓣4～5或无，顶端常撕裂状，镊合状或覆瓦状排列；雄蕊多数，分离，生于花盘上，花药线形，顶孔开裂；子房上位，二至多室，每室二至多数胚珠。蒴果或核果。

约12属350种，分布于热带和亚热带地区。中国有3属50余种，产西南至东部，为常绿阔叶林组成树种。

杜英属　Elaeocarpus L.

图185　山杜英

常绿乔木。单叶，互生，落叶前常变红色。花常两性，成腋生总状花序；萼片5；花瓣5，顶端常撕裂状，稀全缘，由环状花盘基部长出；雄蕊多数，花药线形，顶孔开裂；子房2～5室，每室有胚珠多粒。核果，3～5室，或仅1室发育，每室仅具1粒种子。

约200种。中国有30种。

山杜英(杜英，胆八树)　Elaeocarpus sylvestris (Lour.) Poir.(图185)

[形态]　常绿乔木。一般高10～20m，最高可达26m，胸径80cm；树冠卵球形。树皮深褐色，平滑不裂；小枝红褐色，幼时疏生短柔毛，后光滑。叶薄革质，倒卵状长椭圆形，长4～12cm，基部楔形，缘有浅钝齿，脉腋有时具腺体，叶柄长0.5～1.2cm；绿叶中常存有少量鲜红的老叶。腋生总状花序，长2～6cm；花下垂，花瓣白色，细裂如丝；雄蕊多数；子房有绒毛。核果椭球形，长1～1.6cm，熟时暗紫色。花期6～8月；果10～12月成熟。

[分布]　产于我国南部，浙江、江西、福建、台湾、湖南、广东、广西及贵州南部均有分布。多生于海拔1 000m以下的山地杂木林中。

[习性]　稍耐阴；喜温暖湿润气候，耐寒性不强；适生于酸性之黄壤和红黄壤山区，若在平原栽植，必须排水良好。根系发达；萌芽力强，耐修剪；生长速度中等偏快。对二氧化硫抗性强。

[繁殖栽培]　播种或扦插繁殖。秋季果成熟时采收，堆放待果肉软化后，搓揉淘洗得净种子，捞出阴干后随即播种，或湿沙层积至翌年春播。条播行距约20cm，覆土厚约2cm，再盖草保湿。当年苗高可达50cm以上，在杭州等地冬季需搭棚或覆草防寒。第二年春季分栽一次，扩大株行距培养。移栽时间在秋初或晚春进行为好。

[观赏特性及用途]　本种枝叶茂密，树冠圆整，霜后部分叶变红色，红绿相间，颇为美丽。宜于草坪、坡地、林缘、庭前、路口丛植，也可栽作其他花木的背景树，或列植成绿墙起隐蔽遮挡及隔声作用。因对二氧化硫抗性强，可选作工矿区绿化树种。

四十四、椴树科　TILIACEAE

乔木或灌木，稀草本。常具星状毛；髓心、皮层具黏液细胞；树皮富含纤维。单叶，互生，托叶小而早落。花通常两性，整齐；聚伞花序，或由小聚伞花序组成圆锥状花序；萼片3～5，镊合状排列；花瓣5或无；雄蕊10或更多，花丝基部常合生成五或十束，花药2室，纵裂；子房上位，2～10室，每室具一至数胚珠，中轴胎座。蒴果、核果、坚果或浆果。

约60属400种，广布于热带、亚热带，少数产温带。中国9属，约80余种，南北都有分布，主产于长江以南各省区。

1. 椴树属　Tilia L.

落叶乔木。单叶，互生，有长柄，基部不对称，常为心形或截形。聚伞花序下垂，总梗约有其长度一半为舌状苞片合生；花小，黄白色，有香气，萼片、花瓣各为5；有时具花瓣状退化雄蕊与花瓣对生；雄蕊多数，分离或成五束，花丝常在顶端分叉；子房5室，每室2胚珠；花柱5裂。果为坚果状核果，或浆果状，有1～3粒种子。

约80种。我国35种，南北各省均有分布。

（1）糠椴（大叶椴）　Tilia mandshurica Rupr. et Maxim.（图186）

图186　糠　椴

［形态］　乔木。高达20 m，干径50 cm，树冠广卵形至扁球形。干皮暗灰色，老时浅纵裂。一年生枝黄绿色，密生灰白色星状毛；二年生枝紫褐色，无毛。叶广卵形，长7～15 cm，先端短尖，基部歪心形或斜截形，叶缘粗锯齿有长尖头，表面有光泽，近无毛；背面密生灰色星状毛，脉腋无簇毛；叶柄长4～8 cm，有毛。花黄色，7～12朵组成下垂聚伞花序，苞片倒披针形。果近球形，径7～9 mm，密被黄褐色星状毛，有不明显5纵脊。花期7～8月；9～10月果熟。有棱果、卵果、瘤果等变种。

［分布］　产于我国东北、内蒙古及河北、山东等省。朝鲜及西伯利亚也有。

［习性］　喜光，但也相当耐阴；耐寒性强，喜冷凉湿润气候及深厚、肥沃而湿润的土壤。

［繁殖栽培］　多用播种法繁殖。

［观赏特性及用途］　树冠整齐，枝叶茂密，遮荫效果良好。花时黄色而芳香，是良好的蜜源植物。种子可榨油，花供药用。

(2)蒙椴 **Tilia mongolica** Maxim.

［形态］ 高达10m。嫩枝无毛。叶宽卵形或近圆形，长4～6cm，宽3～5cm，顶端渐尖，基部微心形或斜截形，叶缘常3裂，具芒状锯齿，表面无毛，背面脉腋有丛毛；叶柄长2～4cm。聚伞花序具6～12花；苞片长3～6cm，宽0.6～1cm，无毛，柄长约1cm，花具退化雄蕊，雄蕊30～40。果倒卵形，长6～8mm，具棱或不明显。花期6～7月，果期8～9月。

［分布］ 产于我国辽宁、内蒙古、河北、山西、河南等省区。

［习性］ 喜光，较耐寒。

(3)紫椴 **Tilia amurensis** Rupr.

［形态］ 高25～30m，胸径达100cm。嫩枝初被白柔毛，很快变光滑无毛。叶宽卵形或卵圆形，长3.5～8cm，宽3～7.5cm，萌发枝叶更大，顶端急尖或渐尖，基部心形，叶缘偶有3浅裂，具芒状锯齿，表面暗绿色，无毛，背面灰绿色，脉腋簇生褐色毛；叶柄长3～4cm，无毛。聚伞花序有花3～20朵；苞片倒披针形，长4～10cm，宽1～2cm，柄长1～1.5cm，无毛。无退化雄蕊，雄蕊约20枚。果卵圆形，长5～8mm，无棱，被柔毛。花期6～7月；果期9月。

［分布］ 产于我国黑龙江、吉林、辽宁、内蒙古、河北、山西、山东。东北垂直分布在海拔800m以下。俄罗斯远东、朝鲜亦产。

图187 扁担杆

［习性］ 喜光，略耐阴；喜温凉湿润气候，对土壤要求比较严格，以土层深厚、排水良好的砂壤土最适宜，不耐水湿和沼泽地。10年生以前生长较慢，萌蘖性强；播种、分根或压条繁殖。

［观赏特性及用途］ 木材轻软，纹理通直，结构较细，不易翘裂，可供建筑、家具、胶合板、铅笔杆、木桶、蒸笼用材；树皮纤维用于织麻袋、制绳索；优良园林绿化树种及蜜源树种。

2. 扁担杆属 Grewia L.

扁担杆 Grewia biloba Don. var. parviflora Hand.(图187)

落叶灌木。小枝红褐色；叶长圆状卵形，略带狭方形。重锯齿，背疏生灰色星状柔毛，基脉三出，伞形花序，与叶对生。花淡黄色；核果红色。无毛，2裂，每裂有2小核。

四十五、锦葵科　MALVACEAE

草本、灌木或乔木。枝含黏液汁、富韧皮纤维。托叶小，早落。花两性，稀单性，整齐，腋生或顶生。萼片3～5，常有副萼。花瓣5，雄蕊多数，花丝结合成柱状，成单体雄蕊。子房上位，二至多室，每室一至多数胚珠。花柱与心皮同数或为其2倍。蒴果，种子有少量胚乳。

约80属1 500种，广布于热带和温带地区，尤其热带美洲为多。我国13属，约50余种。

木槿属　Hibiscus L.

草本或灌木，稀为乔木。冬芽小，为叶基所包被。花两性，通常单生叶腋，副萼较小，萼5裂，宿存；花冠大而显著，常钟状，有离生花瓣5，基部与雄蕊筒合生；子房5室，花柱5裂。蒴果室背5裂。

约200种。我国连同栽培的约24种，大多供观赏用。

(1)木槿　Hibiscus syriacus L.（图188）

［形态］　落叶灌木或小乔木。高2～6m；小枝幼时密被绒毛，后渐脱落；叶菱状卵形，长3～6 cm，基部楔形，端部常3裂，裂缘缺刻状，仅背面脉上稍有毛；叶柄长0.5～2.5 cm。花单生叶腋，径5～8 cm，单瓣或重瓣，有紫、白、红等色。蒴果卵圆形，径约1.5 cm，密被星状绒毛。花期6～9月；果熟期9～11月。

图188　木　槿

［分布］　原产于我国中部，现东北以南地区均有栽培，尤以长江流域为多。

［习性］　喜光，也耐半阴；喜温暖湿润气候，耐寒性不强；耐干旱及贫瘠土壤。

［繁殖栽培］　可用播种、扦插、压条等法繁殖。适应性强，栽培容易。

［观赏特性及用途］　夏秋开花，花期长而花朵大，且有许多不同花色、花形的品种，为良好的观花灌木。常作围篱或基础种植用，也宜丛植于草坪或林缘。全株各部均可入药。

(2)木芙蓉　Hibiscus mutabilis L.

［形态］　落叶灌木或小乔木。高2～5 m；茎具星状毛及短柔毛。叶广卵形，掌状3～5(7)裂，基部心形，缘有浅钝齿，两面均有星状毛。花大，径约8 cm，单生枝端叶腋。花梗长5～8 cm，近顶端有关节。蒴果扁球形，有黄色刚毛及绵毛。果瓣5，种子肾形，有长

毛。花期 9～10 月；果熟期 10～11 月。

［观赏特性及用途］ 秋季开花，花大而美丽，以花色著名。

四十六、木棉科 BOMBACACEAE

落叶乔木。茎枝常具皮刺。单叶或掌状复叶，互生；托叶早落。花两性，大而美丽。单生或成圆锥花序；具副萼，萼 3～5 裂、镊合状排列；花瓣 5，覆瓦状排列；雄蕊五至多数。花丝合生成筒状或分离，花药 1 室，花粉平滑；子房上位，2～5 室，每室二至多数胚珠。蒴果，果皮内壁有长毛，开裂或不裂。

共 20 属，约 150 种，主产于热带美洲。我国产 1 属 2 种，引入栽培 2 属 2 种。

木棉属 Gossampinus Buch.-Ham.

乔木。掌状复叶，互生，小叶全缘，无毛。花单生，先叶开放；花萼杯状，不规则分裂；雄蕊 5 体，花药肾形，多数；子房 5 室。蒴果木质，室间 5 裂，胚乳薄，子叶折叠。

约 6 种，产亚洲。我国 1 种。

木棉（攀枝花） Gossampinus malabarica (DC.) Merr.（图 189）

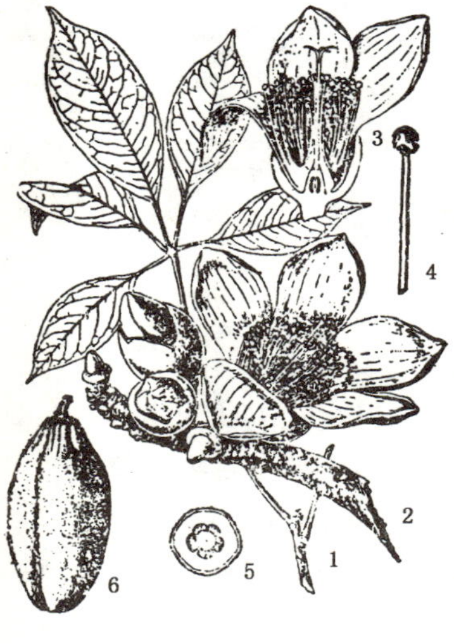

图 189 木 棉

1. 叶枝 2. 花枝 3. 花纵剖面 4. 雄蕊 5. 子房横剖面 6. 果

［形态］ 落叶大乔木。高可达 30～40m；树干粗大端直。大枝轮生，平展；幼树树干及枝条具圆锥形皮刺。掌状复叶互生，小叶 5～7，卵状长椭圆形，长 7～17 cm，先端近尾尖，基部楔形，全缘，无毛，小叶柄长 1.5～3.5 cm。花红色，簇生于枝端，径约 10 cm，花萼厚，杯状，长 3～4.5 cm，常 5 浅裂；花瓣 5；雄蕊多数，合生成短管，排成 3 轮，最外轮集生为 5 束。蒴果长椭球形，长 10～15 cm，木质，5 瓣裂，内有绵毛；种子倒卵形，光滑。花期 2～3 月，先叶开放；6～7 月果熟。

［分布］ 产于我国华南、印度、中南半岛及大洋洲。我国云南、贵州、广西、广东等省区均有分布。多生于干热河谷或低山丘陵次生林中，也散生于村边路旁。

［习性］ 喜光，耐干旱；喜温暖气候，不耐寒；耐火烧。

［繁殖栽培］ 可用播种、分蘖、扦插等法繁殖。

［观赏特性及用途］ 树形高大雄伟，红艳美丽，是华南干热地区重要的造林树种。果内绵毛可作枕头、救生圈等的填充材料；花、根、皮可入药。

四十七、梧桐科　STERCULIACEAE

乔木、灌木或草本，稀藤本。单叶，互生，全缘，稀为掌状裂或复叶；具托叶，早落。花一般两性，稀单性；整齐，稀不整齐。花 5 数，腋生或顶生成各种花序。萼片 3～5，花瓣小或缺。雄蕊 2 轮，单体或离生，外轮常形成退化雄蕊或缺。雌蕊 1，子房上位，4～5 室，中轴胎座，每室二至多数胚珠。果实革质或肉质，种子具胚乳。

约 50 属 250 种，分布于热带及亚热带。我国 18 属 60 多种。

梧桐属　Firmiana Mars.

落叶乔木。叶掌状裂，互生。圆锥花序顶生，花单性同株；花萼 5 深裂，无花瓣；雄蕊 10～15，合生成筒状；雌蕊 5 心皮，基部离生，花柱合生；子房有柄，基部具退化雄蕊。蓇葖果成熟前沿腹缝线开裂；种子球形，3～4 枚着生于果皮边缘。

约有 10 余种，我国产 3 种。

梧桐(青桐)　Firmiana simplex (L.)W. F. Wight(图 190)

[形态]　乔木。高达 15～20 m；树冠卵圆形。树干端直，树皮灰绿色，通常不裂。侧枝每年阶状轮生，幼枝更为明显；小枝粗壮，翠绿色；叶掌状 3～5 中裂，长 15～20 cm，基部心形，裂片全缘，先端渐尖，表面平滑，背面有星状毛；叶柄约与叶片等长。花萼裂片条形，长约 1 cm，淡黄绿色，开展或反卷，外面密被淡黄色短柔毛。花后心皮分离成 5 蓇葖果，远在成熟前开裂呈舟形，种子棕黄色，大如豌豆，表面皱缩。花期 6～7 月；果熟期 9～10 月。

图 190　梧　桐
1. 花枝　2. 果　3. 单体雄蕊　4. 雌花

[分布]　原产于我国及日本。我国华北至华南、西南广泛栽培。

[习性]　喜光；喜温暖气候，耐寒性不强，在平原、丘陵、山河及山谷生长较好；喜肥沃、湿润而深厚土壤。

[繁殖栽培]　通常用播种法，扦插、分根也可。

[观赏特性及用途]　树干端直，叶大而形美，是良好的庭园观赏树。多在草地、庭院孤植或丛植，也可作行道树栽培。叶、花、根及种子均可入药。

四十八、猕猴桃科　ACTINIDIACEAE

乔木或蔓生灌木。多缠绕它物上升。单叶，互生，叶圆形，边缘具齿，无毛或有粗的单出毛或星状毛，一般无托叶。花两性或杂性，雌雄异株，整齐或不整齐，单生或腋生聚伞花序。萼片三至多片，宿存。花瓣 5 或 3。雄蕊常多数，离生或连合成束。子房单一，上位，3～5 室或多室，每室有多数胚珠，花柱与心皮同数，放射状，离生或合生。果实为浆果或蒴果。种子多数，细小，有胚乳。

4 属 280 种。分布于热带，尤以亚洲为多。我国 2 属 43 种。

猕猴桃属　Actinidia Lindl.

落叶藤本。冬芽甚小，包被于膨大的叶柄内柄下芽。叶互生，具长柄，缘有齿或偶为全缘。托叶小而早落，或无托叶。花杂性或单性异株，单生或成腋生聚伞花序；雄蕊多数，背着药；子房上位，多室，花柱多数为放射状。浆果；种子多而细小，有胚乳，胚较大。

共约 56 种，我国产 50 余种，主产于黄河流域以南地区。

(1)中华猕猴桃　Actinidia chinensis Planch.（图 191）

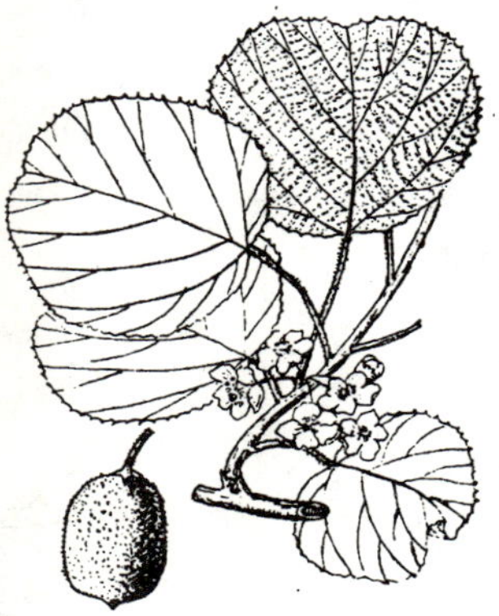

图 191　猕猴桃

［形态］　落叶缠绕藤本。小枝幼时密生灰棕色柔毛，老时渐脱落；髓大，白色，片状。叶纸质，圆形、卵圆形或倒卵形，长 5～17 cm，顶端突尖，微凹或平截，缘有刺毛状细齿，表面仅脉上有疏毛，背面密生灰棕色星状绒毛。花乳白色，后变黄色，径 3.5～5 cm。浆果椭球形或卵形，长 3～5 cm，有棕色绒毛，黄褐绿色。花期在 6 月；果熟期 8～10 月。

［分布］　广布于我国长江流域及其以南各省区，北至陕西、河南。生于山地林内或灌木丛中，垂直分布高达海拔 1 850 m。

［习性］　喜光，也较耐阴；喜温暖，也有一定的耐寒能力。

［繁殖栽培］　通常用播种法繁殖。

［观赏特性及用途］　花大而美丽，且有香气，可用作棚架绿化及观赏材料。根、藤和叶可药用；果可食用。

(2)软枣猕猴桃　Actinidia arguta (Sieb. et Zucc.) Planch.

大藤本。长可达 30 m 以上。小枝通常无毛。髓褐色片状，叶缘有锐齿，叶无斑；花药暗紫色。果椭圆形，绿黄色。

四十九、山茶科　THEACEAE

常绿或落叶乔木，或为灌木。单叶，互生，无托叶。花通常两性，整齐，常单生于叶腋或成总状或圆锥花序。苞片1对；萼片5，稀为多数。花瓣5，偶为更多。离生或基部连合，覆瓦状排列或回旋状排列。雄蕊多数，稀为15或更少，离生或基部合生成5束与花瓣靠近。子房上位，2～10室，各有一至多数胚珠；花柱与心皮同数或连合成1个。果为蒴果或核果状。种子一至多数，胚弯或直，胚乳稀少或无。

30属500种，分布于热带及亚热带，一些种属可延伸分布至温带。我国15属，约190种。主要分布于长江以南各地。

1. 山茶属　Camellia L.

常绿小乔木或灌木。芽鳞多数；叶有锯齿，具短柄。花两性，单生叶腋；萼片大小不等；雄蕊多数，2轮，外轮花丝连合，着生于花瓣基部，内轮花丝分离；子房上位，3～5室，每室4～6悬垂胚珠。蒴果，室背开裂，种子一至多数，形大，无翅。

约100种。我国产80余种，产于南部及西南部。

分种检索表

1. 花较大，无梗或近无梗；萼片脱落
  2. 花径6～19 cm；全株无毛
    3. 叶表面有光泽，网脉不显著 ……………………………… (1)山茶 **C. japonica**
    3. 叶表面无光泽，网脉显著 ……………………………… (2)滇山茶 **C. reticulata**
  2. 花径4～6.5 cm；芽鳞、叶柄、子房、果皮均有毛
    4. 芽鳞表面有粗长毛；叶卵状椭圆形 ……………………… (3)油茶 **C. oleifera**
    4. 芽鳞表面有倒生柔毛；叶椭圆形至长椭圆状卵形 …… (4)茶梅 **C. sasangua**
1. 花小，具下弯花梗；萼片宿存 ……………………………………… (5)茶 **C. sinensis**

(1)山茶(山茶花)　Camellia japonica L.(图192)

［形态］　小乔木或灌木。高达10～15 m；叶卵形或椭圆形，长5～11 cm，先端短钝渐尖，基部楔形，缘有细齿，表面有明显光泽。花多为大红色，径6～12 cm，无梗，花瓣5～7，但也有重瓣的，花瓣近圆形，顶端微凹；萼密被短毛，边缘膜质；花丝及子房均无毛。蒴果近球形，径2～3 cm，无宿存花萼；种子椭圆形。花期2～4月；果秋季成熟。

［分布］　产于我国和日本。我国东部及中部多有栽培。

［习性］　喜半阴，最好为侧方庇荫；喜温暖湿润气候，不耐严寒，但也有一定的抗寒力。

［繁殖栽培］　可用播种、压条、扦插、嫁接等法繁殖。

图 192　山　茶

［观赏特性及用途］ 叶色翠绿而有光泽，四季长青，花朵大而色美。品种繁多，是丰富园林景点和布置会场、厅堂的好材料。

（2）滇山茶（云南山茶花）　*Camellia reticulata* Lindl.

常绿小乔木。叶表面无光泽，网脉显著。花较大，全株无毛。

（3）油茶　*Camellia oleifera* Abel.

芽鳞表面有粗长毛；叶卵状椭圆形；花径 4～6.5 cm。叶柄、子房、果皮均有毛。

（4）茶梅　*Camellia sasangua* Thunb.

芽鳞表面有倒生柔毛。叶椭圆形至长椭圆状卵形。

（5）茶　*Camellia sinensis* (L.)O. Ktze.

花小，具下弯花梗。萼片宿存。可制各种茶叶。

2. 木荷属　*Schima* Reinw. et Bl.

常绿乔木。芽鳞少数，小枝皮孔显著。单叶，互生，全缘或有钝齿。花两性，单生于叶腋，具长柄；萼片 5，宿存；花瓣 5，白色；雄蕊多数，花丝附生于花瓣基部；子房 5 室，每室具 2～6 胚珠。蒴果球形，木质，5 裂；种子肾形，扁平，边缘有翅。

共 30 种。中国有 19 种，主产于南部及西南部。

木荷（荷树）　*Schima superba* Gardn. et Champ.（图 193）

［形态］ 常绿乔木。高 20～30m；树冠广卵形；树皮褐色，纵裂；嫩枝带紫色，略有毛。叶革质，卵状长椭圆形至矩圆形，长 6～15cm，叶端渐尖或短尖，叶基楔形，锯齿钝，叶背绿色无毛。花白色，芳香，径约 3cm，单生于枝顶叶腋或成短总状。蒴果球形，径 1.5～2cm。花期 5 月；果 9～11 月成熟。

图 193　木　荷

［分布］ 我国安徽、浙江、福建、江西、湖南、四川、广东、贵州、台湾等省均有分布。

［习性］ 喜暖热湿润气候，生长地区大抵年均温为16～22℃，1月份平均温度高于4℃。但能耐短期的－10℃低温；年雨量约为1 200～2 000mm。性喜光但幼树能耐阴；对土壤的适应性强，能耐干旱瘠薄土地，但在深厚、肥沃的酸性砂质土壤上生长最快，30年可达20m高，胸径25cm。深根性，生长速度中等；寿命长可达200年以上。

多生于海拔150～1 500m的山谷、林地，常与马尾松、青冈栎、麻栎、苦槠、樟、油茶等混生。在与马尾松混生时，群落的发展结果是马尾松的优势将为木荷所代替；在与其他常绿耐阴性树种混生时，木荷将成为上层树。这些结果的产生是与木荷的生长发育习性有关的。因为木荷结实多，种子轻而具翅，易于散播各处，幼苗耐阴，对土壤适应性强，能在荒山及林中天然飞种成林，成年树又较高大，喜光，故常成为群落的上层树种。

［繁殖栽培］ 用播种法繁殖，在蒴果开裂前及时采集，经过晒果，风选，取得种子后可干藏；种子发芽率约40%。春季2月上旬，选排水良好圃地进行条播，在排水不良处幼苗生长极为不良。播后约半月可出土，当年苗高可达40cm。用幼苗进行大面积种植时应剪除1/2叶片并将根部沾泥浆。对大树养护时应注意剪除根际萌蘖。

［观赏特性及用途］ 树冠浓荫，花有芳香，可作庭荫树及风景林。由于叶片为厚革质，耐火烧，萌芽力又强，故可植作防火带树种。若与松树混植，尚有防止松毛虫蔓延之效。是珍贵的木材之一，材质稍重，结构均匀细致，加工容易，较耐腐，充分干燥后不易变形，最适于制造纱锭、纱管；又为细工之上等用材。也可供建筑、家具、车船及制胶合板用。树皮及树叶可提取单宁供制革等工业用。

3. 厚皮香属　Ternstroemia Mutis ex L. f.

常绿乔木或灌木。叶常簇生于枝顶，全缘，侧脉不明显。花两性，单生叶腋；萼片5，宿存；花瓣5；雄蕊多数，成1～2轮排列，花丝连合，基着药；子房2～4室，每室胚珠2或多数；花柱1。果为浆果状；种子扁，2～4粒。

共150种。中国有20种，主产于南部及西南部。

厚皮香　Ternstroemia gymnanthera(Wight et Arn.) Sprague(图194)

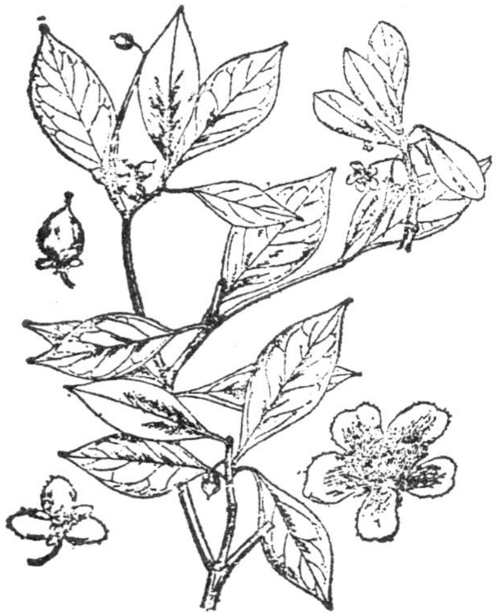

图194　厚皮香

［形态］ 小乔木或灌木。高3～8m；叶革质，倒卵状椭圆形，长5～10cm，叶端钝尖，叶基渐窄而下延，叶表中脉显著下凹，侧脉不明显。花淡黄色，径约2cm。果球形，径约1.5cm，花柱及萼片均宿存。花期7～8月。

［分布］ 分布于我国湖北、湖南、贵州、云南、广

西、福建、广东、台湾等省区。日本、柬埔寨、印度也有分布。

［习性］ 性喜温热湿润气候，不耐寒；喜光也较耐阴；在自然界多生于海拔 700～3 500m的酸性土山坡及林地。由于植株树冠整齐，叶青绿可爱，故可丛植庭园。种子可榨油供工业上制润滑油及肥皂用，树皮可提栲胶。

五十、藤黄科 GUTTIFERAE

草本、灌木或常绿乔木，稀藤本。具油腺或树脂道。单叶，对生或轮生，全缘，无托叶。花两性或单性，常为聚伞花序，有时单生。萼片 2～6，花瓣 2～6。雄蕊 4 枚至多数，合成 3 束或多束。雌蕊具心皮 1～15，常为 3～5；中轴胎座，稀为侧膜胎座，各含一至多数胚珠。花柱与心皮同数，常结合；柱头也与心皮同数，常为盾状或放射状。果实为蒴果，有时为浆果或核果状。种子无胚乳，常具假种皮。

约 40 属 1 000 种以上，主要分布于热带。我国 8 属，约 40 种，分布全国，主要产于西南。

金丝桃属 Hypericum L.

多年生草本或灌木。单叶对生，有时轮生，无柄或具短柄，全缘，有透明或黑色腺点。花常黄色，成聚伞花序或单生；萼片 5；花瓣 5，斜形，旋转状；雄蕊通常多数，分离或成 3～5 束；子房 1～5 室，有 3～5 侧膜胎座，花柱 3～5，分离或连合。蒴果室间开裂，罕为浆果状；种子圆筒形，无翅。

约 300 种，我国约 50 种。

(1)金丝桃 Hypericum chinense L.（图 195）

图 195 金丝桃

［形态］ 常绿、半常绿或落叶灌木。高 0.6～1 m；小枝圆柱形，红褐色，光滑无毛。叶无柄，长椭圆形，长 4～8 cm，先端钝，基部渐狭而稍抱茎，表面绿色，背面粉绿色。花鲜黄色，径 3～5cm，单生或 3～7 朵成聚伞花序；萼片 5，卵状矩圆形，顶端微钝；花瓣 5，宽倒卵形；雄蕊多数，5 束，较花瓣长；花柱细长，顶端 5 裂。蒴果卵圆形。花期 6 月～7 月；果熟期 8～9 月。

［分布］ 主产于我国长江流域，河北、河南、陕西、江苏、浙江、台湾、福建、江西、四川、广东等省均有分布。日本也有分布。

［习性］ 喜光，略耐阴；喜生于湿润的河谷或半阴坡砂壤土中，耐寒性不强。

［繁殖栽培］ 可用播种、分株及扦插等法繁殖。

［观赏特性及用途］ 花叶秀丽，是南方庭园中常见的观赏花木。可植于庭院内、草坪中及路边。华北多行盆栽观赏。

(2)金丝梅　Hypericum patulum Thunb.

半常绿灌木。小枝拱曲，有 2 棱；花丝短于花瓣；花柱 5 枚，离生。

五十一、柽柳科　TAMARICACEAE

灌木或乔木，偶为草本。叶互生，鳞片状，全缘，无叶柄及托叶。花整齐，两性，单生或集成穗状或圆锥花序，萼片 4～5，花瓣与萼片同数，果后宿存。雄蕊与花瓣同数而互生，或为后者的 2 倍，着生于肉质花盘上。雌蕊 1；子房上位，1 室，由 3～4 心皮组成；侧膜胎座，各具二至多枚胚珠；花柱与心皮同数，分离或基部联合，有时缺。果实为蒴果，有时成不完全的多室。种子有毛，胚直立，胚乳有或无。

5 属 100 种，主要分布于地中海地区和中亚。我国 4 属 13 种。

柽柳属　Tamarix L.

小乔木或灌木。叶鳞形，先端尖，无芽小枝秋季常与叶俱落。总状花序，或再集生为圆锥状复花序；萼片、花瓣各 4～5，雄蕊 4～5，罕 8～12，花丝分离，较花瓣长，花盘有缺裂，花柱 2～5。蒴果 3～5 裂，种子小，多数，端具无柄的簇生毛，无胚乳。

75 种，我国约 16 种，各地均有分布，而以北方为多，是盐碱土指示植物。

(1)柽柳(西湖柳、观音柳)　Tamarix chinensis Lour.（图 196）

［形态］ 灌木或小乔木。高达 5～7 m；树皮红褐色。枝细长而常下垂，带紫色。叶呈钻形或卵状披针形，长 1～3mm，先端尖，背面有隆起的脊。总状花序集成顶生圆锥花序，通常下垂；花粉红色，苞片条状钻形，萼片、花瓣及雄蕊各为 5，花盘 10 裂(5 深 5 浅)，罕为 5 裂；柱头 3，棍棒状。蒴果 3 裂，长 3.5 mm。夏秋开花，10 月果熟。

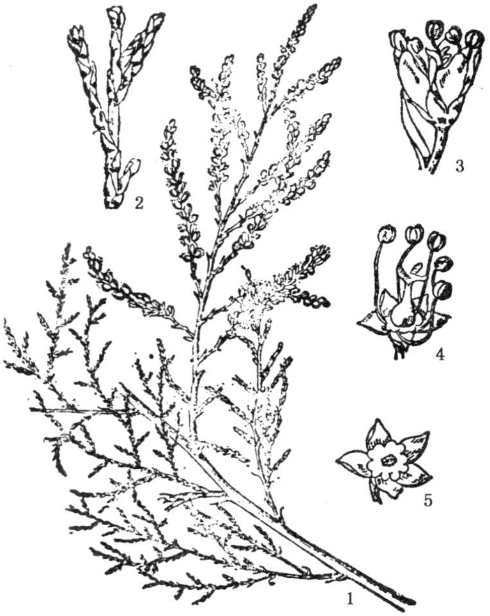

图 196　柽　柳

1. 花枝　2. 叶枝放大　3. 花
4. 去花瓣之花　5. 花盘及花萼

［分布］ 原产于我国。分布极广，自华北至长江中下游各省，南达华南及西南。

［习性］ 喜光，耐烈晒；耐沙荒、盐碱及低湿地，也有一定的耐旱力。

［繁殖栽培］ 可用播种、扦插、分根、压条等法繁殖。

［观赏特性及用途］ 既能改造盐碱地及沙荒，又具有保土、固沙等防护功能。园林中可栽作绿篱或林带下木，也可栽于水边或草坪观赏。嫩枝和叶可药用。

(2)华北柽柳(桧柽柳)　*Tamarix juniperina* Bunge

仅春季开花，总状花序侧生于上年生枝上，苞片线状披针形；花粉红色，萼片 5，花瓣 5，雄蕊 5，花盘 5 裂。种子有白色长毛。

五十二、瑞香科　THYMELAEACEAE

落叶或常绿灌木，稀为乔木或草本。叶互生，稀为对生。单叶，全缘，无托叶。花辐射对称，通常两性，为顶生或腋生的头状花序、总状或穗状花序；有时单生。苞片各式。花萼下位，管状，常为花瓣状，裂片 4～5，覆瓦状排列。花瓣缺或为鳞片状。雄蕊通常为萼片的 2 倍，或为同数，稀为 2，着生于萼管的喉部。花盘杯状、环状或为离生的鳞片，或缺。子房 1 室，稀为 2 室，每室有 1 胚珠；花柱顶生或偏生，柱头头状。果为坚果或核果，稀为蒴果。种子有或无胚乳。

约 40 属 500 种，主要分布于南非、澳洲及地中海地区。我国 9 属，约 100 种，主要产于长江以南各地。

1. 瑞香属　*Daphne* L.

灌木。冬芽小；叶互生，稀对生，全缘，具短柄。花两性，芳香，成短总状花序或簇生成头状，通常具总苞；萼筒花冠状，钟形或筒形，端 4～5 裂；无花冠；雄蕊 8～10，成 2 轮着生于萼筒内壁；柱头头状，花柱短。核果革质或肉质，内含 1 种子。共约 95 种。我国 35 种，主产于西南及西北部。

(1)瑞香　*Daphne odora* Thunb.（图 197）

［形态］ 常绿灌木。高 1.5～2 m。枝细长，光滑无毛。叶互生，长椭圆形至倒披针形，长 5～8 cm，先端钝或短尖，基部狭楔形，全缘，无毛，质较厚，表面深绿有光泽，叶柄短。花被白色或淡红紫色，端 4 裂，外面无毛，径约 1.5 cm，甚芳香，成顶生具总梗的头状花序。核果肉质，圆球形，红色。花期 3～4 月；果熟期 5 月。

［分布］ 原产于我国长江流域，江西、湖北、浙江、湖南、四川等省均有分布。

［习性］ 喜阴，忌阳光暴晒；耐寒性差，北方盆栽须在温室越冬；喜排水良好的酸性土壤。

［繁殖栽培］ 通常用压条或扦插法繁殖。

［观赏特性及用途］　为著名花木。早春开花，常绿。于林下、路缘丛植或与假山、岩石配植都很合适。根可入药。

（2）芫花　**Daphne genkwa** Sieb. et Zucc.

［形态］　落叶灌木。高达 1 m。枝细长直立；幼时密被淡黄色绢状毛。叶对生，或偶为互生，长椭圆形，长 3～4 cm，端尖，基部楔形，全缘，背面脉上有绢状毛。花先叶开放，花被淡紫色，长 1.5～2 cm，端 4 裂，外面有绢状毛，3～7 朵簇生枝侧，无香气。核果肉质，白色。花期在 3 月；果熟期 5～6 月。

［分布］　我国长江流域地区及山东、河南、陕西等省均有分布。常野生于路旁及山坡林间。

图 197　瑞　香

1. 花枝　2. 两性花　3. 花纵切

［习性］　喜光，不耐庇荫；耐寒性较强。

［繁殖栽培］　常用分株法繁殖。

［观赏特性及用途］　春天先叶开花，颇似紫丁香，宜植于庭园观赏。花蕾及根可药用。

2. 结香属　Edgeworthia Meisn.

结香　Edgeworthia chrysantha Lindl.

落叶灌木。枝疏生而粗壮，三叉状棕红色。单叶互生全缘，常集生于枝端。花黄色，花被筒长瓶状。核果卵形。

五十三、胡颓子科　ELAEAGNACEAE

灌木或乔木。被以黄褐色的盾状鳞毛或鳞片。叶互生或对生，全缘无托叶。花两性或单性，为腋生的短总状或穗状花序，稀为单生。雄花花被 2～4 裂。两性花和雌花花被管状，2～4 裂，在子房上方收缩，结果时变为肉质。无花瓣。雄蕊和萼片同数而互生，或为其倍数。子房无柄，上位，1 室，1 胚珠，花柱长。果实为瘦果或坚果，包藏于肉质花被内，种子无胚乳。

3 属 45 种，分布于北半球温带或亚热带干燥地区。我国 2 属 41 种，各地均产。

1. 胡颓子属　Elaeagnus L.

落叶或常绿，灌木或乔木。常具枝刺，被黄褐色或银白色盾状鳞。叶互生，叶背常具银白色鳞片，具短柄。花两性或杂性，单生或簇生叶腋，花被筒长，端4裂，雄蕊4，花丝极短；具蜜腺，虫媒传粉。果常为长椭圆形，内具有条纹的核。

共约50种。我国产40种。

分种检索表

1. 落叶；春季开花

  2. 小枝及叶仅有银白色鳞片；果黄色 ………………… (2)沙枣 **E. angustifolia**

  2. 小枝及叶兼有银白色和褐色鳞片；果红色或橙红色 ………………………………………………………………………………… (3)秋胡颓子 **E. umbellata**

1. 常绿；秋季开花 ……………………………………… (1)胡颓子 **E. pungens**

(1)胡颓子　Elaeagnus pungens Thunb.（图198）

图198　胡颓子

［形态］　常绿灌木。树冠开展，高达4 m，具棘刺。小枝锈褐色，被鳞片。叶革质，椭圆形或长圆形，长5～7cm，端钝或尖，基部圆形，边缘微波状，表面初有鳞片，后绿色有光泽，背面银白色，花下垂，花芳香，萼筒较裂片为长，1～3朵簇生叶腋。果椭圆形，长1.2～1.5 cm，被锈色鳞片，成熟时红色。花期10～11月；翌年5月果熟。

［分布］　我国长江流域及其以南各省区有分布。日本也有。

［习性］　喜光，耐半阴；喜温暖气候，不耐寒；对土壤适应性强，耐干旱，也耐水湿。

［繁殖栽培］　播种或扦插繁殖均可。

［观赏特性及用途］　通常植于庭园观赏。并有金边、玉边、金心等观叶变种。果可食用，果、根及叶入药。

(2)沙枣(桂香柳)　Elaeagnus angustifolia L.（图199）

［形态］　落叶灌木或小乔木。高5～10 m。幼枝银白色，老枝栗褐色，有时具刺。叶椭圆状披针形至狭披针形，长4～8 cm，先端尖或钝，基部广楔形，两面均有银白色鳞片，背面更密，叶柄长5～8 mm。花1～3朵生于小枝下部叶腋，花被筒钟状，外面银白色，里面黄色，芳香，花柄甚短。果椭圆形，径约1 cm，熟时黄色，果肉粉质。花期6月前后；9～10月果熟。

［分布］　我国东北、华北及西北，地中海沿岸地区，前苏联、印度均有分布。

［习性］　喜光，耐寒；既能耐干旱，也能耐水湿及盐碱，可生长在沙漠、半沙漠和草原上。

［繁殖栽培］　常用播种法繁殖。

［观赏特性及用途］　对风沙、盐碱的抗性强，生长快，防风固沙作用大，是北方沙

荒、盐碱地区营造防护林及四旁绿化的树种。

(3)秋胡颓子(牛奶子) **Elaeagnus umbellata** Thunb.

灌木。常具刺,枝有银白色鳞片和褐色鳞片。花黄白色;果红色和橙红色。

图 199 沙 枣

2. 沙棘属 **Hippophae** L.

落叶灌木或乔木。具枝刺,幼嫩部分有银白色或锈色盾状鳞或星状毛。叶互生,狭窄,具短柄。花单性异株,成短总状或柔荑花序,腋生;雄花无柄,雌花具短柄,花被筒短,2 裂,雄蕊4。风媒传粉,果实球形。

共 3 种。我国有 2 种。

沙棘(醋柳) **Hippophae rhamnoides** L.(图 200)

图 200 沙 棘

[形态] 落叶灌木或小乔木。高可达 10 m;枝有刺。叶互生或近对生,线形或线状披针形,长 2～6 cm,先端尖或钝,基部狭楔形,背面密被银白色鳞片;叶柄极短。花小,淡黄色,先叶开放。果球形或卵形,长 6～8 mm,熟时橘黄色或橘红色;种子 1,骨质。花期 3～4 月;9～10 月果熟。

[分布] 产于欧洲及亚洲西部和中部。我国华北、西北及西南均有分布,在黄河丘陵地区多见于沟谷中。

[习性] 喜光;耐寒;耐干旱和贫瘠土壤,也能耐水湿、流沙及盐碱地。

[繁殖栽培] 可用播种、扦插、压条及分蘖等法繁殖。

[观赏特性及用途] 枝叶茂密,根系发达,是良好的防风固沙及水土保持树种,在园林中可植为绿篱,并兼有刺篱及果篱的效果。果富含维生素 C,可供食用,并可药用。

五十四、千屈菜科 LYTHRACEAE

草本、灌木或乔木。叶对生或轮生,稀为互生。托叶小或缺。花两性,一般辐射对称,成顶生或腋生总状、圆锥或聚伞花序。萼筒管状,常有棱,萼片 4 或 8,稀为 16。花瓣与萼片同数,覆瓦状排列,有时缺。雄蕊生于萼筒上,常为花瓣的 2 倍,有时缺少或较多。子房上位,2～6 室,稀为 1 室;花柱 1,柱头全裂或稍 2 裂;胚珠多数,生中轴胎座上,蒴果。种子无胚乳。

24 属 475 种。分布于热带及温带,尤以热带美洲最多。我国 10 属,约 30 种。

图 201 紫 薇

紫薇属 Lagerstroemia indica L.

常绿或落叶，灌木或乔木。冬芽端尖，具 2 芽鳞。叶对生或在小枝上部互生，叶柄短，托叶小而早落。花两性，整齐，成圆锥花序；花梗具脱落性苞片；萼陀螺状或半球形，具 6(5～8)裂片；花瓣 5～8，通常 6，有长爪，瓣边皱波状；雄蕊多数，花丝长；子房 3～6 室，柱头头状。蒴果室背开裂；种子顶端有翅。

共 55 种。我国 16 种，多数产于长江以南。

(1)紫薇 Lagerstroemia indica L.（图 201）

［形态］ 落叶灌木或小乔木。高可达 7 m；树冠不整齐，枝干多扭曲。树皮淡褐色，薄片状剥落后干特别光滑。小枝 4 棱，无毛。叶对生或近对生，椭圆形至倒卵状椭圆形，长 3～7cm，先端尖或钝，基部广楔形或圆形，全缘，无毛或背脉有毛，具短柄。花鲜淡红色，径 3～4 cm，花瓣 6，萼外光滑，无纵棱；成顶生圆锥花序。蒴果近球形，径约 1.2 cm，6 瓣裂，基部有宿存花萼。花期 6～9 月；10～11 月果熟。

［变种、变型及品种］

①银薇(var. alba Nichols) 花白色或微带淡堇色，叶色淡绿。

②翠薇(var. rubra Lav.) 花紫，堇色，叶色暗绿。

［分布］ 产于亚洲南部及澳洲北部。我国华东、华中、华南及西南均有分布，各地普遍栽培。

［习性］ 喜光，稍耐阴；喜温暖气候，耐寒性不强；耐旱，怕涝。

［繁殖栽培］ 可用分蘖、扦插及播种等法繁殖。

［观赏特性及用途］ 树姿优美，树皮光滑洁净，花色艳丽，最宜植于庭院及建筑前，也宜栽于池畔、路边及草坪等处。

(2)大花紫薇 Lagerstroemia speciosa Pers.

常绿乔木。叶革质，具短柄，椭圆形至卵状长椭圆形，长 10～25 cm，先端钝或短渐尖。花大，径 5～7.5 cm，初红色，后变紫色。萼筒有 12 条纵棱；花瓣 6，有短爪；多雄蕊，成大顶生圆锥花序。蒴果球形。

五十五、石榴科 PUNICACEAE

落叶灌木或小乔木。常具刺。冬芽小，具 2 对外鳞，叶对生或近簇生，全缘，无托叶。花两性，1～5 朵顶生或腋生。萼筒钟形，并成管状；萼片 5～8，肉质，镊合状排列，宿存。

花瓣5～7，覆瓦状排列。雄蕊多数，生于萼筒内面上半部。雌蕊具8～12心皮，子房下位或半下位；初期子房各室排列为2轮，中轴胎座；发育后外轮5～9室上升到内轮之上，形成下部3心皮，中轴胎座；上部5～7心皮，侧膜胎座；胚珠多数，花柱1，柱头头状，果实为具革质果皮的浆果，内含多数带肉质种皮的种子。

1属2种，原产于亚洲亚热带。我国引入1种，7变种。

石榴属　Punica L.

石榴　Punica granatum L.（图202）

［形态］　落叶灌木或小乔木。高5～7 m；树冠常不整齐。小枝有角棱，无毛，端常成刺状。叶倒卵状长椭圆形，长2～8 cm，无毛而有光泽，在长枝上对生，有短枝上簇生。花朱红色，径约3 cm；花萼钟形，紫红色，质厚。浆果近球形，径6～8 cm，古铜黄色或古铜红色，具宿存花萼；种子多数，有肉质外种皮。花期5～6月（7月）；9～10月果熟。

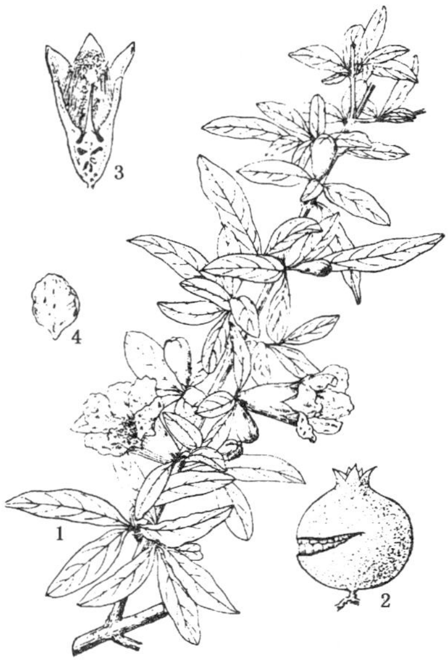

图202　石　榴
1. 花枝　2. 果　3. 花纵剖面（去花瓣）
4. 花瓣

［分布］　原产于伊朗和阿富汗等中亚地区，汉代引入我国，黄河流域及其以南地区有栽培。

［习性］　喜光；喜温暖气候，有一定耐寒能力；喜肥沃湿润而排水良好的石灰质土壤。

［繁殖栽培］　可用播种、扦插、压条、分株等法繁殖。

［观赏特性及用途］　既是著名果树又是很好的庭园观赏树，最宜成丛配植。果皮、花、根均可入药。

五十六、珙桐科（蓝果树科）　NYSSACEAE

落叶乔木。单叶互生，羽状脉，无托叶。花单性或杂性，成伞形或头状花序；萼小；花瓣常为5，有时更多或无；雄蕊为花瓣数的2倍；子房下位，1（6～10）室，每室1下垂胚珠。核果或坚果。

共3属12种。我国3属8种。

图 203 珙 桐

1. 花枝 2. 果枝 3. 雄花 4. 雌花(花瓣已谢)

1. 珙桐属 Davidia Baill.

本属仅 1 种,我国特产。

珙 桐 Davidia involucrata Baill.(图 203)

[形态] 落叶乔木。高 20 m;树冠呈圆锥形。树皮深灰褐色,呈不规则薄片状脱落。单叶互生,广卵形,长 7~16 cm,先端渐长尖,基部心形,缘有粗尖锯齿,背面密生绒毛;叶柄长 4~5cm。花杂性同株,由多数雄花和 1 朵两性花组成顶生头状花序,花序下有 2 片大型白色苞片;苞片卵状椭圆形,长 8~15 cm,中上部有疏浅齿,常下垂,花后脱落。花瓣退化或无,雄蕊 1~7,子房 6~10 室。核果椭球形,长 3~4cm,紫绿色,锈色皮孔显著,内含 3~5 核。花期 4~5 月;果熟期 10 月。

[变种、变型及品种] 光叶珙桐(var. vilmorimiana Hemsl.) 叶仅背面脉上及脉腋有毛,其余无毛。

[分布] 产于我国湖北西部、四川、贵州及云南北部,生于海拔 1 300~2 500 m 的山地林中。

[习性] 喜半阴和凉爽环境,略耐寒;喜深厚、肥沃、湿润而排水良好的酸性或中性土壤,忌碱性和干燥土壤;不耐炎热和阳光暴晒。

[繁殖栽培] 可用种子繁殖。

[观赏特性及用途] 为世界著名的珍贵观赏树,树形高大端正,开花时白色苞片远观似白鸽飞栖树端,故有"鸽子树"(Dove Tree)之名。宜植于高山之庭院、宾馆及疗养所,作庭荫树。

2. 喜树属 Camptotheca Decne

喜树(旱莲木) Camptotheca acuminata Decne

落叶乔木。高 25~30m。单叶互生全缘;花单性同株,头状花序具长柄,花萼 5 裂,花瓣 5,雄蕊 10。子房 1 室,坚果香蕉形,有窄翅。

3. 蓝果树属 Nyssa L.

蓝果树(紫树) Nyssa sinensis Oliv.

落叶乔木。单叶互生全缘;雄花序成伞形花序,花萼 5 裂,有花盘。成熟为蓝色核果。

五十七、桃金娘科　MYRTACEAE

常绿乔木或灌木。具芳香油。单叶，对生或互生，全缘，具透明油腺点，无托叶。花两性，整齐，单生或集生成花序，萼4～5裂，花瓣4～5；雄蕊多数，分离或成簇与花瓣对生，花丝细长，子房下位，1～10室，每室一至多数胚珠，中轴胎座，花柱1。浆果、蒴果，稀核果或坚果；种子多有棱，无胚乳。

约75属3 000种，浆果类主产于热带美洲，蒴果类主产于澳洲。我国8属，约65种，引入6属50余种。

1. 桉属　Eucalyptus L'H'er

常绿乔木，稀灌木。叶常互生而下垂，全缘，羽状侧脉在近叶缘处连成边脉，揉破有香气。花单生或成伞形、伞房或圆锥花序，腋生，萼片与瓣连合成一帽状花盖，开花时花盖横裂脱落；雄蕊多数，分离；子房3～6室，每室具多数胚珠。蒴果顶端3～6裂；种子多数，细小，有棱。

约300余种，主产于澳洲及马来西亚。我国引入80余种，主要栽培于华南及西南各省区。

分种检索表

1. 树皮厚，宿存而粗糙；单伞形花序；蒴果大 ………………… (1)大叶桉 **E. robusta**
1. 树皮薄，光滑；皮呈条状或片状脱落
   2. 单伞形花序腋生；帽状体长或短 ………………………… (2)蓝桉 **E. globulus**
   2. 圆锥花序顶生或腋生；帽状体比萼管短；枝叶有柠檬气味 ……………………………………………………………………… (3)柠檬桉 **E. citriodora**

(1)大叶桉　Eucalyptus robusta Smith（图204）

［形态］　乔木。高25～30 m。树干挺直，树皮暗褐色，粗糙纵裂，不剥落。小枝淡红色，略下垂。叶革质，卵状长椭圆形至广披针形，长8～18 cm，宽3～7.5 cm，先端渐尖或渐长尖，基部圆形，侧脉多而细，与中脉近成直角；叶柄长1～2 cm。花4～12朵成伞形花序，总梗粗而扁，花径1.5～2cm。蒴果碗状，径0.8～1 cm。花期4～5月和8～9月；花后约3个月果熟。

［分布］　原产于澳大利亚。我国西部和南部有栽培。

［习性］　喜充分阳光，喜温暖而略湿润气候，能耐－5℃左右的低温；喜肥沃湿润的酸性或微酸性土壤，极耐水湿。

［繁殖栽培］　一般用播种繁殖，也可用扦插繁殖。

［观赏特性及用途］　树干高大挺直，树姿优美，在华南地区可作行道树、庭园树，也

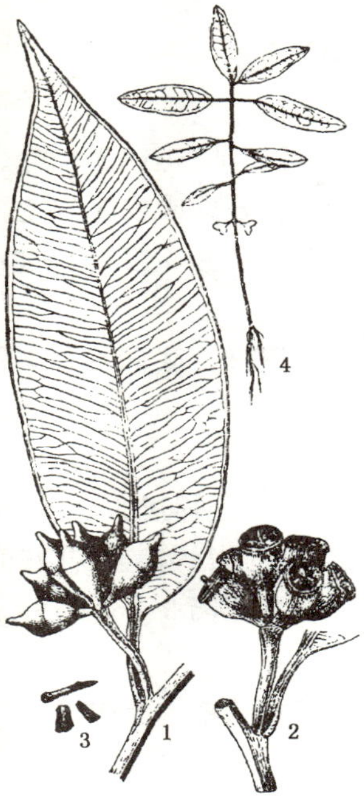

图 204　大叶桉

1. 花枝　2. 果序　3. 种子　4. 幼苗

是重要的造林树种和沿海地区防风林树种，又是蜜源植物。木材坚硬致密，耐腐朽，可供电杆、枕木等用。叶及小枝可提取芳香油；叶供药用。

(2)蓝桉　Eucalyptus globulus Labill.

花大，无梗或极短柄，常单生或有时 2～3 朵聚生于叶腋，花蕾表面有小瘤，被白粉。

(3)柠檬桉　Eucalyptus citriodora Hook. f.

圆锥花序顶生或腋生；帽状体比萼筒短。蒴果壶形。树干灰蓝色；枝叶有浓郁的柠檬气味。

2. 白千层属　Melaleuca L.

白千层　Melaleuca leucadendua L.

常绿乔木。树皮灰白色，多层纸状剥落。叶互生，具 3～7 条平行纵脉。花丝长而白色，多花密集成穗状花序，形如试管刷。果碗形。

五十八、五加科　ARALIACEAE

乔木，灌木或草本，有时为藤本。通常具刺。单叶或复叶，互生，对生或轮生；有托叶，常附着于叶柄而成鞘状，有时不显或无。花小，两性，有时单性或杂性，整齐，成伞形、头状或穗状花序，或再集成各式大型花序，萼不显，花瓣 5～10，雄蕊与花瓣同数，或为其 2 倍，或多数；子房下位，1～15 室，每室 1 胚珠。浆果或核果，形小，通常具纵脊；种子形扁，有胚乳。

约 60 属 800 种，产于热带至温带。我国有 20 属 135 种。

分属检索表

1. 单叶，常有掌状裂
　2. 常绿藤本，有气根 ………………………………………… 1. 常春藤属 **Hedera**
　2. 直立乔木或灌木
　　3. 茎枝具宽扁皮刺；叶掌状 5(7 裂)；落叶乔木 ……… 2. 刺楸属 **Kalopanax**
　　3. 茎枝无刺；叶掌状 7～12 裂；常绿灌木或小乔木 …… 3. 八角金盘属 **Fatsia**
1. 复叶
　4. 羽状复叶
　　5. 枝无刺，乔木 ………………………………… 4. 幌伞枫属 **Heteropanax**
　　5. 枝较粗，具皮刺，小乔木 ………………………………… 7. 楤木属 **Aralia**

4. 掌状复叶

6. 落叶灌木,常有刺 …………………………………… 5. 五加属 **Acanthopanax**

6. 常绿乔木或灌木,无刺 ………………………………… 6. 鹅掌柴属 **Schefflera**

1. 常春藤属　Hedera L.

常绿攀援灌木。具气根。单叶互生,全缘或浅裂,有柄。花两性,单生或总状伞形花序,顶生;花萼全缘或5裂,花瓣5,雄蕊与花瓣同数,子房5室,花柱连合成1短柱体。浆果状核果,含3～5种子。

约5种。我国野生1变种,引入1种。

(1)常春藤(中华常春藤)　Hedera nepalensis var. sinensis (Tobl.) Rehd.(图205)

图205　常春藤

[形态]　常绿藤本。长可达20～30 m。茎借气生根攀援,嫩枝上柔毛鳞片状。营养枝上的叶为三角状卵形,全缘或3裂;花果枝上的叶为椭圆状卵形或卵状披针形,全缘,叶柄细长。伞形花序单生或2～7顶生,花淡绿白色,芳香。果球形,径约1 cm,熟时红色或黄色。花期8～9月。

[分布]　分布于我国华中、华南、西南及甘肃、陕西等省。多攀援于林缘树木、路边墙垣和荫处岩石上。

[习性]　极耐阴;耐寒性较差;对土壤和水分要求不严,但以中性或酸性土壤为好。

[繁殖栽培]　通常用扦插或压条法繁殖,极易生根。

[观赏特性及用途]　在庭园中可以攀援假山、岩石,或在建筑阴面作垂直绿化材料,也可盆栽供室内绿化观赏用。茎叶和果实可入药。

(2)洋常春藤　Hedera. helix L.

常绿藤本。幼枝上有星状柔毛;叶常较大;3～5裂。果球形。

2. 刺楸属　Kalopanax Miq.

刺楸　Kalopanax septemlobus (Thunb.) Koidz.

乔木。枝粗壮,具宽扁皮刺。单叶互生,叶掌状5(7)裂。花两性,具细长花梗。花部5数。

3. 八角金盘属　Fatsia Dcne. et Planch.

八角金盘　Fatsia japonica Dcne. et Planch.

常绿灌木。叶掌状7～9裂,叶柄基部膨大。花小,白色。

4. 幌伞枫属　Heteropanax Seem.

图 206　幌伞枫

乔木或灌木，无刺。羽状或多回羽状复叶，极大；小叶全缘；托叶不明显。花杂性，在花序顶部的为两性花，在花序侧面的为雄性花；由数伞形花序排成大圆锥花丛；萼近全缘；花瓣 5，镊合状排列；雄蕊 5；子房 2 室；花柱 2，分离。果扁形，宽度大于长度，内有种子 2 粒。

约 3 种，分布于印度尼西亚、印度、缅甸。中国产 1 种。

幌伞枫　Heteropanax fragrans (Roxb.) Seem.（图 206）

［形态］ 乔木。高 8～20m，无刺。叶长大，长可达 1m，三回羽状复叶，近无毛；叶柄长 15～30cm；小叶对生，纸质，椭圆形，长 6～12cm，宽 3～6cm，无毛。多数小伞形花序排成约 40cm 长的大圆锥花丛，密被褐色星状毛。果扁形，径约 7mm，长 3～5mm。花期在秋冬季。

［分布］ 产于印度、缅甸和我国南部及西南部。

［习性］ 喜暖热湿润气候，树冠圆整，形如罗伞，很是美观，可供作庭荫树及行道树。

［繁殖栽培］ 用种子繁殖。

［观赏特性及用途］ 材质轻软。根及树皮可入药，治疮毒。

5. 五加属　Acanthopanax Miq.

小乔木或灌木。常有刺。掌状复叶。花两性或杂性，排成顶生伞形花序，单生或数序聚生，或排成大圆锥花丛；萼缘有 5 齿；花瓣 5 枚，罕 4 枚，镊合状排列；雄蕊与花瓣同数；子房 2～5 室；花柱 2～5，分离至合生。果侧向扁压状或近球形。

约 30 种，主要产于亚洲东部。

(1)五加（五加皮、细柱五加）　Acanthopanax gracilistylus W. W. Smith.（图 207）

［形态］ 灌木。高 2～5m，有时蔓生状；枝无刺或在叶柄基部有刺。掌状复叶在长枝上互生，在短枝上簇生；小叶 5，很少 3～4，中央 1 小叶最大，倒卵形至倒卵状披针形，长 3～6cm，宽 1.5～3.5cm，叶缘有锯齿，两面无毛，或叶脉有稀刺毛。伞形花序单生于叶腋或短枝的顶端，很少有 2 伞形序生于 1 序梗上者；花瓣 5，黄绿色；花柱 2 或 3，分离至基部。果近于圆球形，熟时紫黑色；内含种子 2 粒。花期在 5 月；果 10 月成熟。

［分布］ 分布于我国华东、华中、华南及西南。

［习性］ 性强健，适应性强，常生于林缘及路旁。可丛植于园林赏其掌状复叶及植丛。

［繁殖栽培］ 用种子繁殖。

［观赏特性及用途］ 根皮含挥发油、维生素A及B_1、亚麻仁油酸、棕榈酸等，可泡酒制成五加皮酒，有祛风湿、强筋骨的药效。

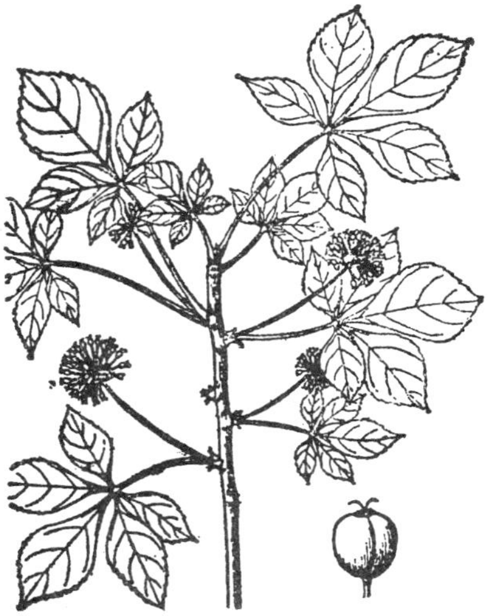

图 207 五 加

（2）无梗五加 Acanthopanax sessiliflorus (Rupr. et Maxim.) Seem.

［形态］ 高达5m。小枝无刺或疏被刺，刺直或弯曲。小叶3～5，倒卵形，两面近无毛，小叶柄长0.2～1cm。头状花序5～6（稀更多）组成圆锥状，花紫色，萼密被白色绒毛，无花梗；子房2室，花柱顶端分离。果倒卵状球形，长1～1.5cm，稍具棱，熟时黑色。花期8～9月；果期9～10月。

［分布］ 产于我国黑龙江、吉林、辽宁、河北、山西等地；生于海拔200～1 000m的林内或灌丛中。朝鲜亦产。

［观赏特性及用途］ 根皮供药用，有祛风湿、健胃、利尿之效。

（3）刺五加 Acanthopanax senticosus (Rupr. et Maxim.) Harms（图208）

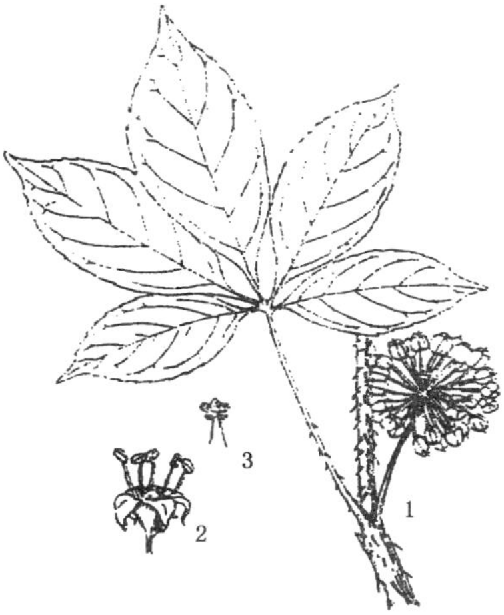

图 208 刺五加

1. 果枝 2. 花 3. 雌蕊柱头

［形态］ 高达6m，小枝密被下弯针刺。小叶5(3)，椭圆状倒卵形或长圆形，长5～13cm。表面脉上被粗毛，背面脉上被柔毛，小叶柄长0.5～2cm。伞形花序单生枝顶或2～6簇生，花紫黄色，萼无毛，花梗长1～2cm；子房5室，花柱合生。果卵状球形，长约8mm，具5棱。花期6～7月；果期8～11月。

［分布］ 产于我国黑龙江小兴安岭，吉林长白山区，辽宁沈阳，河北承德、雾灵山、小五台山，北京百花山，山西霍州、中阳、兴县，河南及陕西北部。小兴安岭在海拔500m以下，华北达海拔2 000m。朝鲜、日本及俄罗斯远东地区也产。

［习性］ 性耐阴；喜湿润和较肥沃土壤；散

生于或丛生于林内、灌丛中、沟边、路旁。

［观赏特性及用途］ 根皮供药用，具有人参同样的强壮作用。而在调节神经机能和血压、改善冠心病引起的诸病状优于人参。种子可榨油，供工业用。

图 209　鹅掌柴

6. 鹅掌柴属　Schefflera J. R. & G. Forster

常绿乔木或灌木，有时为藤本。无刺。叶为掌状复叶；托叶为叶柄合生。花排成伞形花序、总状花序或头状花序，这些花序常聚成大型圆锥花丛；萼全缘或有 5 齿；花瓣 5～7 枚，镊合状排列；雄蕊与花瓣同数；子房 5～7 室；花柱合生。果近球状；种子 5～7 粒。

约 400 种，主要产于热带及亚热带地区。中国约产 37 种，广泛分布于长江以南。

鹅掌柴（鸭脚木）　Schefflera octophylla (Lour.) Harms.（图 209）

［形态］ 常绿乔木或灌木。掌状复叶，小叶 6～9 枚，革质，长卵圆形或椭圆形，长 7～17 cm，宽 3～6cm；叶柄长 8～25cm；小叶柄长 1.5～5cm。花白色，有芳香，排成伞形花序又复结成顶生长 25 cm 的大圆锥花丛；萼 5～6 裂；花瓣 5 枚，肉质，长 2～3mm；花柱极短。果球形，径 3～4cm。花期在冬季。

［分布］ 分布于我国台湾、广东、福建等地，在中国东南部地区常见生长。

［习性］ 喜暖热湿润气候，为华南常见植物。

［繁殖栽培］ 生长快，用种子繁殖。

［观赏特性及用途］ 植株紧密，树冠整齐优美可供观赏用，或作园林中的掩蔽树种用。材质轻软致密，统理直，可供火柴工业及一些手工业作原料。根皮可泡酒，性温，有祛风之效，又可外敷治跌打损伤用。

7. 楤木属　Aralia L.

多年生草本至小乔木。小枝较粗，具皮刺，髓心粗大，较松散。1～3 回羽状复叶。花杂性同株，伞形花序，稀头状花序，常再组成圆锥花序；萼 5 齿裂，花瓣 5，覆瓦状排列；雄蕊 5；子房下位，2～5 室，花柱 2～5。浆果或核果状，球形，具 5(4～2)棱。

约 40 种，分布于亚洲、大洋洲，少数产于北美。我国约 28 种，南北各省皆产，其中木本植物约 18 种。

楤木（鹊不踏）　Aralia chinensis L.

［形态］ 高可达 8m，但常呈灌木状。小枝密被黄棕色绒毛，疏被细刺。2～3 回羽状

复叶，小叶 5～11(13)，卵形，宽卵形或长卵形，长 5～12cm，表面疏被糙毛，背面被黄色或灰色柔毛。花序长 30～60cm，密被淡黄色或灰色柔毛。果球形，径约 3mm，黑色。花期 7～8 月；果期 9～10 月。

［分布］ 产于我国河北中部，山西南部，河南各山区，陕西南部，甘肃南部，南至广东、广西北部，东起沿海各地，西南至四川中部及云南西北部；多生于东部平原、丘陵、低山地区，在西部海拔 2 700m 以下的林缘、路旁及灌木丛中。

［观赏特性及用途］ 根皮入药，可镇痛消炎，活血散淤，治刀伤、胃炎、肾炎、风湿痛等症。种子含油约 21%。

五十九、山茱萸科 CORNACEAE

乔木或灌木，稀草本。单叶对生，稀互生，通常全缘，侧脉弧形，多无托叶。花两性，稀单性，成聚伞、伞形、伞房、头状或圆锥花序；花萼 4～5 裂或不裂，上位，有时无；花瓣 4～5，雄蕊常与花瓣同数并互生，子房下位，通常 2 室。多为核果，少数为浆果；种子含胚乳。

约 14 属 160 种，主产于北半球。我国 5 属 40 余种。

分属检索表

1. 花两性，果为核果
  2. 花序下无总苞片，核果通常为近圆球形 ························ 1. 梾木属 **Cornus**
  2. 花序下面有 4 枚总苞片，核果不为球形
    3. 头状花序，总苞片大，白色，花瓣状 ········· 3. 四照花属 **Dendrobenthamia**
    3. 伞形花序，总苞片小，黄绿色，鳞片状············ 4. 山茱萸属 **Macrocarpium**
1. 花单性，雌雄异株，果为浆果状核果 ························ 2. 桃叶珊瑚属 **Aucuba**

1. 梾木属 Cornus L.

乔木或灌木，稀草本。多是落叶性。单叶对生，稀互生，全缘，常具二叉贴生柔毛；有叶柄。花小而两性，成顶生聚伞花序，花序下无叶状总苞；花部 4 数，萼具细齿，花瓣镊合状；子房下位，2 室。核果，具 1～2 核。

约 130 余种。我国 30 余种。

分种检索表

1. 叶互生；核的顶端有近四方的孔穴 ···················· (3)灯塔树 **C. controversa**
1. 叶对生；核的顶端无孔穴
  2. 灌木、枝条红色·· (2)红瑞木 **C. alba**
  2. 乔木、枝条暗灰色 ·· (1)毛梾木 **C. walteri**

(1)毛梾木(车梁木)　Cornus walteri Wanger.(图 210)

图 210　毛梾木

1. 果枝　2. 花　3. 去花瓣及雄蕊之花　4. 雄蕊　5. 果(放大)

[形态]　落叶乔木。高达 12 m。树皮暗灰色,常纵裂成长条。叶对生,卵形至椭圆形,长 4~10 cm,先端渐尖,基部广楔形,侧脉 4~5 对,表面有贴伏柔毛,背面毛更密;叶柄长 1~3 cm。伞房状聚伞花序顶生,径 5~8 cm。花白色,径 1.2 cm。核果近球形,径约 6 mm,熟时黑色。花期 5~6 月;9~10 月果熟。

[分布]　我国山东、河北、河南、江苏、安徽、浙江、湖北、湖南、山西、陕西、四川、甘肃、贵州、云南等省区均有分布。常散生于向阳山坡及岩石缝间。

[习性]　喜光;耐干旱;耐寒;在北京可露地栽培。

[繁殖栽培]　播种繁殖。

[观赏特性及用途]　枝叶茂密,白花可观,宜植于庭园观赏,可栽作行道树。木材坚重,供作车辆等用。种子榨油可供食用。

(2)红瑞木　Cornus alba L.

[形态]　落叶灌木。高达 3 m。枝血红色,无毛,初时常被白粉,髓大而白色。叶对生,卵形或椭圆形,长 4~9 cm,先端尖,基部圆形或广楔形,全缘,侧脉 5~6 对,叶表暗绿色,叶背粉绿色,两面均疏生贴生柔毛。花小,黄白色,成顶生伞房状聚伞花序。核果斜卵圆形,成熟时白色或稍带蓝紫色。花期 5~6 月,果熟期 8~9 月。

[分布]　我国东北、内蒙古及河北、山东、江苏、陕西等省区均有分布。常生于溪边或山地杂木林中。

[习性]　性强健,喜光;耐寒性强;喜较湿润土壤。

[繁殖栽培]　可用播种、扦插、分株及分蘖等法繁殖。

[观赏特性及用途]　茎枝终年鲜红色,秋叶也为鲜红色,并有银边、黄边等变种。最宜丛植于庭园草坪、建筑物前或常绿树间,可栽作自然式绿篱。此外,其根系发达,又耐潮湿,植于河边、湖畔、堤岸上,可收护岸固土之效。种子可供工业用及食用。

(3)灯塔树　Cornus controversa Hemsl.

[形态]　落叶乔木。高达 15~20m。树皮暗灰色,老时浅纵裂。枝条紫红色,无毛。叶互生,常集生枝梢,卵状椭圆形至广椭圆形,长 6~13cm,先端突渐尖,基部圆形,侧脉

6～8对,表面深绿色,背面灰绿色,疏生贴伏短柔毛;叶柄长2～6.5cm。伞房状聚伞花序顶生;花小,白色。核果球形,径6～7mm,由紫红变蓝黑色。花期5～6月;果熟期9～10月。

［分布］ 主产于我国长江流域及西南各省,北达东北南部,南至广东、广西及台湾。朝鲜、日本也有。常生于海拔520～1 600m的山坡杂木林中及溪谷旁。

［习性］ 喜光,稍耐阴;喜温暖湿润气候,有一定耐寒性;喜肥沃湿润而排水良好的土壤。

［繁殖栽培］ 一般用播种繁殖,扦插也可。

［观赏特性及用途］ 树形整齐,侧枝层层如灯台,形成圆锥状树冠。宜孤植于庭园草坪观赏,也可植为庭荫树及行道树。种子可榨油,供制肥皂及作润滑油用。木材供建筑、雕刻、文具等用。

2. 桃叶珊瑚属　Aucuba Thunb.

(1)桃叶珊瑚　Aucuba chinensis Benth.

常绿灌木。小枝有毛;单叶对生,叶长椭圆形。总状圆锥花序。

(2)东瀛珊瑚　Aucuba japonica Thunb.

常绿灌木。小枝绿色,粗壮无毛。叶椭圆形。花小紫色,圆锥花序密生刚毛。果鲜红色。

3. 四照花属　Dendrobenthamia Hutch.

灌木至小乔木。花两性,排成头状花序,序下有大总苞片。核果椭圆形或卵形。

我国产15种,主产于长江以南。

四照花　Dendrobenthamia japonica (DC.) Fang var. chinensis (Osborn) Fang (Cornus Kousa Hance var. chinensis Osborn)(图211)

［形态］ 落叶灌木至小乔木。高可达9m。小枝细、绿色,后变褐色,光滑。叶对生,卵状椭圆形或卵形,长6～12cm,叶端渐尖,叶基圆形或广楔形,侧脉3～4(5)对,弧形弯曲;叶表疏生白柔毛;叶背粉绿色,有白柔毛并在脉腋簇生黄色或白色毛。头状花序近球形;序基有4枚白色花瓣状总苞片,椭圆状卵形,长5～6cm;花萼4裂;花瓣4,雄蕊4,子房2室。核果聚为球形的聚合果,成熟后变紫红色。花期5～6月;果9～10月成熟。

图211　四照花

［分布］ 产于我国长江流域诸省及河南、陕西、

甘肃。

［习性］　性喜光，稍耐阴；喜温暖湿润气候，有一定耐寒力，常生于海拔 800～1 600m的林中及山谷溪流旁。在北京小气候良好处可露地过冬，并能正常开花，喜湿润而排水良好的砂质土壤。

［繁殖栽培］　常用分蘖及扦插法繁殖；也可用种子繁殖，但因为大多是硬粒种子，播后 2 年始能发芽，故应行种子处理。处理的要点是将种子浸泡后碾除油皮，再加沙碾去蜡皮，然后沙藏。在播前 20 余日再温水浸泡催芽。

［观赏特性及用途］　本种树形整齐，初夏开花，白色总苞覆盖满树，是一种美丽的庭园观花树种。配植时可用常绿树为背景丛植于草坪、路边、林缘、池畔，能使人产生明丽清新之感。果实有甜味，可生食及酿酒用。

4. 山茱萸属　Macrocarpium Nakai

灌木至小乔木。单叶，对生，全缘。花序下有 4 总苞片；花排成伞形花序。核果。

我国产 2 种。

山茱萸　Macrocarpium officinale (S. et Z.) Nakai (Cornus officinalis S. et Z.)(图 212)

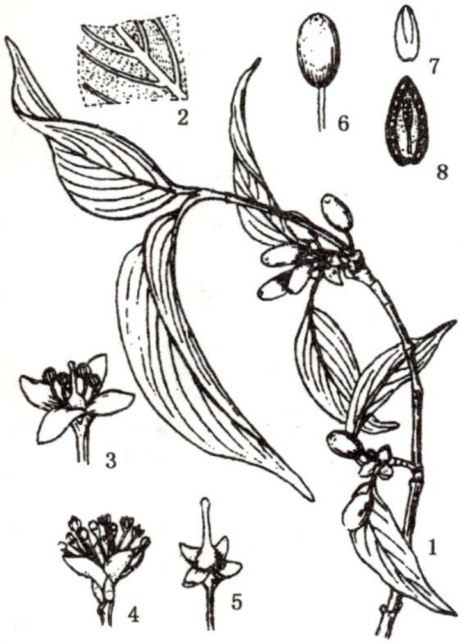

图 212　山茱萸

1. 果枝　2. 叶背局部　3. 花　4. 花序　5. 雌蕊及花萼　6. 果　7. 果核　8. 果核纵剖面

［形态］　落叶灌木或小乔木。老枝黑褐色，嫩枝绿色。叶对生，卵状椭圆形，长 5～12cm，宽约 7.5cm，叶端渐尖，叶基浑圆或楔形，叶两面有毛，侧脉 6～8 对，脉腋有黄褐色簇毛，叶两面有毛，侧脉 6～8 对，脉腋有黄褐色簇毛，叶柄长约 1cm。伞形花序腋生；序下有 4 小总苞片，卵圆形，褐色；花萼 4 裂，裂片宽三角形；花瓣 4，卵形，黄色；花盘环状。核果椭圆形，熟时红色。花期 5～6 月；果 8～10 月成熟。

［分布］　产于我国山东、山西、河南、陕西、甘肃、浙江、安徽、湖南等省，江苏、四川等省有栽培。

［习性］　性喜温暖气候；在自然界多生于山沟、溪旁；喜适湿而排水良好处。

［观赏特性及用途］　果可入药，有健胃、补肾、收敛强壮之效，可治腰痛症。适于在自然风景区中成丛种植。

B. 合瓣花亚纲　METACHLAMYDEAE

花瓣多少合生，花大多数有花萼、花冠的区别，雄蕊与花冠稍愈合。

六十、杜鹃花科　ERICACEAE

常绿或落叶，灌木或小乔木。单叶互生，稀对生或轮生，无托叶。花两性，辐射对称或两侧对称，单生或成总状、伞形、圆锥花序；花萼4～5裂，宿存；花冠裂片与花萼同数，在花芽中覆瓦状或镊合状排列，呈轮状、钟状、漏斗状或坛状；雄蕊为花冠裂片数的2倍或同数；花药2室，常有尾状附属物，孔裂，生于花盘基部；子房上位或下位，2～5室，每室多数胚珠；花柱单一，柱头不裂。蒴果、浆果或核果；种子微小，多数，有胚乳。

约75属1 350种，主要分布于亚洲东部和非洲南部的亚寒带、温带及热带高山地区。我国约20属700多种。

分属检索表

1. 子房上位，果为蒴果
   2. 花大，裂片稍两侧对称 ………………………………… 1. 杜鹃花属 **Rhododendron**
   2. 花小，裂片辐射对称
      3. 花药有芒，蒴果缝线不加厚
         4. 花药顶背的芒直立或上升，花冠钟状 ………… 2. 吊钟花属 **Enkianthus**
         4. 花药的背面芒反折向下弯，花冠卵状坛形 ………… 3. 马醉木属 **Pieris**
      3. 花药无芒，蒴果缝线明显加厚 ………………………………… 4. 南烛属 **Lyonia**
1. 子房下位，果为浆果 ……………………………………………… 5. 越橘属 **Vaccinium**

1. 杜鹃花属　Rhododendron L.

常绿或落叶灌木。叶互生，鳞片呈垢状，全缘。花常多朵组成顶生伞形花序的总状花序。萼片小而5深裂，花冠钟形，漏斗状或管状，裂片与萼片同数，雄蕊5～10枚，花药背着顶孔开裂，花盘厚，子房上位，5～10室或更多。多胚珠。蒴果。

约800种。我国产600余种。

分种检索表

1. 落叶灌木或半常绿灌木
   2. 落叶灌木
      3. 叶散生；花2～6朵簇生枝顶；子房及蒴果有糙伏毛鳞片
         4. 枝有褐色扁平糙伏毛，枝、子房、蒴果均被糙伏毛，花2～6朵簇生枝顶，

蔷薇色，鲜红色，深红色 …………………………… (1)杜鹃 **R. simsii**

4. 枝疏生鳞片；叶、子房、蒴果均有鳞片；花2～5朵簇生枝顶、淡红紫色 ……………………………………………… (2)蓝荆子 **R. mucronalatum**

3. 叶常3枚轮生枝顶(俗称三叶杜鹃)；花通常双生枝顶、罕3朵；子房及蒴果密生柔毛 ……………………………………… (4)满山红 **R. mariesii**

2. 半常绿灌木；花1～3朵顶生，纯白色；花梗密生柔毛，刚被及腺毛；幼枝密生灰色柔毛，腺毛；叶两面有毛 ………………… (5)白花杜鹃 **R. mucronatum**

1. 常绿灌木或小乔木

5. 花顶生呈密总状花序，径1cm，乳白色；叶厚革质，倒披针形 …………………………………………………………… (3)照山白 **R. micrathum**

5. 花顶生伞形花序，花10～20朵，深红色；叶厚革质 …… (6)马缨杜鹃 **R. delavayi**

(1)杜鹃　Rhododendron simsii Planch.(图213)

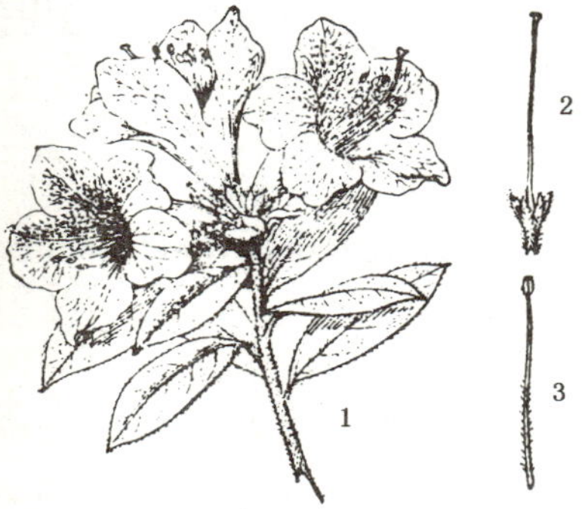

图213　杜　鹃

1. 花枝　2. 雌蕊　3. 雄蕊

［形态］ 落叶灌木。高可达3m；分枝多，枝细而直，有亮棕色或褐色扁平糙状毛。叶纸质，卵状椭圆形或椭圆状披针形，长3～5cm，叶表糙状毛较稀，叶背较密。花2～6朵簇生枝端，红色有紫斑，雄蕊10，花药紫色，萼片小而有毛，子房及蒴果均密被粗糙毛。花期4～6月；果10月成熟。

［变种、变型及品种］

①白花杜鹃 (var. eriocarpum Hort.)　花白色或浅粉红色。

②紫斑杜鹃 (var. mesembrinum Rehd.)　花较小，白色而有紫色斑点。

③彩纹杜鹃 (var. vittatum Wils.)　花白色而有紫色斑点。

［分布］ 广泛分布于我国长江流域和珠江流域各省，东至台湾，西至四川、云南等。

［习性］ 喜酸性土，忌碱性和黏质土壤；喜凉爽温湿气候，惧烈日暴晒；幼具耐阴性。

［繁殖栽培］ 播种、扦插、压条、嫁接及分株繁殖均可。

［观赏特性及用途］ 杜鹃是我国的传统名花，早在公元492年即南北朝时陶弘景在《本草经集注》中就曾记载过羊踯躅；至于描述其在自然界中景色的诗词则历代著名诗人多有吟咏，至清代公元1688年陈淏子的《花镜》中更详述了杜鹃花的习性和栽培方法。古人诗中对杜鹃的描述常带忧伤的情调如“杜鹃啼血”、“征人泪”，这是与诗人当时

的国情及其处境有关，正是与“莫怪行人频怅望，杜鹃不是故乡花”有关了。实际上，杜鹃开时满山遍野灿烂夺目是个令人欢乐惊叹的景色，诗句“何须名花看春风，一路山花不负侬，日日锦江呈锦样，清溪倒照映山红”却道出山花烂漫的意境。杜鹃类最宜成丛配植于林下、溪旁、池畔、岩边、缓坡、陡壁形成自然美，又宜在庭院或与园林建筑相配植，如洞门前、阶石旁、粉墙前。又如设计成杜鹃专类园一定会形成令人流连忘返的景境。此外，可盆栽或加以整形修剪，培养成各式椿景，一定会使人叹为观止。沈阳市曾用大株进行多品种嫁接获得各地的赞赏。杜鹃属植物除有极高的观赏价值外，许多种类的叶可提出香精油，如密枝杜鹃、百里香杜鹃；有的花可提香精，如烈香杜鹃、百合杜鹃；有的花朵可作蔬菜吃，如大白杜鹃、兰荆子；有的可入药治咳嗽和支气管炎，如满山红；有的可制杀虫及外敷剂，如羊踯躅；而多数种类的树皮和叶均可提炼栲胶。

(2)蓝荆子　Rhododendron mucronulatum Turcz.

［形态］　落叶灌木。叶长椭圆状披针形，枝、叶、子房、蒴果均被鳞片，花2～5朵簇生枝顶，雄蕊10，淡红紫色。

［分布］　主产于我国东北、华北、山东等地。日本也有。

(3)照山白　Rhododendron micranthum Turcz.

［形态］　常绿灌木。小枝细；叶厚革质，倒披针形，簇生枝顶，长椭圆形，全缘，幼枝有疏生垢鳞片，雄蕊14枚。

［分布］　主产于我国东北、华北、湖北、安徽等地。

(4)满山红　Rhododendron mariesii Hemsl. et Wils.

落叶乔木。枝轮生；叶厚纸状，常3枚轮生枝顶；花双生枝顶。

(5)白花杜鹃　Rhododendron mucronatum G. Don.

半常绿灌木。分枝密；叶背有黏质腺毛。花白色，芳香，1～3朵簇生枝端。花梗、花萼都有腺毛，雄蕊10枚。

(6)马缨杜鹃　Rhododendron delavayi Fr.

常绿灌木至小乔木。树皮呈不规则状剥落；叶革质，簇生枝顶，叶表深绿色，叶背密被灰白色至淡棕色薄毡毛。花10～20朵排成顶生伞形花序，苞片厚，花冠钟状，肉质；基部有5蜜腺囊；雄蕊10，子房密被褐色绒毛。

2. 吊钟花属　Enkianthus Lour.

落叶灌木，罕常绿灌木或小乔木。枝轮生。叶互生、有柄、全缘或有锯齿，常聚生小枝顶端。花排成顶生而下垂的伞形花序或总状花序；萼小，5裂，宿存；花冠钟状或壶状，短5裂；雄蕊10枚，花丝在中部以上膨大，扁平，花药纵裂，顶端有芒；子房上位，5室。蒴果5棱，室背开裂，有一至数颗具棱的大种子。

约16种，分布于我国、日本、印度、越南。我国产7种，分布于中部及南部。

吊钟花(铃儿花)　Enkianthus quinqeuflorus Lour.

[形态]　落叶或半常绿灌木。叶亮革质,二面网脉均显著隆起,长5~10cm,叶缘反卷。花通常5~8朵排成伞形花序,粉红色或红色。蒴果椭圆形,长8~12mm,有棱角,果柄直立不弯曲。花期1~2月。

[分布]　分布于我国广西、广东、云南等省区,常生于低山丘陵灌木群丛之中。

[习性]　性喜暖热湿润气候;性强健、萌芽力强。

[观赏特性及用途]　花美丽而花期正值春节佳期,故广州、香港一带多作瓶花装饰用,亦可盆栽观赏。现场圃中有少量栽培。

3. 马醉木属　Pieris D. Don.

常绿灌木或小乔木。叶互生,很少对生,无柄,有锯齿,罕全缘。顶生圆锥花序,罕小总状花序;萼片分离;花冠壶状,有5个短裂片;雄蕊10枚,内藏,花药在背面有一对下弯的芒。蒴果近球形,室背开裂为5个果瓣。种子小,多数,锯屑状。

共8种,分布于北美、东亚和喜马拉雅山区。中国有6种,产于东部至西南部。

马醉木(梫木)　Pieris polita W. W. Sm. et J. F. Jeff. (图214)

图214　马醉木

[形态]　常绿灌木。高达3.5m。叶簇生枝顶,革质,披针形至倒披针形,长7~12cm,直立;花冠坛状,白色,长7~8mm,口部裂片短而直立;雄蕊10;花柱长等于花冠。蒴果球形。

[分布]　广布于我国福建、浙江、江西、安徽等省。

[习性]　性喜温暖气候和半荫地带;喜生于富含腐殖质、排水良好的砂质壤土。移植期宜于在9~10月或在4月末至5月。当枝条过密时可于花后疏剪,通常则短剪过长之枝以保持树形即可。

[繁殖栽培]　繁殖可于夏末秋初用扦插法,或于秋季用压条法;亦可于早春播种于湿的砂腐殖土中。

[观赏特性及用途]　本种可供观赏。叶有毒可煎汁作农业杀虫药。

4. 南烛属　Lyonia Nutt.

常绿或落叶灌木,罕为小乔木。叶互生,全缘或齿缘。花簇生叶腋,或排成总状或圆锥花序;花萼4~5裂,裂片镊合状排列;花冠坛状,5浅裂;雄蕊10,罕8或16,花药无芒状附属物,花盘8~10裂;子房4~5室,每室有多数胚珠。蒴果近球形或卵形;种子小,锯屑状。

约30种，分布于东亚和北美。中国约产9种，分布于长江以南各省。

南烛（椭叶南烛、乌饭草） **Lyonia ocalifolia** (Wall.) Drude（图215）

［形态］ 落叶灌木至小乔木。叶卵形至卵状椭圆形，长5～10cm，宽2～3.5cm，叶端短渐尖，叶基圆形，全缘，叶背脉上稍有毛。总状花序顶生，长3～8cm，序基有数小叶；花梗长3～4mm，偏于下方；萼裂片长三角形，长约2mm；花冠白色、坛状，略有毛；子房有毛。蒴果扁球形，径约4mm。花期6月；果10月成熟。

图215　南　烛

［变种、变型及品种］

①缐木（小果南烛、白心木）var. elliptica (Sieb. et Zucc.) Hand.-Mazz.　落叶灌木或小乔木。高可达7m。叶卵状椭圆形，长5～10cm，宽2～3.5cm，叶端渐尖或短尖。蒴果较原种为小，径约3mm。

②狭叶南烛 var. lanceolata (Wall.) Hand.-Mazz. 叶比原种狭长，为椭圆状披针形至长圆状披针形，长8～12cm，宽2.5～3cm，蒴果与原种大小相同。

［分布］ 分布于我国安徽、浙江、江西、湖北、湖南、四川、福建、广西、广东、贵州、云南、西藏、台湾等省区。中南半岛、不丹、尼泊尔、锡金也有分布。

［习性］ 性喜温暖湿润气候，喜湿润富含腐殖质的壤土。种植期宜在11月至早春3月间。不需修剪。

［繁殖栽培］ 用播种及扦插法繁殖。

［观赏特性及用途］ 可供园林或盆栽观赏。叶及枝均有毒，但南方民间传说用嫩枝及叶捣碎渍汁做饭，称为“乌饭”，久食之有强筋益气之功；枝、叶又可入药，有止泄和强壮滋养的效果。

5. 越橘属（乌饭树属） **Vaccinium L.**

落叶或常绿灌木，很少为小乔木。叶互生，全缘或有齿。花顶生或腋生，排成总状花序，有时单生，苞片宿存或脱落；花萼4～5浅裂或不明显；花冠圆筒形或坛形，4～5浅裂；雄蕊8～10，花药有或无芒状附属物，顶端伸长成管状，顶端孔裂；子房下位，4～10室，每室有数颗胚珠。浆果球形，顶端有宿存萼齿。

约300种以上，分布于亚洲、美洲、欧洲和非洲。我国约产65种，南、北方各省均有分布。

分种检索表

1. 产于我国北方；匍匐性半灌木，高约10cm，叶端微凹，叶背有腺点 ……………………………………………………………………… (1)越橘 **V. vitis-idaea**

1. 产于我国长江以南各省;灌木,高约1～3m,叶端短尖,叶背中脉略有刺毛……
……………………………………………………………………(2)乌饭树 **V. bracteatum**

图216 越 橘

(1)越橘(红豆、牙疙瘩) **Vaccinium vitis-idaea** L.(图216)

[形态] 常绿匍匐性矮小灌木,有长的匍匐性地下茎,地上茎高10余cm,直立,略有白毛。叶革质,椭圆形或倒卵形,长1～2cm,宽约1cm,叶端圆,常微凹,叶基楔形,叶缘有睫毛,上部有微波状齿,叶背浅绿色有腺体,叶柄短。花2～8朵排成总状序,生于去年生的枝端;小苞片2,脱落性,总梗和花梗均密生毛;萼钟状,4裂;花冠钟状,白色或粉红色,径0.5cm,4裂;雄蕊8,花丝有毛,花药无距;子房下位。浆果球形,径约7mm,红色。

[分布] 分布于我国东北、内蒙古、新疆等省区。蒙古、原苏联、北欧、北美也有分布。

[习性] 性耐寒,喜生湿润富有机质的酸性土中;常见于亚寒带针叶林中。

[繁殖栽培] 移植期在4月末,可用播种、分割地下茎或扦插繁殖,扦插时最好有低温设施;亦可用压条法繁殖。

[观赏特性及用途] 花、果及秋叶均美,可供观赏。叶可代茶饮用,又可入药作尿道消毒剂;浆果可食用。

(2)乌饭树(乌米饭、西烛叶) **Vaccinium bracteatum** Thunb.(图217)

[形态] 常绿灌木。高1～3m;分枝多,嫩枝有柔毛。叶革质,卵形至椭圆形,长2.5～6cm,宽1～2.5cm,叶端短尖,叶基楔形,叶缘有尖硬细齿,叶背中脉略有硬毛。总状花序腋生,有短毛;苞片披针形,长约1cm,宿存;萼钟状,5浅裂,有毛;花冠白色,筒状卵形,有毛,花药无芒状附属物。浆果球形,径约0.5cm,熟时紫黑色,略被白粉。花期6～7月;果10～11月成熟。

[分布] 广布于我国长江以南各省直至海南岛与台湾。朝鲜、日本、越南、泰国等国亦有分布。

图217 乌饭树

［习性］　性喜温暖气候及酸性土地，是酸性土指示植物。可作南方自然风景区的地被植物。

［繁殖栽培］　可用播种及扦插法繁殖。

［观赏特性及用途］　果实味甜可生食；叶及果可入药，治心肾虚弱、支气管炎及鼻衄；根亦可入药，有消肿、止痛之效。江南农民有用嫩叶捣汁染米做乌饭食用的，故称“乌饭树”。

六十一、柿树科　EBENACEAE

常绿或落叶乔木或灌木。单叶互生，少数为对生，无托叶。花约 6 属 450 种，产于热带至温带。我国有 1 属 50 多种。

单性，雌雄异株，或杂性，单生成聚伞花序；花萼 3～7 裂，宿存，结果时逐渐增大；花冠 3～7 浅裂，裂片在花芽中多为旋转状排列；雄蕊常为花冠裂片的 2～4 倍，或同数，生于花冠基部；雌花有退化雄蕊或无雄蕊，子房上位，2～16 室，每室 1～2 枚倒生胚乳，花柱 4～8，分离或基部合生。浆果；种皮薄，胚乳丰富。

柿树属　Diospyros L.

落叶或常绿乔木或灌木。叶互生；花单性异株。雄花为聚伞花序，雄蕊 4～16，子房不发育；雌花单生叶腋，退化雄蕊 1～16 枚，花柱 2～6，花 4～5 基数；萼常 4 深裂，绿色，花冠壶形或钟形，白色，4～5 裂，子房 4～12 室。浆果肉质；宿萼，种子扁饼状。

约 200 种，分布在热带、亚热带。我国产 40 种。

（1）柿树　*Diospyros kaki* Thunb.（图 218）

图 218　柿　树

1. 雌花枝　2. 雌花纵剖面

3. 雄花　4. 果　5. 种子

［形态］　落叶乔木。高 15 m，树皮裂成方形小块片状。单叶全缘，椭圆形或倒卵形，近革质，叶背黄褐色毛。雌雄同株，花 4 基数，花冠钟状 4 裂；雄花 3 朵，雌花 4 深裂，子房 8 室，子房上位。浆果黄色，萼片宿存。花期 5～6 月；果熟期 9～10 月。

［分布］　原产于我国长江流域。北自长城

以南，西至陕西、甘肃南部，东南沿海，西至云南、四川均有。

图 219　君迁子

［习性］　喜温又耐旱；阳性，喜光。

［繁殖栽培］　通常用嫁接繁殖，多用黑枣为砧木。

［观赏特性及用途］　树形优美，叶大深绿，秋叶变红，红橙色果实累累。柿霜、柿蒂均可入药。可在公园作行道树栽植。

（2）君迁子　Diospyros lotus L.（图 219）

［形态］　落叶乔木。树皮方块状开裂，冬芽先端尖。单叶全缘，叶长椭圆形，叶光滑，背被灰色毛。果小，蓝黑色。

［习性］　适应性强，喜光，耐半荫；耐寒及耐旱比柿树强。

［观赏特性及用途］　可作砧木。作庭园树、行道树。

六十二、木犀科　OLEACEAE

常绿或落叶灌木、乔木或藤本。单叶，三出复叶或羽状复叶，对生，稀为互生或轮生，无托叶。花两性，稀单性，辐射对称，成腋生或顶生总状、聚伞状圆锥花序；花被两轮，稀无花瓣；萼通常 4 裂，镊合状排列，稀有无萼片者；花冠合瓣，通常 4 裂，覆瓦状排列；雄蕊 2，分离；花药 2 室，纵裂；心皮 2，合生；子房上位，2 室，中轴胎座，每室通常 2 胚珠，倒生，花柱 1 或缺，柱头 1～2。果为浆果、核果、蒴果或翅果。种子具直胚，胚乳有或缺。

共 29 属，约 600 种，广泛分布于温带和热带。我国 12 属，约 180 种，南、北方各省均有分布。

分属检索表

1. 果为翅果或蒴果
  2. 果为翅果
    3. 翅在果周围；花序间有叶；叶为单叶 ………………… 1. 雪柳属 **Fontanesia**
    3. 翅在果实顶端伸长；花序间无叶或有叶状小苞片；复叶 ………………………………………………………………… 2. 白蜡树属 **Fraxinus**
  2. 果为蒴果
    4. 花黄色，花冠裂片长于花冠筒；枝中空或片状髓 …… 3. 连翘属 **Forsythia**
    4. 花紫色、白色、红色，花冠裂片短于花冠筒；枝实心 …… 4. 丁香属 **Syringa**
1. 果为核果或浆果
  5. 果为核果

6. 花冠裂片 4～6，线形，仅在基部合生 ………… 5. 流苏树属 **Chionanthus**
6. 花冠裂片 4，短，有长短不等的花冠筒
7. 花为顶生圆锥花序或总状花序 …………………… 6. 女贞属 **Ligustrum**
7. 花为腋生圆锥花序或簇生 ……………………… 7. 木犀属 **Osmanthus**
5. 果为浆果 ……………………………………………………… 8. 茉莉属 **Jasminum**

1. 雪柳属　Fontanesia Labill

落叶灌木或小乔木。冬芽球状卵圆形，芽鳞 4～6；单叶对生，全缘或具细锯齿；花两性，为具叶的圆锥花序。萼小，4 裂，花瓣 4，分离，雄蕊较花瓣长。翅果。

共 2 种。我国有 1 种。

雪柳　Fontanesia fortunei Carr.（图 220）

［形态］　落叶灌木。小枝细长，直立，四棱形。单叶对生，叶柄短；翅果扁平，倒卵形。花期 5 月～6 月；果熟期 7 月。

［分布］　产于我国河北、山西、陕西、河南、山东、安徽、江苏、浙江等省。

［习性］　喜光，稍耐阴；喜肥沃排水良好的土壤；喜温暖，但亦较耐寒。

［繁殖栽培］　播种、扦插繁殖。

［观赏特性及用途］　叶细如柳，白花满树，宛如积雪。可植于庭园观赏或作防风林等。亦是蜜源植物。

图 220　雪　柳
1. 果枝　2. 花　3. 果

2. 白蜡树属　Fraxinus L.

落叶乔木，罕为灌木。冬芽褐色，芽鳞 2～4；奇数羽状复叶，对生，小叶常具齿。花小，杂性或单性，雌雄异株，组成圆锥花序，萼小，4 裂或缺；花冠缺或存在，通常深裂，裂片 2～6，有时基部成对分离；雄蕊 2，子房 2 室，柱头 2。翅果在果枝上具长翅，具种子 1 粒。

约 65 种，主要分布在温带地区。我国有 20 余种。

分种检索表

1. 花序生于当年生枝顶或叶腋，叶后开放
2. 小叶常 7 枚，叶长 3～10 cm，较大 ……………………………………………………………… (1)白蜡树 **F. chinensis**
2. 小叶常 5 枚，叶长 2～4cm，较小 ……………………………

…………………………………………………… (5)小叶白蜡 **F. bungeana**

1. 花序生于二年生枝侧,先叶开放

3. 小叶7～13,无小叶柄,小叶基部密生黄褐色绒毛 ……………………
…………………………………………………… (2)水曲柳 **F. mandshurica**

3. 小叶3～7(9),多少具小叶柄,小叶基部不生褐色绒毛

4. 小叶通常7枚,卵状长椭圆形至披针形,长8～14cm;翅果长3～6 cm …
…………………………………………………… (3) 洋白蜡 **F. pennsylvanica**

4. 小叶3～7,通常5枚,椭圆形至卵形,长3～8cm,翅果长2～3cm ………
…………………………………………………… (4)绒毛白蜡 **F. velutina**

(1)白蜡树　Fraxinus chinensis Roxb(图221)

［形态］　落叶乔木。高达15 m。复叶;小叶5～7枚,卵圆形,叶基常不对称,缘有锯齿,叶表无毛,脉腋有柔毛。圆锥花序顶生或侧生于当年枝条上,无花瓣,花萼钟状,不规则的分裂。翅果倒披针形,下延在中部。花期3～5月;果熟期9～10月。

［变种、变型及品种］　大叶白蜡树(又名花曲柳)[var. rhynchophylla (Hance) Hemsl.]

小叶通常5枚,顶生小叶大,锯齿粗钝或近全缘。

图221　白蜡树

1. 果枝　2. 雄花枝　3. 雄花

［分布］　产于我国东北南部、华北、黄河流域、长江流域及华南、西南。朝鲜、越南、日本也有分布。

［习性］　喜光,稍耐阴;喜温暖湿润气候,颇耐寒;喜湿耐涝、耐干旱;对土壤要求不严;抗烟尘及二氧化硫等有害气体。

［繁殖栽培］　播种或扦插繁殖。

［观赏特性及用途］　树形端正,树干通直,枝叶繁茂而鲜绿,秋叶橙黄,是优良的行道树或遮荫树。材质优良;枝叶放养白蜡虫,用于制取白蜡等。

(2)水曲柳　Fraxinus mandshurica Rupr.

花序生于二年生枝条,先叶开放;小叶7～13,无小叶柄,小叶基部密生黄褐色绒毛。

(3)洋白蜡　Fraxinus pennsylvanica Marsh.

［形态］　落叶乔木。树皮纵裂;小叶通常7枚,缘具钝齿,近全缘。圆锥花序生于上年生的小枝上,花单性异株,无花瓣;果翅披针形,明显比种

子长。

［习性］ 喜光；耐寒；耐水湿，也稍耐干旱；对土壤要求不严；生长快。

［繁殖栽培］ 播种繁殖。

［观赏特性及用途］ 枝叶繁茂，秋叶变金黄，是城市绿化的优良树种。适于作行道树。

(4)绒毛白蜡　Fraxinus velutina Torr.

小叶3～7，通常5枚，椭圆形至卵形，长3～8cm，密被短柔毛。翅果长2～3cm，果翅的种子短或等长，长在去年枝上。

(5)小叶白蜡　Fraxinus bungeana DC.

树皮黑灰色；奇数羽状复叶，对生；小叶常为5，有柄，叶卵形，长2～4cm；圆锥花序顶生于当年枝上。有花冠，花瓣条形。

3. 连翘属　Forsythia Vahl

落叶灌木。枝髓中空或呈薄片状。叶对生，单叶或少有羽状三出复叶，有锯齿或全缘。花1～3(5)朵生于叶腋，先于叶开放；萼4深裂；花冠黄色，深4裂，裂片长于钟状筒部，雄蕊2，子房2室，柱头2裂。蒴果卵圆形，种子有狭翅。

共7种。我国4种。

(1)连翘　Forsythia suspensa (thunb.) Vahl.(图222)

［形态］ 落叶灌木。干丛生直立。枝开展，拱形下垂；小枝黄褐色，稍4棱，皮孔明显，髓中空；常有3裂或三出复叶；花先叶开放，花黄色。蒴果卵圆形，表有散生疣点。花期4～5月；果熟期6月。

图222　连　翘

1. 枝叶　2. 花枝　3. 花纵剖面　4. 子房纵剖面　5. 果

［变种、变型及品种］

①垂枝连翘(var. sieboldii Zabel.)　枝较细而下垂，通常可匍匐地面，而在枝梢生根；花冠裂片较宽，扁平，微开展。

②三叶连翘(var. fortunei Rehd.)　叶通常为3小叶或3裂，花冠裂片窄，常扭曲。

［习性］ 喜光，有一定耐阴性；耐旱和寒，怕涝；抗病虫害能力强。

［繁殖栽培］ 用于扦插、压条、分株、播种繁殖，以扦插为主。

［观赏特性及用途］ 早春先叶开放，满枝金黄。生长于阳坡、森林公园等地。种子

可入药。

(2)金钟花　Forsythia viridissima Lindl.

［形态］　落叶灌木。小枝黄绿色，呈四棱形，髓薄片状。单叶对生，叶中部以上有锯齿。花先叶开放，1～3 朵腋生。

［分布］　我国中南、西南、北方均有栽培。

［习性］　同连翘。

4. 丁香属　Syringa L.

落叶灌木。枝为假二叉分枝；叶对生，单叶，稀为羽状复叶；全缘。花两性，顶生或侧生圆锥花序。萼钟状，4 裂，宿存；花冠漏斗状，4 裂；雄蕊 2。蒴果长圆形，种子有翅。

约 30 种，分布于亚洲和欧洲。我国产 20 余种。

分种检索表

1. 花冠筒短，不较萼长或略长，花药生于细长的花丝上
　　……………………………………… (5)暴马丁香 **S. reticulata var. mandshurica**
1. 花冠筒较萼长；花药不具柄，全部或一部为花冠所包
　2. 花序发自顶芽，基部有叶
　　3. 圆锥花序下垂，枝较细…………………………………… (2)垂丝丁香 **S. reflexa**
　　3. 圆锥花序直立，枝短粗壮 ………………………………… (3)红丁香 **S. villosa**
　2. 花序发自侧芽，顶芽不发育
　　4. 叶广卵形常宽大于长；叶背无毛 ……………………… (1)紫丁香 **S. oblata**
　　4. 叶圆卵形、叶小；叶背，有短柔毛 ………………… (4)毛叶丁香 **S. pubescens**

(1)紫丁香　Syringa oblata Lindl.（图 223）

［形态］　灌木或小乔木。叶广卵形，单叶对生，全缘，光滑；花紫色；蒴果长圆形；花期在 4 月；果熟期 9～10 月。

［变种、变型及品种］

①白丁香(var. alba Rehd.)　花白色，叶较小，背面微有柔毛。

②紫萼丁香(var. giraldii Rehd.)　花序轴和花萼紫蓝色，叶先端狭尖，背面微有柔毛。

③佛手丁香(var. plena Hort.)　花白色，重瓣。

［习性］　喜光，稍耐阴；耐寒、旱，忌地湿；喜湿润肥沃、排水良好的土壤。

［繁殖栽培］　播种、扦插、嫁接、分株、压条繁殖。

［观赏特性及用途］　枝叶茂密，花美而香，广泛栽植于庭园。种子入药，花提制芳香油。

(2)垂丝丁香　Syringa reflexa Schneid.

圆锥花序下垂，花外粉红，内白。

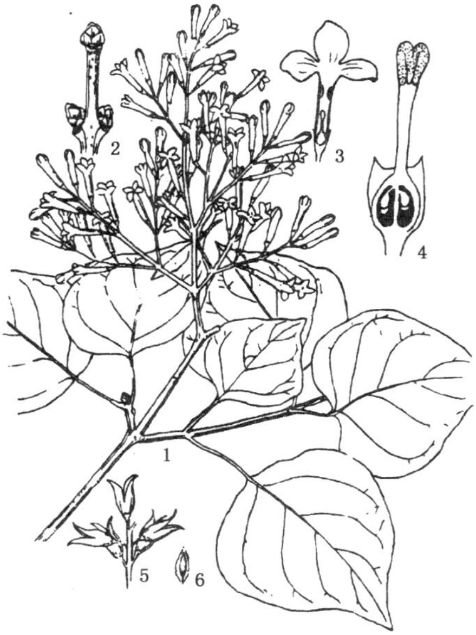

图 223　紫丁香

1. 花枝　2. 枝芽　3. 花纵剖面　4. 去花瓣后花之纵剖面(放大)　5. 果　6. 种子

图 224　流苏树

1. 花枝　2. 果枝　3. 雄蕊和雌蕊

(3)红丁香　Syringa villosa Vahl.

灌木。枝粗壮;圆锥花序顶生,密集,芳香;花冠裂片开展,花药在近筒口部;皮孔明显。

(4)毛叶丁香　Syringa pubescens Turcz.

小灌木。枝细弱,叶背沿脉具柔毛。花序较紧密,花管筒细长,淡紫红色。蒴果小。

(5)暴马丁香　Syringa reticulata (Bl.) Hara var. mandshurica (Maxim.) Hara.

灌木。花序着生在侧枝上,花冠筒不长或稍长于萼,花药生长于细长花丝之上。

5. 流苏树属　Chionanthus L.

落叶灌木或乔木。单叶对生,全缘。花两性或单性,排成疏散状圆锥花序。花萼4裂,花冠白色,4深裂,裂片狭窄;雄蕊2,子房2室。核果肉质,卵圆形,种子1枚。

共2种。我国1种。

流苏树　Chionanthus retusus Lingl. et Paxt.(图 224)

[形态]　灌木或乔木。叶卵形至倒卵状椭圆形;叶端钝或微凹,全缘或有时有小齿;叶柄茎部带紫色,花白色;4裂片狭长,花冠筒极短。花期4～5月。

[分布]　我国河北、山东、山西、河南、甘肃及陕西,南至云南、福建、广东、台湾等地。

［习性］ 喜光；耐寒；抗旱；生长较慢；喜肥厚土壤。

［繁殖栽培］ 播种、扦插、嫁接繁殖。砂藏120天。白蜡属的树木为砧木，颇易成活。

［观赏特性及用途］ 花密而优美，花形奇特，秀丽可爱；花期可达20天左右，是优美的观赏树木。尤以嫩叶可代茶。

6. 女贞属 Ligustrum L.

落叶或常绿，灌木或乔木。单叶对生，全缘。花两性，顶生圆锥花序；花小，白色，花萼钟状，4裂。花冠筒长或短，裂片4。雄蕊2，着生在花冠筒上。核果浆果状，黑色或蓝黑色。

约50种，主产于东亚及澳大利亚。我国产30余种。

分种检索表

1. 小枝和花轴无毛 ……………………………………………… (2)女贞 **L. lucidum**
1. 小枝和花轴有柔毛和短粗毛
  2. 花冠筒较花冠裂片稍短或近等长
    3. 常绿；小枝疏生短柔毛 ……………………………… (5)日本女贞 **L. japonicum**
    3. 落叶或半长绿；小枝密生短柔毛
      4. 花具花梗；叶背中脉有毛 ………………………… (3)小蜡 **L. sinense**
      4. 花无梗；叶背无毛 ………………………………… (1)小叶女贞 **L. quihoui**
  2. 花冠筒较花冠裂片长2～3倍 ………………………… (4)水蜡树 **L. obtusifolium**

图225　小叶女贞

(1)小叶女贞　Ligustrum quihoui Carr.（图225）

［形态］ 落叶或半常绿灌木。高2～3m。枝条铺散，小枝具短柔毛。叶薄革质，椭圆形至倒卵状长圆形，全缘。圆锥花序，花白色，无梗，花冠裂片与筒部等长。花药超出花冠裂片。核果宽椭圆形，紫黑色。花期7～8月；果熟期10月。

［分布］ 产于我国中部、东部和西南部。

［繁殖栽培］ 播种、扦插繁殖。

［观赏特性及用途］ 作绿篱植物和庭园观赏及抗多种有毒气体的抗污染树种。

(2)女贞　Ligustrum lucidum Ait.（图226）

［形态］ 常绿乔木。树皮灰色，枝具皮孔。叶革质，宽卵形至卵状披针形，长6～12cm，全缘。圆锥花序顶生。核果圆形，蓝黑色。花期6月；果熟期11～12月。

［分布］ 产于我国长江流域以南各省区，甘肃南部及华北南部多有栽培。

［习性］ 喜光，稍耐阴；喜温暖，不耐寒；喜湿润，不耐干旱；适生于湿润土壤；抗二氧化硫、氯气和氟化氢(HF)等有毒气体。

［繁殖栽培］ 播种、扦插繁殖。

［观赏特性及用途］ 终年长绿，夏日满树白花，是长江流域常见的绿化树种，常于庭园栽植和作绿篱树种。果、枝、叶、种子、根可入药。

(3)小蜡　Ligustrum sinense Lour.(图 227)

半常绿灌木。小枝密生短柔毛；圆锥花序，花梗细而明显，花冠裂片长于筒部；雄蕊超出花冠裂片。

(4)水蜡树　Ligustrum obtusifolium Sied. et Zucc.

落叶灌木。叶背有短柔毛；顶生圆锥花序短而常下垂；花冠筒比花冠裂片长 2～3 倍。花药和花冠裂片近等长。

(5)日本女贞　Ligustrum japonicum Thunb

常绿灌木。皮孔明显；叶革质；花序顶生，花冠裂片略短于花冠筒。

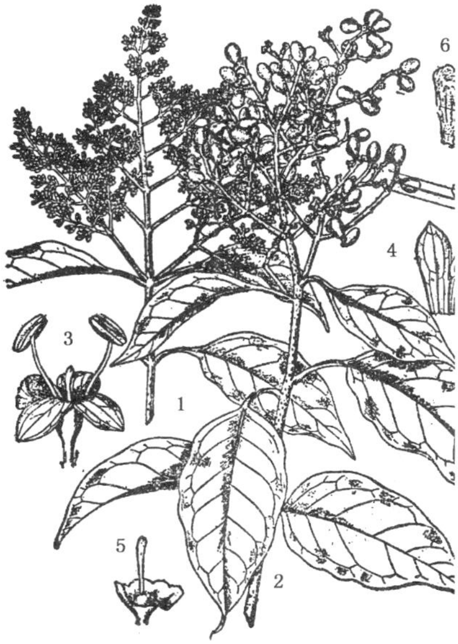

图 226　女　贞

1. 花枝　2. 果枝　3. 花

4. 雄蕊　5. 雌蕊　6. 种子

7. 木犀属　Osmanthus Lour.

常绿，灌木或小乔木。冬芽具 2 芽鳞；单叶对生，全缘或有锯齿，具短柄。花两性或单性或杂性，在叶腋簇生或成短的总状花序。花萼 4 齿裂，花冠筒短，裂片 4，覆瓦状排列；雄蕊 2，很少 4，子房 2 室。核果。

图 227　小　蜡

约 40 种。我国有 25 种。

(1)桂花　Osmanthus fragrans (Thunb.) Lour.(图 228)

［形态］ 常绿灌木至小乔木。树皮灰色，不裂。芽叠生；叶长椭圆形，长 5～12cm，全缘或上半部有细锯齿。花簇生叶腋或聚伞状；花小，黄白色，浓香。核果椭圆形，紫黑色。花期 9～10 月；翌年果熟。

［变种、变型及品种］

①丹桂(var. aurantiacus Makino.)　花橘红色或橙黄色。

②金桂(var. thunbergii Makino.)　花黄色至深黄色。

③银桂(var. latifolius Makino.)　花近白色。

④四季桂(var. semperflorens Hort.)　花白色或黄色。

[分布]　原产于我国西南部,现广布于长江流域。

[习性]　喜光,稍耐阴;喜温暖和通风良好的环境,不耐寒;喜温暖排水良好的砂壤土,忌涝。

[繁殖栽培]　多用嫁接繁殖,压条、扦插也可。嫁接可用小叶女贞等作砧木。

[观赏特性及用途]　四季常绿,8月桂花开,香飘数里。在园林中栽于庭院道路两侧或假山旁。花可作香料,亦可入药。

图228　桂　花

1. 花枝　2. 果枝　3. 花冠展开,示雄蕊　4. 雄蕊　5. 去花冠及雄蕊之花

图229　刺　桂

(2)刺桂　Osmanthus heterophyllus (G. Don) P. S. Green.(图229)

常绿灌木或小乔木。叶硬革质,卵形至长椭圆形,顶端尖刺状,边缘每边有1～4对刺状牙齿,很少全缘。花簇生叶腋,芳香,白色。核果卵形。

8. 茉莉属　Jasminum L.

分种检索表

1. 单叶 ………………………………………………………… (1)茉莉 **J. sambas**
1. 奇数羽状复叶或3小叶
  2. 叶对生;3小叶;落叶灌木 …………………………… (2)迎春 **J. nudiflorum**
  2. 叶互生;3小叶;半常绿灌木 …………………………… (3)探春 **J. floridum**

(1)茉莉　Jasminum sambas (L.) Aiton(图230)

常绿灌木。枝细长;单叶对生,薄纸状;花3朵,花冠白色,浓香。

图 230　茉　莉

图 231　迎　春

(2)迎春　Jasminum nudiflorum Lindl.（图 231）

落叶灌木。枝细长，拱形，绿色，有 4 棱；叶对生，小叶 3；花黄色。

(3)探春　Jasminum floridum Bunge

半常绿灌木。叶互生，小叶常为 3；聚散花序顶生，花萼裂片线形，与萼筒近等长。

六十三、马钱科　LOGANIACEAE

落叶或常绿灌木、乔木或藤本。少数为草本。单叶，对生，少数为互生或轮生，全缘或有齿；托叶退化。花两性，辐射对称。单生或成聚伞、总状、圆锥花序，有时为假穗状花序，顶生或腋生；萼 4～5 裂，花冠裂片与萼同数；雄蕊 4～5，与花冠裂片互生，子房上位，通常 2 室，含多数胚珠；花柱单生，柱头 2 或 4 裂。蒴果或浆果、核果，种子有翅或无翅。

约 35 属 600 种，分布于热带及温带各地。我国 9 属 60 种。

醉鱼草属　Buddleja L.

灌木或乔木，稀草本。植物体被腺状、星状或鳞片状绒毛。叶对生，稀互生，托叶在叶柄间连生，或常退化成一线痕；花组成圆锥状、穗状聚伞花序或丛生，萼钟状，4 裂；花冠管状或漏斗状，4 裂。雄蕊 4，子房 2 室。蒴果 2 瓣裂，种子多数。

约 100 种。我国有 45 种。

分种检索表

1. 小枝圆柱形；叶狭披针形；花白色，花冠筒长 2～4mm　…（3）驳骨丹 **B. asiatica**

1. 小枝四棱形；叶卵状至卵状披针形

2. 小枝略具四棱；花序圆锥状；雄蕊着生于花冠筒中部 ……………………………………………………………………………………… (2)大叶醉鱼草 **B. davidii**

2. 小枝四棱；花序穗状，扭向一侧；雄蕊着生于花冠筒下部 ……………………………………………………………………………………… (1)醉鱼草 **B. lindleyana**

(1)醉鱼草　Buddleja lindleyana Fort.(图 232)

图 232　醉鱼草

［形态］　灌木。高 2m。小枝 4 棱而稍有翅，幼时有微细的棕黄色星状毛。单叶对生，卵形至卵状披针形，长 5～10cm，全缘或疏生波状牙齿。花序穗状，顶生，扭向一侧，长 7～20cm；花萼 4 裂，密生细鳞毛。花冠紫色，稍弯曲，长 1.5～2cm，密生细鳞毛。筒内面白紫色。雄蕊 4，着生在花冠筒的下部。蒴果长圆形，被鳞片。花期 6～8 月；果熟期 10～12 月。

［分布］　产于我国长江以南各省区。

［习性］　性强健，喜温暖湿润的气候及肥沃排水良好的土壤，不耐水湿。

［繁殖栽培］　用分蘖、压条、扦插、播种均可。

［观赏特性及用途］　叶茂花繁，花开于夏季少花季节。常栽培于庭园中观赏，可在路边等栽植。花、叶可药用。

(2)大叶醉鱼草　Buddleja davidii Franch.

灌木。单叶对生；小枝四棱形；叶背面密被白色星状绒毛。多数小聚伞花序集成穗状圆锥花序。

(3)驳骨丹　Buddleja asiatica Lour.

直立灌木。小枝圆柱形；单叶对生，有短柄，叶狭披针形，叶背有白色或浅黄色绒毛。总状或圆锥花序顶生或腋生。蒴果。

六十四、夹竹桃科　APOCYNACEAE

常绿或落叶直立灌木或木质藤本，少数为乔木或草本。植株具乳汁；茎内为双韧维管束，单叶对生或轮生，有时为互生，全缘；通常无托叶。花两性，辐射对称，单生或成聚伞花序，顶生或腋生；花萼 5 裂，里面基部有腺体；花冠多 5 裂，裂片在花芽中多为旋转状排列，喉部常有附属物；雄蕊 5，生于花冠筒上或喉部，与花冠裂片互生，花粉颗粒状；子房上位，1～2 室，花柱单一或分离，柱头环状、头状或棍棒状。果实多为 2 个蓇葖果，有时为浆果或核果。种子多数，有翅或被毛。

约 250 属 2 000 种，分布于热带或亚热带地区，部分在温带地区。我国 46 属 176 种。

分属检索表

1. 叶对生或轮生
   2. 叶对生;藤本 …………………………………… 2. 络石属 **Trachelospermum**
   2. 叶轮生,兼或对生;灌木或乔木
      3. 蒴果;花盘厚,肉质环状 ………………………………… 3. 黄蝉属 **Allemanda**
      3. 蓇葖果;无花盘;大灌木 ………………………………… 1. 夹竹桃属 **Nerium**
1. 叶互生
   4. 枝肥厚肉质;花冠筒喉部无鳞片;蓇葖果 ……………… 4. 鸡蛋花属 **Plumeria**
   4. 枝不为肉质;花冠筒喉部具被毛鳞片 5 枚;核果 ……… 5. 黄花夹竹桃属 **Thevetia**

1. 夹竹桃属　Nerium L.

常绿灌木。枝条灰绿色;叶轮生,稀对生,具柄,革质,全缘,羽状脉,侧脉密生而平行。顶生聚伞花序;花萼 5 裂,内有腺体。花冠漏斗状,5 裂。花冠喉部有 5 枚阔鳞片状副花冠。雄蕊 5,着生在花冠筒中部以上。花丝短,无花盘。子房由 2 枚离生心皮组成。蓇葖果 2 枚,并生。种子具白色绵毛。

夹竹桃　Nerium indicum Mill.(图 233)

[形态]　常绿直立大灌木。高达 5 m。叶 3～4 枚轮生,枝条下部对生。窄披针形,长 11～15cm,全缘。花序顶生,红色,单瓣 5 枚,喉部具 5 片撕裂状的副花冠,有时重瓣 15～18 枚,组成 3 轮。蓇葖果细长。花期 6～9 月;果熟期 10 月。

[变种、变型及品种]　"白花"夹竹桃(cv. Paihua.)

[分布]　我国长江以南各省区广为栽培,北方以温室栽培。

[习性]　喜光;喜温暖湿润气候,不耐寒;耐旱力强;抗烟尘及有毒气体能力强;对土壤适应性强。

图 233　夹竹桃

[繁殖栽培]　以压条法为主,也可用扦插法,水插尤易生根。

[观赏特性及用途]　姿态潇洒,花色艳丽,有香气,是城市绿化的好树种,常植于公园、庭院、街头、绿地等处。为工矿区抗污染树种。可入药。

2. 络石属　Trachelospermum Lem.

络石　Trachelospermum jasminoides (Lindl.) Lem.(图 234)

常绿藤本。单叶对生,叶全缘;花白色,聚伞花序,成顶生或腋生。蓇葖果双生。

图 234　络　石

3. 黄蝉属　Allemanda L.

黄蝉　Allemanda neriifolia Hook.

灌木。叶轮生或对生，常有腺体；枝具乳汁；花冠筒基部膨大。

4. 鸡蛋花属　Plumeria L.

鸡蛋花　Plumeria rubra L. cv. 'Acutifolia'

落叶小乔木。枝粗壮肉质；叶互生全缘；花冠漏斗状，聚伞花序顶生。

5. 黄花夹竹桃属　Thevetia L.

黄花夹竹桃　Thevetia peruviana (Pers.) K. Schum.

常绿灌木。枝柔软，小枝下垂，叶互生线形或线状披针形；聚伞花序顶生，花大，黄色具香味。

六十五、萝藦科　ASCLEPIADACEAE

多年生草本，直立或攀援灌木。具乳汁。叶对生或轮生，全缘，无托叶。聚伞花序通常伞形，有时成伞房状或总状，腋生或顶生；花两性，整齐；花萼筒短，裂片 5；花冠辐射状、坛状，稀高脚碟状，5 裂；常具副花冠，为 5 枚离生或基部合生的裂片或鳞片所组成，有时 2 轮；雄蕊 5，与雌蕊合生成中心柱，称合蕊柱，花药合生，贴生于柱头基部的膨大处，每花药有花粉块 2 或 4；子房上位，为 2 个离生心皮所组成。蓇葖果双生或一个不发育；种子多数，顶端具白绢质种毛。

约 180 属 2 200 种，分布于热带、亚热带，少数于温带地区。我国产 44 属 245 种，分布于西南及东南部为多，少数在西北与东北各省区。

本科植物通常有毒，乳汁及根部毒性大，又含有多种生物碱和甙类，是重要的药物原料；有些种类的纤维很好；有些种类供观赏。

杠柳属　Periploca L.

藤状灌木。光滑，除花外全体无毛。叶对生。聚伞花序疏松；花冠辐射状，花冠筒短，裂片 5，通常被柔毛；副花冠杯状，5～10 裂，着生在花冠的基部；花丝短，花药顶端合生。蓇葖果 2，长圆柱状。

约 12 种，产于亚洲东部、欧洲南部和非洲热带地区。我国产 4 种，分布于东北、华北及西南、西北等地区。

杠柳（北五加皮、香加皮、羊奶条）　Periploca sepium Bunge（图 235）

［形态］　落叶蔓性灌木。具乳汁，除花外，全株无毛。茎皮灰褐色，小枝有细条纹，具皮孔。叶卵状长圆形，长 5～9cm，顶端渐尖，基部楔形，侧脉多数。聚伞花序腋生；花冠紫红色，辐状，裂片反折，中间加厚呈纺锤形，内面被长柔毛，外面无毛；副花冠 10 裂，其中 5 裂延伸丝状被短柔毛；雄蕊着生在副花冠内面，并与其合生。蓇葖果 2，圆柱状，长 7～12cm。花期 5～6 月。

［分布］　分布于我国东北、华北、西北、华东及西南等地。生于平原及低山丘的林缘、沟坡、河边砂质地或地埂等处。

［观赏特性及用途］　杠柳茎叶光滑无毛，花紫红，具有一定的观赏效果。宜作污地遮掩树种。

图 235　杠　柳

六十六、马鞭草科　VERBENACEAE

常绿或落叶灌木或乔木，有时为藤本，少为草本。单叶或复叶，对生，少为轮生和互生，无托叶。花序顶生或腋生，组成聚伞、总状、伞房状聚伞或圆锥花序；花两性，两侧对称，常偏斜或成唇状，稀为辐射对称。花萼常 4～5 裂，多宿存；花冠管圆锥形，通常 4～5 裂，裂片在芽中成覆瓦状排列；雄蕊 4，2 强，少为 2 或 5～6，着生于花冠筒上；花盘小，不显著；子房上位，雌蕊常由 2 心皮组成，通常 2～4 室，有时为假隔膜分为 4～10 室，每室具 1～2 胚珠。柱头分裂或不裂。果为核果、蒴果或浆果状核果。种子通常无胚乳。

约 80 属 3 000 余种，主要分布于热带和亚热带地区。我国 21 属 175 种。

分属检索表

1. 穗状花序或近头状，茎具倒钩状皮刺 ………………………… 4. 马缨丹属 **Lantana**
1. 聚伞花序，或由它组成其他花序
  2. 花萼在结果时增大；花冠筒不弯曲………………………… 1. 赪桐属 **Clerodendrum**
  2. 花萼在结果时不显著增大，绿色
    3. 掌状复叶；小枝四方形；小乔木 ………………………………… 5. 牡荆属 **Vitex**
    3. 单叶；不为四方形；灌木
      4. 核果；花萼、花冠顶端 4 裂 ……………………………… 2. 紫珠属 **Callicarpa**
      4. 蒴果；花萼、花冠顶端均 5 裂 …………………………… 3. 莸属 **Caryopteris**

1. 赪桐属　Clerodendrum L.

落叶和半常绿灌木或小乔木。单叶对生或轮生，全缘或具锯齿。聚伞花序或圆锥花序，顶生或腋生。苞片宿存或早落；花萼钟状、杯状，有色泽，宿存。花冠通常细长，顶端有 5 等形或不等形的裂片。雄蕊 4，伸出花冠外；子房 4 室，浆果状核果，包于宿存的增大的花萼内。

约 400 种。我国有 34 种 6 变种。

(1)海州常山　Clerodendrum trichotomum Thunb.（图 236）

图 236　海州常山

［形态］ 灌木或小乔木。高 8m。枝叶、花序等多少有黄褐色柔毛。叶阔卵形至三角状卵形，长 5～16 cm，全缘或有波状齿。伞房状聚伞花序顶生或腋生，长 8～18 cm；花萼深红色，5 裂几达基部。花冠粉红色或白色，筒细长，顶端 5 裂。花丝与花柱同伸出花冠外。核果近球形，包藏于增大的宿萼内，成熟时呈蓝紫色。花期 6～10 月；果熟期 9～11 月。

［分布］ 我国华北、华东、中南、西南各省区均有。

［习性］ 喜光，稍耐阴；有一定耐寒性。

［观赏特性及用途］ 花果美丽，是良好的观赏花木，可在庭院栽培。根、茎、叶、花均可入药。

(2)赪桐　Clerodendrum japonicum（Thunb.）Sweet.

灌木。聚伞花序组成大型的顶生圆锥花序，花萼、花冠均为鲜红色。

2. 紫珠属　Callicarpa L.

(1)紫珠　Callicarpa japonica Thunb.（图 237）

灌木。叶长 7～15cm，叶缘自基部起具细锯齿；叶柄长 5～10mm，总花梗短于叶柄或与其等长。花药顶孔开裂。

(2)小紫珠　Callicarpa dichotoma K. Koch.

中部以上有钝锯齿，叶背密生黄色腺点，表面粗糙，总花梗为叶柄 2～4 倍。

3. 莸属　Caryopteris Bunge

兰香草　Caryopteris incana（Thunb.）Miq.

小灌木。全株具灰色绒毛。叶缘有粗齿，两面具黄色腺点；聚伞花序腋生，花冠 2 唇裂，下唇呈流苏状。

4. 马缨丹属 Lantana L.

马缨丹 Lahtana camara L.

灌木。茎四方形，具短而倒钩状皮刺。叶两面有糙毛，揉烂后有强烈的气味。头状花序腋生。

5. 牡荆属 Vitex L.

荆条 Vitex negundo var. heterophylla Rehd.

灌木。小枝通常四棱形。叶对生，掌状复叶，小叶常3～8，小叶边缘有缺刻状锯齿，浅裂至深裂；花冠二唇形，下唇3裂；雄蕊4，子房4室。核果，外面包有宿存的花萼。华北均有分布。

图237 紫 珠

六十七、茄科 SOLANACEAE

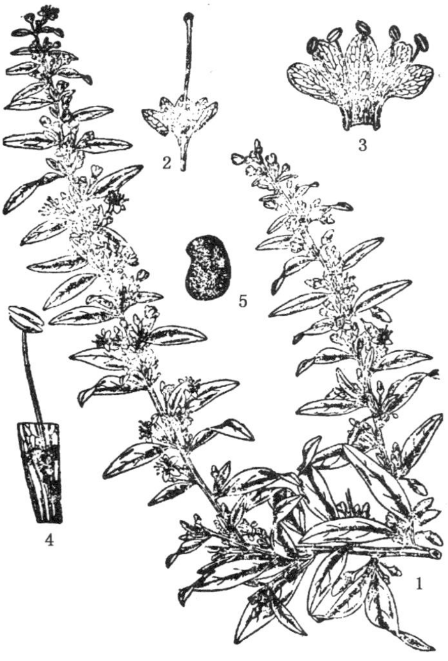

图238 枸 杞

1. 着花及果之枝 2. 去花瓣、雄蕊之花 3. 剖开之花冠筒，示雄蕊着生 4. 花瓣一部分，示雄蕊及花瓣之毛 5. 种子

草本、灌木或小乔木，稀为藤本。单叶或复叶，常为互生，叶全缘，齿裂或羽状分裂；无托叶。花单生、簇生或成各种形式花序；两性，稀为杂性，辐射对称或稍微两侧对称，无苞片；花萼合生，常5裂或成截头状。结果时有的常增大宿存；花冠钟状、坛状、漏斗状或辐射状，常5裂；雄蕊5，稀为4～6，着生在花冠管上，花药常靠合或分离；子房上位，通常由2个心皮合生而成，2室或不完全的3～5室，胚珠多数。果实为浆果或蒴果，盖裂或瓣裂；种子圆盘形或肾形；胚乳丰富，肉质。胚弯曲。

共80属3 000种，广泛分布于温带及热带地区，美洲热带种类最为丰富。我国24属，约100多种。

枸杞属 Lycium L.

落叶或常绿灌木，通常有棘刺。单叶互生或簇生，全缘，具柄或近于无柄。花有梗，单生于叶腋或簇生于短枝上。花萼钟状，3～5裂，宿存。花冠漏斗状，5裂，稀4裂；雄蕊5，稀4；子房2室。浆果，长圆形。

(1)枸杞 Lycium chinense Mill.（图238）

［形态］ 多分枝灌木。枝细长，弯曲下垂而有纵条棱，具针状棘刺。单叶互生或2～4枚簇生，叶卵形及卵状披针形，长1.5～5cm，全缘。花单生或2～4朵簇生叶腋，花萼常为3中裂或4～5齿裂。花冠漏斗状，淡紫色。浆果红色，卵状。花期6～9月；果熟期8～11月。

［分布］ 我国华北、东北、甘肃南部及西南、华中、华南、华东各省均有分布。朝鲜、日本、欧洲也有栽培。

［习性］ 强健，稍耐阴；喜温暖，较耐寒；对土壤要求不严；耐干旱、耐碱性都很强；忌黏质土。

［繁殖栽培］ 播种、扦插、压条、分株繁殖均可。

［观赏特性及用途］ 花朵紫色，红果累累，状若珊瑚，颇为美丽，是庭园秋季观赏灌木，可供池畔、河岸、山坡等地栽植。果实、根皮均入药。

(2)宁夏枸杞　Lycium barbarum L.

多分枝灌木。叶披针形，长椭圆状披针形；花萼常2中裂；花冠筒明显长于花冠裂片，裂片边缘无缘毛。种子较小。

六十八、玄参科　SCROPHULARIACEAE

一年生或多年生草本，少为灌木及乔木。叶多对生，少为互生或轮生，无托叶。花序总状、穗状或聚伞状，或组成圆锥花序；花两性，多为两侧对称；苞片有或无，有时具2枚小苞片；花萼4～5裂，裂片在芽中为覆瓦状或镊合状排列，宿存；花冠合瓣，4～5(8)裂，通常成2唇形或多少不等，裂片在芽中覆瓦状排列；雄蕊通常4，2强，少数具2或5枚，着生在花冠筒上，有的属具退化雄蕊1～2枚；花药2室，分离或顶端汇合，或仅1室；心皮2，合生；子房上位，2室，中轴胎座，少数形成1室的侧膜胎座，每室具多数胚珠，稀数枚；花盘存在或退化。蒴果，2瓣裂，少数顶端孔裂，极少为不开裂的浆果；种子多数，具胚乳。

约190属3 000种以上。我国有57属642种。

泡桐属　Paulownia Sieb. et Zucc.

落叶乔木。树冠圆锥形；枝对生，常无顶芽，通常假二叉分枝，小枝粗壮，髓腔大。单叶对生，大而有长柄，有时在新枝上3枚轮生，全缘，波状或3～5浅裂。花3～5朵成聚伞花序，或排成顶生的圆锥花序，萼钟状，5裂。花冠大，唇形，紫色或白色，内面有深紫色斑点。雄蕊4，2长2短，子房2室，柱头2裂。蒴果，果皮较薄。种子小而多，扁平，两侧具半透明膜质翅。

共7种。

(1)毛泡桐　Paulownia tomentosa(Thunb.) Stenud.(图 239)

［形态］　乔木。树皮褐灰色;小枝有明显的皮孔;幼枝常具黏质短腺毛。叶阔卵形或卵形,长 20～29cm,宽 15～28cm,全缘或 3～5 裂,表面具长柔毛、腺毛及分枝毛,背面密被具长柄的白色树枝状毛。花蕾近圆形,密被黄色毛。花萼浅钟形,裂至中部或过中部;花冠漏斗钟形,鲜紫色或蓝紫色,长 5～7cm。蒴果卵圆形。宿萼不反卷。花期 4～5 月;果 8～9 月成熟。

［分布］　我国辽宁南部、河北、河南、山东、江苏、安徽、湖北、江西均有栽培。

［习性］　强阳性树种,不耐庇荫。对温度适应范围较宽。根系近肉质;怕积水而较耐干旱;不耐盐碱,喜肥。对二氧化硫、氯气、氟化氢气体抗性较强。

［繁殖栽培］　通常用埋根、播种、埋干、留根等方法。生产上多采用埋根法。

［观赏特性及用途］　树干端直,树冠宽大,叶大荫浓,花大而美,宜作行道树、庭荫树、四旁绿化。材质好,用途广;叶花等入药。

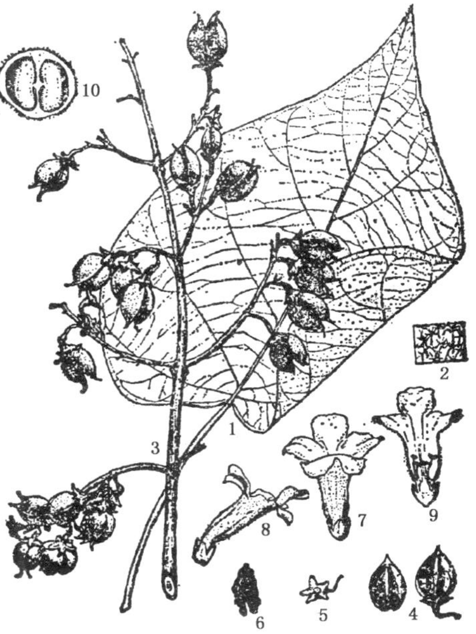

图 239　毛泡桐

1. 叶　2. 叶下面放大,示毛　3. 果序
4. 果瓣　5. 果萼　6. 种子
7、8. 花　9. 花纵剖面　10. 子房横剖面

(2)泡桐　Paulownia fortunei (Seem.) Hemsl.

与毛泡桐的主要区别为:花冠乳白色至微带淡紫色;花萼浅裂为萼的 1/4～1/3;叶表无毛,背面疏被白柔毛。

六十九、紫葳科　BIGNONIACEAE

常绿或落叶乔木、灌木或木质藤本,稀为草本。叶对生,稀互生,单叶或羽状复叶,也有掌状复叶;无托叶。花两性,大而美丽,近两侧对称。花集生为顶生或腋生的总状、聚伞或圆锥花序,少有单生或丛生,具苞片和小苞片,花萼筒状或钟状;花冠钟状、漏斗状或管状,具 4～5 裂,常为二唇形;雄蕊 4～5,很少 5 个都发育,且与花冠裂片同数而互生,着生于花冠管上;子房上位,基部具花盘,1 或 2 室,胚珠多数侧膜胎座;花柱细长,柱头 2 裂。蒴果。种子多数，侧扁具翅。

约 120 属 650 种，主要分布于热带地区。我国约 22 属 49 种，南北各省均有分布。

分属检索表

1. 乔木或灌木
  2. 单叶；发育雄蕊 2 枚；蒴果细长圆柱形 …………………… 1. 梓树属 **Catalpa**
  2. 羽状复叶；发育雄蕊 4 枚；蒴果卵形或近球形 ……… 3. 蓝花楹属 **Jacaranda**
1. 藤本或半藤状灌木
  3. 植株有卷须，卷须 3 裂；小叶 2～3 枚 ……………… 4. 炮仗藤属 **Pyrostegia**
  3. 植株无卷须，小叶 3 枚或更多
    4. 常绿半藤状灌木；雄蕊伸出花冠筒之外 ……… 5. 硬骨凌霄属 **Tecomaria**
    4. 落叶藤本；雄蕊内藏 …………………………………… 2. 凌霄属 **Campsis**

1. 梓树属　Catalpa L.

落叶乔木。无顶芽，单叶对生或 3 枚轮生，全缘或有缺裂，基出脉 3～5，叶背脉腋常具腺斑。花大，呈顶生总状花序或圆锥花序。花萼不整齐，深裂或 2 唇形分裂；花冠钟状唇形，发育雄蕊 2，内藏，着生于下唇，子房 2 室。蒴果细长，种子多数，两端具长毛。

约 13 种。我国产 4 种，引入 3 种。

分种检索表

1. 花淡黄色，长约 2 cm；叶通常具 3～5 浅裂 …………………… (1)梓树 **C. ovata**
1. 花白色或浅粉色，长 2cm 以上；叶通常不裂
  2. 花浅粉色，叶三角状卵形，萼片顶端两尖裂，多树瘤……… (2)楸树 **C. bungei**
  2. 花白色，叶宽卵形至卵状椭圆形，萼片顶端不裂，无树瘤 ……………………
  …………………………………………………… (3)黄金树 **C. speciosa**

(1)梓树　Catalpa ovata D. Don.（图 240）

［形态］　乔木。高 10～20m。树冠开展，树皮灰褐色，纵裂。叶广卵形或近圆形，长 10～30cm，通常 3～5 浅裂，有毛，叶背脉腋处有紫斑。圆锥花序顶生，长 10～20cm，花萼绿色或紫色。花冠淡黄色，长约 2cm，内有黄色条纹及紫色斑纹。蒴果细长如筷，长 20～30cm，种子具毛。花期在 5 月；果熟期 9～10 月。

［分布］　范围很广，我国东北、华北、华南北部均有，以黄河中下游为分布中心。

［习性］　喜光，稍耐阴；适生于温带地区，颇耐寒，但在温热气候下生长不良。喜深厚肥沃湿润土壤，不耐干旱瘠薄，能耐盐碱土。对氯气、二氧化硫气体和烟尘的抗性较强。

［繁殖栽培］　播种繁殖于 11 月采种干藏，翌春 4 月条播，也可用扦插和分蘖繁殖。

［观赏特性及用途］　树冠宽大，可作行道树、遮荫树及村旁、宅旁绿化树种。古人常

在房前屋后种植桑树、梓树,"桑梓"意即故乡。

(2)楸树　**Catalpa bungei** C. A. Mey (图 241)

[形态]　落叶乔木。高可达 30 m。树干耸直,主枝开阔伸展,多弯曲;小枝条向上抱团长;树皮灰褐色;老年树干上瘤状突起。叶三角状卵形,长 6～16cm,顶端尾尖,全缘,有时近基部有 3～5 对尖齿,两面无毛,背面脉有紫色腺斑。总状花序伞房状排列,顶生。萼片顶端 2 尖裂;花冠粉红色,长 2～3.5 cm,内面有紫红色斑点。蒴果长 25～50cm;种子扁平,具长毛。花期 4～5 月;果熟期 9～10 月。

[分布]　主产于我国黄河流域和长江流域。北京、河北、内蒙古、安徽、浙江等地也有分布。

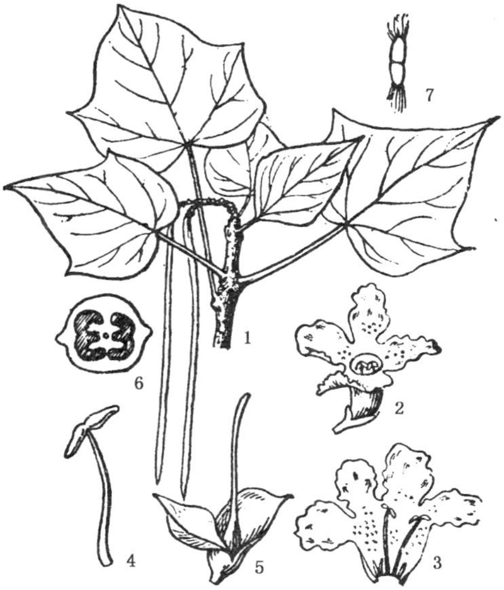

图 240　梓　树

1. 果枝　2. 花　3. 花冠展开,示雄蕊　4. 发育雄蕊　5. 雌蕊及花萼　6. 子房横剖面　7. 种子

[习性]　喜光,幼苗耐庇荫;喜温暖湿润气候,不耐严寒;不耐干旱和水湿;喜肥沃土壤。对二氧化硫气体及氯气有抗性;吸滞灰尘、粉尘能力较高。

[繁殖栽培]　播种、分蘖、埋根、嫁接均可。

[观赏特性及用途]　树姿挺拔,干直荫浓;花紫白相间,艳丽悦目,宜作庭荫树及行道树,与建筑群配植更能显示古朴、苍劲之树势。

(3)黄金树　Catalpa speciosa Ward.

乔木。叶长达 30 cm,背面有柔毛;圆锥花序顶生,花萼顶端不裂,花白色。

2. 凌霄属　Campsis Lour.

落叶藤本。借气根攀援。奇数羽状复叶对生,小叶有齿。顶生聚伞或圆锥花序;花萼钟状,革质,具不等的 5 齿裂。花冠漏斗状钟形,在萼片以上扩大,5 裂,稍呈 2 唇形。雄蕊 4,2 长 2 短,内藏。子房 2 室;基部具大型花盘。蒴果长,种子多数,具翅。

共 2 种,北美洲产 1 种,我国和日本产 1 种。

(1)凌霄　Campsis grandiflora (Thunb.) Loisel. (图 242)

[形态]　藤本。长达 10 m。树皮灰褐色,呈细条状纵裂。小枝紫褐色;小叶 7～9,卵形至卵状披针形,长 3～7cm,端长尖,基部不对称,缘疏生 7～8 锯齿,两面光滑无毛。

图 241 楸 树

1. 花枝 2. 果 3. 种子

顶生聚伞状圆锥花序。花萼5裂至中部；花冠唇状漏斗形，鲜红色或橘红色。蒴果长如荚，顶端钝。花期6～8月；果熟期10月。

［分布］ 原产于我国中部、东部，现各地均有栽培。日本也产。

［习性］ 喜光而稍耐阴，幼苗宜稍庇荫。喜温暖湿润，耐寒性较差。耐旱忌积水。喜微酸性、中性土壤。萌蘖力强，萌芽力也强。

［繁殖栽培］ 播种、扦插、埋根、压条、分蘖均可。通常以扦插埋根育苗。

［观赏特性及用途］ 干枝虬曲多姿，翠叶团团如盖，花大色艳，为庭园中棚架、花门的良好绿化材料；用以攀援墙垣，点缀假山石，是理想的城市垂直绿化材料。可药用。

（2）美国凌霄 **Campsis radicans**（L.）Seem.

藤本。小叶9～13，叶背脉上有柔毛，叶缘疏生4～5齿。花萼裂至中部，花较大，径约5～7cm。

图 242 凌 霄

3. 蓝花楹属 Jacaranda Juss.

蓝花楹 **Jacaranda acutifolia** Humb. et Bonpl.

［形态］ 乔木。高15m。二回羽状复叶，羽片通常在16对以上，每一羽片有小叶14～24对；小叶狭长圆形或长圆状菱形，长6～12mm，端急尖，全缘，略被微柔毛。圆锥花序顶生，长20cm；花萼顶端5齿裂；花冠蓝色，花冠筒细长，下部微弯，上部膨大。蒴果木质，卵球形；种子小、有翅。花期春末至初秋。

［分布］ 原产于巴西。我国广东、广西、云南南部引入栽培。

［习性］ 喜光，喜暖热多湿气候，不耐寒。

［观赏特性及用途］ 蓝花楹绿荫如伞，叶纤细似羽，蓝花朵朵，秀丽清雅，又花开于

夏季少花季节，是美丽的庭园观赏树，华南城市常栽作行道树及庭荫树；草坪上丛植数株，格外适宜。

4. 炮仗藤属　Pyrostegia Presl.

常绿藤木。通常以卷须攀援。指状复叶对生，有小叶3枚，其中1枚常变为线形、三叉的卷须。顶生聚伞花序，有时呈总状或圆锥花序状；萼钟状或管状，端截平或有齿；花冠管状，弯曲；发育雄蕊4枚，伸出；花盘环状或杯状；子房线形，2室。蒴果长线形；种子有翅。

约5种，产于南美。中国引入栽培1种。

炮仗花　Pyrostegia ignea Presl.（图243）

图243　炮仗花

［形态］　常绿藤木。茎粗壮，有棱，小枝有纵槽纹。复叶有小叶3枚，顶生小叶变成线形、3叉的卷须，叶卵状至卵状长椭圆形，长5～10cm，全缘，表面无毛，背面有穴状腺体。圆锥状聚伞花序，下垂；花萼钟状，端5齿裂；花冠橙红色，筒状，端5裂，稍呈二唇形，裂片端钝，外反卷，有明显白色、被绒毛的边；发育雄蕊4，2枚自筒部伸出，2枚达花冠裂片基部。花期初春。

［分布］　原产于巴西，现全世界温暖地区常见栽培。我国海南、华南、云南南部、厦门等地有栽培。

［习性］　喜温暖湿润气候，不耐寒。

［观赏特性及用途］　炮仗花花橙红茂密，累累成串，状如炮仗，且花期较长，是美丽的观赏藤木，多植于建筑物旁或棚架上，遮荫、观赏都极适宜。

5. 硬骨凌霄属　Tecomaria Spach

硬骨凌霄　Tecomaria capensis（Thunb.）Spach

常绿半藤状灌木。枝绿褐色，常有小痂状凸起。羽状复叶对生，小叶7～9枚；顶生总状花序，花冠漏斗状，弯曲；雄蕊伸出。蒴果偏线形。

七十、茜草科 RUBIACEAE

落叶或常绿乔木或灌木，稀藤本。单叶对生，有时为轮生，全缘，稀锯齿，具柄间或柄内托叶，托叶有时退化成腺状刚毛。花两性，稀单性。花序基本为二歧聚伞花序，有时聚合成头状。萼 4～5 裂，果时常膨大。花冠常为管状、盘状或漏斗状，裂片 4～5，雄蕊与花冠裂片同数，并与之互生，着生于花冠管上；雌蕊 1，子房下位，心皮 2 或多数，常 2 室，中轴胎座，少数为侧膜胎座，每室多胚珠，花柱 1，常 2 分枝，柱头线形。果实为蒴果、浆果或核果。种子有时具翅，胚乳丰富。

本科为一大科，约 500 属 6 000 种，主要分布于热带地区，少数于温带地区。我国约 71 属 490 种，其中 12 属为我国特有。主产于华南和西南地区。

分属检索表

1. 叶大，长 6～14cm
  2. 花单生 ………………………………………………………… 1. 栀子属 **Gardenina**
  2. 花顶生聚伞花序，再组成伞房花序 ……………………… 2. 龙船花属 **Ixora**
1. 叶小，长为 0.7～1.5cm …………………………………… 3. 六月雪属 **Serissa**

1. 栀子属 Gardenina Ellis

灌木，稀小乔木。叶对生或 3 枚轮生；托叶膜质，鞘状，生于叶柄内侧；花单生，很少排成伞房花序。萼筒卵形或倒圆锥形，有棱。花冠高脚碟状或筒状，5～11 裂，裂片广展。芽时旋转排列；雄蕊 5～11，着生于花冠的喉部，内藏；花盘环状或圆锥形；子房 1 室，胚珠多数。浆果革质或肉质，常有棱。

图 244 栀子花

栀子 Gardenina jasminoides Ellis（图 244）

［形态］ 常绿灌木。高 1～3m。干灰色，小枝绿色，有垢状毛。叶长椭圆形，长 6～12cm，端渐尖，基部宽楔形，全缘，无毛，革质而有光泽。花单生枝端或叶腋；花萼 5～7 裂，裂片线形。花冠高脚碟状，端常 6 裂，白色，浓香，花丝短，花药线形。果卵形，具 6 纵棱，顶端有宿存萼片。花期 6～8 月；果熟期 10 月。

［变种、变型及品种］

①大花栀子（f. grandiflora Makino.） 叶较大；花大而重瓣，径 7～10cm。

②水栀子（var. radicana Makino.） 又名雀舌栀子。植株较小，枝常平展匍地。叶小

而狭长。花也较小。

［分布］ 产于我国长江流域，我国中部及中南部都有分布。

［习性］ 喜光，也能耐阴；喜温暖湿润气候，耐热也稍耐寒（-3℃）；喜肥沃、排水良好、酸性的轻黏壤土，也耐干旱瘠薄；但植株易衰老。抗二氧化硫气体能力较强。萌芽和萌蘖力均强。

［繁殖栽培］ 以扦插、压条为主。

［观赏特性及用途］ 叶色亮绿，四季常青，花大洁白，芳香馥郁，又有一定耐荫和抗有毒气体的能力，故为良好的绿化、美化、香化的材料。可成片丛植或配植于林缘，庭前、院隅、路旁植作花篱也较适宜，也可用于街道和厂矿绿化。花含挥发油，可作调香剂；果可作黄色染料；根、花、种子入药。

2. 龙船花属 Ixora L.

龙船花 *Ixora chinensis* Lam.

灌木。单叶对生，花由聚伞花序再组成伞房花序式。浆果。

3. 六月雪属 Serissa Comm.

六月雪 *Serissa foetida* Comm.（图 245）

常绿或半常绿矮小灌木。单叶对生或簇生，花单生或簇生，球形小核果。

图 245 六月雪

［变种、变型及品种］

①金边六月雪（var. aureo-marginata Hort.） 叶缘金黄色。

②重瓣六月雪（var. pleniflora Nakai） 花重瓣，白色。

③重瓣荫木（var. crassiramea F. plena Makino et Nemoto.） 枝叶似荫木，花重瓣。

④荫木（var. crassiramea Makino.） 较原种矮小，叶质厚，层层密集；花单瓣，白色带紫晕。

七十一、忍冬科 CAPRIFOLIACEAE

通常为落叶灌木，稀小乔木。单叶或羽状复叶，对生，通常为托叶。花两性，辐射对称或两侧对称，常成聚伞花序；花萼 5 裂或 3～4 裂；花冠 4～5 裂，有时成二唇形。雄蕊与花冠裂片同数且互生；雌蕊由 2～5 个心皮合生；子房下位，1～5 室，每室具胚珠一至多数，中轴胎座。果为浆果、核果或蒴果；种子具胚乳。

约 15 属 450 种，分布于温带地区。我国 12 属 207 种，广泛分布于全国各地区。

分属检索表

1. 蒴果 ………………………………………………………… 1. 锦带花属 **Weigela**
1. 浆果或核果
  2. 具 1 种子的瘦果状核果
    3. 果两个合生,外面密生刺刚毛 ……………………… 2. 猬实属 **Kolkwitzia**
    3. 果分离,外面无刺刚毛,茎有明显的 6 棱 …………… 3. 六道木属 **Abelia**
  2. 浆果或浆果状核果
    4. 浆果;花冠二唇形 ………………………………… 4. 忍冬属 **Lonicera**
    4. 浆果状核果;伞房状花序或圆锥聚伞花序,花冠辐射对称
      5. 叶为奇数羽状复叶,无不孕花……………………… 5. 接骨木属 **Sambucus**
      5. 叶为单叶 ………………………………………… 6. 荚蒾属 **Viburnum**

1. 锦带花属 Weigela Thunb.

落叶灌木。髓心坚实;冬芽有数片尖锐的芽鳞。单叶对生,有锯齿;无托叶。花较大,排成腋生或顶生聚伞花序或簇生,很少单生;萼片 5 裂。花冠白色、粉红色,管状钟形或漏斗状,两侧对称,顶端 5 裂,裂片短于花冠筒。雄蕊 5,短于花冠,子房 2 室,伸长,每室有胚珠多数。蒴果长椭圆形,有喙,开裂为 2 果瓣。种子多数,常有翅。

约 12 种,产于亚洲东部。我国 6 种,产于中部、东南部及东北部。

(1)锦带花 Weigela florida (Bunge)A. DC.(图 246)

图 246 锦带花

[形态] 灌木。高达 3m。枝条开展,小枝细弱,幼时具 2 列柔毛。叶椭圆形或卵状椭圆形,长 5～10cm,端锐尖,基部圆形至楔形,缘有锯齿,表面脉上有毛,背面尤密。花 1～4 朵成聚伞花序;萼片 5 裂,披针形,下半部连合。花冠漏斗状钟形,玫瑰红色,裂片 5。蒴果柱形;种子无翅。花期 4～6 月;果熟期 10 月。

[变种、变型及品种] 白色锦带花(f. alba Rehd.)花近白色。

[分布] 原产于我国华北、东北及华东北部。

[习性] 喜光;耐寒;对土壤要求不严,能耐瘠薄土壤,但以在深厚、湿润而腐殖质丰富的壤土中生长最好;怕水涝。对氯化氢气体抗性较强。萌芽、萌蘖力强,生长迅速。

[繁殖栽培] 常用扦插、分株、压条法繁殖。为选育新品种可采用播种繁殖。

［观赏特性及用途］ 枝叶繁茂，花色艳丽，花期长达两个月之久，是华北地区春节期间主要观花灌木。适于庭园角隅与花丛配植，也可在假山等处点缀。

(2)海仙花　Weigela coraeensis Thunb.

［形态］ 灌木。小枝粗壮，无毛或近无毛。叶阔椭圆形或倒卵形，长 8～12cm，顶端尾状，基部宽楔形，边缘具钝锯齿；表面深绿，背面淡绿；脉间稍有毛。花数朵组成聚伞花序，腋生。萼片线状披针形，裂达基部；花冠漏斗状钟形，初时白色，后变深红色。蒴果柱形，种子有翅。花期 5～6 月；果熟期 10 月。

［分布］ 产于我国华东一带。朝鲜、日本也有。

［习性］ 喜光，稍耐阴；耐旱性不如锦带花；喜湿润、肥沃土壤。

［繁殖栽培］ 种子或扦插繁殖。

［观赏特性及用途］ 枝叶较粗大，着花较少，色也浅淡，观赏价值不及锦带花。

2. 猬实属　Kolkwitzia Graebn.

灌木。冬芽具数对被柔毛外鳞；叶对生，具短柄。顶生伞房状聚伞花序；萼片 5 裂，外面密生长刚毛，花冠钟状，5 裂。雄蕊 4；子房椭圆形，顶端渐狭。果为 2 个合生（有时 1 个不发育），外被刺毛，具 1 粒种子的瘦果状核果。

仅 1 种，为我国特产。

猬实　Kolkwitzia amabilis Graebn.（图 247）

图 247　猬　实

［形态］ 落叶灌木。高达 3m。干皮薄片状剥落；小枝幼时疏生柔毛。叶卵形至椭圆形，长 3～7cm。端渐尖，基部圆形，缘疏生浅齿或近全缘，两面疏生柔毛。伞房状聚伞花序生侧枝顶端，花序中小花梗具 2 花，2 花的萼筒下部合生。萼筒外部生耸起长柔毛，在子房以上缢缩似颈，裂片 5。花萼钟状，粉红色至紫色，裂片 5，其中 2 片稍宽而短。雄蕊 4，2 长 2 短，内藏。果 2 个合生，有时其中 1 个不发育，外面有刺刚毛，冠以宿存的萼裂片。花期 5～6 月；果熟期 8～9 月。

［分布］ 产于我国中部及西部。

［习性］ 喜充分日照，有一定的耐寒力；喜排水良好的肥沃土壤，也有一定的耐干旱瘠薄能力。

［繁殖栽培］ 播种、扦插、分株繁殖均可。

［观赏特性及用途］ 着生茂密，花色娇艳，是国内外著名的观花灌木。宜丛植于草坪、角隅、径边、屋侧及假山旁，也可盆栽作切花之用。

图 248 六道木

3. 六道木属 Abelia R. Br.

落叶灌木，稀常绿。冬芽小，卵圆形，有数对芽鳞。单叶对生，具短柄，全缘或有齿。花 1 朵至数朵组成腋生或顶生的聚伞花序，有时可成圆锥状或簇生；萼片 2～5，花后增大宿存。花冠管状、钟状或漏斗状，5 裂。雄蕊 4，2 长 2 短，着生于花冠筒的基部。子房 3 室，仅 1 室发育，有 1 胚珠。瘦果革质，顶端冠以宿萼。

约 25 种以上，产于东亚及中亚；2 种产于墨西哥。我国的种类大部分产于中部和西南部。

（1）六道木 *Abelia biflora* Turcz（图 248）

［形态］ 灌木。高达 3m。枝有明显的 6 条沟棱，幼枝被倒向刺刚毛。叶长椭圆形至椭圆状披针形，长 2～7cm，端尖至渐尖，基部楔形，全缘或有缺刻状疏齿，两面均生短毛，边有睫毛。叶柄短，基部膨大，具刺刚毛。花 2 朵并生于小枝的顶端，无总花梗。花萼疏生短刺刚毛，裂片 4，匙形。花冠高脚碟形，白色、淡黄色或带红色，外生短柔毛杂有倒向刺刚毛。裂片 4，雄蕊 2 长 2 短，内藏。瘦果状核果常弯曲，端宿存 4 枚增大之花萼。花期在 5 月；果熟期 6～7 月。

［分布］ 产于我国河北、山西、内蒙古等省区，生山地灌木丛中。

［习性］ 性耐阴；耐寒；喜湿润土壤；生长缓慢。

［繁殖栽培］ 播种繁殖。

［观赏特性及用途］ 叶秀花美，可配植在林下、石隙及岩石林中，也可栽植在建筑背面。

（2）糯米条 *Abelia chinensis* R. Br.

灌木。花多数密集成圆锥状聚伞花序；花冠漏斗状，花萼裂片 5。雄蕊 4，伸出花冠。

4. 忍冬属 Lonicera L.

落叶，很少半常绿或常绿灌木。皮部老时呈纵裂剥落。单叶对生，全缘，稀有裂，有短柄或无柄，通常无托叶。花成对腋生，稀 3 朵顶生，具总梗或缺，有苞片 2 或小苞片 4。花萼顶端 5 裂，裂齿常不相等。花冠管状，基部常弯曲，唇形或近 5 等裂。雄蕊 5，伸出或内藏，子房 2～3 室，每室有多数胚珠。花柱细长，柱头头状。浆果肉质，内有种子 3～8 粒。

约 200 种，分布于北半球温带和亚热带地区。我国约 140 种，南北各省均有分布，以西南地区最多。

分种检索表

1. 花生于总花梗顶端，花序下无合生的叶片
  2. 藤本，苞片叶状卵形 ………………………………… (1)金银花　**L. japonica**
  2. 直立灌木，苞片线性或披针形
    3. 枝中空，苞片线性，相邻两花的萼筒分离
      4. 叶多少具毛，基部常呈楔形 …………………… (2)金银木　**L. maackii**
      4. 叶两面均无毛，基部圆形或近心脏形 ……… (3)鞑靼忍冬　**L. tatarica**
    3. 枝充实；苞片线状披针形；相邻两花萼筒合生达中部以上 ………………… ……………………………………………… (4)郁香忍冬　**L. fragrantissima**
1. 花多朵集合成头状，穗状花序，花序下1～2对叶基部合生
  5. 常绿，顶生穗状花序，花橘红至深红色 …… (5)贯月忍冬　**L. sempervirens**
  5. 落叶，顶生头状花序，花淡黄色 ……………… (6)盘叶忍冬　**L. tragophylla**

(1)金银花　Lonicera japonica Thunb.(图 249)

[形态]　半常绿缠绕藤本。长可达9m。枝细长中空，皮棕褐色，条状剥落，幼时密被短柔毛。叶卵形或椭圆状卵形，长3～8cm，端短渐尖至钝，基部圆形至心形，全缘，幼时两面具柔毛，老后光滑。花成对腋生，苞片叶状；萼筒无毛，花冠二唇形，上唇4裂而直立，下唇反转；花冠筒与裂片等长，初开为白色略带紫晕，后转黄色，芳香。浆果球形，离生，黑色。花期5～7月；8～10月果熟。

图 249　金银花

[变种、变型及品种]

①红金银花(var. chinensis Baker)　小枝、叶柄、嫩叶带紫红色，花冠淡紫红色。

②黄脉金银花(cv. Aureo-reticulata Nichols.)　叶较小，网脉黄色。

[分布]　我国南北各省均有分布，北起辽宁，西至陕西，南达湖南，西南至云南、贵州。

[习性]　喜光也耐阴；耐寒；耐旱及水温。对土壤要求不严，酸碱土均能生长。性强健，适应性强。根系发达，萌蘖力强，茎着地即能生根。

[繁殖栽培]　播种、扦插、压条、分株均可。

[观赏特性及用途]　植株轻盈，藤蔓缭绕，冬叶微红，花先白后黄，富含清香，是色香皆俱的藤本植物。可缠绕篱垣、花架、走廊等作垂直绿化，也可作庭院和屋顶绿化树种。花蕾、茎枝入药；是优良的蜜源植物。

(2)金银木　Lonicera maackii(Rupr.)Maxim.

落叶灌木。枝中空;叶卵状椭圆形至卵状披针形。单叶对生,全缘。花成对腋生,总花梗短于叶柄;苞片线形,花冠唇形;雄蕊 5。浆果红色。

(3)鞑靼忍冬　Lonicera tatarica L.

落叶灌木。小枝中空,叶两面均无毛,基部圆形或近心形。

(4)郁香忍冬　Lonicera fragrantissima Lindl. et Paxon.

半常绿灌木。枝髓充实;幼枝有刚毛;苞片线状披针形;相邻两花萼筒合生达中部以上。

(5)贯月忍冬　Lonicera sempervirens L.

常绿缠绕藤本。全体无毛。顶生穗状花序,花冠细长成筒形。浆果球形。

(6)盘叶忍冬　Lonicera tragophylla Hemsl.

落叶缠绕藤本。小枝光滑无毛,顶生头状花序,花淡黄色。

5. 接骨木属　Sambucus L.

落叶灌木或小乔木,稀为多年生草本。花小,辐射对称,聚伞花序排成伞房花序式或圆锥花序式。奇数羽状复叶对生,小叶有锯齿或分裂。花萼顶端 3～5 裂,萼筒短。花冠辐射状,3～5 裂,雄蕊 5 枚,花丝短而直立;子房 3～5 室,每室胚珠 1。果为浆果状核果,内有 3～5 粒骨质小核,小核内有种子 1。

约 20 种,产于温带、亚热带地区。

接骨木　Sambucus williamsii Hance(图 250)

[形态]　落叶灌木至小乔木。高达 6m。老枝有皮孔,光滑无毛,髓心淡黄棕色。叶对生,奇数羽状复叶,小叶 5～7(11)枚,椭圆状披针形,长 5～12cm,端尖至渐尖;基部阔楔形,常不对称,缘具锯齿,两面光滑无毛,有臭味。圆锥花序顶生,长达 7cm;萼筒杯状,花冠辐射状,白色至淡黄色,裂片 5,雄蕊 5,约与花冠等长。浆果状核果球形,黑紫色或红色。核 2～3 粒。花期 4～5 月,果 6～7 月成熟。

图 250　接骨木

[分布]　我国南北各地广泛分布,北起东北,南至南岭以北,西达甘肃南部和四川、云南东南部。也产于欧洲和日本。

[习性]　性强健,喜光;耐寒;耐旱。枝条发达,萌蘖力强。

[繁殖栽培]　通常用扦插、分株、播种繁殖。栽培容易,管理粗放。

[观赏特性及用途]　枝叶繁茂,春季白花满树,夏秋

红果累累，是良好的观赏灌木，宜植于草坪、林缘或水边，也可应用于城市、工厂作防护林。茎枝可入药。

6. 荚蒾属　Viburnum L.

落叶或常绿，灌木，少有小乔木。冬芽裸露或被鳞片。单叶对生，全缘或有锯齿或分离。托叶有或无。花少，全发育或花序边缘为不孕花。组成伞房状、圆锥状或伞形聚伞花序。萼5小裂，萼筒短。花冠钟状、辐射状或管状，5裂。雄蕊5，子房通常1室，有胚珠一至多颗。花柱极短，柱头3裂。浆果状核果，具种子1粒。

约120余种，分布于北半球温带和亚热带地区。我国南北均产，以西南地区最多。

分种检索表

1. 常绿 ………………………………………………… (1)珊瑚树 **V. awabuki**
1. 落叶
  2. 叶不裂，具锯齿，通常羽状脉
    3. 组成花序的花全为可育花
      4. 聚伞花序圆锥状，花冠高脚碟状，长约11～14mm …… (2)香荚蒾**V. farreri**
      4. 聚伞花序复伞形状，花冠辐射状，长约2.5mm ……… (3)荚蒾**V. dilatatum**
    3. 组成花序的花为不孕花，或边缘为不孕花
      5. 裸芽；幼枝，叶背密被星状毛；叶表面羽状脉不下陷 ……………………
      ………………………………………… (4)木本绣球 **V. macrocephalum**
      5. 鳞芽；枝叶疏生星状毛；叶表面羽状脉甚凹下 …… (5)蝴蝶绣球 **V. plicatum**
  2. 叶3裂，裂片有不规则的齿，掌状三出脉
    6. 枝皮暗灰色，浅纵裂，略带木栓质；花药紫色…… (6)天目琼花 **V. sargentii**
    6. 枝皮浅灰色，光滑；花药黄色 ……………………… (7)欧洲琼花 **V. opulus**

(1)珊瑚树(法国冬青)　Viburnum awabuki K. Koch.

［形态］　常绿灌木或小乔木。高2～10m。全体无毛，树皮灰色。枝有小瘤状凸起的皮孔；叶对生，革质而厚；叶长椭圆形，长7～15cm，端急尖或钝，基部阔楔形，全缘或近顶部有不规则的浅波状钝齿，表面深绿而有光泽，背面浅绿色。圆锥状聚伞花序顶生，长5～15cm，萼筒钟状5小裂。花冠辐射状，白色，芳香，5裂。核果倒卵形，先红后黑。花期5～6月；果9～10月成熟。

［分布］　产于我国华南、华东、西南等省区。长江流域各城市都有栽培。日本、印度也产。

［习性］　喜光，稍能耐阴；喜温暖，不耐寒；喜湿润、肥沃土壤，喜中性土；抗氯气、二氧化硫气体，抗烟尘。

［繁殖栽培］　一般扦插繁殖，也可播种繁殖。

［观赏特性及用途］　枝茂叶繁，终年碧绿光亮。春日开白花，深秋果实鲜红，累累垂

图 251　香荚蒾

于枝头，状如珊瑚，甚为美观。通常用作庭园绿化树或树篱。富含水分，耐火力强，可作防火隔离树带；防污染能力强。是工厂绿化的好树种。

(2)香荚蒾　Viburnum farreri Stearn(图 251)

［形态］ 落叶灌木。高达 3m。枝褐色；幼时有柔毛。叶椭圆形，长 4～7cm，顶端尖，基部阔楔形或楔形，缘具三角形锯齿，羽状脉明显，叶背侧脉间有簇毛。圆锥花序，长 3～5cm，花冠高脚碟状，蕾时粉红色，开放后白色，芳香，花冠筒长 7～10cm，裂片 5，雄蕊 5。核果矩圆形，鲜红色。花期 4 月先叶开放，果秋季成熟。

［分布］ 原产于我国北部，河北、河南、甘肃等省均有分布。

［习性］ 耐半阴；耐寒；喜肥沃、湿润、松软的土壤；不耐瘠土和积水。

［繁殖栽培］ 种子不易收到，故繁殖多不用播种，用压条及扦插繁殖。

［观赏特性及用途］ 花白色而浓香，花期极早，是早春花木，可丛植于庭院、草坪。因其耐半荫，可栽植于建筑的东西两侧或北面。

(3)荚蒾　Viburnum dilatatum Thunb.(图 252)

图 252　荚　蒾

［形态］ 落叶灌木。高 2～3m。嫩枝有星状毛，老枝红褐色。叶对生，宽倒卵形至椭圆形，长 3～9cm，顶端渐尖至骤尖，基部圆形至近心形；边缘有尖锯齿，表面疏生柔毛，背面近基部两侧有少数腺体和多数细小腺点，脉上有柔毛或星状毛。在枝端密集成复聚伞花序，直径 8～12cm。花小，花冠辐射状，白色，5 裂。雄蕊 5，长于花冠。核果近球形，深红色。花期 5～6 月；果熟期 9～10 月。

［分布］ 广布于我国陕西、河南、河北及长江流域各省，以华东地区常见。

［观赏特性及用途］ 花白色而繁茂，果红色而艳丽，可栽植于庭园观赏。果实红熟时可食；茎叶入药；种子可榨油；树皮可制绳。

(4)木本绣球　Viburnum macrocephalum Fort.(图 253)

［形态］ 灌木。高达 4m。枝条广展，树冠呈球形。冬芽裸露；幼枝及叶背密被星状毛，老枝灰黑色。叶卵形或椭圆形，长 5～8cm，端钝，基部圆形，边缘有细锯齿。大型聚伞花序呈球形，几全由白色不孕花组成，直径约 20cm。花萼筒无毛，花冠辐射状，纯白。花期 4～6 月。

［变种、变型及品种］ 琼花(f. keteleeri Rehd.)(图 254) 又名八仙花，实为原种。聚伞花序。直径 10～12cm，中央为两性可育花，仅边缘为大型白色不孕花。核果椭圆形，先红后黑。果熟期 7～10 月。

［分布］ 主产于我国长江流域，南北各地都有栽培。

［习性］ 喜光，略耐阴；性强健，颇耐寒；华北南部可露地栽培。常生于山地林间的微酸性土壤，也能适宜平原而排水较好的中性土。萌芽力、萌蘖力均强。

图 253　木本绣球

图 254　琼　花

［繁殖栽培］ 因全为不孕花不结果实，故常行扦插、压条、分株繁殖。扦插一般秋季和早春进行，其变型琼花可播种繁殖。

［观赏特性及用途］ 树姿开展圆整，春日繁花聚簇，团团如球，犹似雪花压树，枝垂近地，尤饶幽趣。其变型琼花，花形扁圆，边缘着生洁白不孕花，宛如群蝶起舞，逗人喜爱。最宜孤植于草坪及空旷地，使其四面开展，体现其个体美。如群植一片，花开之时，即有白云翻滚之效，十分壮观。栽于道路两侧，使其拱形枝条形成花廊，人们漫步于花下，顿觉心旷神怡。

(5)蝴蝶绣球　Viburnum plicatum Thunb.(图 255)

图 255　蝴蝶绣球

［形态］ 灌木。高 2～4m。枝开展，幼枝疏生星状毛及绒毛。叶阔卵形或倒卵圆形，长 4～8cm，端凸尖，基部圆形，缘具锯齿，表面羽状脉甚凹下，背面疏生星状毛及绒毛。聚伞花序复伞形，径约 6～12cm，全为大型白色不孕花。花期 4～5 月。

［分布］ 产于我国华东、华中、华南、西南、西北部等地。

［变种、变型及品种］ 蝴蝶树（f. tomentosum Rehd.） 又名蝴蝶荚蒾。蝴蝶戏珠花，实为原种。花序仅边缘有大型白色不孕花，形如蝴蝶；果红色，后变蓝黑色。

习性、繁殖栽培、观赏特性及用途同木本绣球。

（6）天目琼花（鸡树条荚蒾） ***Viburnum sargentii*** Koehne（图 256）

［形态］ 灌木。高约 3m。树皮暗灰色浅纵裂，略带木栓质。小枝具明显的皮孔；叶广卵形至卵圆形，长 6～12cm，通常 3 裂，裂片边缘具不规则的齿，生于分枝上部的叶常为椭圆形至披针形，不裂，掌状三出脉，叶柄顶端有 2～4 腺体。聚伞花序复伞形，径 8～12cm，有白色大型不孕边花。花冠白色，辐射状，花药紫色。核果近球形，红色。花期 5～6 月；果熟期 8～9 月。

图 256 天目琼花

［分布］ 东北南部、华北至长江流域均有分布。

［习性］ 喜光又耐阴；耐寒，多生于夏凉湿润多雾的灌木丛中；对土壤要求不严，微酸性及中性土都能生长。

［繁殖栽培］ 多用播种繁殖。

［观赏特性及用途］ 天目琼花，姿态优美，气味清香，叶绿，花白，果红，是春季观花、秋季观果的优良树种，植于草地、林缘均适宜。因其耐荫，是植于建筑物北面的好树种。嫩枝、叶、果供药用；种子可榨油，供作肥皂和润滑油。

（7）欧洲琼花 ***Viburnum opulus*** L.

［形态］ 灌木。高达 4m。枝浅灰色，光滑。叶近圆形，3 裂，有时 5 裂，裂片有不规则粗齿，背面有毛，叶柄近端处有盘状大腺体。聚伞花序，多少扁平，有大型白色不孕边花。花药黄色，果近球形，红色。花期 5～6 月；果熟期 8～9 月。

［变种、变型及品种］ 欧洲雪球（cv. Roseum） 花序全为不孕花，绣球形。

［分布］ 原产于欧洲、北非及亚洲北部。我国有引种栽培。

［观赏特性及用途］ 花果可观，秋季叶色也美丽。我国有引种栽培，植于庭园观赏。

（Ⅱ）单子叶植物纲 MONOCOTYLEDONEAE

多为须根系；茎内有不规则排列的散生维管束，没有形成层，不能形成树皮，也没有直径增粗生长；叶为单叶，有羽状或掌状分裂，有时裂片上有啮齿状缺刻，全缘，平行脉或弧形脉；花各部为 3 基数；种子的胚具 1 片顶生的子叶。单子叶植物种类约占被子植物的 1/4,其中草本植物占绝大多数,木本植物约占 10%。

共 69 科,约 5 万种。我国约 47 科,4 100 余种,其中木本植物约 200 余种。

七十二、禾本科　GRAMINEAE

一年生或多年生草本,有时为木本。地上茎通称秆,秆有显著而实心的节与通常中空的节间。单叶互生,排成二列,秆上的叶鞘通常狭长,叶片全缘;叶鞘与叶片间常有呈膜质或纤毛状的叶舌;叶片基部两侧有时还有叶耳。花序顶生或腋生,由多数小穗排成穗状、总状、头状或圆锥花序;小穗有小花一至多朵,排列在小穗轴上,基部有 1～2 片不孕的苞片(称为颖)。花通常两性,由外稃和内稃包被着,每小花有 2～3 片透明的小鳞片(称为鳞被);雄蕊 1～6 枚,通常 3 枚;雌蕊 1 枚。子房 1 室,花柱通常 2 裂,柱头呈羽毛状。颖果,少数为浆果。

有竹亚科、禾亚科两个亚科。约 600 属 6 000 种以上,广泛分布于世界各地。我国约 190 余属 1 200 多种。

竹亚科　BAMBUSOIDEAE

多年生常绿木本、乔木、灌木,或有时为藤本。竹秆为地上茎(图 257),竹鞭为地下茎,而地下茎有四个类型(图 258):①合轴丛生:秆柄在地下甚短,节间亦短,顶芽出土,

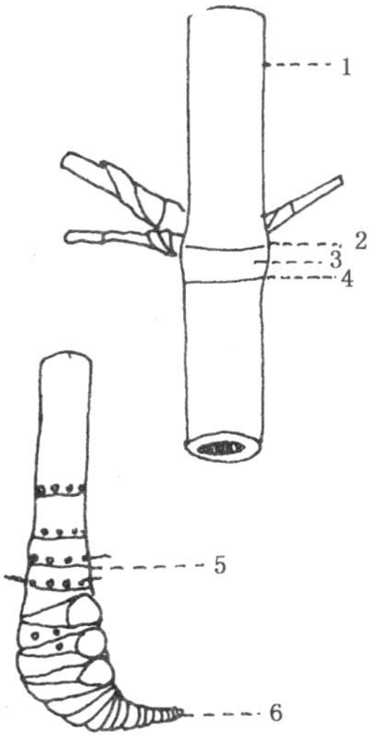

图 257　秆的各部

1. 节间　2. 秆环　3. 节内

4. 箨环　5. 秆基　6. 秆柄

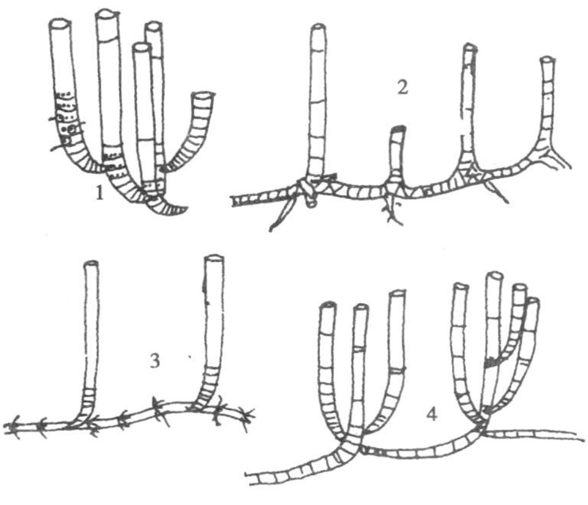

图 258　地下茎四个类型

1. 合轴丛生　2. 合轴散生

3. 单轴散生　4. 复轴混生

抽笋成长后，竹秆形成密集竹丛；②合轴散生：由合轴丛生衍生而成。秆柄在地下延伸、横走，其上有节，无芽无根，顶芽出土，抽笋成长后，地面竹秆较疏散生长；③单轴散生：地下茎细长横走，形成竹鞭。鞭有节，节上生根长芽。有的芽抽成新鞭，蔓延生长；有的芽抽笋出土成竹，竹秆在地面散生；④复轴混生：兼有单轴型和合轴型的地下茎，既有细长横走的竹鞭，又有堆积成群的秆基，形成地面上丛生竹丛和疏散的竹秆混生。地下茎的节间近实心，须根生于节上；出土的芽(称竹笋)外被笋箨，内为秆箨(图 259)，箨鞘发达，箨叶退化而无显著的中脉，有时具箨舌或箨耳；竹秆在节上有箨环(即鞘环)，为秆箨脱落后的痕迹，箨环之上为秆环，二环之间(称节内)上生芽，并发生为枝(图 260)。分枝情况，常用为分属的依据。

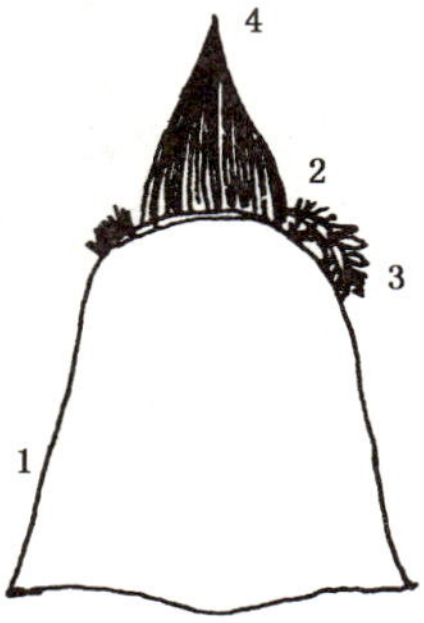

图 259 秆　箨

1. 箨鞘　2. 箨耳　3. 箨舌　4. 箨叶

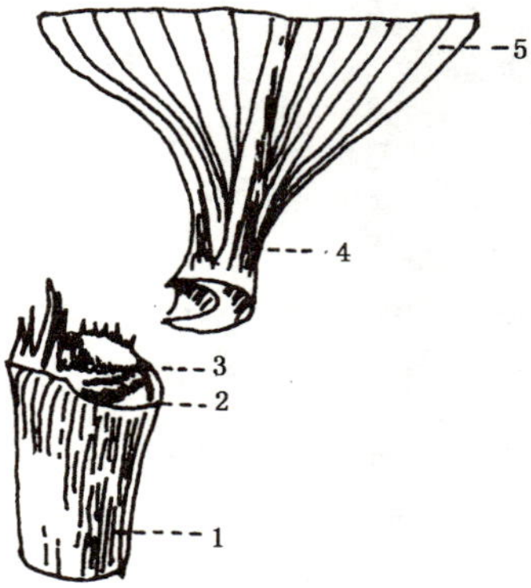

图 260 叶柄基部与叶鞘连接处

1. 叶鞘　2. 外叶舌　3. 内叶舌　4. 叶柄　5. 叶片

分属检索表

1. 地下茎为单轴型和复轴型；秆在分枝一侧扁平或具纵沟或呈四方形
  2. 地下茎为单轴型，秆每节分枝大都为 2，基部数节无气根，秆箨常为革质或厚纸质 ………………………………………… 1. 刚竹属 **Phyllostachys**
  2. 地下茎为复轴型；秆每节分枝 3，基部数节各具一圈气根，后变成小刺状或小瘤状突起；秆箨为薄纸质 ……………………… 2. 方竹属 **Chimonobambusa**
1. 地下茎为复轴型或合轴型；秆圆筒形
  3. 地下茎为合轴型
    4. 箨鞘的顶端仅略宽于箨叶基部，箨叶大都直立，若有外反者，则小枝常硬化成刺 ………………………………………………… 3. 簕竹属 **Bambusa**
    4. 箨鞘的顶端远宽于箨叶基部，箨叶常外反，小枝不硬化成刺

5. 秆节间表面常被厚层白粉，节间甚长，50～100cm，秆箨硬纸质…………………………………………………………………… 4. 单竹属 **Lingnania**

5. 秆节间幼时略被白粉；节间中等长，10～50cm，秆箨革质 ……………………………………………………………………… 5. 慈竹属 **Sinocalamus**

3. 地下茎为复轴型

6. 花枝短缩，侧生于叶枝下部的各节上，而不生于正常具叶枝条的顶端 …………………………………………………………………… 6. 苦竹属　**Pleioblastus**

6. 花序生于枝叶的顶端，稀可生于叶枝下部的节上而花枝延长常超越其所生的叶枝

7. 主秆每节通常 1 分枝；枝较粗壮，其直径与主秆相似；叶片大形 ………………………………………………………………… 7. 箬竹属 **Indocalamus**

7. 主秆每节分枝 3 个以上；枝大部细弱；叶片中形或小形 ……………………………………………………………… 8. 箭竹属 **Sinarundinaria**

1. 刚竹属　Phyllostachys Sieb. et Zucc.

乔木或灌木状。秆散生，圆筒形。节间在分枝一侧扁平或有沟槽，每节有 2 分枝。秆箨革质，早落，箨叶明显，有箨舌、箨耳，肩毛发达或无。叶披针形或长披针形，有小横脉，表面光滑，背面稍有灰白色的毛。花序圆锥状、复穗状或头状，由多数小穗组成。小穗外被叶状或苞片状佛焰苞。小花 2～6；颖片 1～3 或不发育，外稃先端锐尖；内稃有 2 脊，2 裂片先端锐尖。鳞被 3，形小。雄蕊 3；雌蕊花柱细长，柱头 3 裂，羽毛状。颖果。

约 50 种，大部分布于东亚。我国为分布中心，约产 40 余种，主要分布在黄河流域以南至秦岭以北。

分种检索表

1. 老秆全部绿色，无其他色彩

2. 秆下部诸节间不短缩，也不肿胀

3. 箨鞘有箨耳或鞘口缘毛

4. 秆环不隆起，竹秆各节仅现 1 箨环；新秆密被细柔毛和白粉 ……………………………………………………………… (1)毛竹 **P. pubescens**

4. 秆环与箨环均隆起，竹秆各节现出 2 环，新秆无毛无白粉 ……………………………………………………………… (2)桂竹 **P. bambusoides**

3. 箨鞘无箨耳及鞘口缘毛

5. 秆表面在扩大镜下有晶状凹点；分枝以下竹秆上秆环不明显或低于箨环 …………………………………………………… (3)刚竹 **P. viridis**

5. 秆表面在扩大镜下无晶状凹点；分枝以下竹秆上秆环均隆起

6. 箨鞘无白粉；箨舌截平，暗紫色 ……………… (4)粉绿竹 **P. glauca**

6. 箨鞘有白粉;箨舌弧形,淡褐色 ………… (5)早园竹 **P. propinqua**

2. 秆下部诸节间不规则的短缩或畸形肿胀 ……………… (7)罗汉竹 **P. aurea**

1. 老秆非绿色,或在绿色底上有其他色彩

7. 老秆全部紫黑色 ………………………………………………………… (6)紫竹 **P. nigra**

7. 老秆秆绿色,而沟槽处为黄色 ………………… (8)黄槽竹 **P. aureosulcata**

(1)毛竹 Phyllostachys pubescens Mazel et H. de Lehaie(图 261)

图 261 毛 竹

[形态] 高大乔木状竹类。秆高 10～25m,径 12～25cm,中部节间可长达 40cm。新秆密被柔毛,有白粉,老秆无毛;白粉脱落而在节下逐渐变黑色,顶稍下垂。分枝以下秆上秆环不明显,箨环隆起。箨鞘厚革质,棕色底上有褐色斑纹,背面密生棕紫色小刺毛。箨耳小,边缘有长缘毛。箨舌宽短,弓形,两侧下延,边缘有长缘毛。箨叶狭长三角形,向外反曲。枝叶二列状排列,每小枝保留 2～3 叶,叶较小,披针形,长 4～11cm。叶舌隆起,叶耳不明显,有肩毛,后渐脱落。花枝单生,不具叶,小穗丛形如穗状花序,外被有覆瓦状的佛焰苞。小穗含 2 小花。颖果针状。笋期 3 月底至 5 月初。

[变种、变型及品种] 龟甲竹[var. heterocycla (Carr.)H. de Lehaie.] 秆较原种稍矮小,下部诸节极度缩短、肿胀、交错成斜面。宜栽于庭院观赏。

[分布] 原产于中国秦岭、汉水流域至长江流域以南、海拔 1 000m 以下广大酸性山地。分布很广,东起台湾,西至云南东北部,南自广东和广西中部,北至安徽北部、河南南部,其中浙江、江西、湖南为分布中心。

[习性] 喜温暖湿润的气候,要求年平均温度 15～20℃,耐极端最低温底－16.7℃,年降水量 800～1 000mm;喜空气相对湿度大;喜肥沃、深厚、排水良好的酸性砂壤土,干燥的沙荒石砾地、盐碱地和排水不良的低洼地均不利生长。

[繁殖栽培] 可用播种、分株、埋鞭等法繁殖。

[观赏特性及用途] 秆高叶翠,四季常青,秀丽挺拔,值霜雪而不凋,历四季而常茂,颇为娇艳,雅俗共赏。自古以来常植于庭园曲径、池畔、溪间、山坡、石际、天井、景门,以至室内盆栽观赏。与松、梅共植,誉为"岁寒三友",可点缀园林。在风景区大面积种植,谷深林茂,云雾缭绕,竹林中有小径穿越,曲折、幽静、深邃,形成"一径万竿绿参天"的景

观。也是植于屋顶花园的极好材料。因其无毛、无花粉，故是精密仪器厂等地栽植的上佳树种，也是良好的建筑材料、加工利用材料。竹笋鲜美可食。

（2）桂竹　Phyllostachys bambusoides Sieb. et Zucc.

［形态］　秆高11～20m，径8～10cm。秆环、箨环均隆起，新秆绿色，无白粉。箨鞘黄褐色底密被黑紫色斑点或斑块，常疏生直立短硬毛。箨耳小，1枚或2枚，镰形或长倒卵形，有长而弯曲的肩毛。箨舌微隆起；箨叶三角形至带形，橘红色，有绿边，皱折下垂。小枝初生4～6小叶，后常为2～3叶，叶带状披针形，长7～15cm，有叶耳和长肩毛。笋期4～6月。

［变种、变型及品种］　斑竹（f. tanakae Makino ex Tsuboi.）　竹秆和分枝上有紫色斑块或斑点，通常栽植于庭园观赏，秆加工成工艺品。

［分布］　原产于我国。分布甚广，东自江苏、浙江，西至四川，南自广东、广西北部，北至河南、河北都有栽植。

［习性］　抗性较强，适应范围大。能耐－18℃的低温。多生长在山坡下部和平地土层深厚、肥沃的地方，在黏重土壤上生长较差。

［观赏特性及用途］　观赏特性同毛竹，经济用途仅次于毛竹。竹笋味美可食。是“南竹北移”的优良竹种。

（3）刚竹　Phyllostachys viridis（Young）Mc Clure.（图262）

［形态］　秆高10～15m，径4～9cm。挺直，淡绿色，分枝以下的秆环不明显。新秆无毛，微被白粉；老秆仅节下有白粉环，秆表面在放大镜下可见白色晶状小点。箨鞘无毛，乳黄色或淡绿色底上有深绿色纵脉及棕褐色斑纹，无箨耳。箨舌近截平或微弧形，有细纤毛。箨叶狭长三角形至带状，下垂，多少波折。每小枝有2～6叶，有发达的叶耳与硬毛，老时可脱落。叶片披针形，长6～16cm。笋期5～7月。

图262　刚　竹

［变种、变型及品种］

①槽里黄刚竹（绿皮黄筋竹）（f. houzeauana C. D. Chao）　秆绿色，着生分枝一侧的纵槽为金黄色。为庭园观赏竹种。

②黄皮刚竹（黄皮绿筋竹）（f. youngii C. D. Chu et C. S. Chao）　秆常较小，金黄色，节下面有绿色环带，节间有少数绿色纵条。叶片常有淡黄色纵条纹。竹秆金黄色颇为美观，是庭园常见的观赏竹种。

［分布］　原产于我国。分布于黄河流域至长江流域以南广大地区。

［习性］　抗性强，能耐－18℃低温；微耐盐碱，在pH8.5左右的碱土和含盐0.1%盐土中也能生长。

［观赏特性及用途］ 观赏特性同毛竹。材质坚硬，韧性较差，可供小型建筑及农具柄材使用。笋可食。

(4)粉绿竹 Phyllostachys glauca Mc Clure

［形态］ 秆高5～10m，径2～5cm，无毛。新秆密被白粉而为蓝绿色，仅节下有白粉环。箨鞘淡红褐或淡绿色，有紫色细纵条纹，无毛，多少有淡红褐色斑点。无箨耳；箨舌截平，暗紫色，微有波状齿缺，有短纤毛。箨叶带状披针形，绿色，有紫色细条纹，平直。每小枝2～3叶，叶鞘初时有叶耳，后渐脱落。叶舌紫色或紫褐色；叶片披针形，长8～16cm。笋期4月中旬至5月底。

［变种、变型及品种］ 筠竹（f. yuozhu J. L. Lu） 秆渐次出现紫褐色斑点或斑块。分布在河南、山西。竹材匀齐劲直，柔韧致密，秆色美观，常栽于庭园观赏。为河南博爱著名的"清化竹器"原材料，适于编织竹器及各种工艺品。

［分布］ 原产于我国。分布在长江、黄河中下游各地，而以江苏、山东、河南、陕西等省较多。

［习性］ 适应性较强，在-18℃左右的低温条件和轻度的盐碱土中，也能正常生长；能耐一定程度的干燥瘠薄和暂时流水浸渍。北移引种在北纬40°以上辽宁省营口、盖县等地安全越冬。

［观赏特性及用途］ 材质优良，韧性好，可编织各种竹器，也可作农具。笋味鲜美，可食用。

(5)早园竹 Phyllostachys propinqua Mc Clure

［形态］ 秆高8～10m，胸径5cm以下。新秆绿色具白粉，老秆淡绿色，节下有白粉圈，箨环与秆环均略隆起。箨鞘淡紫褐色或深黄褐色，被白粉，有紫色斑点及不明显的条纹，上部边缘有枯焦。无箨耳，箨舌淡褐色，弧形。箨叶带状披针形，紫褐色，平直反曲。小枝具叶2～3片，带状披针形，长7～16cm，宽1～2cm，背面基部有毛。叶舌弧形隆起。笋期4～6月。

［分布］ 主产于华东。北京、河南、山西有栽培。

［习性］ 抗寒性强，耐短期的-20℃低温。适应性强，在轻碱地、砂土及低洼地中均能生长。

［观赏特性及用途］ 秆高叶茂，生长强壮，是华北园林中栽培观赏的主要竹种。秆质坚韧，篾形好，为柄材、棚架、编织竹器等优良材料。笋味鲜美，可食用。

(6)紫竹 Phyllostachys nigra (Lodd.) Munro.（图263）

［形态］ 秆高3～10m，径2～4cm。新秆有细毛茸，绿色，老秆变为棕紫色以至紫黑色。箨鞘淡玫瑰紫色，背面密生毛，无斑点。箨耳镰形，紫色。箨舌长而隆起。箨叶三角状披针形，绿色至淡紫色。叶片2～3枚生于小枝顶端，叶鞘初被粗毛，叶片披针形，长4

～10cm，质地较薄。笋期4～5月。

［变种、变型及品种］　淡竹（毛金竹）（var. henonis Stopfex Rendle.）　秆高大，可达7～18m。秆壁较厚，秆绿色至灰绿色。竹秆可作农具柄等用，粗大者可代毛竹供建筑用。箨性好，可供编织竹器。中药竹沥、竹茹可由其制取；笋供食用。

［分布］　原产于我国。广泛分布于华北及长江流域至西南地区。

［习性］　耐寒性较强，能耐－18℃低温。在北京可露地栽植。

［观赏特性及用途］　秆紫黑，叶翠绿，颇具特色，常植于庭园观赏。秆可制小型家具；细秆可作手杖、笛、箫、烟秆、伞柄及工艺品等。

图263　紫　竹

（7）罗汉竹　Phyllostachys aurea Carr. ex A. et C. Riviere

［形态］　秆高5～12m，径2～5cm。中部或以下数节节间作不规则的短缩或畸性肿胀或其节环交互歪斜，或节间近于正常而于节下有长约1cm一段明显膨大。老秆黄绿色或灰绿色，节下有白粉环。箨鞘无毛，紫色或淡玫瑰色上有黑褐色斑点，上部两侧边缘常有枯焦现象，基部有一圈细毛环。无箨耳；箨舌极短，截平或微凸，边缘具长纤毛；箨叶狭长三角形，皱曲。叶狭长披针形，长6.5～13cm。笋期4～5月。

［分布］　原产于我国。长江流域各地均有栽培。

［习性］　耐寒性较强，能耐－20℃低温。

［观赏特性及用途］　常植于庭园观赏，与佛肚竹、方竹等秆形奇特的竹种配植在一起，增添景趣。秆可作钓鱼竿、手杖及小型工艺品。笋味甘而鲜美，供食用。

（8）黄槽竹　Phyllostachys aureosulcata Mc Clure

［形态］　秆高3～6m，径2～4cm。新秆有白粉，秆绿色，分枝一侧纵槽呈黄色。箨鞘质地较薄，背部无毛，通常无斑点，上部纵脉明显隆起。箨耳镰形，缘有紫褐色长毛，与箨叶明显相连。箨舌宽短，弧形，边缘缘毛较短。箨叶长三角状披针形，初皱折而后平直，叶片披针形，长7～15cm。笋期4～5月。

［变种、变型及品种］　金镶玉竹（f. spectabilis C. D. Chu et C. S. Chao）　秆金黄色，分枝一侧纵槽绿色，秆上有数条绿色纵条。秆色泽美丽，常植于庭院观赏。

［分布］　原产于我国。北京有栽培。

［习性］　适应性较强，能耐－20℃低温。在干旱瘠薄地，植株呈低矮灌木状。常植于庭院观赏。

2. 方竹属　Ghimonobambusa Makino.

灌木或小乔木状。地下茎复轴型。秆圆筒形或微呈四方形，在分枝一侧常扁平或具沟槽，基部数节常各有一圈瘤状气根，每节具3分枝。箨鞘厚纸质，背部无毛，有斑点。常无箨耳。箨舌膜质，全缘。箨叶细小，直立，三角形或锥形。叶片较坚韧，小膜脉显著。花枝紧密簇生，重复分枝或有时不分枝。小穗几无柄。颖1～3片，不等长。外稃膜质带厚纸质，内稃微短于外稃。鳞被3，披针形。雄蕊3，花柱2，分离，柱头羽毛状。坚果状颖果，有坚厚的果皮。

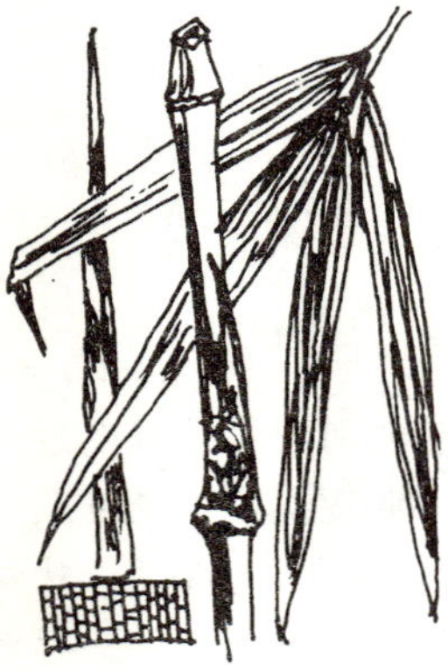

图264　方　竹

约15种，分布于中国、日本、印度和马来西亚等地。我国约有3种。

方　竹　Ghimonobambusa quadrangularis (Fenzi.) Makino (图264)

［形态］　秆散生，高3～8m，径1～4cm。幼时密被黄褐色倒向小刺毛，以后脱落，在毛的基部留有小疣状突起，使秆表面较粗糙，下部节间四方形。秆环基隆起。箨环幼时有小刺毛，基部数节常有刺状气根一圈。上部各节初有3分枝，以后增多。箨鞘无毛，背面具多数紫色小斑点。箨耳及箨舌均极不发达，箨叶极小或退化。叶2～5枚着生在小枝上，叶鞘无毛，叶舌截平，极短。叶片薄纸质，窄披针形，长8～29cm。肥沃之地，四季可出笋。但通常笋期在8月至次年1月。

［分布］　我国特产，分布于华东、华南及秦岭南坡。生于低山坡。

［观赏特性及用途］　栽培供庭园观赏。秆可作手杖。笋味美可食。

3. 箣竹属　Bambusa Schreb.

乔木状或灌木状，地下茎合轴型。秆丛生，圆筒形，每节有枝条多数，有时不发育的枝常硬化成棘刺。箨鞘较迟落，厚革质或硬纸质。箨耳发育，近相等或不相等。箨叶直立、宽大，叶片小型至中等，线状披针形至长圆状披针形。小横脉常不明显。小穗簇生于枝条各节，组成大型无叶或有叶的假圆锥花序，小穗有少至多数小花。颖1～4枚，内稃等长或稍长于外稃。鳞被3，雄蕊6枚。子房基部通常有柄，柱头羽毛状。颖果长圆形。

约100余种，分布于东亚、中亚、马来西亚及大洋洲等处。我国约有60余种，大都分布于华南及西南地区。

分种检索表

1. 植株之秆2型，除正常秆外，尚有畸形肿胀的秆 …… (1)佛肚竹 **B. ventricosa**

1. 植株之秆仅1型，即仅有正常的秆

　2. 秆之节间绿色，无条纹 …………………………… (2)孝顺竹 **B. multiplex**

2. 秆的节间鲜黄色，有显著的绿色条纹 ……………………………………………………………………………(3)黄金间碧竹 **B. vulgaris var. striata**

(1)佛肚竹　Bambusa ventricosa Mc Clure（图 265）

［形态］ 乔木型或灌木型。高与粗因栽培条件而有变化。秆无毛，幼秆深绿色，稍被白粉，老时变成橄黄色。秆有两种，正常秆高，节间长，圆筒形；畸形秆矮而粗，节间短，下部节间膨大呈瓶状。箨鞘无毛，初时深绿色，老时变成橘红色。箨耳发达，圆形或倒卵形至镰刀形。箨舌极短。箨叶卵状披针形，于秆基部直立，上部的稍外反，脱落性。每小枝具叶 7～13 枚，叶卵状披针形至长圆状披针形，长 12～21cm，背面有柔毛。

图 265　佛肚竹

［分布］ 我国广东特产。南方公园中栽植或盆栽。

(2)孝顺竹(凤凰竹)　Bambusa multiplex (Lour.) Raenschel

［形态］ 秆高 2～7m，径 1～3cm，植株之杆仅 1 型，即仅有正常的秆。秆之节间绿色，无条纹。

［变种、变型及品种］

①凤尾竹(var. nana (Roxb.) Keng f.)　比原种矮小，高约 1～2m，径不超过 1cm。枝叶稠密，纤细而下弯，每小枝有叶 10 余枚。羽状排列，叶片长 2～5cm。长江流域以南各地常植于庭园观赏或盆栽。

②花孝顺竹 (f. alphonsekarri Sasaki)　秆金黄色，夹有显著绿色的纵条纹。常盆栽或栽植于庭园观赏。

［分布］ 原产于中国、日本及东南亚地区。我国华南、西南至长江流域各地都有分布。

［习性］ 喜温暖湿润气候及排水良好、湿润的土壤，是丛生竹类中分布最广、适应性最强的竹种，可以引种北移。

［观赏特性及用途］ 植丛秀美，多栽培于庭园供观赏，或种植宅旁作绿篱用，也常在湖边、河岸栽植。

(3)黄金间碧竹　Bambusa vulgaris Schrad. var. striata Gamble

［形态］ 乔木型竹。秆高 6～15m，径 4～6cm，鲜黄色，间以绿色纵条纹。箨鞘草黄色，具细条纹，背部密被暗棕色短硬毛，毛易脱落。箨耳近等大。箨舌较短，边缘具细齿或条裂。箨叶直立，卵状三角形或三角形。腹面脉上密被短硬毛。叶披针形或线状披针形，长 9～22cm，两面无毛。

［分布］ 原产于中国、印度、马来半岛。主产于我国华南各省，西南地区也有分布。

［观赏特性及用途］ 盆栽或植于庭园观赏。木材可利用。

4. 单竹属 Lingnania Mc Clure

乔木型或灌木型。地下茎合轴型。秆丛生，通常直立，节间圆柱形，极长。秆环几乎不突起，每节具多数分枝。主枝和侧枝粗细相仿，丛生节上。秆箨脱落性。箨鞘顶端甚宽，截平或弓形。箨叶近外反，基部宽度仅为箨鞘顶端的1/2～1/4。叶片线状披针形、披针形或卵状披针形，不具小横脉。花序由无柄或近无柄小穗簇生于花枝上组成，小穗有小花数至多朵。颖1～2片，外稃宽卵形，无毛而具光泽，内稃与外稃近等长或内稃比外穗稍长，无毛或脊上被纤毛。鳞被通常3枚，雄蕊6枚。花柱单一，有时极短或近乎缺，柱头3枚，极少2枚，羽毛状。

约10种，分布于中国南部和越南。我国产7种。

粉单竹 *Lingnania chungii* Mc Clure

［形态］ 高3～10m，最高可达16～18m，径5～8cm。节部圆柱形，淡黄绿色，被白粉，尤以幼秆被粉较多，长50～100cm。秆环平，箨环木栓质，隆起，其上有倒生的棕色刺毛。箨鞘硬纸质，坚脆，顶端宽，截平，背面多刺毛。箨耳狭长圆形，粗糙。箨舌远比箨叶基部宽，箨叶淡绿色，卵状披针形，边缘内卷，强烈外反。每小棱有叶6～7枝，叶片线状披针形至长圆状披针形，大小变化较大，长7～21cm，基部歪斜，两侧不等，质地较厚，叶鞘光滑无毛。叶耳较明显，被长缘毛。叶舌较短。笋期6～8月。

［分布］ 我国南方特产。分布于广东、广西和湖南等地区。

［习性］ 喜温暖湿润气候，及疏松、肥沃的砂壤土。普遍栽植在溪边、河岸及村旁。

［观赏特性及用途］ 竹材韧性强，节间长而节平，为中上等劈蔑用材，可供精细编织。竹髓和竹青供药用。

5. 慈竹属 Sinocalamus Mc Clure

乔木型竹类，无刺。地下茎合轴型。秆丛生，梢部呈弧形弯曲或下垂如钩丝状，节间圆筒形。秆箨脱落性。箨鞘硬革质，大型，基部甚宽，顶端截形而两肩宽圆。箨耳缺或不显著。箨舌颇发达，有时极显著地伸出，且具流苏状毛。箨叶小，基部远狭于箨鞘顶部，常为不同程度的外反，极少直立。每节具多数分枝，其中主枝较粗而长。叶片宽大，叶耳通常缺，叶舌显著。假圆锥花序无叶或具叶；小穗簇生或呈头状聚集于花枝每节上，每小穗有花多朵。颖1～3片，宽卵形。外稃较颖为大，内稃约与外稃等长而较狭。鳞被通常3，雄蕊6。花柱单一，柱头2～4，羽毛状。

约20种，多分布于非洲东南部。我国产10种。

(1)慈竹 *Sinocalamus affinis* (Rendle)Mc Clure（图266）

［形态］ 秆高5～10m，径4～8cm。顶梢细长作弧形下垂。箨鞘革质，背部密被棕黑色刺毛。箨耳缺，箨舌流苏状。箨叶先端尖，向外反倒，基部收缩略呈圆形，正面多脉，

密生白色刺毛，边缘粗糙内卷。叶片数枚至十数枚着生于小枝先端。叶片质薄，长卵状披针形，长10～30cm，表面暗绿色，背面灰绿色。侧脉5～10对，无小横脉。笋期6月，持续至9～10月。

［分布］ 原产于我国。分布在云南、贵州、湖北、湖南、四川及陕西南部各地。

［习性］ 喜温暖湿润气候及肥沃、疏松土壤，干旱瘠薄处生长不良。

［观赏特性及用途］ 秆丛生，枝叶茂盛秀丽，于庭园内池旁，石际、窗前、宅后栽植，都极适宜。材质柔韧，劈篾性良好，是编织竹器、熟制竹索以及造纸的好材料。笋味苦，煮后去水，仍可食用。

图266　慈　竹

（2）麻竹　Sinocalamus latiflorus（Munro.）Mc Clure

秆高15～20(25)m，径10～30cm。竹秆高大，基部数节有明显气根或根眼；节间无毛，竹壁厚；枝下各节有芽，中心主枝特别粗长，叶片大型。

6. 苦竹属　Pleioblastus Nakai

灌木状或小乔木状竹类。地下茎复轴型。秆散生或丛生，圆筒形。秆环很隆起，每节有3～7分枝，箨鞘厚革质，基部常宿存，使箨环上具一圈木栓质环状物。箨叶锥状披针形；每小枝具叶2～13片，叶鞘口部常有波状弯曲的刚毛；叶舌较长或较短；叶片有小横脉。总状花序着生枝下部各节。小穗绿色，具花数朵。颖2～5，有锐尖头，边缘有纤毛。外稃披针形，近革质，边缘粗糙。内稃背部2脊间有沟纹，鳞被3片。雄蕊3枚，花柱1，柱头3，羽毛状。颖果长圆形。

约有90种，分布于东亚，以日本为多。我国约10余种。

图267　苦　竹

（1）苦竹　Pleioblastus amarus（Keng）Keng f.（图267）

［形态］ 秆高3～7m，径2～5cm。节间圆筒形。在分枝的一侧稍扁平，箨环隆起呈木栓层。箨鞘厚纸质或革质，绿色，有棕色或白色刺毛，边缘密生金黄色缘毛。箨舌截平，箨叶细长披针形。叶鞘无毛，有横脉。叶舌坚韧，截平，叶片披针形，长8～20cm，质坚韧，表面深绿色，背面淡绿色，有微毛。笋期5～6月。

［分布］ 原产于我国。分布于长江流域西南部。

［习性］ 适应性强，较耐寒。北京在小气候条件下能露地栽植。在低山、丘陵、山麓、

平地的一般土壤中，均能生长良好。

［观赏特性及用途］ 常于庭园栽植观赏。秆直而节间长，大者可作伞柄、帐竿、支架等用；小的可作笔管、筷子等。笋味苦，不能食用。

(2)菲白竹 Pleioblastus angustifolius (Mitford) Nakai

秆低矮，高不足2m。每节二至数分枝或下部1分枝。

7. 箬竹属 Indocalamus Nakai

灌木型或小灌木型竹类。地下茎复轴型。秆散生或丛生，每节有1～4分枝，分枝通常与主秆同粗。秆箨宿存性。叶片宽大，有多条次脉及小横脉。花序总状或圆锥状，具苞片或不具苞片。小穗有小花数朵至多朵。颖卵形或披针形，顶端渐尖至尾状。外稃近革质，内稃稍短于外稃，背部有2脊。鳞被3，雄蕊3。花柱2，分离或基部稍连合，柱头羽毛状。

约30种，分布于斯里兰卡、印度、马来西亚和菲律宾、中国。我国约10多种。

(1)箬竹 Indocalamus tessellatus (Munro.) Keng f.（图268）

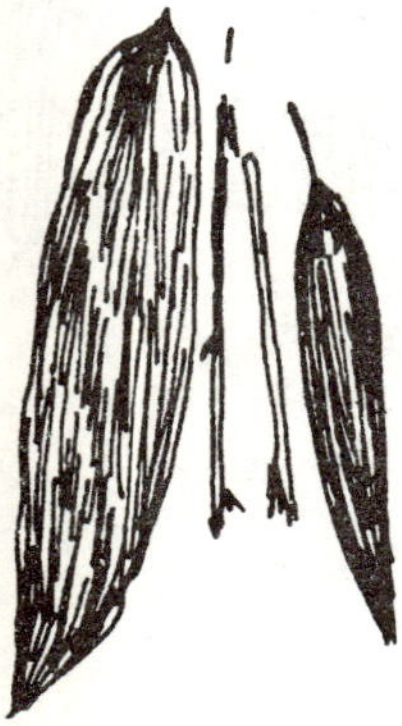

图268 箬 竹

［形态］ 秆高约75cm，径4～5mm。节间长2.5～5cm，每节1(2)枝。秆箨宿存，长20～25cm，背部无毛，仅边缘下部具纤毛。箨舌弧形。叶片巨大，长达45cm以上，宽10cm以上，次脉多至15～18对，小横脉极明显。雄蕊3，花柱2，柱头羽毛状。

［分布］ 产于我国长江流域各地。

［习性］ 生于低山、丘陵。

［观赏特性及用途］ 箬竹低矮，叶宽大，在园林中栽植观赏或作地被绿化材料，也可植于河边护岸。叶可制防雨用品及包粽子等。

(2)阔叶箬竹 Indocalamus latifolius (Keng) Mc Clure

［形态］ 秆高约1m，下部直径5～8mm，节间长5～20cm，微有毛。秆箨宿存，质坚硬，背部常有粗糙的棕紫色小刺毛，边缘内卷。箨舌截平，鞘口顶端有长1～3mm流苏状缘毛。箨叶小。每小枝具叶1～3片；叶片长椭圆形，长10～40cm，表面无毛，背面灰白色，略生微毛，小横脉明显，边缘粗糙或一边近平滑。圆锥花序基部常为叶鞘包被，花序分枝与主轴均密生微毛，小穗有5～9小花，颖果成熟后古铜色。

［分布］ 原产于我国东南、华中等地。

［习性］ 多生于低山、丘陵向阳山坡和河岸。

［观赏特性及用途］ 植株低矮，叶宽大，在园林中栽植观赏或作地被绿化材料，也

可植于河边护岸。秆可制笔管、竹筷；叶可制斗笠、船篷等防雨用品。

8. 箭竹属　Sinarundinaria Nakai

箭竹　Sinarundinaria nitida (Mitford) Nakai

灌木状竹类。地下茎复轴型。秆直立，每节具三至多分枝。新秆具白粉。箨环突出；秆环不显。小枝具叶 2～4，叶鞘常紫色。箨叶绿色，反曲。

七十三、棕榈科　PALMACEAE

常绿乔木或灌木，稀藤本。茎粗壮或柔弱，有时成攀援状，有刺或无刺。叶互生或丛生于茎顶，掌状或羽状分裂，少为全缘。叶柄基部常扩大成纤维状的鞘。花小，辐射对称，两性或单性，排成圆锥或穗状花序；佛焰苞一至多数，包围花梗和花序的分枝；花被 6 裂，2 轮，分离或合生；雄蕊 6，稀为多数；子房上位，1～3 室，很少为 4～7 室，每室有 1 胚珠。果实为浆果或核果，种子具丰富的胚乳。

约 217 属 2 500 种，分布于热带地区。我国 16 属 61 种，主要分布于南部各省。

分属检索表

1. 叶掌状分裂
  2. 叶柄两侧光滑无齿或刺。丛生灌木。干细如指。叶裂片 30 片以下，裂片顶端通常阔而有数个细尖 ………………………………………… 1. 棕竹属 **Rhapis**
  2. 叶柄两侧有齿刺。乔木或灌木。干粗 15cm 以上。叶裂片 30 片以上，裂片顶端常尖而具 2 裂
    3. 叶裂片分裂至中上部，端深 2 裂而下垂；叶柄两侧有较大的倒钩齿 ……………………………………………………………… 3. 蒲葵属 **Livistona**
    3. 叶裂片分裂至中下部，端裂较浅，常挺直或下折；叶柄两侧有极细之锯齿 ……………………………………………………………… 2. 棕榈属 **Trachycarpus**
1. 叶羽状分裂
  4. 叶为 2～3 回羽状全裂，裂片菱形，边缘具不整齐的啮蚀状齿 ……………………………………………………………… 4. 鱼尾葵属 **Caryota**
  4. 叶为 1 回羽状分裂，裂片线性，线状披针形或长方形，边全缘或仅局部具啮蚀状齿
    5. 叶轴上近基部裂片变成针刺状 ………………………… 5. 刺葵属 **Phoenix**
    5. 叶柄和叶轴均无刺
      6. 果大，中果皮为厚而松软的纤维质，内果皮骨质、坚硬，近基部有萌发孔 3 枚；叶裂片基部不呈耳垂状 ………………………… 6. 椰子属 **Cocos**
      6. 果小，中果皮通常薄而非纤维质；内果皮无萌发孔；叶裂片基部不呈耳垂状

7. 叶裂片在叶轴上排成多列，茎秆幼时基部膨大，后中部膨大 …………
…………………………………………………… 7. 王棕属 **Rosystonea**

7. 叶裂片在叶轴上排成二列，茎杆基部略膨大；丛生灌木 ……………
…………………………………………… 8. 散尾葵属 **Chrysalidocarpus**

1. 棕竹属　Rhapis L.

丛生灌木，茎直立，上部常为纤维状叶鞘包围。叶聚生茎顶，叶片扇形，折叠状，掌状深裂几达基部。裂片二至多数，叶脉显著，叶柄纤细，上面无凹槽，顶端与叶片连接处有小戟突。花单性，雌雄异株，无梗，组成松散、分枝的肉穗花序。雄花花萼杯状，3 齿裂，花冠倒卵形或棒形，3 浅裂，裂片三角形，镊合状排列，雄蕊 6 枚，着生于花冠管上，2 轮。雌花花萼与雄花相似，花冠则较雄花为短，心皮 3 枚，分离，胚珠 1 枚。果球形或卵形，稍肉质。种子单生，球形或近球形。

约 15 种，分布于亚洲东部及东南部。我国有 7 种或更多，产于广东、广西、云南、贵州、四川等南部和西部。

(1)棕竹　Rhapis humilis Bl.

[形态]　丛生灌木。茎高 1～3m。叶掌状深裂，裂片 10～24，条形，宽 1～2cm，端尖，并有不规则的齿缺，缘有细锯齿。横脉疏面不明显，肉穗花序较长且分枝多。花单性，雌雄异株，花淡黄色。果球形，直径约 7mm，单生或成对着生于宿存的花冠管上，且花冠管成一实心的柱状体。种子 1 粒，球形，直径约 4.5mm。花期 4～5 月。

[习性]　生长强壮，适应性强。喜温暖湿润的环境，耐阴，不耐寒。野生于林下、林缘、溪边等阴湿处。宜湿润而排水良好的微酸性土。

[繁殖栽培]　播种、分株均可。早春将原株丛分成数丛后，置于遮荫处，有利于恢复。

[观赏特性及用途]　秀丽青翠，叶形优美，株丛饱满。亦可令其拔高，剥去叶鞘纤维，秆如细竹，为富含热带风光的优良观赏植物。在植物造景时可作下木，常植于建筑的庭院及小天井中，栽于建筑角隅可缓和建筑生硬的线条。盆栽或桶栽供室内布置。茎干可作手杖及伞柄。根及叶鞘入药。

(2)筋头竹　Rhapis excelsa (Thunb)Henry et Rehd.

丛生灌木。叶片 5～10 深裂，裂片较宽短，表面常成龟甲状隆起，并有光泽，宿存的花冠管不变成实心的柱状体。

2. 棕榈属　Trachycarpus H. Wendal.

乔木或灌木。茎干直立，多单生而不分枝。单叶簇生干端，近圆形或肾形，掌状深裂，有皱折，裂片在芽时内向折叠，裂片狭长，多数，顶端浅 2 裂，叶柄上面近平，下面半圆，两侧具细齿。圆锥状肉穗花序粗大而多分枝，佛焰苞多数，革质，压扁状，被绒毛。花杂性或单性，雌雄同株或异株。花小，花萼、花瓣各3枚。雄蕊6，花丝分离，花药短。心皮3，仅基部连合，柱头3，向后反曲，胚珠基生。核果1～3，球形、长圆至肾形；种子直生，腹面有沟，胚乳均匀。

全世界约10种，我国产6种，以西南、华南、华中、华东等地区为分布中心。

棕榈　Trachycarpus fortunei（Hook. f.）H. Wendl.（图269）

［形态］　常绿乔木。树干圆柱形，高达10m，干径达24cm。叶簇生干顶，叶片近圆形，径50～70cm，掌状裂深达中下部；叶柄长40～100cm，两侧细齿明显。雌雄异株，圆锥状肉穗花序腋生，花小而黄色。核果肾状球形，径约1cm，蓝黑色，被白粉。花期4～5月；10～11月果熟。

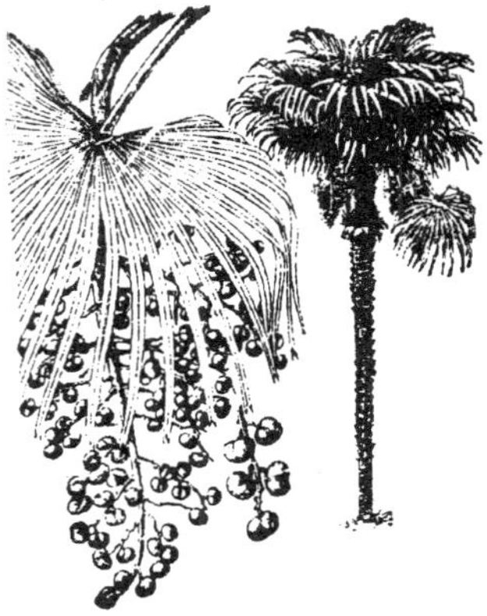

图269　棕　榈

［分布］　原产于我国。日本、印度、缅甸也有。在我国分布很广，北起陕西南部，南到广东、广西和云南，西达西藏边界，东至上海和浙江。从长江出海口，沿着长江上游两岸500km广阔地带分布最广。

［习性］　棕榈是本科中最耐寒的植物，在上海可耐－8℃低温，但喜温暖湿润气候。野生棕榈往往生长在林下和林缘，有较强的耐阴能力。喜排水良好、湿润肥沃的中性、石灰性、微酸性的黏质壤土，耐轻盐碱土，也耐一定干旱与水湿。喜肥，抗烟尘，对有毒气体（二氧化硫和氟化氢）抗性强，有很强的吸毒能力。根系浅，须根发达，生长缓慢。

［繁殖栽培］　播种繁殖。10～11月果实充分成熟时，以随采随播最好；或采后置于通风处阴干，或行沙藏，至翌春3～4月播种，发芽率约80%～90%。播种苗两年后移床栽植，移时剪除叶片1/2～2/3浅栽，以免烂心及蒸发，保证成活。

［观赏特性及用途］　挺拔秀丽，一派南国风光。适应性强，能抗多种有毒气体。棕皮用途广泛，其叶鞘纤维拉力强，耐磨又耐腐，可编织蓑衣、鱼网，搓绳索，制刷具、地毯及床垫等。老叶可加工制成绳索。树干可作亭柱、水槽，又可制扇骨、木梳等。花、果、种子可入药。种子富含淀粉、蛋白质，能加工成很好的饲料。是园林结合生产的理想树种，又是工厂绿化的优良树种，可列植、丛植或成片栽植；也常用盆栽或桶栽作室内或建筑前装饰及布置会场之用。

3. 蒲葵属　Livistona R. Br.

蒲葵　Livistona chinensis（qaxq）R. Br.

乔木。高达10～20m。叶掌状分裂，分裂至中上部，叶柄两侧有较大的钩状齿。

4. 鱼尾葵属　Caryota L.

(1)鱼尾葵　*Caryota ochlandra* Hance

乔木。高达 20m。叶羽状 2 回分裂，树干单生花序 3m，果粉红色。

(2)短穗鱼尾葵　*Caryota mitis* Lour.

丛生小乔木。高 5～9m。花序长不足 1m，果蓝黑色。

5. 刺葵属 Phoenix L.

枣椰子(伊拉克蜜枣)　*Phoenix dactylifera* L.

乔木。高达 20～25m。茎单生，羽状全裂，叶轴上近基部裂片变成针刺状。

6. 椰子属 Cocos L.

椰子(椰树)　*Cocos nucifera* L.

单干直立无刺的大乔木。高 15～35m。叶长 3～7m，羽状全裂，簇生于干顶。

7. 王棕属　Roystonea O. F. Cook

王棕(大王椰子)　*Roystonea regia* (H. B. K.) O. F. Cook

乔木。高达 10～20m。茎单生，叶极大，羽状全裂。

8. 散尾葵属　Chrysalidocarpus H. Wendl

散尾葵　*Chrysalidocarpus lutescens* H. Wendl

丛生灌木。高 7～8m。干无刺，叶长 1m，羽状全裂。

七十四、百合科　LILIACEAE

多年生草本，稀为木本，有时成肉质状。植株直立或攀援，通常具鳞茎、根状茎或块茎。叶基生或茎生，后者多为互生，稀对生或轮生；常具平行弧形脉，稀为网状脉。花腋生或常着生在花莛上，排成总状、穗状、伞形花序。分枝或不分枝；花被片 6，少为 4 或多数，离生或不同程度的合生，一般为花冠状。雄蕊通常与花被片同数，花丝离生或贴生于花被筒上，花药基着或成“丁”字状着生；子房上位，稀为半下位，通常为 3 室，稀为 2、4、5 室。常具中轴胎座，每室一至多数胚珠。果实为蒴果或浆果，种子具丰富的胚乳，胚小。

约 230 属 3 500 种，广泛分布于世界各地。我国 60 属，约 560 种，分布遍及全国各地。

1. 丝兰属　Yucca L.

植株常绿。茎分枝或不分枝。叶片狭长，剑形，顶端尖硬，多集生或集生于干端。花杯状或碟状，下垂，在花茎顶端处成一圆锥或总状花序。花被片 6，离生或近离生。雄蕊 6，远较花被片短。花柱短，柱头 3 裂。蒴果卵形，通常开裂或肉质不开裂。种子扁平，黑色。

约 30 多种，产于美洲。现我国引入 4 种，各地都有栽培。

(1)凤尾兰　Yucca gloriosa L.(图 270)

［形态］　灌木或小乔木。干短,有时分枝,高可达 5m。叶密集,螺旋排列茎端,质坚硬,有白粉,剑形,长 40～70cm,顶端硬尖。边缘光滑;老叶有时具疏丝。圆锥花序高 1m 多,花大而下垂,果椭圆状卵形,不开裂。花期 6～10 月。

图 270　凤尾兰

［分布］　原产于北美东部及东南部。现我国长江流域各地普遍栽植。

［习性］　适应性强,耐水湿。

［繁殖栽培］　扦插或分株繁殖,地上茎切成片状养于浅盆中,可发育出芽来作桩景。

［观赏特性及用途］　花大、树美、叶绿,是良好的庭园观赏树木,常植于花坛中央、建筑前、草坪中、路旁,或栽作绿篱用。叶纤维韧性强,可供制缆绳用。

图 271　丝　兰

(2)丝兰　Yucca smalliana Fern.(图 271)

［形态］　木本。植株低矮,近无茎。叶丛生,较硬直,线状披针形,长 30～75cm,先端尖或针刺状。基部渐狭,边缘有卷曲白丝。圆锥花序宽大直立,花白色,下垂。

［分布］　原产于北美。我国长江流域有栽培。

2. 朱蕉属　Cordyline Comm ex Juss

朱蕉　Cordyline fruticosa (L.) A. Cheval.

灌木。高达 3m。茎较高,呈棕榈状。叶常聚生于枝顶;茎通常不分枝。花被 6,雄蕊 6,子房 3 室。果为浆果。

附录： 木本植物常用形态术语

一、性　状

乔木　具有明显直立的主干而上部有分枝的树木，通常在 3 m 以上。又可分为大乔木、中等乔木及小乔木等。

灌木　不具主干，由地面分出多数枝条或虽具主干而高度不超过 3 m 的，如桃金娘、牡丹、枸杞等。

半灌木　茎枝上部越冬枯死，仅基部为多年生而木质化，如沙蒿等，又叫亚灌木。

木质藤本　茎干柔软，只能倚附它物支持而上。

缠绕藤本　以主枝缠绕它物，如紫藤、葛藤。

攀援藤本　以卷须、不定根、吸盘等攀附器官攀援于它物，如爬墙虎、葡萄等。

二、树皮（图 1）

平滑　如大叶白蜡（幼龄）、母生、梧桐。

粗糙　如朴树、臭椿、臭松。

细纹裂　如水曲柳。

方块状开裂　如柿树、君迁子。

鳞块状纵裂　如油松。

鳞片状开裂　如鱼鳞云杉。

浅纵裂　如喜树、紫椴。

深纵裂　如刺槐、栓皮栎、槐树。

窄长条浅裂　如圆柏、杉木。

不规则纵裂　如黄檗。

横向浅裂　如桃、樱花。

鳞状剥落　如榔榆、木瓜。

片状剥落　如悬铃木、白皮松。

长条片剥落　如蓝桉。

纸状剥落　如白桦、红桦。

梧桐

臭椿

圆柏

柿树

油松

槐树

桃树

白皮松

白桦

图1 树 皮

三、树形(图 2)

棕榈型　如棕榈。

尖塔形　如雪松。

圆柱形　如箭杆杨、龙柏。

卵形　如加杨、悬铃木。

广卵形　如白榆、槐树。

圆球形　如杜梨。

平顶　如合欢。

伞形　如凤凰木、龙爪槐。

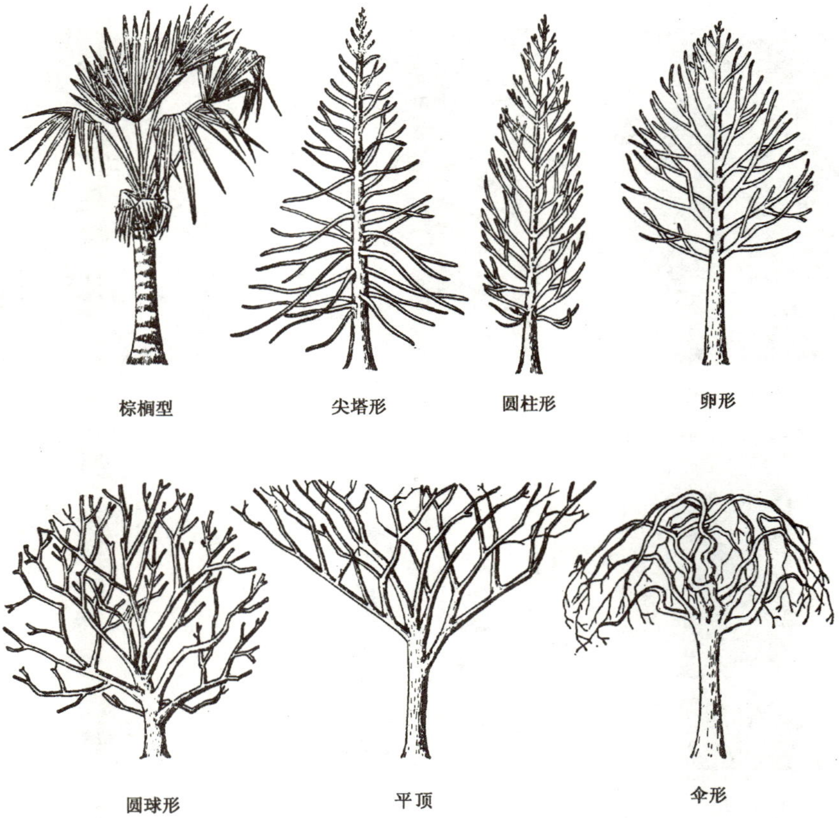

图 2　树　形

四、根(图 3)

1. 根系　由幼胚的胚根发育成根,根系为植物的主根和侧根的总称。

直根系　主根粗长,垂直向下,如麻栎、马尾松。

须根系　主根不发达或早期死亡,而由茎的基部发生许多较细的不定根,如棕榈、蒲葵。

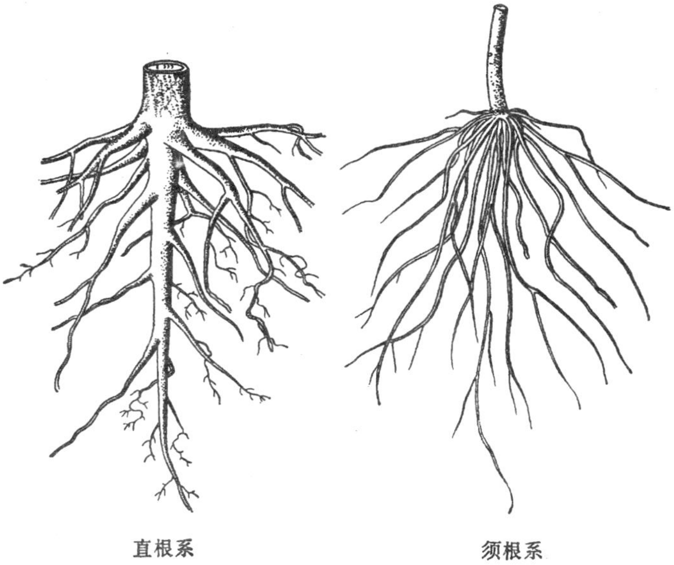

图 3　根

2. 根的变态

板根　热带树木在干基与根颈之间形成板壁状凸起的根,如榕树、人面子、野生荔枝。

呼吸根　伸出地面或浮在水面用以呼吸的根,如水松、落羽杉的曲膝状呼吸根。

附生根　用以攀附它物的不定根,如络石、凌霄。

气根　生于地面上的根,如榕树从大枝上发生多数向下垂直的根。

寄生根　伸入到在寄主的组织内,以吸收水分和养料的根,如桑寄生、槲寄生。

五、芽(图 4)

芽　尚未萌发的枝、叶和花的雏形。其外部包被的鳞片,称为芽鳞,通常由叶变态而成。

顶芽　生于枝顶的芽。

腋芽　生于叶腋的芽,形体一般较顶芽小,又叫侧芽。

假顶芽　顶芽退化或枯死后,能代替顶芽生长发育的最靠近枝顶的腋芽,如柳、板栗。

柄下芽 隐藏于叶柄基部内的芽，如悬铃木，又名隐芽。

单生芽 单个独生于一处的芽。

并生芽 数个并生在一起的芽，如桃、杏。位于外侧的芽叫副芽，当中的叫主芽。

叠生芽 数个上下重叠在一起的芽，如枫杨、皂荚。位于上部的芽叫副芽，最下的叫主芽。

花芽 将发育成花或花序的芽。

叶芽 将发育成枝、叶的芽。

混合芽 将同时发育成枝、叶和花混合的芽。

裸芽 没有芽鳞的芽，如枫杨、山核桃。

鳞芽 有芽鳞的芽，如樟树、加杨。

芽的形状：

圆球形 状如圆球，如白榆花芽。

卵形 其状如卵，狭端在上，如青杆。

椭圆形 其纵切面为椭圆形，如青檀。

圆锥形 渐上渐窄，横切面为圆形，如云杉。

纺锤形 两端渐狭，状如纺锤，如水青冈。

扁三角形 其纵切面为三角形，横切面为扁圆形，如柿树。

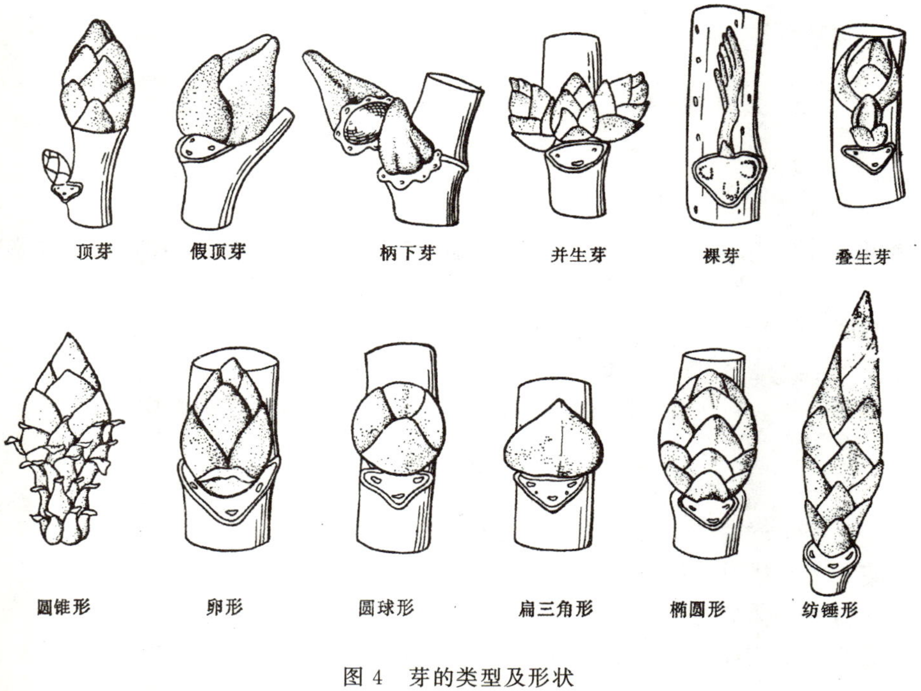

图4 芽的类型及形状

六、枝条(图 5)

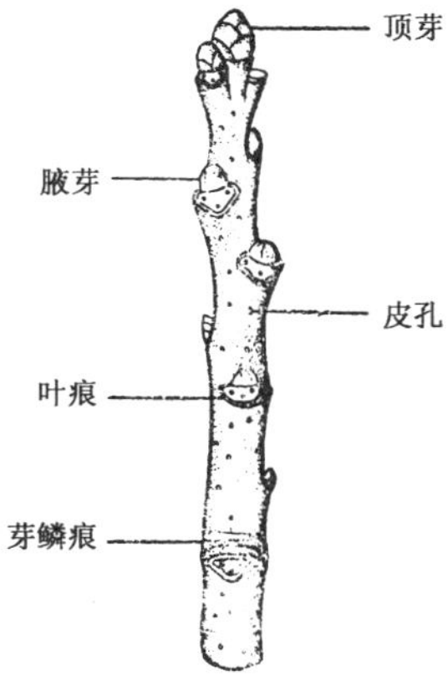

图 5　枝　条

1. 枝条　着生叶、花、果等器官的轴。

节　枝上着生叶的部位。

节间　两节之间的部分。节间较长的枝条叫长枝;节间极短的叫短枝,又称短距,一般生长极为缓慢。

叶痕　叶脱落后叶柄基部在小枝上留下的痕迹。

维管束痕　叶脱落后维管束在叶痕中留下的痕迹,又叫叶迹,其形状不一,散生或聚生。

托叶痕　托叶脱落后留下的痕迹,常呈条状、三角状或围绕着枝条成环状。

芽鳞痕　芽开放后,芽鳞脱落留下的痕迹,其数目与芽鳞数相同。

皮孔　枝条上的表皮破裂所形成的小裂口。根据树种的不同,其形状、大小、颜色、疏密等各有不同。

髓　指枝条的中心部分。髓(图 6)按形状可分为:

空心　小枝全部中空,或仅节间中空而节内有髓片隔,如竹、连翘。

片状　小枝具片状分隔的髓心,如核桃、杜仲、枫杨。

实心　髓体充满小枝髓部,其横断面形状有圆形(榆树)、三角形(鼠李属)、方形(荆条)、五角形(麻栎)、偏斜形(椴树)等。

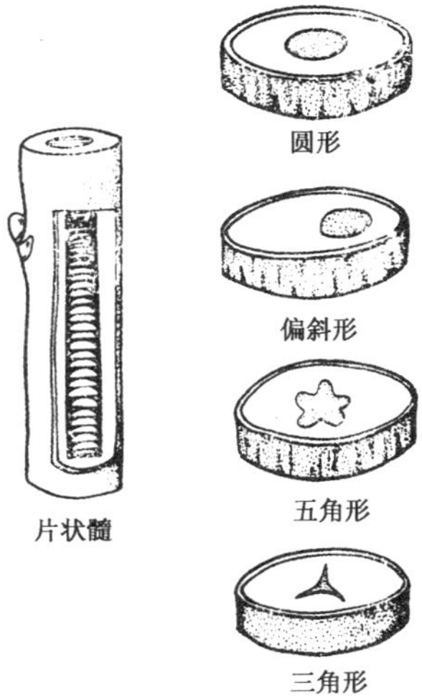

图 6　髓

2. 分枝的类型

总状分枝式　主枝的顶芽生长占绝对优势,并长期持续,如银杏、杉木、箭杆杨,又叫单轴分枝式。

合轴分枝式　无顶芽或当主枝的顶芽生长减缓或趋于死亡后,由其最接近一侧的腋芽相继生长发育形成新枝,以后新枝的顶芽生长停止,又为它下面的新枝代替,如此相继形成“主枝”,如榆树、桑。

3. 枝条的变态(图 7)

枝刺　枝条变成硬刺,刺分枝或不分枝,如皂荚、山楂、石榴。

卷须　柔韧而旋卷,具缠绕性能,如葡萄。

吸盘 位于卷须的末端呈盘状，能分泌黏质以黏附他物，如爬墙虎。

图 7 枝条的变态

七、叶（图 8）

1. 叶的概说

叶片 叶柄顶端的宽扁部分。

叶柄 叶片与枝条连接的部分。

托叶 叶子或叶柄基部两侧小型的叶状体。

叶腋 指叶和枝间夹角内的部位，常具腋芽。

单叶 叶柄具一个叶片的叶，叶片与叶柄间不具关节。

复叶 总叶柄具两片以上分离的叶片。

总叶柄 复叶的叶柄，或指着生小叶以下的部分。

叶轴 总叶柄以上着生小叶的部分。

小叶 复叶中的每个小叶。其各部分分别叫小叶片、小叶柄及小托叶等。小叶的叶腋不具腋芽。

2. 叶脉及脉序（图 9）

脉序 叶脉在叶片上排列的方式。

主脉 叶片中部较粗的叶脉，又叫中肋或中脉。

侧脉 由主脉向两侧分出的次级脉。

细脉 由侧脉分出，并联结各侧脉的细小脉，又名小脉。

网状脉 指叶脉数回分枝变细，并互相联结为网状的脉序。

羽状脉 具一条主脉，侧脉排列成羽状，如榆树。

三出脉 由叶基伸出三条主脉，如肉桂、枣树。

离基三出脉 羽状脉中最下一对较粗的侧脉出自离开叶基稍上之处，如樟树、浙江桂。

掌状脉 几条近等粗的主脉由叶柄顶端生出，如葡萄。

平行脉 为多数次脉紧密平行排列的叶脉，如竹类。

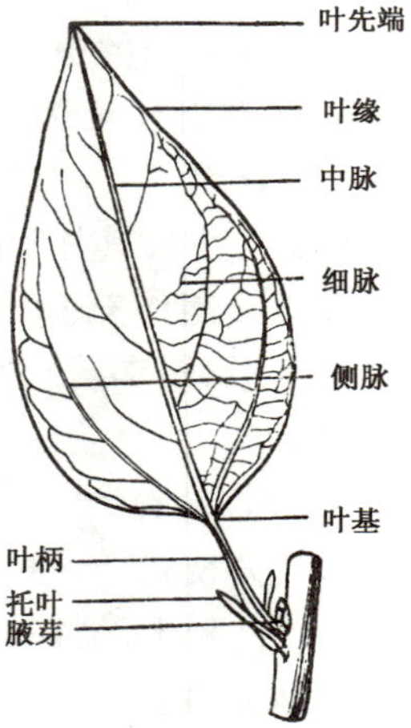

图 8 叶

3. 叶序 叶在枝上着生的方式（图 10）

互生 每节着生一叶，节间有距离，如杨、柳。

螺旋状着生 每节着生一叶，成螺旋状排列，如杉木、云杉、冷杉。

对生 每节相对两面各生一叶，如桂花。

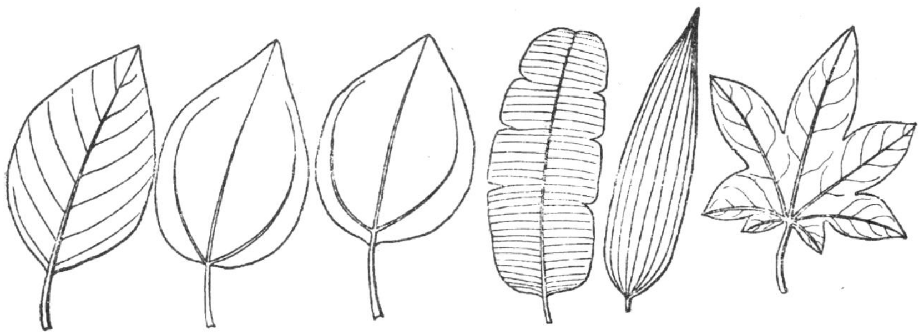

图 9　叶脉及脉序

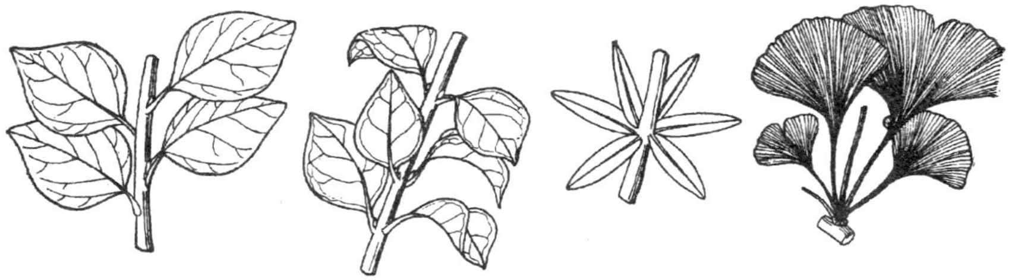

图 10　叶　序

轮生　每节有规则的着生三个以上的叶子，如夹竹桃。

簇生　多数叶子成簇生于短枝上，如银杏、落叶松、雪松。

4. 叶形　指叶片的形状(图 11)

鳞形　叶细小成鳞片状，如侧柏、柽柳、木麻黄。

锥形　叶短而先端尖，基部略宽，如柳杉，又叫钻形。

刺形　叶扁平狭长，先端锐尖或渐尖，如刺柏。

条形　叶扁平狭长，两侧边缘近平行，如冷杉、水杉，又叫线形。

针形　叶细长而先端尖如针状，如马尾松、油松。

披针形　叶窄长，最宽处在中部或中部以下，先端渐长尖，长约为宽的 4～5 倍，如柠檬桉。

倒披针形　颠倒的披针形，最宽处在上部。

匙形　状如汤匙，全形窄长，先端宽而圆，向下渐窄。

卵形　状如鸡蛋，中部以下最宽，长约为宽的 1.5～2 倍。

倒卵形　颠倒的卵形，最宽处在上端，如榄仁树。

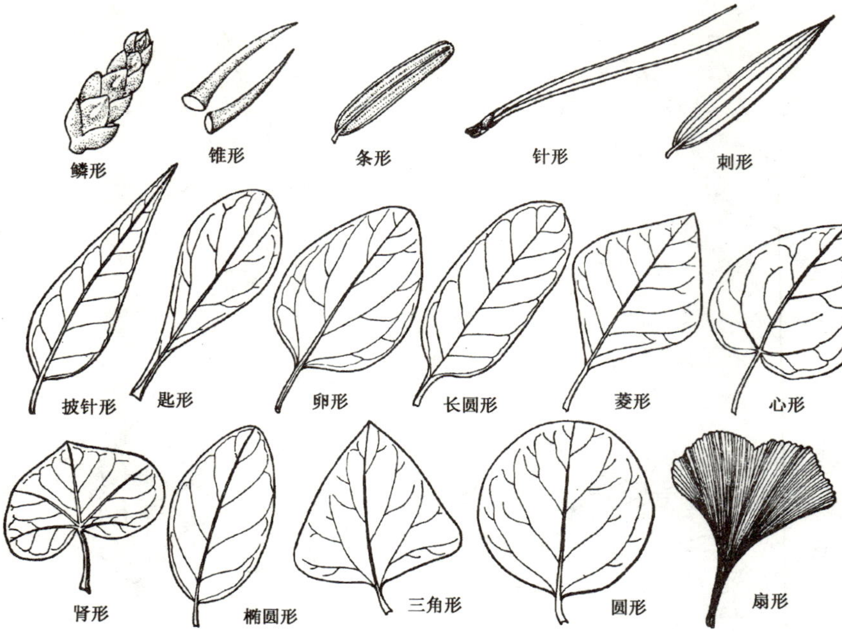

图 11　叶　形

圆形　状如圆形，如圆叶乌桕。

长圆形　长方状椭圆形，长约为宽的 3 倍，两侧边缘近平行，又叫矩圆形。

椭圆形　近于长圆形，但中部最宽，边缘自中部起向上下两端渐窄，长约为宽的 1.5～2 倍。

菱形　近斜方形，如小叶杨、乌桕。

三角形　状如三角形，如加杨。

心形　状如心脏，先端尖或渐尖，基部内凹具二圆形浅裂及一弯缺，如紫丁香。

肾形　状如肾形，先端宽钝，基部凹陷，横径较长。

扇形　顶端宽圆，向下渐狭，如银杏。

5. 叶先端(图 12)

尖　先端成一锐角，如女贞，又叫急尖。

微凸　中脉的顶端略伸出于先端之外，又叫具小短尖头。

凸尖　叶先端由中脉延伸于外而形成一短突尖或短尖头，又叫具短尖头。

芒尖　凸尖延长成芒状。

尾尖　先端呈尾状，如菩提树。

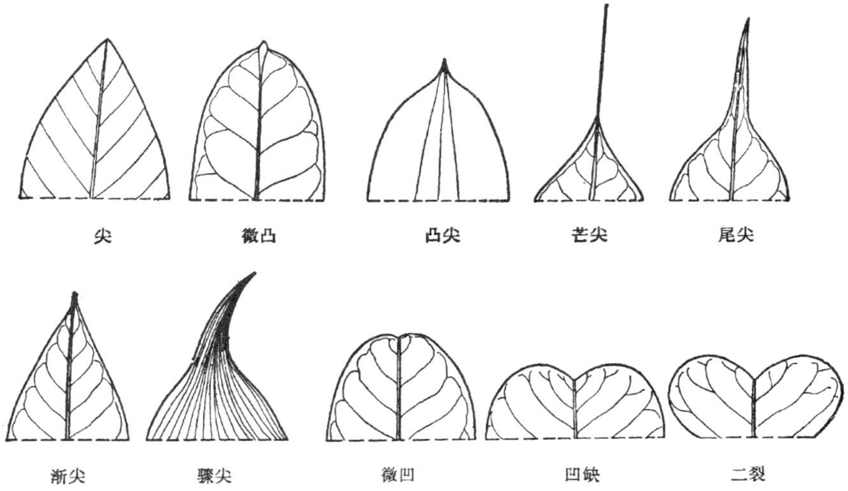

图 12　叶先端

渐尖　先端渐狭成长尖头，如夹竹桃。

骤尖　先端逐渐尖削成一个坚硬的尖头，有时也用于表示突然渐尖头，又名骤凸。

钝　先端钝或窄圆。

截形　先端平截。

微凹　先端圆，顶端中间稍凹，如黄檀。

凹缺　先端凹缺稍深，如黄杨，又名微缺。

倒心形　先端深凹，呈倒心形。

二裂　先端具二浅裂，如银杏。

6. 叶基(图 13)

下延　叶基自着生处起贴生于枝上，如杉木、柳杉、八宝树。

渐狭　叶基两侧向内渐缩形成具翅状叶柄的叶基。

楔形　叶下部两侧渐狭成楔子形，如八角。

截形　叶基部平截，如元宝枫。

圆形　见叶先端，如山杨、圆叶乌桕。

耳形　基部两侧各有一耳形裂片，如辽东栎。

心形　叶基心脏形，如紫荆、山桐子。

偏斜　基部两侧不对称，如椴树。

鞘状　基部伸展形成鞘状，如沙拐枣。

盾状　叶柄着生于叶背部的一点，如柠檬桉幼苗、蝙蝠葛等。

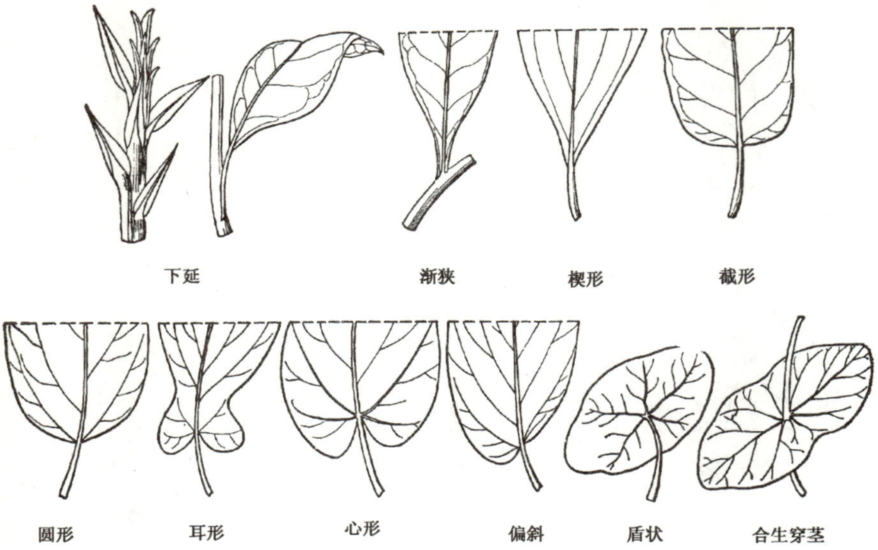

图13 叶 基

合生穿茎 两个对生无柄叶的基部合生成一体，如盘叶忍冬。

7. 叶缘(图14)

全缘 叶缘不具任何锯齿和缺裂，如丁香。

波状 边缘波浪状起伏，如樟树。

浅波状 边缘波状较浅，如白栎。

深波状 边缘波状较深，如蒙古栎。

皱波状 边缘波状皱曲，如北京杨壮枝之叶。

锯齿 边缘有尖锐的锯齿，齿端向前，如白榆、油茶。

细锯齿 边缘锯齿细密，如垂柳。

钝齿 边缘锯齿先端钝，如加杨。

重锯齿 锯齿之间又具小锯齿，如春榆、樱花。

齿牙 边缘有尖锐的齿牙，齿端向外，齿的两边近相等，如中平树、苎麻，又叫牙齿状。

小齿牙 边缘具较小的齿牙，如荚蒾，又叫小牙齿状。

缺刻的 边缘具不整齐较深的裂片。

条裂的 边缘分裂为狭条。

浅裂的 边缘浅裂至中脉约三分之一左右，如辽东栎。

深裂的 叶片深裂至离中脉或叶基部不远处，如鸡爪槭。

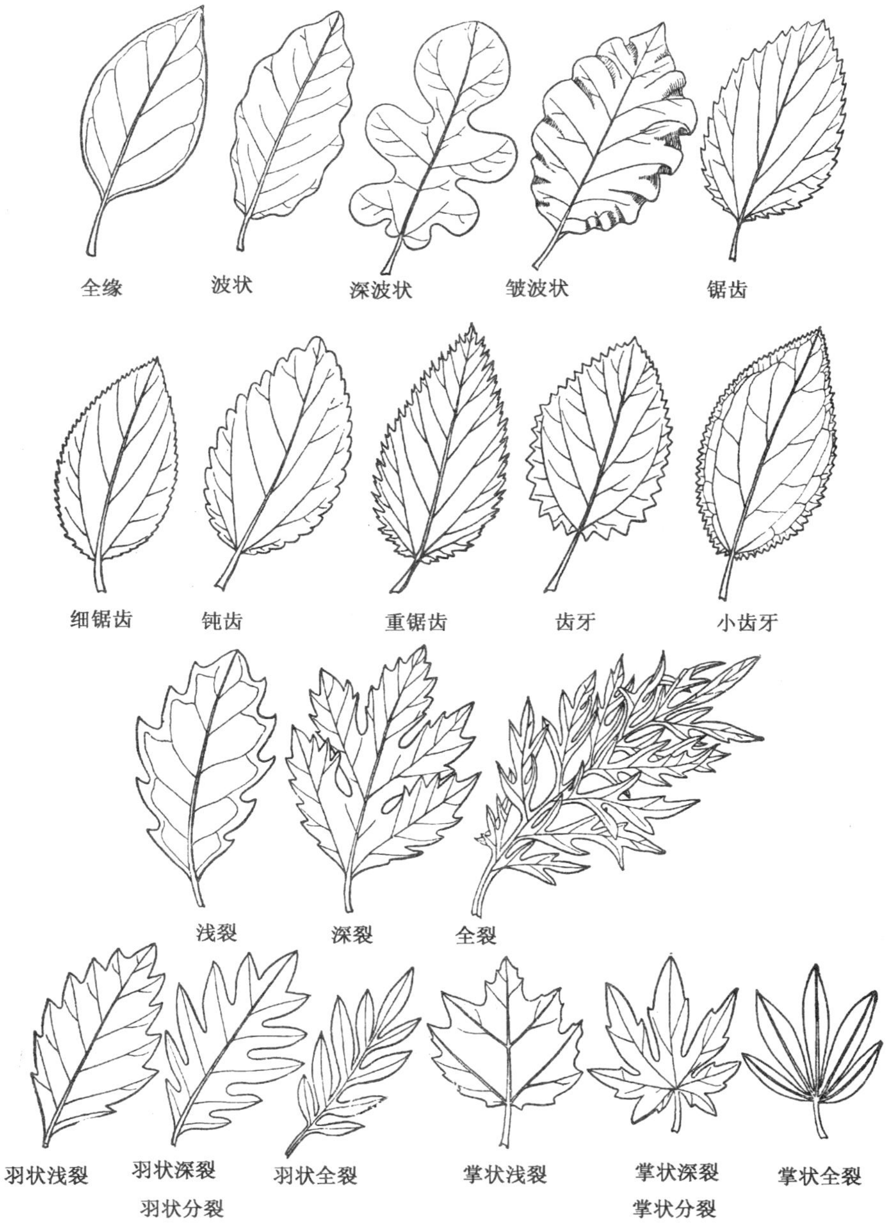
全缘
波状
深波状
皱波状
锯齿
细锯齿
钝齿
重锯齿
齿牙
小齿牙
浅裂
深裂
全裂
羽状浅裂
羽状深裂
羽状分裂
羽状全裂
掌状浅裂
掌状深裂
掌状分裂
掌状全裂

图14　叶　缘

全裂的　叶片分裂深至中脉或叶柄顶端，裂片彼此完全分开，如银桦。

羽状分裂　裂片排列成羽状，并具羽状脉。因分裂深浅程度不同，又可分为羽状浅裂、羽状深裂、羽状全裂等。

掌状分裂　裂片排列成掌状，并具掌状脉，因分裂深浅程度不同，又可分为掌状浅裂、掌状全裂、掌状三浅裂、掌状五浅裂、掌状五深裂等。

8．复叶的种类(图 15)

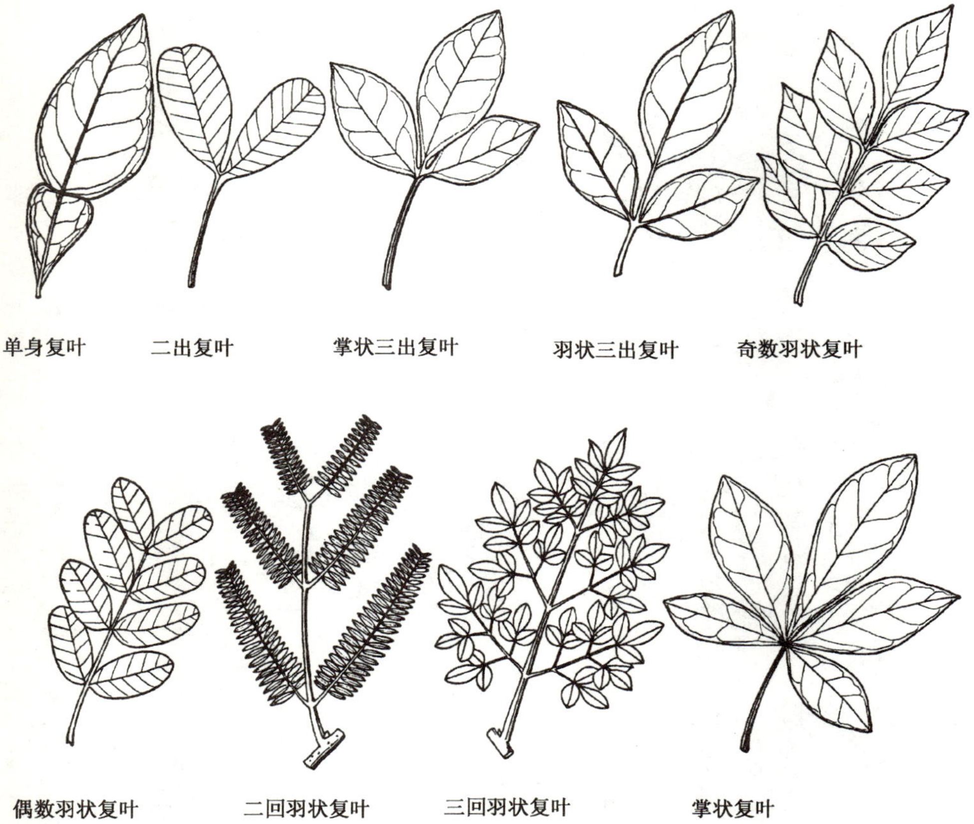

图 15　复叶的种类

单身复叶　外形似单叶，但小叶片与叶柄间具关节，如柑橘，又叫单小叶复叶。

二出复叶　总叶柄上仅具两个小叶，又叫两小叶复叶。

三出复叶　总叶柄上具三个小叶。

羽状三出复叶　顶生小叶着生在总叶轴的顶端，其小叶柄较两个侧生小叶的小叶柄为长，如胡枝子。

掌状三出复叶　三个小叶都着生在总叶柄顶端的一点上，小叶柄近等长，如橡胶树。

羽状复叶　复叶的小叶排列成羽状，生于总叶轴的两侧。

奇数羽状复叶　羽状复叶的顶端有一个小叶，小叶的总数为单数，如槐树。

偶数羽状复叶　羽状复叶的顶端有两个小叶，小叶的总数为双数，如皂荚。

二回羽状复叶　总叶柄的两侧有羽状排列的一回羽状复叶，总叶柄的末次分枝连同其上小叶叫羽片，羽片的轴叫羽片轴或小羽轴，如合欢。

三回羽状复叶　总叶柄两侧有羽状排列的二回羽状复叶，如南天竺。

掌状复叶　几个小叶着生在总叶柄顶端，如荆条、七叶树。

9. 叶的变态　除冬芽的芽鳞、花的各部分、苞片及竹箨外，尚有下列几种(图 16)：

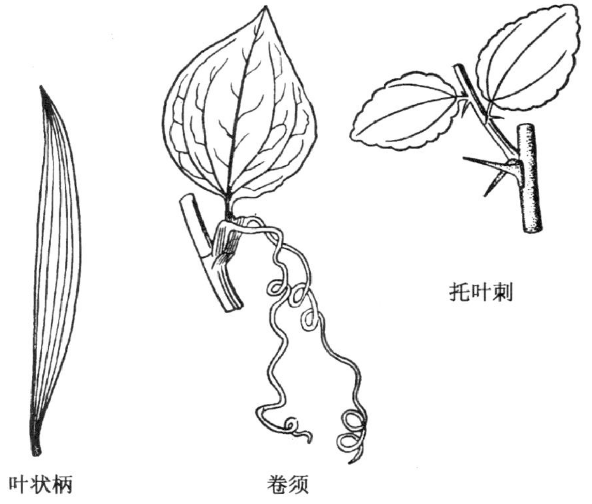

图 16　叶的变态

托叶刺　由托叶变成的刺，如刺槐、枣树。

卷须　由叶片(或托叶)变为纤弱细长的卷须，如菝葜的卷须。

叶状柄　小叶退化，叶柄成扁平的叶状体，如相思树。

叶鞘　由数枚芽鳞组成，包围针叶基部，如松属树木。

托叶鞘　由托叶延伸而成，如木蓼。

10. 幼叶在芽内的卷叠式(图 17)

对折　幼叶片的左右两半沿中脉向内折合，如桃、白玉兰。

席卷　幼叶由一侧边缘向内包卷如卷席，如李。

内卷　幼叶片自两侧的边缘向内卷曲，如毛白杨。

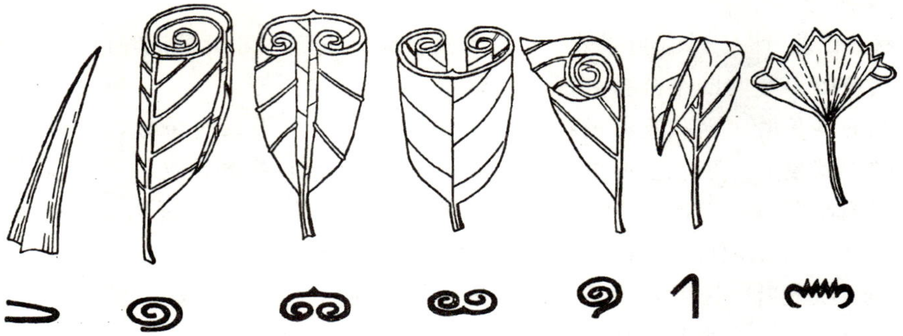

图 17　幼叶在芽内的卷叠式

外卷　幼叶片自两侧的边缘向外卷曲，如夹竹桃。

拳卷　由叶片的先端向内卷曲，如苏铁。

折扇状　幼叶折叠如折扇，如葡萄、棕榈。

内折　幼叶对折后，又自上向下折合，如鹅掌楸。

八、花

1. 花的概说

完全花　由花萼、花冠、雄蕊和雌蕊四部分组成的花。花的各部着生处叫花托，承托花的柄叫花梗，又叫花柄(图 18)。

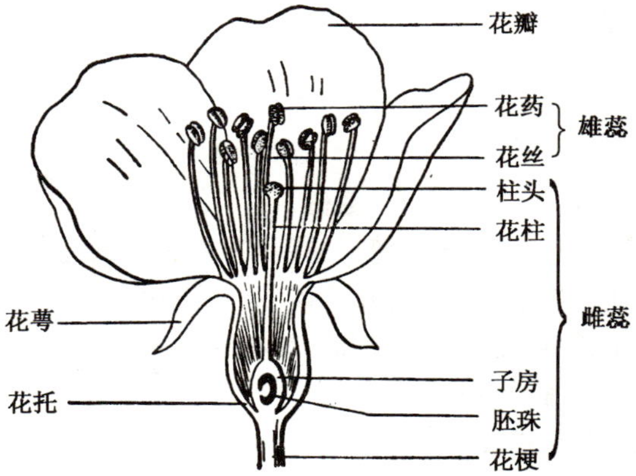

图 18　完全花

不完全花　缺少花萼、花冠、雄蕊或雌蕊一至三部分的花。

两性花　兼有雄蕊和雌蕊的花。

单性花　仅有雄蕊或雌蕊的花。

雄花　只有雄蕊没有雌蕊或雌蕊退化的花。

雌花　只有雌蕊没有雄蕊或雄蕊退化的花。

雌雄同株　雄花和雌花生于同一植株上。

雌雄异株　雄花和雌花不生于同一植株上。

杂性花　一株树上兼有单性花和两性花。单性和两性花生于同一植株的，叫杂性同株；分别生于同种不同植株上的，叫杂性异株。

花被　是花萼与花冠的总称。

双被花　花萼和花冠都具备的花。如花萼和花冠相似，则叫同被花，花被的各片叫花被片，如白玉兰、樟树。

单被花　仅有花萼而无花冠的花，如白榆、板栗。

整齐花　通过花的任一直径，都可以切得两个对称半面的花，如桃、李，又名辐射对称花。

不整齐花　只有一个直径可以切得两个对称半面的花，如泡桐、刺槐，又名左右对称花。

2. 花萼　花最外或最下的一轮花被，通常绿色，亦有不为绿色的，分有离萼与合萼两种。

萼片　花萼中分离的各片。

萼筒　花萼的合生部分。

萼裂片　萼筒的上部分离的裂片。

副萼　花萼排列为二轮时，其最外的一轮。

3. 花冠　花的第二轮，位于花萼的内面，通常大于花萼，质较薄，呈各种颜色。花冠各瓣彼此分离的，叫离瓣花冠；花冠各瓣多少合生的，叫合瓣花冠。

(1)花冠各部分的名称

花冠筒　合瓣花冠下部连合的部分。

花冠裂片　合瓣花冠上部分离的部分。

瓣片　花瓣上部扩大的部分。

瓣爪　花瓣基部细窄如爪状。

(2)花冠的形状(图 19)

筒状　指花冠大部分合成一管状或圆筒状，如醉鱼草、紫丁香，又名管状。

漏斗状　花冠下部筒状，向上渐渐扩大成漏斗状，如鸡蛋花、黄蝉等。

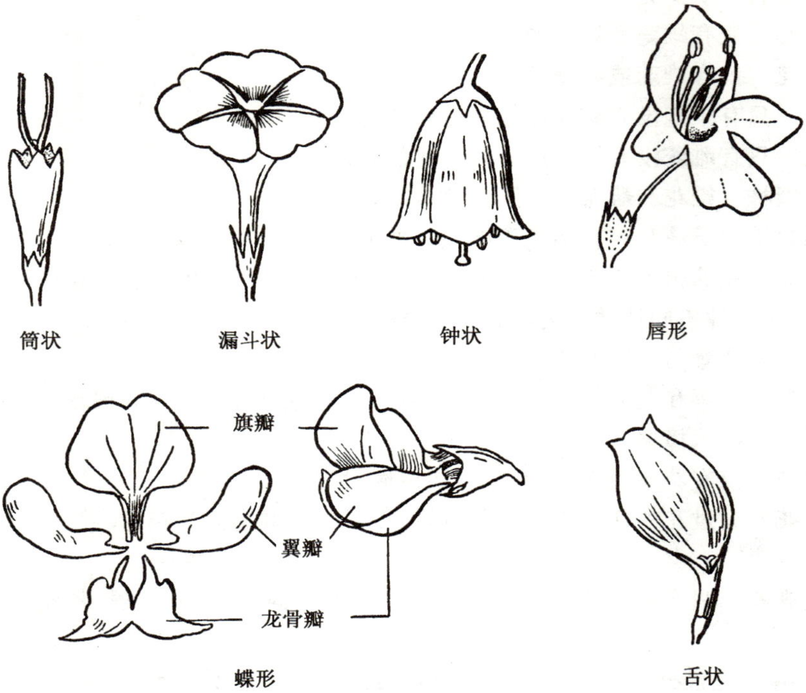

图 19　花冠的形状

钟状　花冠筒宽而稍短，上部扩大成一针形，如吊钟花。

高脚碟状　花冠下部窄筒形，上部花冠裂片突向水平开展，如迎春花。

坛状　花冠筒膨大为卵形或球形，上部收缩成短颈，花冠裂片微外曲，如柿树的花。

唇形　花冠稍呈二唇形，上面两裂片多少合生为上唇，下面三裂片为下唇，如唇形科植物。

舌状　花冠基部成一短筒，上面向一边张开而呈扁平舌状，如菊科某些种篮状花序的边缘花。

蝶形　其上最大的一片花瓣叫旗瓣，侧面两片较小的叫翼瓣，最下两片，下缘稍合生的，状如龙骨，叫龙骨瓣，如刺槐、槐树花。

(3)花被在花芽内排列的方式(图 20)

镊合状　指各片的边缘相接，但不相互覆盖。其边缘如全部内弯的，叫内向镊合状；如全部外弯的，则叫外向镊合状。

旋转状　指一片的一边覆盖其邻接的一片的一边，而另一边则为邻接的另一片边

图 20　花被在花芽内排列的方式

缘所覆盖。

覆瓦状　和旋转状相似，惟各片中有一片完全在外，另一片完全在内。

重瓦状　二片在外，另二片在内，其他的一片有一边在外，一边在内。

4．雄蕊　由花丝和花药构成。一花内的全部雄蕊总称雄蕊群。

(1)雄蕊的类型(图 21)

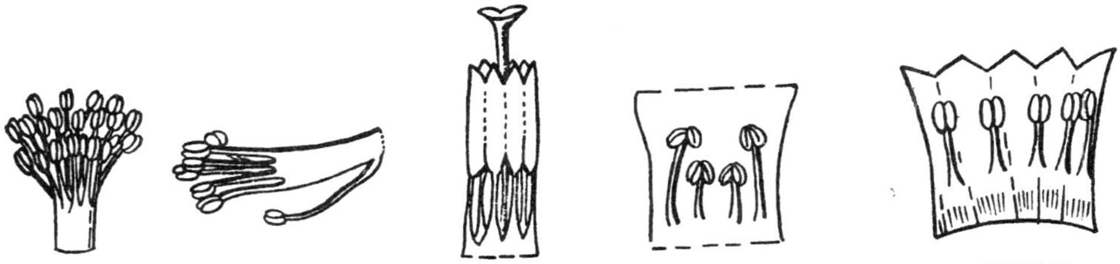

图 21　雄蕊的类型

离生雄蕊　雄蕊彼此分离的。

合生雄蕊　雄蕊多少合生的。

单体雄蕊　花丝合生为一束，如扶桑。

两体雄蕊　当花丝成二束时，如刺槐、黄檀。

多体雄蕊　当花丝成多束时，如金丝桃。

聚药雄蕊　当花药合生而花丝分离时，如菊科、山梗菜。

雄蕊筒　花丝完全合生成球形或圆筒形，如楝树、梧桐，又叫花丝筒。

二强雄蕊　雄蕊四枚，其中一对较另一对为长，如荆条、柚木。

冠生雄蕊　着生在花冠上。

退化雄蕊　雄蕊没有花药或稍具花药形而不含花粉者。

(2)花药　花丝顶端膨大的囊状体，花药有间隔部分，叫药隔，它是由花丝顶端伸出形成，往往把花药分成若干室，这些室叫药室。

①花药开裂方式(图 22)：

纵裂　药室纵向开裂，这是最常见的，如白玉兰。

孔裂　药室顶部或近顶部有小孔，花粉由该孔散出，如杜鹃花科、野牡丹科。

瓣裂　药室有活盖，当雄蕊成熟时，盖就掀开，花粉散出，如樟科、小檗科。

横裂　药室横向开裂，如铁杉、金钱松、大红花。

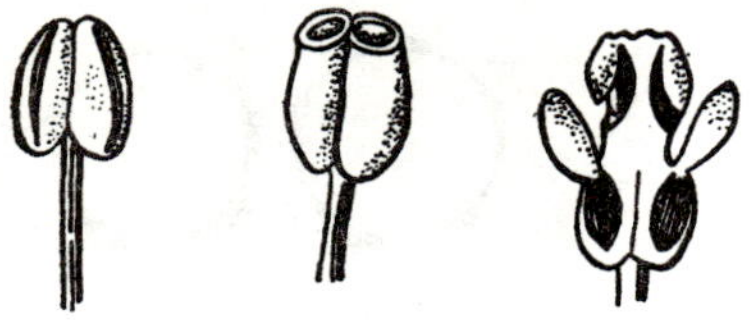

图 22　花药开裂方式

②花药着生状态(图 23)：

图 23　花药着生状态

基着药　花药基部着生于花丝顶。

背着药　花药背部着生于花丝顶。

全着药　花药一侧全部着生在花丝上。

广歧药　药室张开，且完全分离，几乎成一直线着生在花丝顶端。

丁字药　花药背部的中央着生于花丝的顶端而呈“丁”字形。

个字药　药室基部张开而上部着生于花丝顶端。

5. 雌蕊　位于花的中央，由心皮(变形的大孢子)连接而成，发育成果实。

(1)雌蕊的组成部分

柱头　位于花柱顶端，是接受花粉的部分，形状不一。

花柱　位于柱头与子房之间，通常长柱形，有时极短或无。

子房　雌蕊的主要部分，通常膨大，一至多室，每室有一至多数胚珠。

(2)雌蕊的类型(图 24)

单雌蕊　由一心皮构成一室的雌蕊，如刺槐、紫穗槐。

复雌蕊　由两个以上心皮构成的雌蕊，又叫合生心皮雌蕊，如楝树、油茶、泡桐。

离生心皮雌蕊　由若干个彼此分离心皮组成的雌蕊，如白兰花、八角。

(3)胎座(图 24)　胚珠着生的地方。

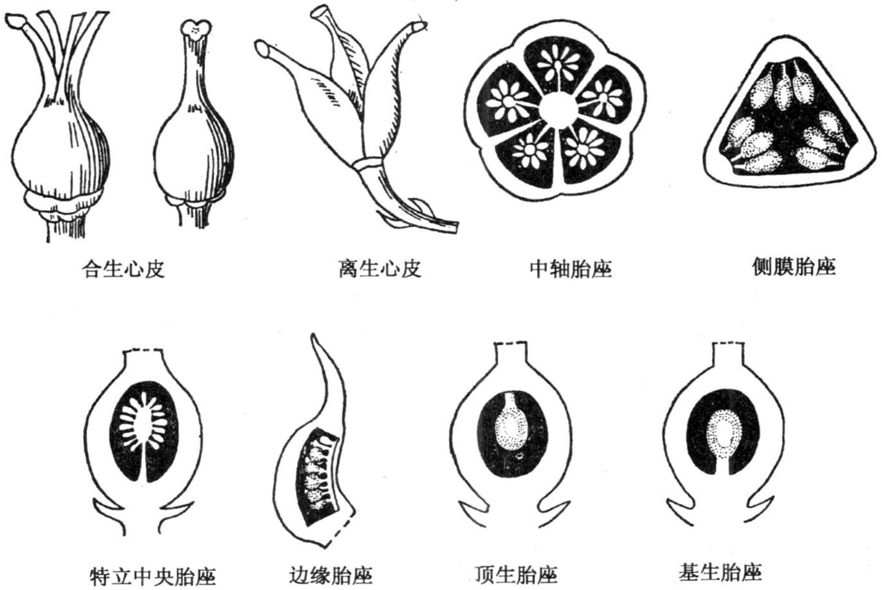

图 24　雌蕊的类型及胎座

中轴胎座　在合生心皮的多室子房，各心皮的边缘在中央连合形成中轴，胚珠着生在中轴上，如苹果、柑橘。

特立中央胎座　在一室的复子房内，中轴由子房腔的基部升起，但不达顶部，胚珠着生轴上，如石竹科植物。

侧膜胎座　在合生心皮一室的子房内，胚珠生于每一心皮的边缘，胎座稍厚或隆起，有时扩展成一假隔膜，如番木瓜、红木。

边缘胎座　在单心皮一室的子房内，胚珠生于心皮的边缘，如含羞草科、苏木科和蝶形花科。

顶生胎座　胚珠生于子房室的顶部，如瑞香科植物。

基生胎座　胚珠生于子房室的基部，如菊科植物。

(4)胚珠　发育成种子的部分，通常由珠心和一至二层珠被组成。在种子植物中，胚珠着生于子房内的植物叫被子植物，如梅、李、桃；胚珠裸露，不包于子房内的植物叫裸子植物，如松、杉、柏。

珠心　胚珠中心部分，内有胚囊。

珠被　包被珠心的薄膜，通常为二层，称外珠被和内珠被，杨柳科植物只有一层珠被，檀香科植物无珠被。

珠柄　连结胚珠和胎座的部分。

合点　珠被和珠心的接合点。

珠孔　珠心通往外部的孔道。

胚珠的类型(图 25)：

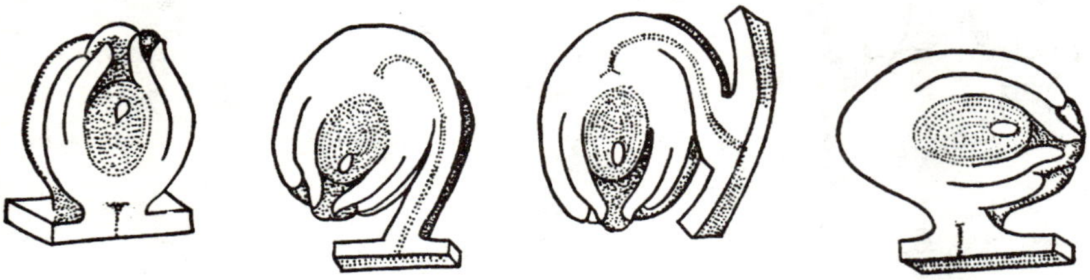

图 25　胚珠的类型

直生胚珠　中轴甚短，合点在下，珠孔向上方。

弯生胚珠　胚珠横卧，珠孔弯向下方。

倒生胚珠　中轴颇长，合点在上，珠孔在下。

半倒生胚珠　胚珠横卧，珠孔向侧方，又叫横生胚珠。

6. 花托　花梗顶端膨大的部分，花的各部着生处。

(1)按子房着生在花托上的位置，花分为(图 26)：

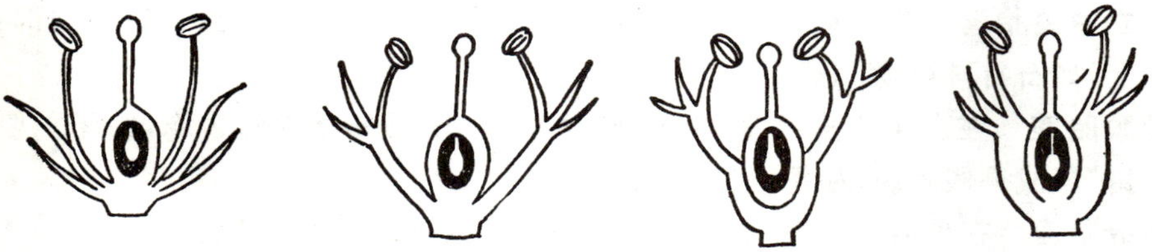

图 26　子房着生在花托上的位置

子房上位　花托呈圆锥状，子房生于花托上面，雄蕊群、花冠、花萼依次生于子房的下方，如金丝桃、八角等，又叫下位花。有些花托凹陷，子房生在中央，雄蕊群、花冠、花萼生于花托上端内侧周围，虽属子房上位，但应叫周位花，如桃、李。

子房半下位　子房下半部与花托愈合，上半部与花托分离，如锈球花、秤锤树等，又叫周位花。

子房下位　花托凹陷，子房与花托完全愈合，雄蕊群、花冠、花萼生于花托顶部，如番石榴、苹果等，又叫上位花。

(2)花托上的其他部分

花盘 花托的扩大部分，形状不一，生于子房基部，上部或介于雄蕊和花瓣之间。全缘至分裂，或成疏离的腺体。

蜜腺 雄蕊或雌蕊基部的小突起物，常分泌蜜液。

雌雄蕊柄 雌、雄蕊基部延长成柄状，如西番莲科和白花菜。

子房柄 雌蕊的基部延长成柄状，如白花菜科的醉蝶花和有些蝶形花科植物。

九、花 序

花序 花排列于花枝上的情况。花有单生的，也有排成花序的，整个花枝的轴叫花轴，也叫总花轴，而支持这群花的柄叫总花柄，又叫总花梗。

1. 花序的类型

(1)按花开放顺序的先后可分为

无限花序 指花序下部的花先开，依次向上开放，或由花序外围向中心依次开放。

有限花序 指花序最顶点或最中心的花先开，外侧或下部的花后开。

混合花序 有限花序和无限花序混生的花序，即主轴可无限延长，而侧枝为有限花序时或相反。如泡桐、滇楸的花序是由聚伞花序排成圆锥花序状；云南山楂的花序是由聚伞花序排成伞房花序状。

(2)常见的花序(图 27)

穗状花序 花多数，无梗，排列于不分枝的主轴上，如水青树。

柔荑花序 由单性花组成的穗状花序，通常花轴细软下垂，开花后(雄花序)或果熟后(果序)整个脱落，如杨柳科。

头状花序 花轴短缩，顶端膨大，上面着生许多无梗花，全形呈圆球形，如悬铃木、枫香。

肉穗花序 为一种穗状花序，总轴肉质肥厚，分枝或不分枝，且为一佛焰苞所包被，棕榈科通常也属该类的花序。

隐头花序 花聚生于凹陷，中空、肉质的总花托内，如无花果、榕树。

总状花序 和穗状花序相似，但花有梗，近等长，如刺槐、银桦。

伞房花序 和总状花序相似，但花梗不等长，最下的花梗最长，渐上递短，使整个花序顶成一平头状，如梨、苹果。

伞形花序 花集生于花轴的顶端，花梗近等长，如五加科有些种类及窿缘桉。

圆锥花序 花轴上每一个分枝是一个总状花序，又叫复总状花序；有时花轴分枝，分枝上着生二花以上，外形呈圆锥状的花丛，如荔枝、槐树也属该类的花序。

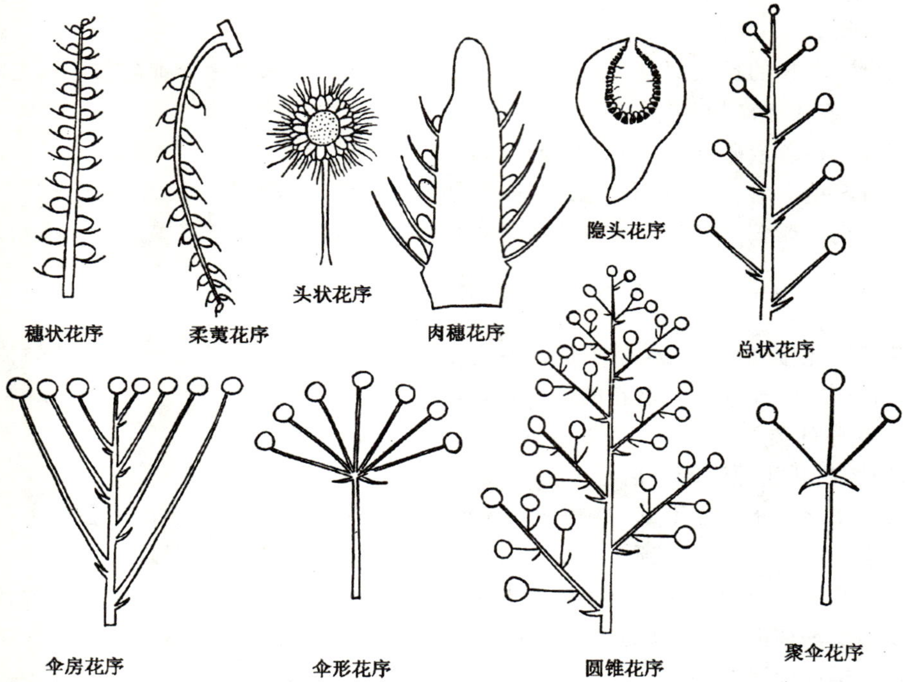

图 27　常见的花序

聚伞花序　为一有限花序，最内或中央的花先开，两侧的花后开。

复聚伞花序　花轴顶端着生一花，其两侧各有一分枝，每分枝上着生聚伞花序，或重复连续二歧分枝的花序，如卫矛。

复花序　花序的花轴分枝，每一分枝又着生同一种的花序，如复总状花序、复伞形花序。

2. 承托花和花序的器官

苞片　生于花序或花序每一分枝下，以及花梗下的变态叶。

小苞片　生于花梗上的次一级苞片。

总苞　紧托花序或一花，而聚集成轮的数枚或多数苞片，花后发育为果苞，如桦木。

佛焰苞　为肉穗花序中包围一花束的一枚大苞片。

十、果实（图 28）

果实　是植物开花受精后的子房发育形成的。包围果实的壁叫果皮，一般可分为三

图 28　果实的类型

层，最外的一层叫外果皮，中间的一层叫中果皮，最内的一层叫内果皮。果实的主要类型有：

1. 聚合果　由一花内的各离生心皮形成的小果聚合而成。由于小果类型不同，可分为聚合蓇葖，如八角属及木兰属；聚合核果，如悬钩子；聚合浆果，如五味子；聚合瘦果，如铁线莲。

2. 聚花果　由一整个花序形成的合生果，如桑椹、无花果、菠萝蜜。

3. 单果　由一花中的一个子房或一个心皮形成的单个果实。

蓇葖　为开裂的干果，成熟时心皮沿背缝线或腹缝线开裂，如银桦。

荚果　由单心皮上位子房形成的干果，成熟时通常沿背、腹两缝线开裂，或不裂，如蝶形花科、含羞草科。

蒴果　由两个以上合生心皮的子房形成。开裂方式有：室背开裂，即沿心皮的背缝线开裂，如橡胶树；室间开裂，即沿室之间的隔膜开裂，如杜鹃；室轴开裂，即室背或室间开裂的裂瓣与隔膜同时分离，但心皮间的隔膜保持连合，如乌桕；孔裂，即果实成熟时种子由小孔散出；瓣裂，即以瓣片的方式开裂，如窿缘桉。

瘦果　为一小而仅具一心皮一种子不开裂的干果，如铁线莲；有时亦有多于一个心皮的，如菊科植物亦属该类型的果实。

颖果　与瘦果相似，但果皮和种皮愈合，不易分离，有时还包有颖片，如多数竹类。

胞果　具有一颗种子，由合生心皮的上位子房形成，果皮薄而膨胀，疏松地包围种子，且与种子极易分离，如梭梭树。

翅果　瘦果状带翅的干果，由合生心皮的上位子房形成，如榆树、槭树。

坚果　具一颗种子的干果，果皮坚硬，由合生心皮的下位子房形成，如板栗、榛子，并常有总苞包围。

浆果　由合生心皮的子房形成，外果皮薄，中果皮和内果皮肉质，含浆汁，如葡萄、荔枝。

柑果　浆果的一种，但外果皮软而厚，中果皮和内果皮多汁，由合生心皮上位子房形成，如柑橘类。

梨果　具有软骨质内果皮的肉质果，由合生心皮的下位子房参与花托形成，内有数室，如梨、苹果。

核果　外果皮薄，中果皮肉质或纤维质，内果皮坚硬，称为果核，一室一种子或数室数种子，如桃、李。

十一、种子（图 29）

种子　由胚珠受精发育而成，包括种皮、胚和胚乳等部分。

种皮　由珠被发育而成，分为外种皮和内种皮。

外种皮　种子的外皮，由外珠被形成。

内种皮　常不存在，位于外种皮之内，主要由内珠被形成。

假种皮　由珠被以外的珠柄或胎座等部分发育而成，部分或全部包围种子。

种脐　种子成熟脱落，在种子上留下原来着生处的痕迹。

种阜　位于种脐附近的小凸起，由珠柄、株脊或珠孔等处生出。

胚　为包藏于种子内处于休眠状态的幼植物，包括胚根、胚轴、胚芽、子叶等部分。一般每种子只有一个胚，柑橘类则具两个以上的胚，称为多胚性。

胚根　位于胚的末端，为未发育的根。

胚轴　连接胚芽、子叶与胚根的部分。

胚芽　未发育的幼枝，位于胚的先端子叶内。

子叶　幼胚的叶，位于胚的上端。

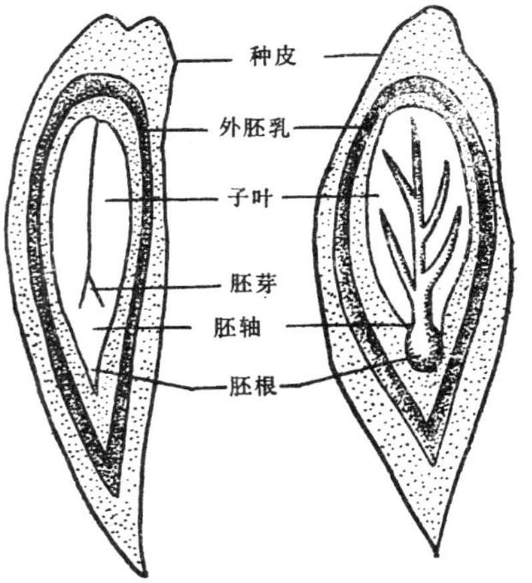

图 29　种　子

十二、附属物（图 30）

1. 毛　是由表皮细胞产生的毛状体，可分为：

短柔毛　较短而柔软的毛，如柿树叶下面的毛。

微柔毛　细小的短柔毛，如小叶白蜡小枝的毛。

绒毛　羊毛状卷曲，多少交织而贴伏成毡状的毛，如毛白杨叶下面的毛，又叫毡毛。

茸毛　直而直立，密生如丝绒状的毛，如茸毛白蜡。

疏柔毛　长，柔软，直立而较疏的毛，如毛薄皮木的叶下面。

长柔毛　长，柔软，常弯曲，但不平伏之毛，如毛叶石楠的幼叶。

绢毛　具有长、直、柔软贴伏、有丝绸光泽的毛，如菇子梢枝叶、绢毛蔷薇叶下面的毛，又叫丝状毛。

刚伏毛　具有硬的、短而贴伏或稍稍翘起的、触之有粗糙感觉的毛。

硬毛　短粗而硬，直立，但触之无粗糙感，如映山红叶下面的毛。

短硬毛　较硬而细短的毛，如大果榆叶面的毛。

刚毛　长而直立，先端尖，触之粗硬的毛，如刺毛忍冬枝叶上的毛，又叫刺毛。

睫毛　毛成行生于边缘，如黄檗叶缘的毛，又叫缘毛。

星状毛　毛的分枝向四方辐射似星芒，如糠椴叶下面的毛。

丁字毛　毛两分枝成一直线，外观似一根毛，其着生点在中央，成丁字状，如灯台树、木兰的叶。

枝状毛　毛的分枝如树枝状，如毛泡桐叶的毛。

腺毛　毛顶端具腺点，或与毛状腺体混生的毛。

2. 腺鳞　毛呈圆片状，通常腺质，如胡颓子、茅栗叶下面的被覆物。

3. 垢鳞　鳞片呈垢状，容易擦落，如照山白的枝和叶下面的被覆物，又叫皮屑状鳞片。

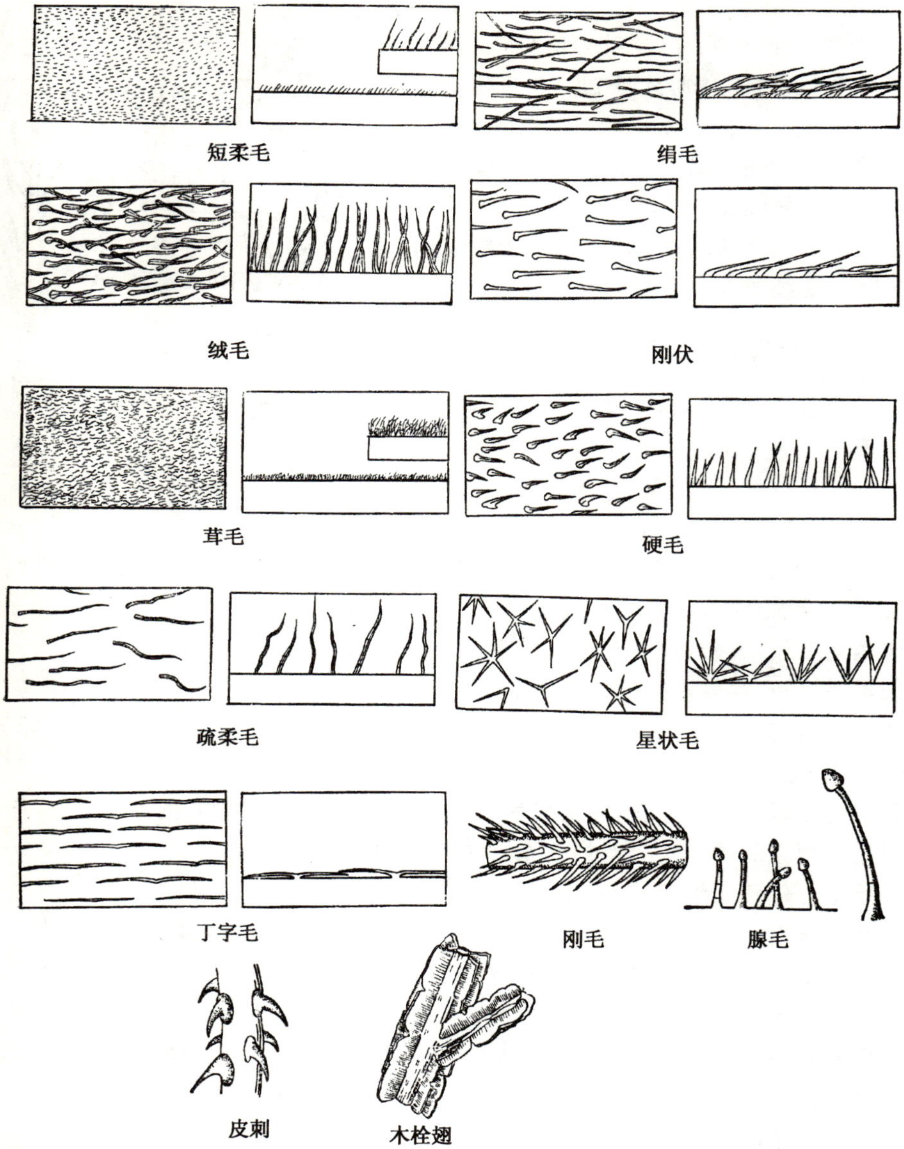

图 30　附属物

4. 腺体　痣状或盾状小体，多少带海绵质或肉质，间或亦分泌少量的油脂物质，通常干燥，为数不多，具有一定的位置，如合欢、油桐的叶柄、樟科第三轮雄蕊的基部所着生的。

5. 腺窝　生于脉腋内的腺体，如樟科有些种类的叶子下面脉腋的小窝，亦有叫腺体的。

6. 腺点　外生的小凸点，数目通常极多，呈各种颜色，为表皮细胞分泌出的油状或胶状物，如紫穗槐、杨梅的叶下面的斑点。

7. 油点　叶表皮下的若干细胞，由于分泌物的大量累积，溶化了细胞壁，形成油腔，在太阳光下，通常呈现出圆形的透明点，如桃金娘科和芸香科大多数种类的叶子。

8. 乳头状突起　小而圆的乳头状突起，如红豆杉、鹅掌楸的叶下面所见的。

9. 疣状突起　圆形的，小疣状的突起，如疣枝桦的小枝、蒙古栎壳斗的苞片的小突起。

10. 皮刺　表皮形成的刺状突起，位置不固定，如花椒、玫瑰的枝叶上着生的刺。

11. 木栓翅　木栓质突起呈翅状，如卫矛、大果榆的小枝。

12. 白粉　白色粉状物，如蓝桉的枝叶、苹果的果皮上的一层被覆物。

十三、质　地

透明的　薄而几乎透明，如竹类花中的鳞被。

半透明的　如钻天杨、小叶杨叶的边缘。

干膜质　薄而干燥呈枯萎状，如麻黄的鞘状退化叶。

膜质的　薄膜状。

纸质的　薄而软，但不透明，如桑树、构树的叶。

革质的　坚韧如皮革，如栲类、黄杨的叶。

软骨质的　坚韧，常较薄，如梨果的内果皮。

骨质的　似骨胳的质地，如山楂、桃、杏果实的内果皮。

草质的　质软，如多数草本茎的质地。

木质的　木质，如树木的枝、干。

肉质的　质厚而稍有浆汁，如芦荟的叶。

木栓质的　松软而稍有弹性，如栓皮栎的树皮、卫矛枝上的木栓翅。

纤维质的　含有多量的纤维，如椰子的中果皮、棕榈的叶鞘。

角质的　如牛角的质地。

十四、裸子植物常用形态术语(图 31)

裸子植物亦属木本植物，由于分类上所应用的术语不能概括于前面所述各个部分，因此将裸子植物常用形态术语单列一项，说明如下：

1. 球花

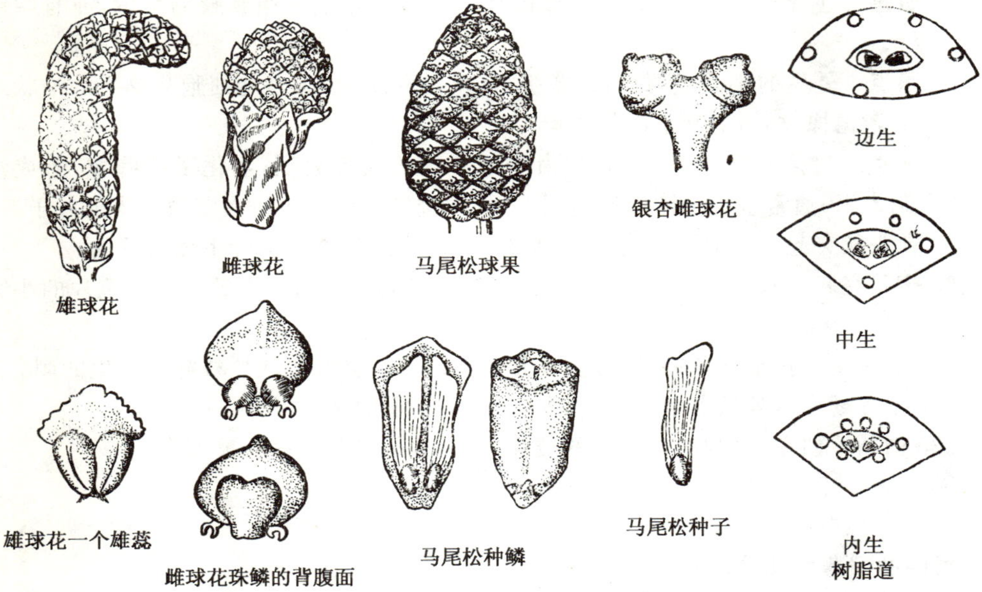

图 31 裸子植物常用形态术语图示

雄球花 由多数雄蕊着生于中轴上所形成的球花,相当于小孢子叶球。雄蕊相当于小孢子叶。花药(即花粉囊)相当于小孢子囊。

雌球花 由多数着生胚珠的鳞片组成的花序,相当于大孢子叶球。

珠鳞 松、杉、柏等科树木的雌球花上着生胚珠的鳞片,相当于大孢子叶。

珠座 银杏的雌球花顶部着生胚珠的鳞片。

珠托 红豆杉科树木的雌球花顶部着生胚珠的鳞片,通常呈盘状或漏斗状。

套被 罗汉松属树木的雌球花顶部着生胚珠的鳞片,通常呈囊状或杯状。

苞鳞 承托雌球花上珠鳞或球果上种鳞的苞片。

2. 球果 松、杉、柏科树木的成熟雌球花,由多数着生种子的鳞片(即种鳞)组成。

种鳞 球果上着生种子的鳞片,又叫果鳞。

鳞盾 松属树种的种鳞上部露出部分,通常肥厚。

鳞脐 鳞盾顶端或中央凸起或凹陷部分。

3. 叶 松属树种的叶有两种:原生叶螺旋状着生,幼苗期扁平条形,后成膜质苞片状鳞片,基部下延或不下延;次生叶针形,2 针、3 针或 5 针一束,生于原生叶腋部不发育短枝的顶端。

气孔线　叶上面或下面的气孔纵向连续或间断排列成的线。

气孔带　由多条气孔线紧密并生所连成的带。

中脉带　条形叶下面两气孔带之间的凸起或微凸起的缘色中脉部分。

边带　气孔带与叶缘之间的绿色部分。

皮下层细胞　叶表皮下的细胞,通常排列成一或数层,连续或不连续排列。

树脂道　叶内含有树脂的管道,又叫树脂管。靠皮下层细胞着生的为边生,位子叶肉薄壁组织中的为中生,靠维管束鞘着生的为内生,也有位于接连皮下层细胞及内皮层之间形成分隔的。

腺槽　柏科植物鳞叶下面凸起或凹陷的腺体。

科、属、种中文名索引

（同一笔画内按拼音序排）

二画

八角金盘 …… 217
八角金盘属 …… 217
八仙花 …… 110
八仙花属 …… 109
丁香属 …… 236
二乔玉兰 …… 99
九里香 …… 168
九里香属 …… 167
七叶树 …… 186
七叶树科 …… 186
七叶树属 …… 186

三画

大果榆 …… 85
大花溲疏 …… 109
大花紫薇 …… 212
大戟科 …… 172
大叶桉 …… 215
大叶黄杨 …… 182
大叶杨 …… 68
大叶醉鱼草 …… 242
马鞭草科 …… 245
马钱科 …… 241
马尾松 …… 43
马缨丹 …… 247
马缨丹属 …… 247
马缨杜鹃 …… 227
马醉木 …… 228
马醉木属 …… 228
女贞 …… 238
女贞属 …… 238
千屈菜科 …… 211
三角枫 …… 186
三丫乌药 …… 106
三丫绣球 …… 120
山茶 …… 203
山茶科 …… 203
山茶属 …… 203
山杜英 …… 196
山核桃 …… 72
山核桃属 …… 72
山胡椒 …… 106
山荆子 …… 128
山毛榉科 …… 77
山梅花 …… 108
山梅花属 …… 107
山桃 …… 144
山杨 …… 67
山玉兰 …… 100
山皂荚 …… 151
山楂 …… 125
山楂属 …… 124
山茱萸 …… 224
山茱萸科 …… 221
山茱萸属 …… 224
卫矛科 …… 182
卫矛属 …… 182
小檗 …… 96
小檗科 …… 96

小檗属 …… 96
小果海棠 …… 129
小花溲疏 …… 109
小蜡 …… 239
小叶白蜡 …… 235
小叶锦鸡儿 …… 159
小叶女贞 …… 238
小叶朴 …… 87
小叶鼠李 …… 191
小叶杨 …… 68
小紫珠 …… 246

四画

方竹 …… 272
方竹属 …… 272
风箱果 …… 121
风箱果属 …… 121
凤凰木 …… 152
凤凰木属 …… 151
凤尾兰 …… 281
化香 …… 74
化香属 …… 74
火棘 …… 133
火棘属 …… 133
火炬树 …… 180
火炬松 …… 45
六道木 …… 258
六道木属 …… 258
六月雪 …… 255
六月雪属 …… 255
毛梾木 …… 222
毛白杨 …… 65
毛刺槐 …… 155
毛茛科 …… 95
毛泡桐 …… 249
毛叶丁香 …… 237
毛樱桃 …… 146
毛榛 …… 77
毛竹 …… 268
木本绣球 …… 262
木菠萝 …… 93
木芙蓉 …… 199
木瓜 …… 126
木瓜属 …… 125
木荷 …… 204
木荷属 …… 204
木槿 …… 199
木槿属 …… 199
木兰 …… 98
木兰科 …… 97
木兰属 …… 98
木蓝属 …… 161
木麻黄 …… 63
木麻黄科 …… 63
木麻黄属 …… 63
木棉 …… 200
木棉科 …… 200
木棉属 …… 200
木犀科 …… 232
木犀属 …… 239
木香 …… 138
日本槭 …… 186
日本落叶松 …… 37
日本女贞 …… 239
日本贴梗海棠 …… 126
日本晚樱 …… 146
日本五针松 …… 45
双子叶植物纲 …… 62
水栒子 …… 124
水蜡树 …… 239
水曲柳 …… 234
水杉 …… 51

水杉属 …… 51
水松 …… 49
水松属 …… 49
水榆花楸 …… 131
太平花 …… 108
天目琼花 …… 264
天女花 …… 100
王棕 …… 280
王棕属 …… 280
文冠果 …… 189
文冠果属 …… 189
乌饭树 …… 230
乌桕 …… 173
乌桕属 …… 173
乌头叶蛇葡萄 …… 194
无梗五加 …… 219
无花果 …… 92
无患子 …… 188
无患子科 …… 187
无患子属 …… 188
五加 …… 218
五加科 …… 216
五加属 …… 218
五角枫 …… 185
五味子 …… 102
五味子属 …… 102
五叶地锦 …… 195
元宝枫 …… 185
月桂 …… 106
月桂属 …… 106
月季 …… 138
云南樟 …… 105
云杉 …… 31
云杉属 …… 31
云实 …… 152
云实属 …… 152
中华猕猴桃 …… 202

五画

白花杜鹃 …… 227
白桦 …… 75
白鹃梅 …… 122
白鹃梅属 …… 122
白蜡树 …… 234
白蜡树属 …… 233
白兰花 …… 100
白梨 …… 130
白皮松 …… 43
白千层 …… 216
白千层属 …… 216
白杄 …… 32
北非雪松 …… 39
北美乔松 …… 45
代代 …… 167
东北茶藨子 …… 110
东北红豆杉 …… 59
东北珍珠梅 …… 122
东京樱花 …… 146
东陵八仙花 …… 110
东瀛珊瑚 …… 223
冬青 …… 181
冬青科 …… 181
冬青属 …… 181
禾本科 …… 265
加拿大杨 …… 66
兰香草 …… 246
辽东栎 …… 83
辽冬冷杉 …… 30
龙船花 …… 255
龙船花属 …… 255
龙芽花 …… 162
龙眼 …… 189

龙眼属 …………………………………… 189
宁夏枸杞 ………………………………… 248
平枝栒子 ………………………………… 124
石栎 ………………………………………… 80
石栎属 ……………………………………… 80
石榴 ………………………………………… 213
石榴科 ……………………………………… 212
石榴属 ……………………………………… 213
石楠 ………………………………………… 134
石楠属 ……………………………………… 133
丝兰 ………………………………………… 281
丝兰属 ……………………………………… 280
丝棉木 ……………………………………… 183
四照花 ……………………………………… 223
四照花属 ………………………………… 223
台湾相思 ………………………………… 148
玄参科 ……………………………………… 248
叶底珠 ……………………………………… 176
叶底珠属 ………………………………… 176
叶子花 ……………………………………… 94
叶子花属 ………………………………… 94
玉兰 ………………………………………… 98

六画

百合科 ……………………………………… 280
百花花楸 ………………………………… 131
池杉 ………………………………………… 51
灯塔树 ……………………………………… 222
吊钟花 ……………………………………… 228
吊钟花属 ………………………………… 227
刚竹 ………………………………………… 269
刚竹属 ……………………………………… 267
光叶蔷薇 ………………………………… 138
合瓣花亚纲 ……………………………… 225
合欢 ………………………………………… 147
合欢属 ……………………………………… 147
红丁香 ……………………………………… 237
红豆杉科 ………………………………… 58
红豆杉属 ………………………………… 59
红豆树属 ………………………………… 163
红桦 ………………………………………… 75
红瑞木 ……………………………………… 222
红松 ………………………………………… 41
红叶李 ……………………………………… 146
华北柽柳 ………………………………… 208
华北落叶松 ……………………………… 36
华山松 ……………………………………… 42
灰栒子 ……………………………………… 124
夹竹桃 ……………………………………… 243
夹竹桃科 ………………………………… 242
夹竹桃属 ………………………………… 243
决明属 ……………………………………… 153
米仔兰 ……………………………………… 171
米仔兰属 ………………………………… 171
朴树 ………………………………………… 87
朴属 ………………………………………… 86
乔松 ………………………………………… 45
肉桂 ………………………………………… 105
芍药属 ……………………………………… 95
西洋梨 ……………………………………… 130
西洋山梅花 ……………………………… 108
羊蹄甲属 ………………………………… 151
杂种香水月季 …………………………… 138
早园竹 ……………………………………… 270
朱蕉 ………………………………………… 281
朱蕉属 ……………………………………… 281
朱砂根 ……………………………………… 271
竹亚科 ……………………………………… 265

七画

阿穆尔小檗 ……………………………… 97
驳骨丹 ……………………………………… 242

赤杨 …… 76
赤杨属 …… 76
豆科 …… 146
杜鹃 …… 226
杜鹃花科 …… 225
杜鹃花属 …… 225
杜梨 …… 130
杜松 …… 58
杜英科 …… 195
杜英属 …… 196
杜仲 …… 117
杜仲科 …… 117
杜仲属 …… 117
佛肚竹 …… 273
扶芳藤 …… 183
杠柳 …… 245
杠柳属 …… 244
含笑 …… 100
含笑属 …… 100
含羞草亚科 …… 147
旱柳 …… 68
花红 …… 129
花椒 …… 165
花椒属 …… 165
花木蓝 …… 161
花楸属 …… 130
鸡蛋花 …… 244
鸡蛋花属 …… 244
鸡麻 …… 139
鸡麻属 …… 138
鸡桑 …… 90
鸡爪槭 …… 186
坚桦 …… 75
君迁子 …… 232
冷杉 …… 30
冷杉亚科 …… 29
冷杉属 …… 29
李 …… 141
李属 …… 140
李亚科 …… 140
李叶绣线菊 …… 121
连翘 …… 235
连翘属 …… 235
麦李 …… 146
牡丹 …… 95
牡荆属 …… 247
忍冬科 …… 255
忍冬属 …… 258
沙地柏 …… 57
沙棘 …… 211
沙棘属 …… 211
沙梨 …… 130
沙枣 …… 210
杉科 …… 46
杉木 …… 46
杉木属 …… 46
苏木亚科 …… 149
苏铁 …… 25
苏铁科 …… 24
苏铁属 …… 24
孝顺竹 …… 273
杏 …… 142
芫花 …… 209
杨柳科 …… 64
杨梅 …… 70
杨梅科 …… 70
杨梅属 …… 70
杨属 …… 64
迎春 …… 241
芸香科 …… 164
皂荚 …… 150
皂荚属 …… 150

八画

板栗 …… 78
侧柏 …… 53
侧柏属 …… 53
垂柳 …… 69
垂丝丁香 …… 236
垂丝海棠 …… 129
刺柏属 …… 57
刺檗 …… 97
刺桂 …… 240
刺果茶藨子 …… 111
刺葵属 …… 280
刺槐 …… 155
刺槐属 …… 155
刺楸 …… 217
刺楸属 …… 217
刺桐 …… 162
刺桐属 …… 162
刺五加 …… 219
单竹属 …… 274
单子叶植物纲 …… 264
法国蔷薇 …… 138
法桐 …… 119
枫香 …… 112
枫香属 …… 112
枫杨 …… 73
枫杨属 …… 73
构树 …… 90
构属 …… 90
杭子梢 …… 160
杭子梢属 …… 160
河北杨 …… 68
河柳 …… 70
虎耳草科 …… 107
金合欢 …… 149
金合欢属 …… 148
金柑属 …… 166
金橘 …… 167
金露梅 …… 139
金露梅属 …… 139
金缕梅 …… 114
金缕梅科 …… 112
金缕梅属 …… 114
金钱松 …… 37
金钱松属 …… 37
金雀儿 …… 158
金丝梅 …… 207
金丝桃 …… 206
金丝桃属 …… 206
金松属 …… 47
金松 …… 47
金银花 …… 259
金银木 …… 260
金枣 …… 166
金钟花 …… 236
苦木 …… 170
苦木科 …… 169
苦木属 …… 170
苦槠 …… 79
苦竹 …… 275
苦竹属 …… 275
罗汉竹 …… 271
玫瑰 …… 136
茉莉 …… 240
茉莉属 …… 240
欧洲大叶榆 …… 86
欧洲琼花 …… 264
爬山虎 …… 195
爬山虎属 …… 194
泡桐 …… 249
泡桐属 …… 248

枇杷 …………………………………………… 132
枇杷属 ………………………………………… 131
苹果 …………………………………………… 127
苹果亚科 ……………………………………… 123
苹果属 ………………………………………… 126
茄科 …………………………………………… 247
青杄 ……………………………………………… 33
青冈栎 …………………………………………… 83
青冈栎属 ………………………………………… 83
青檀 ……………………………………………… 87
青檀属 …………………………………………… 87
青杨 ……………………………………………… 67
软荚红豆 ……………………………………… 164
软枣猕猴桃 …………………………………… 202
松科 ……………………………………………… 28
松亚科 …………………………………………… 39
松属 ……………………………………………… 39
细叶小檗 ………………………………………… 97
英桐 …………………………………………… 118
油茶 …………………………………………… 204
油杉 ……………………………………………… 33
油杉属 …………………………………………… 33
油松 ……………………………………………… 44
油桐 …………………………………………… 175
油桐属 ………………………………………… 175
鱼尾葵 ………………………………………… 280
鱼尾葵属 ……………………………………… 280
郁李 …………………………………………… 146
郁香忍冬 ……………………………………… 260
枣树 …………………………………………… 192
枣属 …………………………………………… 191
枣椰子 ………………………………………… 280
转子莲 …………………………………………… 96

九画

柏科 ……………………………………………… 52
柏木 ……………………………………………… 55
柏木属 …………………………………………… 54
柏木亚科 ………………………………………… 54
扁担杆属 ……………………………………… 198
茶 ……………………………………………… 204
茶梅 …………………………………………… 204
茶条槭 ………………………………………… 186
重阳木 ………………………………………… 174
重阳木属 ……………………………………… 174
柽柳 …………………………………………… 207
柽柳科 ………………………………………… 207
柽柳属 ………………………………………… 207
春榆 ……………………………………………… 86
复叶槭 ………………………………………… 186
柑橘 …………………………………………… 167
柑橘属 ………………………………………… 167
枸骨 …………………………………………… 181
枸杞 …………………………………………… 247
枸杞属 ………………………………………… 247
枸橼 …………………………………………… 167
贯月忍冬 ……………………………………… 260
厚皮香 ………………………………………… 205
厚皮香属 ……………………………………… 205
厚朴 …………………………………………… 100
胡椒属 ………………………………………… 106
胡桃 ……………………………………………… 71
胡桃科 …………………………………………… 70
胡桃楸 …………………………………………… 72
胡桃属 …………………………………………… 71
胡颓子 ………………………………………… 210
胡颓子科 ……………………………………… 209
胡颓子属 ……………………………………… 209
胡枝子 ………………………………………… 160
胡枝子属 ……………………………………… 160
荚蒾 …………………………………………… 262
荚蒾属 ………………………………………… 261

结香 …… 209
结香属 …… 209
荆条 …… 247
栎属 …… 80
荔枝 …… 190
荔枝属 …… 190
柳杉属 …… 48
柳杉 …… 48
柳属 …… 68
络石 …… 243
络石属 …… 243
美国凌霄 …… 252
美桐 …… 119
南蛇藤 …… 183
南蛇藤属 …… 183
南洋杉 …… 27
南洋杉科 …… 27
南洋杉属 …… 27
南烛 …… 229
南烛属 …… 228
柠檬桉 …… 216
炮仗花 …… 253
炮仗藤属 …… 253
匍匐栒子 …… 124
茜草科 …… 254
秋枫 …… 175
秋胡颓子 …… 211
秋子梨 …… 130
绒毛白蜡 …… 235
珊瑚树 …… 261
柿树 …… 231
柿树科 …… 231
柿树属 …… 231
树锦鸡儿 …… 159
贴梗海棠 …… 126
香椿 …… 171
香椿属 …… 170
香荚蒾 …… 262
香水月季 …… 138
香叶树 …… 106
洋白蜡 …… 234
洋常春藤 …… 217
柚 …… 167
柘树 …… 91
柘属 …… 91
珍珠花 …… 121
珍珠梅 …… 122
珍珠梅属 …… 122
珍珠绣球 …… 121
栀子 …… 254
栀子属 …… 254
枳椇 …… 192
枳椇属 …… 192
枳 …… 167
枳属 …… 167

十画

桉属 …… 215
被子植物门 …… 62
臭椿 …… 169
臭椿属 …… 169
粉单竹 …… 274
粉绿竹 …… 270
珙桐 …… 214
珙桐科 …… 213
珙桐属 …… 214
桂花 …… 239
桂木属 …… 93
桂竹 …… 269
海南苏铁 …… 26
海棠果 …… 129
海棠花 …… 127

海桐 …… 111
海桐科 …… 111
海桐属 …… 111
海仙花 …… 257
海州常山 …… 246
桦木科 …… 74
桦木属 …… 75
栲属 …… 79
离瓣花亚纲 …… 63
栗属 …… 78
凌霄 …… 251
凌霄属 …… 251
流苏树 …… 237
流苏树属 …… 237
栾树 …… 188
栾树属 …… 188
桑科 …… 89
桑属 …… 89
桑树 …… 89
栓皮栎 …… 81
桃 …… 143
桃金娘科 …… 215
桃叶珊瑚 …… 223
桃叶珊瑚属 …… 223
铁刀木 …… 153
铁杉 …… 34
铁杉属 …… 33
铁线莲 …… 96
铁线莲属 …… 96
蚊母树 …… 113
蚊母树属 …… 113
绣线菊 …… 121
绣线菊亚科 …… 119
绣线菊属 …… 120
栒子属 …… 123
盐肤木 …… 179
莸属 …… 246
圆柏 …… 56
圆柏亚科 …… 55
圆柏属 …… 56
圆叶鼠李 …… 191
圆锥八仙花 …… 110
浙江樟 …… 105
钻天杨 …… 68

十一画

常春藤 …… 217
常春藤属 …… 217
菲白竹 …… 276
黄檗 …… 166
黄檗属 …… 165
黄槽竹 …… 271
黄蝉 …… 244
黄蝉属 …… 244
黄刺玫 …… 137
黄花夹竹桃 …… 244
黄花夹竹桃属 …… 244
黄花落叶松 …… 37
黄金间碧竹 …… 373
黄金树 …… 251
黄连木 …… 178
黄连木属 …… 178
黄栌 …… 180
黄栌属 …… 180
黄山松 …… 45
黄杉 …… 34
黄杉属 …… 34
黄檀 …… 161
黄檀属 …… 161
黄杨 …… 177
黄杨科 …… 176
黄杨属 …… 177

檵木 …… 115
檵木属 …… 115
接骨木 …… 260
接骨木属 …… 260
梾木属 …… 221
梨属 …… 129
萝藦科 …… 244
麻黄 …… 61
麻黄科 …… 61
麻黄属 …… 61
麻栎 …… 83
麻叶绣球 …… 121
麻竹 …… 275
梅 …… 142
猕猴桃科 …… 202
猕猴桃属 …… 202
盘叶忍冬 …… 260
雀舌黄杨 …… 177
蛇葡萄 …… 194
蛇葡萄属 …… 194
探春 …… 241
甜橙 …… 167
梧桐 …… 201
梧桐科 …… 201
梧桐属 …… 201
悬铃木科 …… 117
悬铃木属 …… 118
雪柳 …… 233
雪柳属 …… 233
雪松 …… 38
雪松属 …… 38
野胡桃 …… 72
野蔷薇 …… 136
银白杨 …… 65
银杉 …… 35
银杉属 …… 35
银杏 …… 26
银杏科 …… 26
银杏属 …… 26
银芽柳 …… 70
梓树 …… 250
梓树属 …… 250

十二画

棣棠 …… 138
棣棠属 …… 138
短穗鱼尾葵 …… 280
鹅耳枥 …… 76
鹅耳枥属 …… 76
鹅掌柴 …… 220
鹅掌柴属 …… 220
鹅掌楸 …… 101
鹅掌楸属 …… 101
葛藤 …… 163
葛藤属 …… 163
黑钩叶 …… 175
黑钩叶属 …… 175
黑桦 …… 75
黑松 …… 45
黑榆 …… 86
筋头竹 …… 278
阔叶箬竹 …… 276
腊梅 …… 103
腊梅科 …… 103
腊梅属 …… 103
榔榆 …… 86
椤木石楠 …… 134
落叶松 …… 37
落叶松属 …… 35
落叶松亚科 …… 35
落羽杉 …… 50
落羽杉属 …… 50

铺地柏 …… 57
葡萄 …… 194
葡萄科 …… 193
葡萄属 …… 193
散尾葵 …… 280
散尾葵属 …… 280
溲疏 …… 109
溲疏属 …… 108
猬实 …… 257
猬实属 …… 257
喜树 …… 214
喜树属 …… 214
椰子 …… 280
椰子属 …… 280
硬骨凌霄 …… 253
硬骨凌霄属 …… 253
越橘 …… 230
越橘属 …… 229
紫丁香 …… 236
紫椴 …… 198
紫荆 …… 150
紫荆属 …… 150
紫茉莉科 …… 93
紫穗槐 …… 161
紫穗槐属 …… 160
紫藤 …… 157
紫藤属 …… 157
紫葳科 …… 249
紫薇 …… 212
紫薇属 …… 212
紫羊蹄甲 …… 151
紫珠 …… 246
紫珠属 …… 246
紫竹 …… 270
棕榈 …… 279
棕榈科 …… 277
棕榈属 …… 278
棕竹 …… 278
棕竹属 …… 278

十三画

赪桐 …… 246
赪桐属 …… 246
稠李 …… 146
慈竹 …… 274
慈竹属 …… 274
滇柳 …… 70
滇山茶 …… 204
椴树科 …… 197
椴树属 …… 197
楤木 …… 220
楤木属 …… 220
槐 …… 156
槐属 …… 156
幌伞枫 …… 218
幌伞枫属 …… 218
锦带花 …… 256
锦带花属 …… 256
锦鸡儿 …… 158
锦鸡儿属 …… 157
锦葵科 …… 199
锦熟黄杨 …… 177
榉树 …… 88
榉属 …… 88
蓝桉 …… 216
蓝果树 …… 214
蓝果树属 …… 214
蓝花楹 …… 252
蓝花楹属 …… 252
蓝荆子 …… 227
楝 …… 172
楝科 …… 170

楝属 …… 172
满山红 …… 227
蒙椴 …… 198
蒙古栎 …… 82
蒙桑 …… 90
楠木 …… 105
楠木属 …… 105
蒲葵 …… 279
蒲葵属 …… 279
楸树 …… 251
瑞香 …… 208
瑞香科 …… 208
瑞香属 …… 208
鼠李 …… 191
鼠李科 …… 190
鼠李属 …… 190
新疆落叶松 …… 37
榆科 …… 84
榆属 …… 85
榆树 …… 85
榆叶梅 …… 144
照山白 …… 227

十四画

莿竹属 …… 272
榧树 …… 60
榧树属 …… 60
蜡瓣花 …… 116
蜡瓣花属 …… 116
漆树 …… 179
漆树科 …… 178
漆树属 …… 179
蔷薇科 …… 119
蔷薇亚科 …… 135
蔷薇属 …… 135
榕树 …… 92
榕属 …… 91
箬竹 …… 276
箬竹属 …… 276
榛 …… 77
榛属 …… 77

十五画

槭树科 …… 184
槭树属 …… 184
暴马丁香 …… 237
鞑靼忍冬 …… 260
蝶形花亚科 …… 154
槲栎 …… 82
槲树 …… 82
蝴蝶绣球 …… 263
箭竹 …… 277
箭竹属 …… 277
黎巴嫩雪松 …… 39
樱花 …… 145
樱桃 …… 145
樟科 …… 104
樟属 …… 104
樟树 …… 104
樟子松 …… 45
醉鱼草 …… 242
醉鱼草属 …… 241

十六画以上

糙叶树 …… 88
糙叶树属 …… 88
糠椴 …… 197
藜檬 …… 167
糯米条 …… 258
藤黄科 …… 206